U0077633

# 行銷人員的
## AI for Marketers
# AI 百寶盒
### AI人工智慧大現場作者群

● ● ● ●

最佳關鍵字
Keyword
Confirm

流行趨勢分析
Dedicated
analytics

顧客分眾
Customer
Focus

客戶搜尋
Customer
Search

賣場客戶
類型分析
Featuring
Modeling

媒體選擇
Media
Selection

風向內容分析
Content
Analysis

客戶心理分析
Psycho
Modeling

討論度分析
Talk Trends

推薦系統
Recommendation

博碩文化

本書如有破損或裝訂錯誤，請寄回本公司更換

作　　者：黃義軒
責任編輯：賴彥穎 Kelly

董 事 長：陳來勝
總 編 輯：陳錦輝

出　　版：博碩文化股份有限公司
地　　址：221 新北市汐止區新台五路一段 112 號 10 樓 A 棟
　　　　　電話 (02) 2696-2869　傳真 (02) 2696-2867

郵撥帳號：17484299　戶名：博碩文化股份有限公司
博碩網站：http://www.drmaster.com.tw
讀者服務信箱：dr26962869@gmail.com
訂購服務專線：(02) 2696-2869 分機 238、519
（週一至週五 09:30 ～ 12:00；13:30 ～ 17:00）

版　　次：2021 年 8 月初版
建議零售價：新台幣 650 元
I S B N：978-986-434-846-6（平裝）
律師顧問：鳴權法律事務所 陳曉鳴 律師

國家圖書館出版品預行編目資料

行銷人員的AI百寶盒 / 黃義軒著. -- 初版. -- 新北市：
博碩文化股份有限公司, 2021.08

　　面；　　公分 --

ISBN 978-986-434-846-6(平裝)


1.行銷學　2.人工智慧

496　　　　　　　　　　　　　　　　110011144

Printed in Taiwan

**商標聲明**

本書中所引用之商標、產品名稱分屬各公司所有，本書
引用純屬介紹之用，並無任何侵害之意。

**有限擔保責任聲明**

雖然作者與出版社已全力編輯與製作本書，唯不擔保本
書及其所附媒體無任何瑕疵；亦不為使用本書而引起之
衍生利益損失或意外損毀之損失擔保責任。即使本公司
先前已被告知前述損毀之發生。本公司依本書所負之責
任，僅限於台端對本書所付之實際價款。

**著作權聲明**

本書著作權為作者所有，並受國際著作權法保護，未經
授權任意拷貝、引用、翻印，均屬違法。

博 碩 粉 絲 團　歡迎團體訂購，另有優惠，請洽服務專線
　　　　　　　　(02) 2696-2869 分機 238、519

# 前言

## 1. AI for Marketers 是什麼？

2016 年是雲端元年，2020 年是 5G 元年，而 AI 大量應用將從 2021 年開始。本書即針對最新 AI 世代的新趨勢而編寫。

近年在 5G「高速」「大頻寬」「低延遲」等無線巨量傳輸的環境逐漸成熟後，使 AI 應用成為顯學。幾乎各行各業都要使用 AI：客服人員由『AI 機器人』代替真人回信或回話；媒體新聞由「文章產生器」來撰寫；而『自駕車』亦將取代傳統由人操控的車子；本書作者群根據科技發展的時程，預測在十年內一定會實現的 AI 應用產業如下：

- 自駕車
- 無人商店 / 無人工廠
- 機器人服務員餐廳
- 無人機送貨到家
- 同步翻譯機器人
- 機器人檢驗師
- 機器人廚師
- 機器人老師
- 機器人陪伴員

**要如何培養自己的能力來面對 AI 應用時代的變局呢？**

## 2. 行銷循環

人工智慧最強的功能是「從大量資料中創造規律性」並進行突破性的效率改善；人工智慧用在行銷上即稱為「AI Marketing」；意即用人工智慧來協助行銷人員，能夠即時改善行銷效率的系統性知識。

AI 和 AI Marketing 是快速發展的科學。作為一個行銷人員或企劃人員，要如何理解並運用 AI 作為行銷工具呢？

一定有人告訴你：

## 「AI 有那麼多東西要學」

本書將產品銷售週期分為六個階段，再針對不同階段的需要來設計出適當的 AI 工具，讓行銷人員可輕易上手，達成業績目標。

自 2017 年以後，AI 技術已大量用在社會科學方面，不論在心理學，財務投資，行銷學都已大量使用 AI Marketing 的工具；以行銷學來說，從行銷初期的趨勢分析，客戶鎖定，到後期的客戶忠誠度培養都可大量使用到 AI 工具。

本書的重點：行銷人員如何使用 AI Marketing 工具來強化行銷。

### (1) AI Marketing 是什麼？

① AI marketing 是用人工智慧技術來進行行銷工作的技術；特別是用在「自動資料收集」、「受眾分析」、「客戶搜尋」、「媒體選擇」、「精準行銷」、「行銷趨勢分析」等六個部分。

② 行銷工作首重效率；使用 AI 工具主要的目的就是效率提昇，即縮短行銷時間並同時強化大量資料帶來的好處；這是 AI Marketing 和傳統 Marketing 不同之處。

③ AI 技術可針對大量資料資料進行機器學習，掌握目標客戶後，可進行演算，分析客戶特質，再進行更進一步客戶溝通。

④ AI 也可以重覆的對目標客戶傳遞資訊以進行客戶的忠誠度培養，及再行銷工作。

⑤ AI Marketing 也可以用在行銷團隊本身，除了利用 AI 工具進行交叉分析產生擴增客戶的效果，也可用 AI 工具大量進行差異化行銷。同時拉高行銷團隊的策略軸深。

## (2) 在行銷的不同階段，需要採取不同的行銷手段

AI 技術在不同的客戶培養階段有不同的工具可用；例如運用 AI「大數據爬蟲」的技術，可從公開的社群資料中，找出目標客戶；再如運用 AI 語音及影像識別技術，進行文章語意分析，可深入分析客戶個性類型，進行「精準行銷」，「媒體投放」等工作；而「精準行銷」工作中常用的「廣告催促」或「忠誠度培養」等工作，也可用 AI 的「未來趨勢分析」工具進行市場預測。就像無人機在遠處鎖定客戶一樣，在不知不覺中進行精準的廣告投放，以搶佔先機，取得優勢。有 AI 的協助，特別是在網路購物及社群行銷上，使用行銷工作變得十分方便。從行銷學的理論，將客戶培養分為四個階段，如下圖：

AI Tools for Marketing Stage

說明：圖上方是六個行銷階段。圖中間三色圓圈是 15 個不同的 AI Marketing 工具。圖下方是客戶採購行為。

## 行銷新趨勢

行銷的目的，不是只有把產品賣出去而已（那只是業務，不是行銷）；行銷注重長效而不是短效；行銷涵蓋初期的「認知產品階段」到後期的「鼓吹產品」的後期階段，共計六個階段。

(3) 在不同的行銷階段，運用不同的 AI 技術：

| AI工具在各行銷循環的應用 | | | | | |
|---|---|---|---|---|---|
| 推廣 | | 轉化 | 促銷 | 深化 | |
| 認知產品 | 產生興趣 | 產生購買慾 | 採購產品 | 產生忠誠度 | 鼓吹產品 |
| 流行趨勢分析 (Predictive Analytics) | 流行趨勢分析 (Predictive Analytics) | 客戶心理分析 (Psycho Modeling) | 媒體選擇 (Media Selection) | 媒體選擇 (Media Selection) | 媒體選擇 (Media Selection) |
| 關鍵字選取 (Content Analysis) | 媒體選擇. (Media Selection) | 客戶類型分析 (Featuring Modeling) | 流行趨勢分析 (Predictive Analytics) | 流行趨勢分析 (Predictive Analytics) | 關鍵字選取 (Content Analysis) |
| 客戶搜尋 (Customer Search) | 客戶心理分析 (Psycho Modeling) | 推薦系統 (Recommendation) | 關鍵字選取 (Content Analysis) | 關鍵字選取 (Content Analysis) | 推薦系統 (Recommendation) |
| 風向內容分析 (Content Analysis) | | 顧客分眾 (Customer Focus) | 推薦系統 (Recommendation) | 客戶心理分析 (Psycho Modeling) | |
| 媒體選擇 (Media Selection) | | | 客戶類型分析 (Featuring Modeling) | 推薦系統 (Recommendation) | |
| 討論度分析 (Talk Trends) | | | 討論度分析 (Talk Trends) | 討論度分析 (Talk Trends) | |
| | | | 風向內容分析 (Content Analysis) | | |

① 在「**認知產品**」階段：這是吸引新客戶的初始階段，就像一個新公司在從眾多知名產品中找到熱銷產品，或是從各個社群平台中找到潛力消費者。在這個階段可使用內容分析、媒體分析、客戶搜尋等 AI 工具，來讓消費者開始「認知產品」，讓客戶和產品產生關係，即讓毫無關係的人們產生「購買慾望」，而成為客戶。

② 在「**產生興趣**」階段：當找到產品和客戶之後，要開始對這些客戶進行推銷，可使用客戶搜尋、推薦系統、客戶傾向分析等 AI 工具，來讓消費者開始「首次購買」。

③ 在產生「**購買慾望**」階段：從產生興趣到購買慾望，需要有想要或需要的動力，要能訴求必需品或滿足慾望的心理需求；此時要更細緻的對不同的客戶有不同針對性的行銷方法；可使用**客戶配對**、**流行趨勢分析**等 AI 工具，來推動消費者開始「首次購買」。在購買行為有二種發展路線（如圖下方之客戶採購行為所示）：一種是在進入「猶豫中」，一種是「購買」。此時**流行趨勢分析**就會發揮作用，可順利將客戶跨過猶豫期。

④ 在「採購產品」階段：消費者對產品可產生認可後，進入了採購產品階段；此時已不需要再對客戶進行基本的遊說，應進行客戶強化信任的工作，可使用**客戶鎖定**、**定價模型**、**商品客製**等 AI 工具，來強化信任度與歸屬感，讓客戶感覺有受到專屬的服務，進而願意再次購買。

⑤ 在「產品忠誠度」階段：這階段是消費者對產品已到了完全認可的階段，進入了深度忠誠度的階段，這時就要進行延續性的行銷活動，在客戶逐漸淡忘時，提醒客戶一下，如常見的「顧客回娘家活動」、「資深會員特惠活動」都屬於延續性的行銷活動。這個階段可使用**對話客製**、**流行趨勢進階分析**等 AI 工具，來強化客戶的忠誠度。

⑥ 在「鼓吹產品」階段：最好的客戶是會替產品做二次行銷的人，像是產品推銷員的分身，甚至比產品推銷員還有說服力；行銷的極至效力是讓客戶去創造客戶，只有少部分的客戶會成為產品推銷員，他們深度喜愛產品並願意推廣，當然也可能認可後同時在有利益的情況下推廣產品（如直銷或微商）；這個階段可使用**行銷活動客製**、**焦點行銷**等 AI 工具；此階段是把客戶變成自己人，和行銷人員一同去創造新客戶。

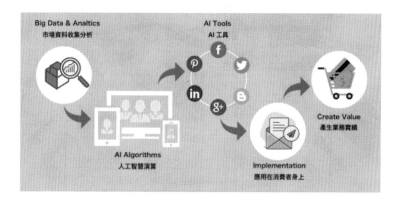

說明：經由「市場資料收集分析」、「人工智慧演算」，發展出「10 個 AI 工具」，並將其「應用在消費者身上」，最後「產生業務實績」。

## (4) 10 個 AI 工具，會產生什麼顧客行為？

① 從產生「購買慾望」到「首次購買」：因各種不同的個性傾向會有不同的行銷方式；傳統的行銷學理論不太重視客戶的傾向分析，因為無從得知客戶傾向。但有了 AI 工具，可針對不同個性類型進行個別行銷。

② 從「首次購買」到「再次購買」：從客戶首次購買後，商家需要再對客戶不斷的強化產品吸引力的動作；而新產品、新價格或進階的產品客製化是這個階段的重點。而「首次購買」到「再次購買」有可能轉入「猶豫中」的不利情況；其原因不外乎價格或產品二個因素，此時 AI 工具的「定價模型」和「商品客製」就派上用場。

③ 從「再次購買」到「忠誠購買」：需要對客戶進行第二次分析，以找出適合的商品，要進一步培養一般客戶成為忠誠客戶，仍然要參考前面的個性類型分析，以便進行後面的「焦點行銷」。

④ 從「再次購買」到「鼓吹傳播」：這是個忠誠度移轉的時期，若消費者無重覆性需求或產品不是屬於長久性使用商品；需進行「鼓吹傳播」推廣，這也是網路消費和實體消費最大的不同。可用吸收消費者進入品牌社群的方式，或加入微商推廣或加入使用者經驗分享區，讓行銷活動綿延不斷。

## (5) 10 個 AI 工具的分類

AI Marketing 工具分為三種：分析演算、機器學習、應用程式。

| 分析演算 | 機器學習 | 應用程式 |
|---|---|---|
| 媒體選擇<br>(Media Selection) | 顧客分眾<br>(Customer Focus) | 流行趨勢分析<br>(Predictive Analytics) |
| 討論度分析.<br>(Talk Trends) | 客戶類型分析<br>(Featuring Modeling) | 關鍵字選取<br>(Content Analysis) |
| | 風向內容分析<br>(Content Analysis) | 客戶搜尋<br>(Customer Search) |
| | 客戶心理分析<br>(Psycho Modeling) | |
| | 推薦系統<br>(Recommendation) | |

## 3. 不懂 AI 沒關係，只要會用 AI

AI 演算法理論發展已臻瓶頸，演算法再進步的空間有限；而在全球分工的態勢下，美國及歐洲少數國家已穩居運算邏輯科學及資料科學泰斗，其他國家已難望其項背；少數國家（如以色列、印度）在 AI 運算上有時會出現一點創意，但已無法主導 AI 演算法的趨勢；除了美國及少數科學機構外，其他國家都無法再建立進步的演算法實驗室，只能往 AI 應用發展。

### 所以許多製造導向的國家（台灣、韓國、日本、中國等），只能往 AI 應用發展

好消息是「AI 應用」才是賺大錢的機會，未來 20 年絕對是 AI 應用快速普及的大好機會。

下圖是研究機構對未來五年 AI 應用發展的預估，大致可以 AI 應用發展的趨勢：

**2025年 人工智慧 應用 滲透率 分析**

家事機器人覆蓋率 **21%**

車用AI應用佔全球車輛 **15%**

AI製造每百萬人協同機器人數 **220**

無人商店覆蓋率 **25%**

AI終端助理覆蓋率 **90%**

AI行銷產值佔行銷總產值 **75%**

企業年雲端資料量 **200ZB**

AI智慧城市佔百萬人口城市 **30%**

全球GDP平均增長率 **2.85%**

5G價值鏈產值 3.65 兆美元

企業使用AI大數據分析 **63%**

5G對經濟的貢獻

資料來源：AI大現場2020年趨勢報告

台灣在 IT 產業已蓬勃發展三十年，早已位居全球製造及研發重要地位；不過在基礎科學深度不足的環境下，一直都是跟隨美國日本等先進國家的技術，從未主導過 IT/AOIT 技術的方向；在專利及創新能力不足的環境中，只是拼全力做好製造加值的本份而已；這種條件無法在 AI 領域取得優勢，只能再度期望台灣能做好 AI 應用加值的本分而已。

近二年，台灣、韓國、愛爾蘭、西班牙、印度及中國大力投入 AI 應用領域的基礎建設及研發：

(1) 在韓國有上百個 AI 開放平台及數百個 AI 資料庫實驗室；大學及研究所大量開設研究機構。上千家 AI 新創公司不計成本及營收的進行未來世界專案。

(2) 愛爾蘭在 2020 年是歐洲疫情最嚴重的國家之一，但政府卻反其道而行的大量吸收中南美及亞洲的 AI 專家進駐國家級的研究中心。

(3) 西班牙也是 2020 年是歐洲疫情最嚴重的國家之一，但卻從台灣、日本、中國吸收大量的小型 AI 公司成立育成中心；有不少台灣的 AI 學者對西班牙提供的大學教授職位極感興趣；又一個全力進入 AI 產業的國家。

(4) 印度原本豐厚的軟體人才，也不斷昇級成 AI 工程師；讓人不敢忽視其 AI 應用的實力。

(5) 中國在幾家大型軟體公司（騰訊、阿里巴巴等）帶領下，大力投入 AI 研究領域；這幾年已有數千家公司投入政府專案。

台灣的對手就是這些國家，筆者在美國日本的大型研討會見到許多上述國家研發人員，在 2020 年疫情大爆發期間，大部分的參加遠距研討會人員是來自上述國家。從這些現象來檢視台灣的 AI 競爭力。

# 台灣 AI 人才現況

台灣在 AI 的策略發展格局已定，不論是政府和企業都大力投入 AI 發展；但人才需求的落差極大，人才培養速度遠比 AI 公司的需求慢。

以量而言，大型企業和研究單位都極缺 AI 人才，缺口達 40%，至少二萬職缺等待補足；以質而言，AI 應用方面人才也極缺，AI 演算等理論領域更沒有人才；而 AI Marketing 行業也苦無人才，缺口達 60%，約五千人。

這是台灣的困境，本書作者來自 AI 產業資深顧問及業者，不斷向政府及學校提出相關建議，希望能在 2025 年 AI 大爆發時，及時補足人才缺口。

下圖是全球 AI 人才領域的缺口：

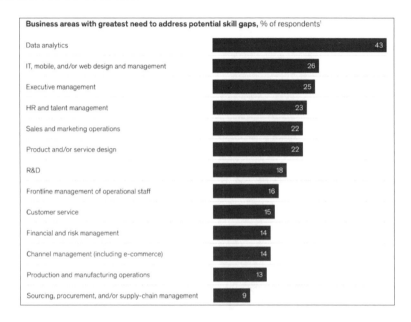

資料來源麥肯錫（McKinsey）2020 年的一項調查顯示，根據高管和經理的說法，哪些業務領域將具有最大的潛在技能差距需要解決。

# 自序與導讀

這本書是由一群行銷學者與資深 AI 工程師共同完成；自 2019 年到 2021 年間，這群分別活躍在美國加州、中國杭州及台灣新竹的 AI 工程師，共同整理這些年工作的心得；經簡化資料庫、資料工程分析及創建特徵及 AI 演算法，將諸多實務資料如超商客戶行為記錄，五金賣場的結賬資料，及爬蟲資料等各式各樣實際商務上的資料；整理成本書內容。希望用真正實務的專案來引導讀者，將行銷及 AI 兩個不同領域的知識完美的結合；解決工作上遇到的問題。

以上專案內容是構成本書的架構，最後由工研院講師黃義軒作最後定稿，再由日本立命館大學行銷學平林教授補充最新的行銷知識，進而完成本書「**行銷人員的 AI 百寶盒**」。

本書跳脫一般教科書的編寫方式：前半段是要滿足行銷專案人員的需要，適合不熟悉程式設計的專案經理或主管們閱讀；而本書後半段（程式說明）是前半段的詳細說明程式技術的來龍去脈，是滿足 AI 工程人員（或資工人員）的需要而編寫的；讀者可以自行取捨來吸收，不用從頭到尾細讀本書。

近年因無人商店或無人工廠成為 AI 發展的重點，本書亦加入一些跳脫傳統商店或工廠的不同思維的內容；如客戶分類、產品分類、營收預估的方式都與傳統行銷學或管理學的理論不同。是最新的 AI 工程分類法及預測法，讀者可以視為是經由「黑盒子」完成了複雜且難懂的工作，只要知道 AI 的效果極佳即可。因為不是每人都適合從事 AI 工程的程式編寫，但每個人都必需深入瞭解如何使用 AI 工具。

本書根據行銷最常用的工具進行編寫，如目錄所示，分為三個不同的層次：

(1) 市場公開資料相關工具：最佳關鍵字（Keyword Confirm）、流行趨勢分析（Dedicated analytics）。

(2) 內部巨量資料工具：客戶搜尋（Customer Search）、顧客分眾（Customer Focus）賣場客戶類型分析（Featuring Modeling）。

(3) 內部及外部資料綜合工具：媒體選擇（Media Selection）、風向內容分析（Content Analysis）、客戶心理分析（Psycho Modeling）、討論度分析（Talk Trends）、推薦系統（Recommendation）。

讀者可根據需要，選擇需要的章節來閱讀及練習。每個章節均可以獨立閱讀。

所有程式及資料庫都可在下列網址（或掃描 QR Code）自行讀取下載使用。如果要轉載或使用，請記得加註出處「AI 大現場專業團隊版權所有」或「博碩文化股份有限公司」出版之「行銷人員的 AI 百寶盒」。

┌─── ● 線上資源下載 ● ───────────────────────────┐
│                                                   │
│      本書程式網址：          │
│                          https://github.com/happystevens/AI-Marketing   │
│                                                   │
└───────────────────────────────────────────────────┘

## 作者簡介

### 黃義軒：專長軟體語言、人工智慧演算、大數據分析

曾任遠傳電信網路事業協理

曾任光寶科技公司系統資深處長

工研院訓練講師

現任美國聯合科技公司技術總監

IT/AIoT 相關產業經驗 25 年

### Dr. ヒラバヤシ平林真一：專長行銷技術、行銷數據分析

曾任 Docomo 電信行銷總監

曾任 Shoplist 商務推動專務

現任日本東京大學客座教授

IT/AIoT 相關產業經驗 25 年

# 目錄

## 01 最佳關鍵字（Keyword Confirm）

## 02 流行趨勢分析（Dedicated analytics）

# 03 客戶搜尋（**Customer Search**）

# 04 顧客分眾（**Customer Targeting**）

# 05 賣場客戶類型分析（**Feature Modeling**）

# 06 廣告媒體選擇（Media Selection）

# 07 風向內容分析（Content Analysis）

# 08 客戶心理分析（Psycho Modeling）

## 09　聲量分析（Talk Trends）

## 10　推薦系統（Recommendation System）

# A 實戰演練

# 最佳關鍵字
# （Keyword Confirm）

做生意前,一定會先對產品做「流行趨勢分析」,本章的目的即「發掘商品或品牌的流行趨勢」。如何在現今寬頻的網路世界進行「有效率」的流行趨勢分析,是行銷人員最重要的工作;而分析過程中,最重要的步驟就是「找出最佳關鍵字」。

# 1-1 找出最佳關鍵字(Best Keywords group)

美國最頂尖的行銷公司,如 Amazon、Netflix 等,多以採用「強化關鍵字」法 (Enhanced Keywords) 來進行關鍵字搜尋。這種技術,是「二階段無特定傾向式」技術:即用大數據爬蟲找出即時熱門「關鍵字組合」,再用 Python 流行趨勢分析函數來確定聲量(流行度)。如此一來,可以確定以上關鍵字的「準確性」。方法如下:

「找出最佳關鍵字」的範例:如下圖(keywordtool.io 免費搜尋關鍵字網站),市面上有很多類似的尋找關鍵字的線上軟體可供使用。以「面膜」為例,可以找到台灣地區,面膜在 Google 搜尋的用戶中,以「面膜推薦」、「面膜英文」、「面膜週期」為最多人使用的關鍵字。

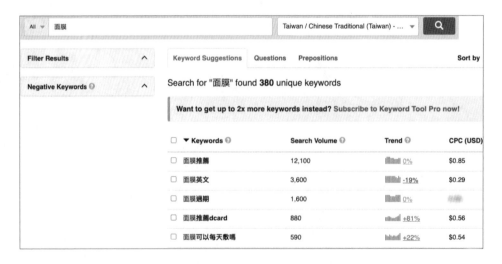

接下來再用這幾個最常用的「面膜」關鍵字來進行流行趨勢等 AI 分析。

當然,也可以針對 YouTube 進行搜尋,如下圖:得到最佳關鍵字略有不同。

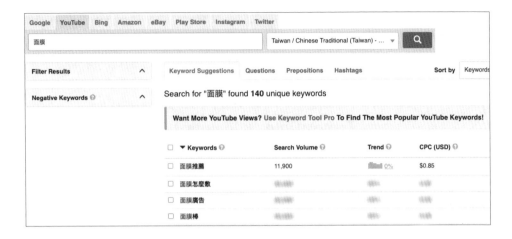

而搜尋關鍵字也可根據你未來要投放的廣告客戶或目標族群，而選擇不同的平台，來設定。如圖所示，如果目標族群在 YouTube 出現較多，那麼你就應該找出在 YouTube 的「最佳關鍵字組合」，如下：

| | |
|---|---|
| 面膜推薦 | 面膜 洗臉 |
| 面膜英文 | 面膜 順序 |
| 面膜過期 | 面膜 日文 |
| 面膜推薦dcard | 面膜 過期 |
| 面膜可以每天敷嗎 | 面膜 apivita |
| 面膜推薦ptt | 面膜 ahc |
| 面膜多久敷一次 | 面膜 洗掉 |
| 面膜敷完要洗臉嗎 | 面膜 洗 |
| 面膜 ptt | 面膜 洗臉 順序 |
| 面膜 dcard | 面膜 洗臉 ptt |

2021 年以後，各主要平台如 Google、YouTube、Instagram 與 Facebook 仍是全球各主要品牌的行銷、活動推廣的主要管道，某些潮流品牌（美妝品牌，潮服，潮鞋等）從 2020 年開始也同步投入 TikTok（抖音）社群平台！例如，一線彩妝品牌如《M.A.C》，在 2019 年起開始使用抖音。

根據統計，Z 世代的年輕族群每天都會好幾個小時泡在抖音平台，甚至受抖音上的病毒式行銷刺激購物，面對這樣的行銷潛力平台，市場專家也評估，2021 年以後，抖音更成為吸取年輕消費者的重要途徑！

以潮牌商品購物網的行銷人員而言，每個月要從數千件商品挑出 3 ～ 5 件商品出來打廣告，銷售的好壞其實很考驗行銷人員的「挑品能力」；如何預測該產品的未來搜尋熱度，是主要工作之一。故一定要具備基本功 - 找出「最佳關鍵字組合」。

## A Very Precise & Fast Way to Pull Google Trends Data Automatically

# 1-2 用 pytrends 獲取 Google 搜尋趨勢

### 第一步：Python 爬取資料

Google Trend 有開放 API（pytrends），在 Python 爬資料的部分很簡單，但每次拿取資料最多不能超過五筆，所以在 Python 中寫了一個 for 迴圈，再合併到 pList 裡面，就可以輕鬆拿到 5 年內的關鍵字搜尋熱度資料！詳見本書附件的完整程式。

### 第二步：資料清理

先把從 pytrends 取得的資料中的缺失值（或沒有搜尋熱度的關鍵字）都設定為 0 後，利用資料庫的程式來整理商品熱度和日期，接下來就可以進行資料處理！

### 第三步：資料篩選

很多產品（像是面膜、保養品）都會有季節性趨勢，故在篩選時要用每一季來做區隔，只與過去相同的季度進行比較；從數仟種商品裡面，挑出目前搜尋熱度上升最大的商品，和目前搜尋熱度下降最多的產品。

### 第四步：建立預測模型

內建人工智慧模型進行預測，（如 Decision Tree、KNN、Logistic Regression…等模型），並取預測分數最高的幾種模型預測值進行平均，可得未來搜尋熱度預測。

再將預測資料和篩選出來（例如前 Top10 進行合併），可觀察出未來相當適合推廣的產品，當然也很適合推出組合包進行銷售。

# 1-3 「最佳關鍵字」的實務戰術：

## （完整程式如本書附件：Keywords Confirm.ipynb）

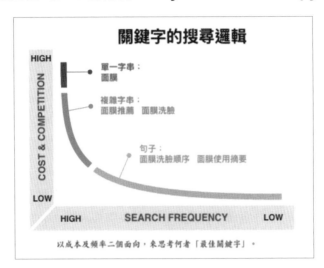

要找出「最佳」關鍵字，建議從二個角度來思考：成本、頻率。

從成本的角度，分析消費者行為：常用關鍵字的行銷成本高（費用高）卻不一定適合你的需要，例如如果你賣的產品是高價位的「保溼面膜」，這時你用「面膜」去搜尋消費者，就會徒勞無功。若改用「保溼」或「保養」再加「面膜」，會有意想不到的效果，更容易找到目標客戶。試想，在面膜使用者中，真正注重保養的那一群人才是「保溼面膜」的客戶；這樣可以在廣大面膜使用者中，明確區分不適用的客戶群，如美白或去角質等客戶群。

依照這樣的消費者行為分析出最適合的客戶，才可以最低成本找到目標客戶。

再從頻率的角度，分析消費者行為：頻率是反映大多數人尋找資訊的方式，主要目的是瞭解消費者的購物傾向。但購物傾向無法用一二個詞來表達，如要買面膜的消費者，不可能只是用「面膜」或「保養」等簡單的單詞來找產品或詢問產品；而是一句較完整的句子來陳述，如「那一種面膜保養最佳」或「面膜推薦」等較完整句子來表達需求。這時「專業的」AI 工程師或 AI 行銷人員就要用 Google「詞性搜尋」來確認消費者的習慣用語。

步驟如下：

(1) 首先，放棄自己個人的關鍵字想法，例如自我認定「面膜」一詞常見關鍵字是「最佳面膜」，一切都交給電腦來處理；從上圖可知，一般民眾的關鍵字的使用常出乎行銷人員意料之外，故建議先用爬蟲方式用來獲得最可信的關鍵字。

(2) 用上述步驟找出的關鍵字（如「最佳面膜」或「面膜推薦」），放入 pytrends 函數（如下節所述）。進行各種有用的行銷分析，如聲量、上昇關鍵字、即時熱門關鍵字、流行趨勢。

(3) 再根據上述結果，進行廣告購買及媒體放送。

首先我們來練習一下（詳細程式如附件 -Keywords Confirm.ipynb）：

假設我們的目標客戶是「哈韓族」，通常「哈韓族」是韓國泡麵及韓國面膜的愛好者，所以找出韓劇的愛好者應該就是韓國泡麵及韓國面膜產品的愛好者，以下示範「韓劇」的常用關鍵字及聲量追蹤。

(1) 首先列出報導韓劇的熱門網站：「Google 新聞 - 韓劇」、「Yahoo 新聞 -- 韓劇」、「KSD 韓星網」、「TVBS 新聞 -- 韓劇」、「ETToday 新聞 -- 韓劇」、「Google 新聞 - 韓星」、「自由時報 -- 韓劇」、「聯合新聞 -- 韓劇」。
以「Google 新聞 - 韓劇」為例，在 Google News 網頁用「韓劇」進行搜尋，URL 網址為：'https://news.google.com/search?q=%E9%9F%93%E5%8A%87&hl=zh-TW&gl=TW&ceid=TW%3Azh-Hant'

(2) 用 Python「BeautifulSoup」函數進行網路大規模搜尋：BeautifulSoup(r.text,'lxml') 得到下列結果（2021/06/10 搜尋結果）：

| | Date | Source | Text |
|---|---|---|---|
| 0 | 2021-06-10 12:57:51.607833 | Google新聞-韓劇 | Google 新聞 - 搜尋新聞Google 帳戶搜尋地圖YouTubePlay新聞Gmai... |
| 1 | 2021-06-10 12:57:53.526841 | Yahoo新聞--韓劇 | \n韓劇\n首頁\n信箱\n新聞\n股市\n氣象\n運動\n名人娛樂\nApp下載\n購物中... |
| 2 | 2021-06-10 12:57:54.674428 | KSD韓星網 | \nKSD 韓星網\n新聞 \nKPOP\n明星\n韓劇\n綜藝\n電影\n畫報\n專題... |
| 3 | 2021-06-10 12:57:55.509569 | TVBS新聞--韓劇 | 搜尋:韓劇 第1頁 | TVBS新聞網\n\n新聞\n\n即時熱門社會娛樂要聞全球生活健康理財房... |
| 4 | 2021-06-10 12:57:56.049590 | ETToday新聞--韓劇 | 韓劇相關新聞報導、懶人包、照片、影片、評價、爭議、負評、缺點、PTT、dcard | ETt... |
| 5 | 2021-06-10 12:57:59.723253 | Google新聞-韓星 | Google 新聞 - 搜尋新聞Google 帳戶搜尋地圖YouTubePlay新聞Gmai... |
| 6 | 2021-06-10 12:58:02.641816 | 自由時報--韓劇 | 「韓劇」- 相關新聞 - 自由時報電子報 - 自由時報電子報\n\n為達最佳瀏覽效果，建議... |
| 7 | 2021-06-10 12:58:03.319040 | 聯合新聞--韓劇 | \n 韓劇 | 搜尋標籤 | 聯合新聞網 \n 願景工程\n橘世代\n有設計\n有票網\n有... |

(3) 設定你關心的標題：在此必須廣泛的使用所有可能的標題，以韓劇為例，可以用劇名來進行統計。

如果想以「面膜」為標題，必須廣泛的使用各面膜品牌來當做標題並進行統計，如 SKII、DR.WU、Remiina、SEXYLOOK、FORTE、我的美麗日記、TTM 提提研等。這樣你才可以用品牌標題聲量來找到你的目標客戶。

| | Movie | NLP | Count |
|---|---|---|---|
| 0 | 我的室友是九尾狐 | 13.620391 | 7 |
| 1 | 模範計程車 | 9.017562 | 3 |
| 2 | 大發不動產 | 10.623456 | 2 |
| 3 | 遺物整理師 | 13.989853 | 5 |
| 4 | 哲仁王后 | 2.977039 | 2 |
| 5 | 如蝶翩翩 | 4.949705 | 4 |
| 6 | 女神降臨 | 1.224208 | 2 |
| 7 | 怪物 | 1.898609 | 2 |
| 8 | 屍戰朝鮮 | 1.467958 | 2 |
| 9 | MOUSE | 2.862487 | 2 |
| 10 | 黑道律師文森佐 | 11.887218 | 4 |
| 11 | 朝鮮驅魔師 | 4.711164 | 3 |
| 12 | 愛的迫降 | 1.345057 | 2 |

標題不一定要用品牌，也可以用「熱門話題」，如面膜產品可以用「保溼」、「深層海洋」等另類產品話題來當做標題。請記得，我們的目的是要找到目標客戶，只要是目標客戶可能使用的詞都可以做為標題。這部分顯然有產品經驗的 AI 分析人員會比較精準的使用標題。如果標題設定好，就可以來進行標題的聲量分析。

(4) 聲量統計分析：

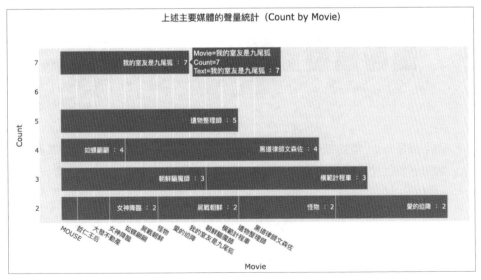

(5) 自然語言分析：

在此先介紹「詞性正能量」的分析工具：SnowNLP(sentence).sentiments

進行人工智慧行銷時（AI Marketing），聲量分析主要是針對「正能量」進行統計，因為負能量通常不是行銷人員的重點；但在進行「錯假新聞的分析」時，「負能量」卻是最重要的分析指標。

「正能量」（sentiments）亦稱為「情感指數」，本例我們用累加的方式來統計「正能量」（sentiments），這是希望跳脫「統計次數的缺陷」而設計的「AI Markeing Index」，對後面的矩陣式聲量分析很有幫助。

而 SnowNLP 程式集是，專為中文自然語言處理寫的工具。NLP（自然語言處理）領域二個常用的分析語言程式集：SnowNLP、Jieba。分別以 SnowNLP、Jieba 來進行分析。

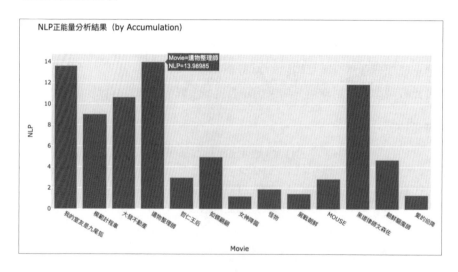

由上圖可知，「遺物整理師」雖報導數量不多，但正能量很高。所以聲量與次數未必成正比。專業的 AI Marketing 人員必須能夠發掘「真正的聲量」，因此專業的作法是將次數，正能量用一個矩陣分析圖顯示出來。

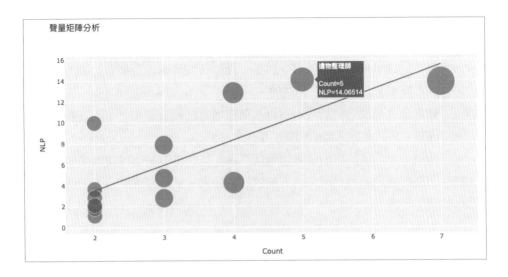

(6) 聲量深入解讀：逐稿解讀「新聞報導」和「目標關鍵字之正聲量」的關係。
若從上述分析及圖表中，仍無法確實掌握「新聞報導」和「目標關鍵字之正聲量」的關係；可進一步深入解讀每一「新聞報導」中所產生的「正聲量」，如下：

★ NLP 分析詳細結果 ☆

| 報導內容 | Relativity | 我的室友是九尾狐 | 模範計程車 | 大發不動產 | 遺物整理師 | 哲仁王后 | 如蝶翩翩 | 女神降臨 | 怪物 | 屍戰朝鮮 | MOUSE | 黑道律師文森佐 | 朝鮮驅魔師 | 愛的迫降 |
|---|---|---|---|---|---|---|---|---|---|---|---|---|---|---|
| foryoustarborderCOVID19--15部Netflix溫馨癒韓 | 1.000 | - | - | 1.000 | - | - | - | - | - | - | 1.000 | - | - | 1.000 |
| 每句潰白卻細膩的台詞都是以瘟療和現實去包裝的ampELLE2天前bookmark | - | - | - | - | - | - | - | - | - | - | - | - | 0.006 | 0.006 |
| 另外韓劇《我的室友是九尾狐》開播ampELLE4天前bookmarkborder | 1.000 | 1.000 | 1.000 | 1.000 | 1.000 | 1.000 | 1.000 | 1.000 | 1.000 | - | 1.000 | - | - | 1.000 |
| LINETV與KKTV都有3成成長《ETtoday》為您整理各站最ampETto | 0.432 | 0.000 | 0.000 | 0.000 | - | - | - | - | - | - | 0.000 | - | 0.000 | 0.000 |
| 睽違了6年皮克斯原班人馬回歸帶來了《Cars3閃電再起》在《Cars3閃電再起》 | 0.932 | - | - | - | - | - | - | 5.611 | - | - | - | - | - | 0.361 |
| 已經為《Cars》《Cars2》獻出4首作品的鄉村樂界的天王人物BradPais | 0.043 | - | - | - | - | - | - | - | - | - | 4.330 | - | 0.210 | 0.922 |
| 備受迪士尼推崇的創作女歌手ZZWard與葛萊美鄉村藍調歌手GaryClarkJr | 0.021 | - | - | 4.311 | - | - | - | - | - | - | 0.320 | - | - | 0.978 |
| 除此之外亦收錄多首黨喜翻作StevieWonder提拔葛萊美獎提名新生代靈魂女歌 | 0.810 | 0.933 | - | - | - | - | 1.655 | - | - | - | - | - | - | 1.000 |
| 吉他小清新JamesBay翻唱美國草根天王樂團TomPettyandTheHea | 0.432 | 1.010 | - | - | - | - | - | - | - | 1.543 | - | - | - | 0.976 |
| 另也收錄迪士尼墨西哥新秀JorgeBlanco將TheBeatles的Drive | 0.653 | 3.200 | 4.321 | - | 0.931 | 0.000 | 0.000 | 0.000 | 0.000 | 4.322 | 3.110 | 0.320 | 0.043 | 0.042 |
| 但今7日一早她卻被通報確診新冠肺炎自己也非常震驚ampYahoo奇摩2020年1 | 0.237 | 0.074 | - | 0.166 | - | 0.004 | - | 0.004 | - | - | - | - | 0.004 | 0.004 |

① Relativity：顯示報導內容和十三個韓劇的正聲量相關性：表示這些報導內容和個別韓劇的相關性。空白處表示報導內容未提及該韓劇。

② 以「愛的迫降」來分析：報導次數多，幾乎所有報導內容都會提到「愛的迫降」這部韓劇，正聲量也是最高的。

③ 用「聲量深入解讀」分析後，可以掌握市場的話題及風向，可以直接在這些報導媒體中植入你的「韓國面膜」廣告。

④ 以上是單一產品或品牌的關鍵字行銷技術，但如果你是網路綜合商城的產品經理，要針對眾多品牌來安排商城的行銷活動，就必須進階到下一個章節的 AI 技術。

# 流行趨勢分析

# （Dedicated analytics）

# 2-1 「流行趨勢分析」與「最佳關鍵字」進階應用

## Pytrends 的各項功能（網路聲量七大法寶）：

（完整程式如本書附件 Dedicated_analytics.ipynb）

### (1) interest_over_time：找出關鍵字的網路聲量

搜尋「台灣」且「從 2021-01-01 ～ 2021-07-01」，台灣五個面膜品牌的聲量比較。

① 程式設定如下：（以最大聲量 100 來計算）geo= 地理區域，預設是全球，台灣是 TW，美國是 US；也可以用州 / 省來作代號，如美國阿拉巴馬州是 US-AL，英國英格蘭是 GB-ENG，不知代號的區域可用 gprop=Google property 來搜尋。

② 資料及圖形呈現：

| date | 雅詩蘭黛 | 蘭寇 | KATE | CD | CHANEL |
|---|---|---|---|---|---|
| 2021-01-01 | 7 | 0 | 1 | 14 | 14 |
| 2021-01-02 | 8 | 0 | 1 | 9 | 21 |
| 2021-01-03 | 4 | 1 | 4 | 8 | 18 |
| 2021-01-04 | 4 | 0 | 2 | 5 | 7 |
| 2021-01-05 | 2 | 0 | 2 | 7 | 12 |
| ... | ... | ... | ... | ... | ... |
| 2021-06-27 | 2 | 0 | 6 | 7 | 7 |
| 2021-06-28 | 4 | 0 | 3 | 5 | 5 |
| 2021-06-29 | 4 | 0 | 4 | 7 | 12 |
| 2021-06-30 | 5 | 0 | 2 | 3 | 12 |
| 2021-07-01 | 2 | 0 | 1 | 6 | 11 |

182 rows × 5 columns

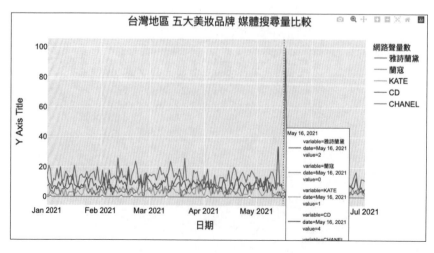

## (2) Interest by Region：按國家／地區、按興趣／搜索來搜尋關鍵字

分別對全球、美國、台灣等三個地區，以五個面膜品牌「雅詩蘭黛、LANCOME、KATE、奇士美、YSL」當作關鍵字來進行的網路聲量搜尋。（以最大聲量 100 來計算）

結果如下：按搜尋結果的「降序」來呈現前 10 個「國家／地區」；可以看到每個品牌的相對搜索量（聲量）。

| geoName | LANCOME | KATE | YSL | SK-II | KISSME |
|---|---|---|---|---|---|
| Vietnam | 33 | 36 | 30 | 1 | 0 |
| Ukraine | 24 | 66 | 10 | 0 | 0 |
| Romania | 22 | 69 | 9 | 0 | 0 |
| Turkey | 21 | 69 | 10 | 0 | 0 |
| Thailand | 21 | 35 | 43 | 1 | 0 |
| Greece | 19 | 72 | 9 | 0 | 0 |
| Iran | 17 | 78 | 5 | 0 | 0 |
| Russia | 16 | 72 | 12 | 0 | 0 |
| Spain | 16 | 78 | 6 | 0 | 0 |
| Czechia | 14 | 80 | 6 | 0 | 0 |

| geoName | LANCOME | KATE | YSL | SK-II | KISSME |
|---|---|---|---|---|---|
| Alabama | 4 | 92 | 4 | 0 | 0 |
| Alaska | 4 | 94 | 2 | 0 | 0 |
| Arizona | 4 | 91 | 5 | 0 | 0 |
| Arkansas | 4 | 93 | 3 | 0 | 0 |
| California | 5 | 85 | 10 | 0 | 0 |
| Colorado | 4 | 93 | 3 | 0 | 0 |
| Connecticut | 3 | 93 | 4 | 0 | 0 |
| Delaware | 3 | 91 | 6 | 0 | 0 |
| District of Columbia | 3 | 91 | 6 | 0 | 0 |
| Florida | 6 | 88 | 6 | 0 | 0 |

| geoName | LANCOME | KATE | YSL | SK-II | KISSME |
|---|---|---|---|---|---|
| Taipei City | 8 | 34 | 58 | 0 | 0 |
| Taoyuan City | 7 | 32 | 60 | 0 | 1 |
| New Taipei City | 6 | 33 | 61 | 0 | 0 |
| Taichung City | 6 | 29 | 64 | 0 | 1 |
| Tainan City | 6 | 37 | 56 | 0 | 0 |
| Kaohsiung City | 5 | 30 | 64 | 0 | 1 |

五個品牌在全球各國的聲量分佈圖（列出聲量前 50 名的國家）。

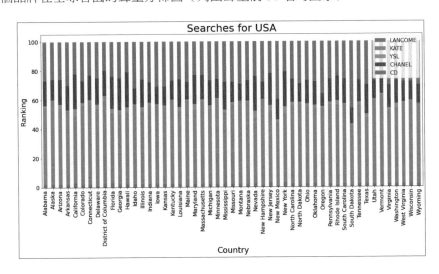

你也可用任何你喜歡的品牌關鍵字（iPhone、Tesla 等）來搜尋該品牌的網路聲量。

## (3) get_historical_interest：搜尋特定時間、區域及關鍵字之聲量

例如台灣（TW）地區，關鍵字為「covid-19」，時間從 2020/4/1 00:00 到 2020/12/2 00:00，每小時的網路聲量。程式設定如下：

```
pytrends.get_historical_interest(['covid-19'], year_start=2021, month_start=1,
day_start=1, hour_start=0, year_end=2021, month_end=7, day_end=1,hour_end=0,
cat=0, geo='TW', gprop='', sleep=0)['covid-19']
```

搜尋網路聲量結果如下：

從網路聲量變化圖看出，「Covid-19」在 2020 年的台灣，幾乎是聲量最高的名詞；

| | covid-19 |
|---|---|
| date | |
| 2021-01-01 00:00:00 | 41 |
| 2021-01-01 01:00:00 | 29 |
| 2021-01-01 02:00:00 | 35 |
| 2021-01-01 03:00:00 | 27 |
| 2021-01-01 04:00:00 | 19 |
| ... | ... |
| 2021-06-30 20:00:00 | 14 |
| 2021-06-30 21:00:00 | 37 |
| 2021-06-30 22:00:00 | 24 |
| 2021-06-30 23:00:00 | 28 |
| 2021-07-01 00:00:00 | 33 |

4032 rows × 1 columns

同理，也可以用任何你喜歡的關鍵字（如 iPhone 12、護手霜等）來搜尋網路聲量。

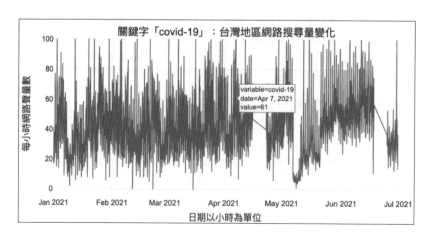

## (4) top_charts：搜尋即時最夯話題

例如台灣（TW）及美國（US），2020 年最夯話題列表。程式設定及結果如下：

```
date = 2020
pytrends.top_charts(date, geo='TW')
```

```
date = 2020
pytrends.top_charts(date, geo='US')
```

| | title | exploreQuery | | | title | exploreQuery |
|---|---|---|---|---|---|---|
| 0 | 美國總統大選 | 美國 總統 大選 | | 0 | Election results | |
| 1 | 武漢肺炎 | 武漢 肺炎 | | 1 | Coronavirus | |
| 2 | 動滋券 | 動 滋 券 | | 2 | Kobe Bryant | |
| 3 | 劉真 | 劉真 | | 3 | Coronavirus update | |
| 4 | 小鬼 | | | 4 | Coronavirus symptoms | |
| 5 | 藝FUN券 | 藝 FUN 券 | | 5 | Zoom | |
| 6 | 愛的迫降 | 愛 的 迫降 | | 6 | Who is winning the election | |
| 7 | 以家人之名 | 以 家人 之 名 | | 7 | Naya Rivera | |
| 8 | 川普 | 川普 | | 8 | Chadwick Boseman | |
| 9 | 夫妻的世界 | 夫妻 的 世界 | | 9 | PlayStation 5 | PS5 |

## 在進行話題行銷時，可參考當時最夯的新聞話題，運用時事和產品的聯想來思考廣告詞。

如 2020 年上半年最夯的韓劇「愛的迫降」成為當時許多產品的廣告詞：

- 某烈酒廣告：喜歡他就珍藏他。
- 某航空公司廣告：起風是為了前進，不是為了停留。
- 某連鎖旅館廣告：不論走了多遠的路 … 最終都會回來的。

Pytrends 的 top_chart 功能，讓很多廣告行銷部門的人利用時下最夯的連續劇進行關聯式操作，相信會有加乘的效果。

## (5) related_queries：尋找「最佳關鍵字」及「搜尋量上昇之關鍵字」

例如台灣（TW）地區，關鍵字為「面膜」，時間從 2018 到 2020，尋找「面膜」之「最佳關鍵字」及「搜尋量上昇之關鍵字」。程式設定如下：

```
pytrend.build_payload(kw_list='面膜',timeframe='2018-01-01 2020-12-31',geo='TW')
related_queries_dict = pytrend.related_queries()
df7=related_queries_dict['面膜']['top']
df8=related_queries_dict['面膜']['rising']
```

結果如下：

| | 最具關聯性之關鍵字 | | | 聲量上昇之關鍵字 | |
|---|---|---|---|---|---|
| | query | value | | query | value |
| 0 | 面膜 ptt | 100 | 0 | jm 面膜 | 64800 |
| 1 | 面膜 推薦 | 96 | 1 | 我 的 心機 安瓶 面膜 | 35050 |
| 2 | 保濕 面膜 | 79 | 2 | jm solution 面膜 | 25500 |
| 3 | 韓國 面膜 | 60 | 3 | 面膜 推薦 2018 | 23950 |
| 4 | 日本 面膜 | 51 | 4 | jm solution | 20950 |
| 5 | tt | 43 | 5 | 金盞花 撕 拉 面膜 | 20150 |
| 6 | tt 面膜 | 42 | 6 | jmsolution 面膜 | 19750 |
| 7 | innisfree 面膜 | 32 | 7 | 巴黎 萊 雅 礦物 淨化 泥 面膜 | 18600 |
| 8 | 美白 面膜 | 32 | 8 | 老奶奶 面膜 | 17600 |
| 9 | innisfree | 31 | 9 | 小 燈泡 面膜 | 17250 |
| 10 | 晚安 面膜 | 29 | 10 | 藥丸 面膜 | 17250 |
| 11 | 面膜 使用 | 26 | 11 | jmsolution | 17200 |
| 12 | 清潔 面膜 | 26 | 12 | 黃金 胜 肽 緊 緻 面膜 | 17100 |
| 13 | 台灣 面膜 | 25 | 13 | 高字薾 面膜 | 14700 |
| 14 | 黃金 面膜 | 25 | 14 | 婕 洛 妮 絲 黃金 面膜 | 11500 |
| 15 | 森田 面膜 | 23 | 15 | 兩 小時 面膜 | 10600 |
| 16 | 屈臣氏 面膜 | 22 | 16 | 灰 熊 厲害 瞬 白 泡泡 面膜 | 10500 |
| 17 | 屈臣氏 | 22 | 17 | olay 微 磁 導入 面膜 | 10500 |
| 18 | 粉刺 面膜 | 21 | 18 | fnd 面膜 | 10300 |
| 19 | 火山 泥 面膜 | 19 | 19 | uu 面膜 | 9100 |
| 20 | 我 的 心機 面膜 | 17 | 20 | 御泥坊 面膜 | 7800 |

① 根據「最佳關鍵字」及「搜尋量上昇之關鍵字」結果，可大大幫助行銷人員進行產品廣告的決策。

② 知道竄升的趨勢，等於掌握了流量與商機。Google 是人們行為最誠實的地方，蒐集人們的搜尋行為，可以準確推測人們到底喜歡什麼、需要什麼。

## (6) Suggestions：優化關鍵字

① 產生可用於「優化 trend_search」的建議關鍵字列表。大部份時候會和 trending_searches 或 related_queries 一起使用。

## (4) top_charts：搜尋即時最夯話題

例如台灣（TW）及美國（US），2020 年最夯話題列表。程式設定及結果如下：

```
date = 2020
pytrends.top_charts(date, geo='TW')
```

```
date = 2020
pytrends.top_charts(date, geo='US')
```

| | title | exploreQuery |
|---|---|---|
| 0 | 美國總統大選 | 美國 總統 大選 |
| 1 | 武漢肺炎 | 武漢 肺炎 |
| 2 | 動滋券 | 動 滋 券 |
| 3 | 劉真 | 劉真 |
| 4 | 小鬼 | |
| 5 | 藝FUN券 | 藝 FUN 券 |
| 6 | 愛的迫降 | 愛 的 迫降 |
| 7 | 以家人之名 | 以 家人 之 名 |
| 8 | 川普 | 川 普 |
| 9 | 夫妻的世界 | 夫妻 的 世界 |

| | title | exploreQuery |
|---|---|---|
| 0 | Election results | |
| 1 | Coronavirus | |
| 2 | Kobe Bryant | |
| 3 | Coronavirus update | |
| 4 | Coronavirus symptoms | |
| 5 | Zoom | |
| 6 | Who is winning the election | |
| 7 | Naya Rivera | |
| 8 | Chadwick Boseman | |
| 9 | PlayStation 5 | PS5 |

## 在進行話題行銷時，可參考當時最夯的新聞話題，運用時事和產品的聯想來思考廣告詞。

如 2020 年上半年最夯的韓劇「愛的迫降」成為當時許多產品的廣告詞：

- 某烈酒廣告：喜歡他就珍藏他。
- 某航空公司廣告：起風是為了前進，不是為了停留。
- 某連鎖旅館廣告：不論走了多遠的路 ... 最終都會回來的。

Pytrends 的 top_chart 功能，讓很多廣告行銷部門的人利用時下最夯的連續劇進行關聯式操作，相信會有加乘的效果。

## (5) related_queries：尋找「最佳關鍵字」及「搜尋量上昇之關鍵字」

例如台灣（TW）地區，關鍵字為「面膜」，時間從 2018 到 2020，尋找「面膜」之「最佳關鍵字」及「搜尋量上昇之關鍵字」。程式設定如下：

```
pytrend.build_payload(kw_list='面膜',timeframe='2018-01-01 2020-12-31',geo='TW')
related_queries_dict = pytrend.related_queries()
df7=related_queries_dict['面膜']['top']
df8=related_queries_dict['面膜']['rising']
```

結果如下：

| 最具關聯性之關鍵字 | | | 聲量上昇之關鍵字 | |
|---|---|---|---|---|
| | query | value | query | value |
| 0 | 面膜 ptt | 100 | 0 | jm 面膜 | 64800 |
| 1 | 面膜 推薦 | 96 | 1 | 我 的 心機 安 瓶 面膜 | 35050 |
| 2 | 保濕 面膜 | 79 | 2 | jm solution 面膜 | 25500 |
| 3 | 韓國 面膜 | 60 | 3 | 面膜 推薦 2018 | 23950 |
| 4 | 日本 面膜 | 51 | 4 | jm solution | 20950 |
| 5 | tt | 43 | 5 | 金盞花 撕 拉 面膜 | 20150 |
| 6 | tt 面膜 | 42 | 6 | jmsolution 面膜 | 19750 |
| 7 | innisfree 面膜 | 32 | 7 | 巴黎 萊 雅 礦物 淨化 泥 面膜 | 18600 |
| 8 | 美白 面膜 | 32 | 8 | 老奶奶 面膜 | 17600 |
| 9 | innisfree | 31 | 9 | 小 燈泡 面膜 | 17250 |
| 10 | 晚安 面膜 | 29 | 10 | 藥丸 面膜 | 17250 |
| 11 | 面膜 使用 | 26 | 11 | jmsolution | 17200 |
| 12 | 清潔 面膜 | 26 | 12 | 黃金 胜 肽 緊 緻 面膜 | 17100 |
| 13 | 台灣 面膜 | 25 | 13 | 高宇蓁 面膜 | 14700 |
| 14 | 黃金 面膜 | 25 | 14 | 婕 洛 妮 絲 黃金 面膜 | 11500 |
| 15 | 森田 面膜 | 23 | 15 | 兩 小時 面膜 | 10600 |
| 16 | 屈臣氏 面膜 | 22 | 16 | 灰 熊 厲害 瞬 白 泡 泡 面膜 | 10500 |
| 17 | 屈臣氏 | 22 | 17 | olay 微 磁 導入 面膜 | 10500 |
| 18 | 粉刺 面膜 | 21 | 18 | fhd 面膜 | 10300 |
| 19 | 火山 泥 面膜 | 19 | 19 | uu 面膜 | 9100 |
| 20 | 我 的 心機 面膜 | 17 | 20 | 御泥坊 面膜 | 7800 |

① 根據「最佳關鍵字」及「搜尋量上昇之關鍵字」結果，可大大幫助行銷人員進行產品廣告的決策。

② 知道竄升的趨勢，等於掌握了流量與商機。Google 是人們行為最誠實的地方，蒐集人們的搜尋行為，可以準確推測人們到底喜歡什麼、需要什麼。

## (6) Suggestions：優化關鍵字

① 產生可用於「優化 trend_search」的建議關鍵字列表。大部份時候會和 trending_searches 或 related_queries 一起使用。

② 找出最佳關鍵字是很重要的工作，如果使用錯誤關鍵字，會造成廣告投放錯誤。

例如台灣（TW）地區，關鍵字為「iPhone」，找出最佳關鍵字。

從 suggestions 關鍵字建議結果：

```
                    title                 type
0                  iPhone         Mobile phone
1                  iPhone         Product line
2                   Apple   Technology company
3          Apple iPhone 8         Mobile phone
4                iPhone 7         Mobile phone
```

直覺上「iPhone」是個很好的關鍵字，但很可能不是最佳關鍵字，或是可能「iPhone」涵蓋的範圍太廣，從 iPhone 3 到 iPhone 12 的客戶都找出來；對行銷工作而言，反而是個很麻煩的事。經過 suggestions(keyword='iPhone') 查找一下，發現最多人使用的關鍵字尚有 Apple、iPhone 8 等關鍵字。如上表所示。

## (7) trending_searches：即時「趨勢」搜尋。

由於 Google Trends 搜尋趨勢目前僅會顯示大略的流量數據，並不會顯示實際的準確流量數據，因此，你僅能透過 trending_searches 搜尋趨勢所顯示的大略數據，來調整你的關鍵字策略。

雖然 Google Trends 搜尋趨勢不會顯示確切的關鍵字流量，但是基本上你還是可以了解每個關鍵字在每日、每月、每季、每年的流量查詢變化，這些數據雖是廣泛的顯示，但足以分析關鍵字的搜尋熱門程度，同時也能在多個關鍵字當中比較他們的搜尋競爭程度，非常容易定義出最佳的關鍵字策略。

trending_searches 函式會送回一個 DataFrame 格式文件（最多 20 個夯話題）。

例如要找出近期台灣最夯話題，列出排名前 20 的話題，程式設定如下：

```
import pandas as pd
from pytrends.request import TrendReq
pytrend = TrendReq()
trending_searches_df = pytrend.trending_searches(pn='taiwan')
print(trending_searches_df.head(20))
```

結果如下：

| 0 | RAVI | 10 | 成力煥 |
|---|------|-----|--------|
| 1 | 台大 | 11 | 澎恰恰 |
| 2 | 田澤純一 | 12 | RSV |
| 3 | 角頭2 | 13 | 體育 |
| 4 | 歐陽靖 | 14 | 吳怡霈 |
| 5 | 紫南宮 | 15 | 國高中上課時間 |
| 6 | 地震 | 16 | 鱅鱅張 |
| 7 | 日本鎖國 | 17 | CLC |
| 8 | 梁靜茹 | 18 | 吳明鴻 |
| 9 | Nba直播 | 19 | Boxing Day |

在 2020/12/31 前後，台灣的最夯話題前二十名是表列這些，當行銷人員看到這些就可以擬定一些與這些話題有關的廣告或行銷詞。

## 2-2 實例 1：「台灣十大美妝品牌，近三個月，流行趨勢比較分析」

（完整程式如本書附件 Dedicated_analytics.ipynb）

台灣地區近年十大化妝品牌如下：ESTEE LAUDER、ELIZABETH、LANCOM、KATE、SHISEIDO、DIOR、CHANEL、SK-II、CLINIQUE、BIOTHERM、HR。以 interest_over_time() 函式進行網路聲量比較。

| date | ESTEE LAUDER | ELIZABETH | LANCOME | KATE | SHISEIDO | DIOR | CHANEL | SK-II | CLINIQUE | BIOTHERM | HR |
|------|--------------|-----------|---------|------|----------|------|--------|-------|----------|----------|-----|
| 2021-04-04 | 0 | 48 | 42 | 69 | 0 | 50 | 67 | 0 | 52 | 0 | 28 |
| 2021-04-05 | 0 | 16 | 21 | 27 | 44 | 53 | 37 | 0 | 0 | 0 | 95 |
| 2021-04-06 | 0 | 29 | 19 | 39 | 21 | 42 | 35 | 0 | 0 | 0 | 26 |
| 2021-04-07 | 32 | 0 | 19 | 25 | 0 | 41 | 43 | 0 | 48 | 48 | 50 |
| 2021-04-08 | 32 | 43 | 0 | 62 | 0 | 45 | 38 | 0 | 94 | 0 | 62 |
| ... | ... | ... | ... | ... | ... | ... | ... | ... | ... | ... | ... |
| 2021-06-27 | 0 | 0 | 0 | 13 | 0 | 61 | 37 | 0 | 50 | 0 | 13 |
| 2021-06-28 | 60 | 54 | 0 | 24 | 0 | 46 | 16 | 0 | 0 | 0 | 24 |
| 2021-06-29 | 29 | 13 | 18 | 81 | 0 | 30 | 44 | 0 | 44 | 44 | 46 |
| 2021-06-30 | 0 | 68 | 18 | 36 | 19 | 23 | 49 | 0 | 45 | 0 | 24 |
| 2021-07-01 | 30 | 27 | 0 | 47 | 0 | 31 | 41 | 0 | 0 | 0 | 35 |

89 rows × 11 columns

以上為台灣地區最近三個月（2020/10/25 ～ 2021/1/24），十大美妝品牌聲量比較。聲量（流行度）最高的是 HR（最高值為 100，其他名次遞減）。

## 2-3 實例 2：「美國十大化妝品牌，近三個月，流行趨勢比較分析」

美國地區以 interest_over_time() 函式進行網路聲量比較。

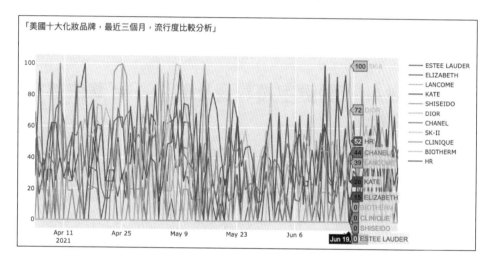

以上為美國地區三個月（2021/04/01 ～ 2021/06/30），十大美妝品牌聲量比較。以（2021/06/19）為例，聲量（流行度）最高是 DIOR 為 100（最高值為 100，其他名次依第遞減）。

## 2-4 實例 3：「關鍵字搜尋比較」－台灣地區

以 pytrend.interest_over_time() 函式，進行台灣地區四組關鍵字（面膜、美妝、卸妝水、保養品）在 2020-11-08 ～ 2021-01-19 期間之搜尋量比較。

| date | 面膜 | 美妝 | 卸妝水 | 保養品 | isPartial |
|---|---|---|---|---|---|
| 2020-11-08 | 98 | 24 | 11 | 49 | False |
| 2020-11-15 | 73 | 13 | 5 | 51 | False |
| 2020-11-22 | 61 | 18 | 7 | 39 | False |
| 2020-11-29 | 67 | 18 | 8 | 45 | False |
| 2020-12-06 | 63 | 21 | 10 | 43 | False |
| 2020-12-13 | 71 | 22 | 4 | 52 | False |
| 2020-12-20 | 57 | 17 | 3 | 40 | False |
| 2020-12-27 | 58 | 17 | 7 | 34 | False |
| 2021-01-03 | 49 | 14 | 2 | 39 | False |
| 2021-01-10 | 47 | 15 | 4 | 35 | True |

## 2-5 實例 4：「關鍵字搜尋量比較」－台灣依都市別分析

以 pytrend.interest_by_region() 函式，進行台灣地區四組關鍵字（面膜、美妝、卸妝水、保養品）在 2020-11-08 ～ 2021-01-19 期間之搜尋量比較（按都市別）。分別以台灣六都（台北市、新北市、桃園市、台中市、台南市、高雄市）列示。

| geoName | 面膜 | 美妝 | 卸妝水 | 保養品 |
|---|---|---|---|---|
| Kaohsiung City | 54 | 13 | 4 | 29 |
| New Taipei City | 59 | 12 | 3 | 26 |
| Taichung City | 58 | 14 | 4 | 24 |
| Tainan City | 57 | 12 | 5 | 26 |
| Taipei City | 55 | 14 | 5 | 26 |
| Taoyuan City | 55 | 11 | 3 | 31 |

## 2-6 實例 5：「主要運動服潮牌」之關鍵字聲量比較

以 pytrend.interest_over_time() 函式，進行台灣地區六組關鍵字（Nike、Adidas、Under Armour、Zara、H&M、Louis Vuitton）在 2021-01-01 ～ 2021-07-01 期間之關鍵字聲量比較。

| | date | Nike-US | Adidas-US | Under Armour-US | Zara-US | H&M-US | Louis Vuitton-US | Nike-Taiwan | Adidas-Taiwan | Under Armour-Taiwan | Zara-Taiwan | H&M-Taiwan | Louis Vuitton-Taiwan |
|---|---|---|---|---|---|---|---|---|---|---|---|---|---|
| 0 | 2021-01-01 | 84 | 84 | 87 | 82 | 87 | 83 | 78 | 64.0 | 64 | 49 | 73.0 | 65 |
| 1 | 2021-01-02 | 95 | 100 | 97 | 96 | 89 | 100 | 96 | 92.0 | 67 | 73 | 73.0 | 62 |
| 2 | 2021-01-03 | 92 | 100 | 90 | 100 | 100 | 99 | 84 | 100.0 | 100 | 81 | 81.0 | 75 |
| 3 | 2021-01-04 | 83 | 80 | 81 | 75 | 87 | 82 | 84 | 69.0 | 45 | 83 | 49.0 | 82 |
| 4 | 2021-01-05 | 81 | 79 | 76 | 80 | 77 | 73 | 68 | 65.0 | 60 | 60 | 53.0 | 77 |
| 5 | 2021-01-06 | 73 | 73 | 65 | 74 | 67 | 73 | 66 | 72.0 | 56 | 56 | 37.0 | 62 |
| 6 | 2021-01-07 | 77 | 72 | 69 | 72 | 75 | 68 | 87 | 73.0 | 51 | 74 | 63.0 | 68 |
| 7 | 2021-01-08 | 86 | 79 | 77 | 81 | 80 | 74 | 90 | 67.0 | 26 | 77 | 63.0 | 77 |
| 8 | 2021-01-09 | 100 | 95 | 91 | 84 | 90 | 82 | 93 | 78.0 | 84 | 100 | 100.0 | 96 |
| 9 | 2021-01-10 | 95 | 97 | 100 | 90 | 88 | 81 | 79 | 81.0 | 67 | 96 | 95.0 | 100 |
| 10 | 2021-01-11 | 74 | 78 | 68 | 72 | 79 | 70 | 61 | 81.0 | 31 | 86 | 67.0 | 69 |
| 11 | 2021-01-12 | 74 | 70 | 66 | 84 | 66 | 67 | 80 | 49.0 | 72 | 84 | 72.0 | 65 |
| 12 | 2021-01-13 | 75 | 76 | 69 | 83 | 71 | 68 | 53 | 82.0 | 42 | 38 | 48.0 | 66 |
| 13 | 2021-01-14 | 78 | 80 | 71 | 74 | 74 | 68 | 45 | 54.0 | 58 | 69 | 35.0 | 56 |
| 14 | 2021-01-15 | 78 | 76 | 70 | 68 | 81 | 69 | 80 | 65.0 | 42 | 61 | 77.0 | 67 |
| 15 | 2021-01-16 | 87 | 97 | 72 | 76 | 91 | 83 | 100 | NaN | 77 | 93 | NaN | 89 |

## 2-7 實例 6：「關鍵字相關度搜尋量比較」－現在排名及上昇中排名

以 pytrend.related_queries() 函式，進行台灣地區四組關鍵字（面膜、美妝、卸妝水、保養品）在 2020-11-08 ～ 2021-01-19 期間搜尋「最具關聯性之關鍵字」及「搜尋量上昇之關鍵字」之比較。

| | 最具關聯性之關鍵字 | | 搜尋量上昇之關鍵字 | |
|---|---|---|---|---|
| | query | value | query | value |
| 0 | 面膜 推薦 | 100 | 水 楊 酸 冰淇淋 面膜 | 48750 |
| 1 | 保濕 面膜 | 89 | 灰 熊 厲害 瞬 白 泡泡 面膜 | 35050 |
| 2 | 黃金 面膜 | 49 | 晚安 面膜 推薦 | 31980 |
| 3 | 韓國 面膜 | 45 | apivita | 29950 |
| 4 | 美白 面膜 | 40 | apivita 面膜 | 23450 |
| 5 | innisfree 面膜 | 36 | abib 面膜 | 20150 |
| 6 | tt 面膜 | 36 | aesop | 19750 |
| 7 | innisfree 面膜 | 35 | aesop 面膜 | 18600 |
| 8 | 火山 泥 面膜 | 35 | 聚光燈 面膜 | 17600 |
| 9 | 屈臣氏 面膜 | 25 | 御泥坊 面膜 | 17250 |
| 10 | 粉刺 面膜 | 24 | 仙人掌 面膜 | 17250 |
| 11 | 品 木 宣言 | 22 | 肌研 面膜 | 17200 |
| 12 | 日本 面膜 | 22 | 露得清 細 白 修護 面膜 | 17100 |
| 13 | 晚安 面膜 | 21 | 老奶奶 面膜 | 14700 |
| 14 | 清潔 面膜 | 21 | 玩 美 日記 面膜 | 11500 |
| 15 | 品 木 宣言 面膜 | 19 | egf 面膜 | 10600 |
| 16 | 森田 面膜 | 18 | 黃金 面膜 | 10500 |
| 17 | Ahc 面膜 | 17 | 黃金 胜 肽 緊緻 面膜 | 10500 |
| 18 | 未來美 面膜 | 16 | ahc 面膜 | 10300 |
| 19 | innisfree 火山 泥 面膜 | 14 | 開架 面膜 推薦 | 9100 |
| 20 | 我 的 心機 面膜 | 14 | 金盞 菊 擠 拉 面膜 ptt | 8300 |

# 2-8 實例 7：日本、韓國及美國「即時夯話題」

畫出品牌「Louis Vuitton」的聲量趨勢：

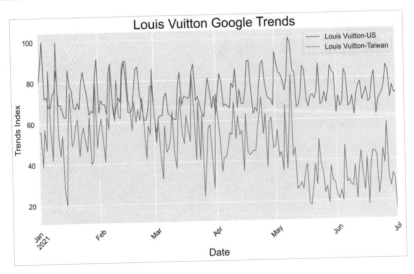

以 pytrend.trending_searches(pn='japan') 函式，進行（日本、韓國、美國）三個地區今天（2021-01-25）搜尋「即時夯話題」。pn 值：pn='japan'，pn='south_korea'，pn='united_states'。

| | | | | | |
|---|---|---|---|---|---|
| 0 | 西野未姫 | 0 | UFC | 0 | Larry King |
| 1 | 大栄翔 | 1 | 래리킹 | 1 | Matthew Stafford |
| 2 | 東海ステークス | 2 | 정인이 양부모 | 2 | Salt-N-Pepa |
| 3 | フワちゃん | 3 | 김새롬 | 3 | Alexei Navalny |
| 4 | AJCC | 4 | 페인티드 베일 | 4 | Jessica Eye |
| 5 | 渋沢栄一 | 5 | 아스날 | 5 | Bills vs Chiefs |
| 6 | レッドアイズ | 6 | 로또947회당첨번호 | 6 | FA Cup |
| 7 | 東京 天気 | 7 | 박은석 | 7 | Abu Dhabi |
| 8 | 原神 | 8 | 결혼작사 이혼작곡 | 8 | Real Madrid |
| 9 | 摂津正 | 9 | 유시민 | 9 | Amanda Ribas |
| 10 | 永瀬廉 | 10 | 대림동 | 10 | Suns |
| 11 | 井上尚弥 | 11 | 인텔 | 11 | Duke basketball |
| 12 | パオパオチャンネル | 12 | 리버풀 | 12 | Eminem |
| 13 | 高野山 | 13 | 강원래 | 13 | Arsenal |
| 14 | 井岡一翔 | 14 | 병무청 | 14 | Alavés vs Real Madrid |
| 15 | 俺の家の話 | 15 | 심석희 | 15 | Marina Rodriguez |
| 16 | 共通テスト得点調整 | 16 | LG전자 | 16 | Patrik Laine |
| 17 | ムーンライトながら | 17 | 박지윤 | 17 | Travis Barker |
| 18 | オリンピック中止 | 18 | LG전자 주가 | 18 | Conor McGregor |
| 19 | Apple Watch | 19 | 핵가방 | 19 | Mega Millions |

# 2-9 實例 8：covid-19 台灣地區「關鍵字聲量」及區域別分析

以 pytrend.interest_over_time() 函式，進行相關關鍵字（'covid-19','coronavirus',' 肺炎 ',' 疫苗 ',' 基因 '）及六個都市，近一個月「關鍵字聲量」及區域分析。

```
Keywords_List=['covid-19','coronavirus','肺炎','疫苗','基因']
pytrend.build_payload(kw_list=Keywords_List,geo='TW',timeframe='today 1-m',
cat=0,gprop='')
interest_over_time_df = pytrend.interest_over_time()
df = df.drop('isPartial',axis=1)
```

| date | covid-19 | coronavirus | 肺炎 | 疫苗 | 基因 |
|---|---|---|---|---|---|
| 2021-01-18 | 2 | 5 | 62 | 22 | 4 |
| 2021-01-19 | 4 | 4 | 72 | 15 | 4 |
| 2021-01-20 | 6 | 4 | 85 | 15 | 2 |
| 2021-01-21 | 2 | 3 | 77 | 20 | 4 |
| 2021-01-22 | 2 | 3 | 68 | 15 | 2 |

隨著台灣部桃醫院的群聚感染疫情上升，疫情相關搜尋也增加（聲量上升）。

區域分析如下：pytrend.interest_by_region() 可列出區域（市、州、郡、縣）等聲量比較表。

```
interest_by_region_df = pytrend.interest_by_region()
print(interest_by_region_df.sort_values(['coronavirus'], ascending=False))
```

| geoName | covid-19 | coronavirus | 肺炎 | 疫苗 | 基因 |
|---|---|---|---|---|---|
| Taipei City | 4 | 6 | 60 | 24 | 6 |
| Taichung City | 3 | 4 | 64 | 24 | 5 |
| Kaohsiung City | 3 | 3 | 66 | 24 | 4 |
| New Taipei City | 4 | 3 | 66 | 23 | 4 |
| Taoyuan City | 3 | 3 | 66 | 24 | 4 |
| Tainan City | 1 | 1 | 63 | 25 | 10 |

互動圖如下：

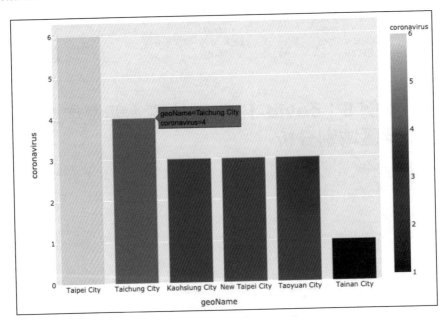

相關性最高之「熱門關鍵字」排序，及熱度上昇中「熱門關鍵字」：pytrend.related_queries() 活用如下：

```
related_queries_dict = pytrend.related_queries()
print(related_queries_dict['肺炎']['top'].head(20))
print(related_queries_dict['肺炎']['rising'])
```

```
                              query   value
0                          武漢 肺炎   100
1                          新冠 肺炎   93
2                          肺炎 症狀   40
3                          肺炎 疫情   26
4                       武漢 肺炎 症狀   20
5                       新冠 肺炎 症狀   17
6                       武漢 肺炎 疫情   15
7                       台灣 武漢 肺炎   13
8                       新冠 肺炎 疫情   8
9                          肺炎 疫苗   7
10                      台灣 新冠 肺炎   7
11                      武漢 肺炎 疫苗   4
12                      新冠 肺炎 統計   3
13                      武漢 肺炎 人數   3
14                   新冠 肺炎 死亡 人數   2
15                      肺炎 鏈 球菌   2
16                   武漢 肺炎 最新 疫情   2
17                         心 冠狀 肺炎   1
18                   武漢 肺炎 死亡 人數   1
19   嚴重 特殊 傳染 性 肺炎 防治 及 紓 困 振興 特別 條例   1
```

這是「肺炎」的熱門關鍵字排名，其中第19項出現有關「特別」、「條例」等特殊字詞。看似和「肺炎」沒有關係。

```
                                        query   value
0                                  心 冠狀 肺炎   24600
1   嚴重 特殊 傳染 性 肺炎 防治 及 紓 困 振興 特別 條例   16350
2                                  新 冠狀 肺炎   8100
3                                  新冠 肺炎 症狀   300
4                                  武漢 肺炎 症狀   140
5                                     肺炎 症狀   120
6                               新冠 肺炎 死亡 人數   60
7                                  新冠 肺炎 統計   60
8                                  台灣 新冠 肺炎   40
```

而上昇中的熱門關鍵字，「特別」、「條例」等特殊字詞卻是上昇最快的熱門關鍵字；表示是短期最夯字詞。即是我們進行下一步行銷重要的廣告詞。

# 2-10 實例9：品牌、產品或關鍵字的靈活運用策略

以全球品牌「Nike」為例，因最近行銷活動多，從「上昇中的聲量」（rising）分析可以看出行銷活動的效果：

```
Keywords_List=['Nike']
pytrend.build_payload(kw_list=Keywords_List,geo = 'TW',timeframe = 'today 1-m',
cat=CATEGORY,gprop=SEARCH_TYPE)
related_topic = pytrend.related_topics()
related_topic['Nike']['rising'].drop(['link','topic_mid'], axis=1).head(20)
```

結果如下：

| | value | formattedValue | topic_title | topic_type |
|---|---|---|---|---|
| 0 | 43550 | Breakout | Nike Metcon | Shoe |
| 1 | 21900 | Breakout | Skate shoe | Shoe |
| 2 | 21850 | Breakout | Nike React | Topic |
| 3 | 21750 | Breakout | Cargo pants | Topic |
| 4 | 10800 | Breakout | Nike Women's Air Force 1 '07 | Topic |
| 5 | 10800 | Breakout | Vans | Shoe manufacturing company |
| 6 | 10800 | Breakout | Pixel | Unit of digital image length |
| 7 | 10750 | Breakout | Nickelodeon | Television channel |
| 8 | 10750 | Breakout | Color scheme | Topic |
| 9 | 10750 | Breakout | Mandarin duck | Birds |
| 10 | 10750 | Breakout | Sweatpants | Topic |
| 11 | 10700 | Breakout | Long-sleeved T-shirt | Topic |
| 12 | 750 | +750% | Nike Dunk | Shoe |
| 13 | 350 | +350% | Down feather | Topic |
| 14 | 300 | +300% | Trousers | Clothing |
| 15 | 170 | +170% | Coat | Garment |
| 16 | 140 | +140% | Black | Color |
| 17 | 90 | +90% | Women's Shoe | Topic |
| 18 | 80 | +80% | Puma | Design company |
| 19 | 50 | +50% | Size | Topic |

分析如下：

(1) Nike 是強勢品牌，只要一打廣告，就產生破表式的聲量。

(2) 而 Topic_type 可以看出，這些聲量出現在那些媒體上。這是廣告效果的呈現。

(3) Vans、Puma 並不是 Nike 的相關字，但可以看出媒體的外溢效果。經由不同題目找到不同領域的客戶。

(4) 進一步分析聲量排行前二十名（top）：可以看出都不是最近行銷活動的關鍵字。

```
df9=related_topic['Nike']['top'].drop(['link','topic_mid'], axis=1)
df9.head(20)
```

(5) 新入榜的只有 Black，表示最近的「廣告詞」都未進入前十名。從這裡可以看出廣告效果的影響力。如果接下來持續地「廣告詞」仍未入榜，表示這次廣告看不到明顯效果。

| | value | formattedValue | hasData | topic_title | topic_type |
|---|---|---|---|---|---|
| 0 | 100 | 100 | True | Nike | Footwear manufacturing company |
| 1 | 38 | 38 | True | Nike | Topic |
| 2 | 23 | 23 | True | Shoe | Shoe |
| 3 | 6 | 6 | True | Sneakers | Shoe |
| 4 | 6 | 6 | True | Nike Air Max | Shoe |
| 5 | 5 | 5 | True | Nike Air Force 1 | Shoe |
| 6 | 5 | 5 | True | Outerwear | Topic |
| 7 | 5 | 5 | True | Adidas | Design company |
| 8 | 3 | 3 | True | Nike Factory Store | Topic |
| 9 | 3 | 3 | True | Nike Dunk | Shoe |
| 10 | 3 | 3 | True | Sacai | Fashion label |
| 11 | 2 | 2 | True | White | Color |
| 12 | 2 | 2 | True | Puma | Design company |
| 13 | 2 | 2 | True | Women's Shoe | Topic |
| 14 | 2 | 2 | True | Sacai | Topic |
| 15 | 2 | 2 | True | Nike Air Max 270 | Topic |
| 16 | 2 | 2 | True | Coat | Garment |
| 17 | 2 | 2 | True | Nike Air Force | Shoe |
| 18 | 2 | 2 | True | Nike Women's RYZ 365 | Topic |
| 19 | 1 | 1 | True | New Balance | Footwear manufacturing company |

(6) 從這二個列表，可以逐一用交叉分析的方式將每個行銷活動進行成果分析：

① 「Nike Air Force」分居 5 及 17 名，由於是很久以前的副品牌及活動關鍵字，「Nike Air Force」仍停留在排行榜中，表示是長期根深蒂固的形象。

② 「Nike Metcon」是副品牌「Nike 訓練鞋」的關鍵字，也是慢跑鞋自 2016 年以來的熱門款式；從二個列表交叉分析可看出「Nike Metcon」仍是近期最夯關鍵字。

# 2-11 實例 10：品牌、產品或關鍵字的靈活運用策略

當產品在賣場上架一段時間後，行銷人員會觀察銷售量的變化作為調整產品線的依據。以下是用二個 pytrends 指令來進行調整產品的分析，以品牌「Nike」、「Adidas」、「Under Armour」為例：

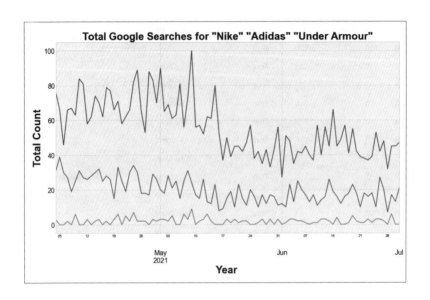

(1) 先觀察近三個月三個品牌的市場熱度：pytrends.interest_over_time()

由上圖可知，Nike 品牌熱度最高且廣告積極，但近十日隨廣告下架而熱度稍降。Adidas 和 Under Armour 因產品線調整而熱度持平在低檔。若以賣場經營角度觀之，沒有理由不順勢拉抬 Nike 的銷售量。

(2) 詳細檢視近十日的變化：data.tail(10)

| date | Nike | Adidas | Under Armour |
|---|---|---|---|
| 2021-05-30 | 4491 | 1503 | 144 |
| 2021-05-31 | 4523 | 1513 | 145 |
| 2021-06-01 | 4543 | 1523 | 146 |
| 2021-06-02 | 4575 | 1540 | 146 |
| 2021-06-03 | 4618 | 1553 | 146 |
| 2021-06-04 | 4649 | 1562 | 148 |
| 2021-06-05 | 4692 | 1583 | 149 |
| 2021-06-06 | 4720 | 1594 | 152 |
| 2021-06-07 | 4756 | 1602 | 153 |
| 2021-06-08 | 4791 | 1610 | 154 |

由上圖可知，Nike 品牌熱度在最近十日有再度拉高的趨勢，似乎品牌端有新廣告活動。

(3) 再看看消費者的詢問度：檢視品牌熱度是否有趨使消費者產生實際行動。
pytrends.related_queries()

| Nike | | | | | Adidas | | | | | Under Armour | | | | |
|---|---|---|---|---|---|---|---|---|---|---|---|---|---|---|
| Top | | Rising | | | Top | | Rising | | | Top | | Rising | | |
| query | value | query | value | | query | value | query | value | | query | value | query | value | |
| 0 nike 官網 | 100 | 1 nike waffle one | 450 | 1 | adidas originals | 51 | 1 adidas superstar | 30 | 1 | Under Armour | 100 | 1 | | None |
| 1 nike air force | 77 | 2 nike 拖鞋 | 400 | 2 | adidas 鞋子 | 48 | 2 adidas 鞋子 | 10 | | | | | | |
| 2 air force | 72 | 3 nike 短褲 | 200 | 3 | adidas 外套 | 48 | | | | | | | | |
| 3 nike air max | 68 | 4 new balance | 100 | 4 | adidas nmd | 38 | | | | | | | | |
| 4 nike dunk | 68 | 5 nike 籃球鞋 | 70 | 5 | adidas 官網 | 35 | | | | | | | | |
| 5 sacai | 59 | 6 nike dunk low 黑白 | 60 | 6 | adidas superstar | 26 | | | | | | | | |
| 6 nike sacai | 51 | 7 nike tc 7900 | 50 | 7 | puma | 16 | | | | | | | | |
| 7 adidas | 48 | | | 8 | nike 官網 | 10 | | | | | | | | |
| 8 nike zoom | 44 | | | 9 | original | 6 | | | | | | | | |
| 9 nike dunk low | 34 | | | | | | | | | | | | | |
| 10 nike air force 1 | 32 | | | | | | | | | | | | | |

由上圖可知，Nike 詢問度維持高檔且詢問標題呈多樣性（有產品名、有類款比較、有衣服及拖鞋等），顯示 Nike 的品牌綜效高於 Adidas 及 Undeer Armour。

(4) 再根據詢問度調整三個品牌在賣場中展示的位置，或針對詢問度來進行促銷活動。

# 2-12 結論

本章介紹了完整是行銷人員 AI 工具，如果你對程式編寫沒有興趣，可將上述內容做成工作表交給資工系工讀生每天或每週為你或你的行銷團隊作追蹤報表：如「每日關鍵字變化」、「每週品牌最夯話題」、「競爭品牌曝光度」、「競爭品牌詢問度（query）」、「競爭品牌熱度（interest_over_time）」、「廣告效益追蹤 - 廣告投放後的熱度及詢問度變化」等。

而行銷人員只要根據以上結果進行「行銷決策」即可。

# 客戶搜尋
## （Customer Search）

客戶搜尋是行銷的最基本的工作，如果是用「購買名單」或「網路爬蟲」的方式取得有效客戶名單，則不屬於行銷技術層次，與行銷學無關，只要有錢有管道即可取得大量名單。本章介紹的是技術性高的「客戶搜尋」方法：如何用 AI Marketing 的技術來進行客戶搜尋。

## 行銷學的名言：「最好的客戶是現有客戶」
### 使用「交叉銷售」和「追加銷售」增加業務收入

您也許不知道：超過 80％ 相信品牌的客戶會願意嘗試更多該品牌的產品或服務？

在大多數行業中，交叉銷售和追加銷售的重要性被低估了，大多數業務人員窮盡力量去馬路上找新客戶，但不知道最好的客戶就在身邊。「正確使用交叉銷售或追加銷售技術，可以顯著提高業務的獲利能力」。

根據本書作者以大數據分析：向非原有客戶銷售成功的成功率為 5％ 至 20％。但是成功銷售給現有客戶的成功率為 60％ 至 70％。

很多業務員為了招募新客戶，不得不投入額外的費用，包括付費廣告、社交網絡時間、促銷折扣和其他行銷策略以吸引更多人。但另一方面，向現有的客戶群銷售所需的成本和精力可大大減少，並且如果行銷方法操作正確，它將佔您總收入的很大一部分。

主要原因是現有的患者已經準備好購買心態。他們對您所提供的服務「曾經」感興趣，您無需從新的客戶角度去說服他們；唯一要做的是：對現有的客戶多一點「行銷微調」。

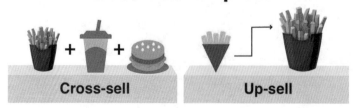

# 3-1 用 AI 創造現有客戶的貢獻度

招募新客戶很困難，不僅辛苦，而且昂貴。我們的 AI 大數據研究證明，「交叉銷售」和「追加銷售」比尋找新客戶更有效益。根據 Gartner 的報告，一家企業的利潤中有將近 80% 來自其 20% 的現有客戶。

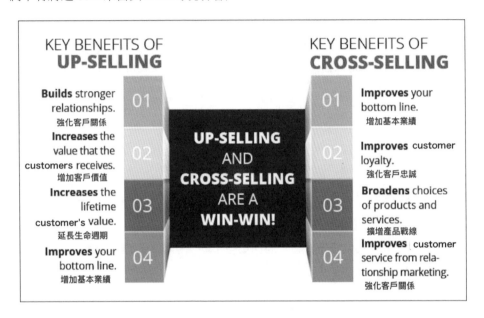

用最少的精力增加收入的最有效方法就是：啟動「交叉銷售」和「追加銷售」的 AI 工具，您可以在不增加服務時間為現有客戶提供這些附加服務。例如，您可以考慮提供其現客戶每季的特賣會，半年一次的新產品試用或試吃，有關產品的講座等。

「交叉銷售」和「追加銷售」是行銷人員策略的重要部分，在該戰略中，業務員可以根據客戶的需求和興趣向他們介紹或推薦更好的產品。這兩種策略都會大大影響您的原有主力產品的銷售，同時確保為原有客戶提供良好的服務。

有效實施「交叉銷售」和「追加銷售」策略對您的利潤有兩個最重要好處：

- 提高轉換率
- 提高患者忠誠度、保留率和滿意度

使用這些策略還可以幫助您的客戶獲得對您的產品和服務的更深入的了解，並能夠專注於與每一位客戶建立更牢固的關係。

# 3-2 用 AI 進行交叉銷售和追加銷售

「交叉銷售」（Corss-Sell）和「追加銷售」（Up-Sell）二者略有不同，但實務上操作方法類似，「交叉銷售」是銷售不同類別產品，而「追加銷售」是銷售同類產品。

「交叉銷售」是指您嘗試根據「重要客戶專屬優惠」來出售其他服務。例如，如果患者訂閱了季度健康檢查，也可以說服患者選擇其他保健產品，例如瑜伽課程或健身活動。

「追加銷售」是指您說服客戶購買他已經使用的產品之升級版本。例如，以保險公司業務員為例：如果客戶訂購了季度健康檢查，則可以向他或她每年出售一次健康套餐。您只需要說服客戶，「需要一個涵蓋醫療保健更多方面的全面健康計劃」即可。

對現有客戶進行「交叉銷售」和「追加銷售」的機率遠高於獲得新客戶。

在以下情況下「交叉銷售」最有效：

- 客戶已經購買了您的服務。
- 業務員了解客戶接受服務的意向。
- 業務員可提供補充產品或服務，以增強客戶的經驗並幫助他們實現目標。

在以下情況下，「追加銷售」最有效：

- 客戶即將接受您的服務。
- 客戶有興趣和且對公司形象充滿信心。
- 高價或先進的產品對客戶有明確的價值。

而客戶意向常隱藏不明，故需要用 AI 大數據的方式，從大規模的數據中找到你手中客戶的「明確意向」；即用**大規模市場資料來定義小眾市場客戶的傾向**。只要你手中的客戶不屬於離群值（個性及傾向異於常人），你就可以大膽採用本章的 AI 工具來進行「交叉銷售」和「追加銷售」。

# 3-3 專業行銷人員用不同的做法

各行各業一直在尋找有效的方法來增加客戶數量，而不必大量增加營銷費用。但是，大多數業務員仍在努力降低不斷增加的費用問題，因此，要維持有效且低成本的行銷工作變得越來越困難。

在殘酷的經濟活動中，行銷人員勢必考慮採用低成本的「交叉銷售」和「追加銷售」行銷工具，這工具在吸引新客戶和保持現有客戶的滿意度方面具有巨大潛力。最重要的是「成本控制容易」。

根據本書作者研究，積極進行「交叉銷售」和「追加銷售」的做法能夠產生 10％的額外收入。但「交叉銷售」和「追加銷售」也是「激進積極」的銷售策略，如果實施過當，常會使您的客戶反感。

因此，為了讓客戶獲得正面的購物體驗，在使用「交叉銷售」和「追加銷售」技術時必須遵循以客戶為中心的方法。最佳做法是：

(1) **了解您的客戶及其需求**：要想滿足客戶的需求，了解客戶至關重要。必須先確定可以為客戶提供哪些產品或服務。請記住，您的報價對於每個客戶都必須是唯一的，並且必須與他們的角色匹配。您的第一條規則是幫助您的客戶達到其購物的目標，而不是進行「額外的」銷售。為了在您的客戶心中鞏固您關心他們的觀念，您應該確切說明昇級的產品或服務如何為他們的購物目標增加價值。客戶通常會尋找物超所值的產品和服務。因此，為了成功進行「交叉銷售」和「追加銷售」，必須向患者說明昇級後產品的價值。

(2) **不要操之過急**：如前所述，僅當您確定客戶將在短時間內進行購買商品之後，才可以使用「交叉銷售」和「追加銷售」技術。但是，如果客戶對「交叉銷售」和「追加銷售」的建議過於挑剔，仍然有失去銷售機會的風險。

(3) **等待正確的時刻**：當客戶對您「額外提供」的知識感到滿意，您這時才可以利用這種興高采烈的感覺來推薦其他產品。

(4) **限制客戶的選擇**：在「交叉銷售」和「追加銷售」方面，不要為客戶提供太多選擇。因為當面對太多選擇時，大多數人會變得不知所措，最終沒有辦法進行購買。雖然有時為您的客戶提供多種選擇似乎有所幫助，但縮小他們的

選擇範圍並幫助做出決定可能會更加有益。提供一些選擇，將會業務員是否真正了解客戶的需求；要如何拿捏分寸，可以自行決定。以美國最大線上保險公司為例，如果實施妥當，70-95% 的營收來自原有客戶的貢獻，只有 5-30% 營收來自新客戶。

(5) **善用獨家優惠吸引忠實的患者**：這是向您的客戶提供優質服務的最有效方法之一。您可以提供早鳥折扣，朋友和家人折扣卡，特別保險套餐，作為引入特別優惠的一些方法。這些獨家優惠不僅將使您目前的客戶感到滿意，而且還可能吸引新客戶，因為您目前的客戶可能會將您的做法推薦給他們的朋友或家人。根據研究，如果做得正確，超過 15％的客戶希望聽到有關「交叉銷售」和「追加銷售」的信息。例如，您可以為現有客戶提供可以與家人和朋友共享的推薦折扣代碼，而為您帶來新客戶。

(6) **適當地回答患者的問題**：行銷人員需要具備超越書面文字的行銷能力，來深入了解客戶的需求和興趣。有時業務員不得不聽取客戶的意見，評估他們的需求，並相應地增加滿足當時需求的產品或服務。例如，客戶提出問題或需求時，這是您理想的機會，可以增加適合他們需求的產品或服務。

(7) **專注於提供積極的客戶體驗**：您必須讓客戶決定需要什麼負擔得起的東西。您最好在說出費用之前，先提供最合適的產品或服務，以滿足客戶的需求。強調產品基本版本和高端版本之間的差異，並幫助您的客戶做出明智的決定，這一點至關重要。必須幫助您的客戶從您的服務中獲得最大的價值，證明「交叉銷售」和「追加銷售」的好處。

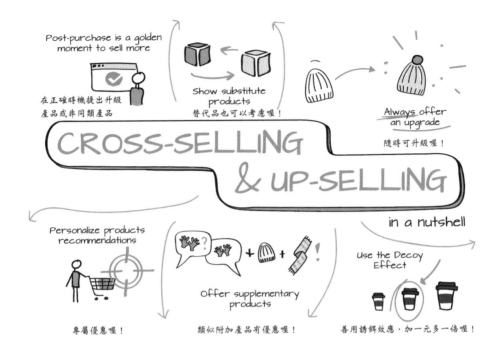

為公司產生額外收入固然重要，但為客戶提供價值也至關重要。「交叉銷售」和「追加銷售」的最終目標是：確保客戶在下一次需要您提供的服務時能再次回到您身邊。

## 3-4 AI 實例：從現有客戶中找出「新商品」的潛在客戶

（完整程式如本書附件 Cross_Sell.ipynb）

以美國最大保險公司（Everquote）為例：

Everquote 來自美國，是專門銷售車險的保險公司，為了符合現代趨勢，Everquote 在 2017 年搭建一個「推薦匹配系統」，以大數據技術協助用戶挑選出最符合需求的保險商品，協助保戶達到節約保費的目的。據此次統計，其訪客人次流量單月高達 100 萬以上。

保險公司有數百萬個客戶，要為新產品找客戶時，從舊客戶資料中去找是最快最有效的方式；即是：推薦適合的新產品給現有的客戶群，也就是『CROSS SELL』交叉銷售的概念。

在 AI 技術漸漸成熟後，『CROSS SELL』的技術也有了新的應用；運用 AI 機器學習技術可以精準預測此客戶是否是該產品的「精準行銷」的對象。

步驟如下：

(1) 將保險公司原有數萬「健康保險」保戶的資料，整理（去離群值、非數值欄位編碼、去缺值）後備用。部分名單如下：

| id | Gender | Age | Driving_License | Region_Code | Previously_Insured | Vehicle_Age | Vehicle_Damage | Annual_Premium | Policy_Sales_Channel | Vintage | Response |
|---|---|---|---|---|---|---|---|---|---|---|---|
| :1105 | 0 | 74 | 1 | 26.0 | 1 | 1 | 0 | 30170.0 | 26.0 | 88 | 0 |
| :1106 | 0 | 30 | 1 | 37.0 | 1 | 0 | 0 | 40016.0 | 152.0 | 131 | 0 |
| :1107 | 0 | 21 | 1 | 30.0 | 1 | 0 | 0 | 35118.0 | 160.0 | 161 | 0 |
| :1108 | 1 | 68 | 1 | 14.0 | 0 | 2 | 1 | 44617.0 | 124.0 | 74 | 0 |
| :1109 | 0 | 46 | 1 | 29.0 | 0 | 1 | 0 | 41777.0 | 26.0 | 237 | 0 |

(2) 為了預測客戶是否會對汽車保險感興趣，將舊有客戶的特徵（性別、年齡、區域）、保單（保險費、採購渠道）等資訊建立起來一個龐大的資料庫。客戶年齡分佈如下：

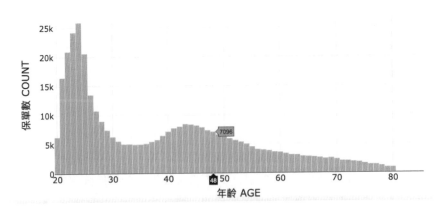

年齡分佈（age distribution）

(3) 為了瞭解客戶是否還有餘力加保汽車險，需要進行客戶財力分析：客戶年保單價值（投保金額）分佈如下：

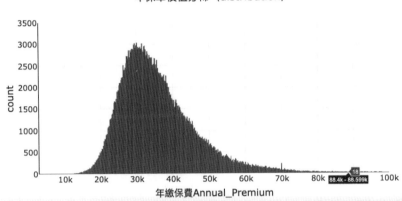

(4) 建立 AI 模型來預測客戶是否會對汽車保險感興趣，找出目標客戶。以年保單價值來看看現有客戶中的重要群組是在那一個「保費區間」，在後面的行銷策略中，可以從最集中且最重要的客戶區間優先著手。

再查看現有保單客戶「年收入」和年齡分佈，以選定尚有「餘裕」可進行是「交叉銷售」和「追加銷售」的對象在那一個區間。如圖 35-55 歲是尚有追加銷售產品「空間」的客戶群。

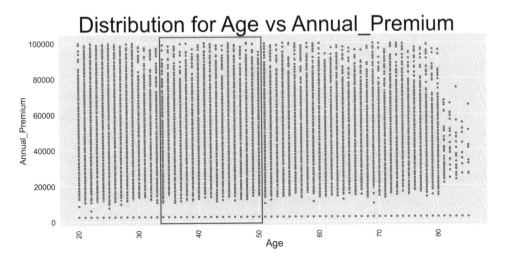

(5) 客戶忠誠度分析：用保單持有時間來判斷「客戶忠誠度」應該是很準確的，依「保單持有時間」之比率分析如下：

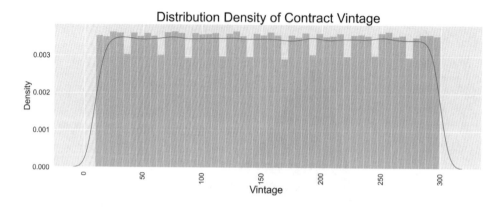

(6) 統計分析：客戶之車齡與「新車險產品接受度」分析

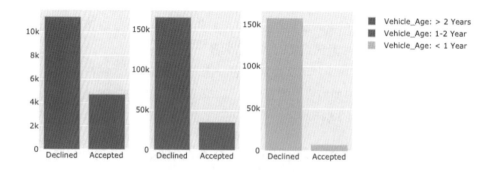

(7) 不平衡資料的二元分類：BALANCING CLASS

在二元資料中（Response 不是 1 就是 0），利用增加樣本（oversampling）或減少樣本（umdersampling）抽樣的方式來改善模型品質，在本例中變得非常重要。

## Response==1 遠少於 Response==0，故用增加（oversampling）樣本來平衡資料。

BALANCING CLASS 說明如下：

最左邊為原始資料；中間圖深色的個體是被用來找 k-nearest neighbors 的陽性個體，此處假設我們選擇 k = 3，則對於這兩個點 SMOTE 演算法會先辨認出最近的 3 個鄰近點，接下來會隨機挑選其中 1 個鄰點用來產生新樣本，最後會在被挑到的個體與對應鄰點的連線上隨機產生一個新的個體，並當作這個個體是陽性的；當我們選擇了很多不同的個體去找出 k-nearest neighbors 以及合成新樣本後，最後的結果會如圖所示。

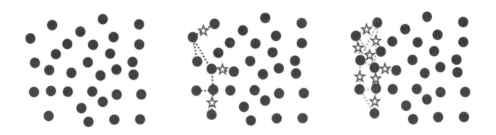

增加樣本（oversampling）或減少樣本（umdersampling），二者比較如下：

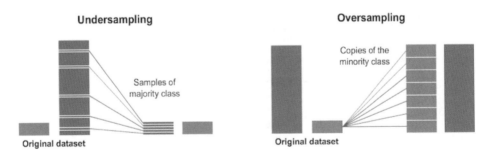

(8) 根據基本資料，進行「LightGBM 演算法模型」進行演算，再進行超參數調整做「RandomizedSearchCV 最佳化參數」，最後用 kfold 作交叉驗證。（此部分在附件及程式中詳細說明）

分析出客戶重要性的前十大因子如下：保單期間、地區、年收入、年齡、銷售管道、駕照年齡、性別，等。

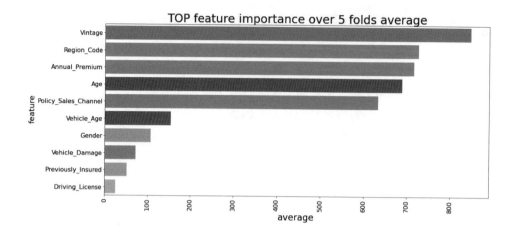

(9) 計劃一個溝通策略以覆蓋這些客戶，並優化業務模型和增加收入的方案。

(10) 使用人工智慧的機器學習演算法（Logistik Regression、Decision Tree、Random Forest、XGBoost）進行試算，得到準確率 85.92% 最佳演算法。結果如下所示。

```
[100]    training's auc: 0.86446 valid_1's auc: 0.859202
Fold 1 | AUC: 0.8592024746601387
[100]    training's auc: 0.864719      valid_1's auc: 0.858964
Fold 2 | AUC: 0.8589643168922247
[100]    training's auc: 0.86519 valid_1's auc: 0.857559
Fold 3 | AUC: 0.8575589237548101
[100]    training's auc: 0.864875      valid_1's auc: 0.858417
Fold 4 | AUC: 0.8584167068255114
[100]    training's auc: 0.864701      valid_1's auc: 0.856876
Fold 5 | AUC: 0.8568757955772006

Mean AUC = 0.858203643541977
Out of folds AUC = 0.858170592352985
```

(11) 隨機輸入 5 個新資料，可以找出二個（id=1,3）可能性達到 85.92% 以上的目標客戶，行銷人員只要針對這些算出的目標客戶，加上適當的誠意溝通，相信可容易完成推銷工作。

| id | Gender | Age | Driving_License | Region_Code | Previously_Insured | Vehicle_Age | Vehicle_Damage | Annual_Premium | Policy_Sales_Channel | Vintage | Response |
|---|---|---|---|---|---|---|---|---|---|---|---|
| 1 | 0 | 44 | 1 | 28.0 | 0 | 2 | 1 | 40454.0 | 26.0 | 217 | 1 |
| 2 | 0 | 76 | 1 | 3.0 | 0 | 1 | 0 | 33536.0 | 26.0 | 183 | 0 |
| 3 | 0 | 47 | 1 | 28.0 | 0 | 2 | 1 | 38294.0 | 26.0 | 27 | 1 |
| 4 | 0 | 21 | 1 | 11.0 | 1 | 0 | 0 | 28619.0 | 152.0 | 203 | 0 |
| 5 | 1 | 29 | 1 | 41.0 | 1 | 0 | 0 | 27496.0 | 152.0 | 39 | 0 |

(12) 進階的演算：用「0」（不可進行交叉銷售及向上銷售）和「1」（可進行交叉銷售及向上銷售）來呈現 AI 運算的結果，太過於粗糙。如果用機率來呈現「業務推廣成功率」會更好。進階的演算方法如下：

① 重組特徵：將「Age」特徵進行重組，成為 6 個群組，並以新特徵：「Group_Age」呈現。

② 獨熱編碼（One Hot Encoding）。即針對「Gender」,「Vehicle_Damage」,「Vehicle_Age」三個特徵欄位進行獨熱編碼（One Hot Encoding）。這樣做的目的是要強化運算準確率，用獨熱編碼來排除異常資料的干擾。

③ 捨棄無用的特徵：「ID」、「Age」。減少不影響保單購買的因素，可減少運算時間，並創造出小數二位以下的準確性。

④ 將所有特徵進行「常態化」（Standard Scaler）。

⑤ 分別用四個 Logistik Regression、Decision Tree、Random Forest、XGBOOTS、KNN 模型演算法。運算結果如下：

| | id | Gender | Age | Driving_License | Region_Code | Previously_Insured | Vehicle_Age | Vehicle_Damage | Annual_Premium | Policy_Sales_Channel | Vintage | Group_Age | Response |
|---|---|---|---|---|---|---|---|---|---|---|---|---|---|
| 0 | 381110 | Male | 25 | 1 | 11.0 | 1 | < 1 Year | No | 35786.0 | 152.0 | 53 | 1 | 0.000803 |
| 1 | 381111 | Male | 40 | 1 | 28.0 | 0 | 1-2 Year | Yes | 33762.0 | 7.0 | 111 | 3 | 0.410043 |
| 2 | 381112 | Male | 47 | 1 | 28.0 | 0 | 1-2 Year | Yes | 40050.0 | 124.0 | 199 | 3 | 0.375379 |
| 3 | 381113 | Male | 24 | 1 | 27.0 | 1 | < 1 Year | Yes | 37356.0 | 152.0 | 187 | 1 | 0.010588 |
| 4 | 381114 | Male | 27 | 1 | 28.0 | 1 | < 1 Year | No | 59097.0 | 152.0 | 297 | 1 | 0.000735 |
| 5 | 381115 | Male | 22 | 1 | 30.0 | 1 | < 1 Year | No | 40207.0 | 152.0 | 266 | 1 | 0.000772 |
| 6 | 381116 | Female | 51 | 1 | 37.0 | 1 | 1-2 Year | No | 40118.0 | 26.0 | 107 | 4 | 0.000858 |
| 7 | 381117 | Male | 25 | 1 | 41.0 | 1 | < 1 Year | No | 23375.0 | 152.0 | 232 | 1 | 0.000752 |
| 8 | 381118 | Male | 42 | 1 | 41.0 | 0 | 1-2 Year | Yes | 2630.0 | 26.0 | 277 | 3 | 0.410485 |
| 9 | 381119 | Female | 37 | 1 | 12.0 | 1 | 1-2 Year | No | 27124.0 | 124.0 | 133 | 2 | 0.000894 |

以 KNN 運算結果準確率最高（94.5%），也就是說將客戶基本資料輸入檔案，用 AI 來推測每一個客戶對新產品的接受度（用百分比來表示），結果如上圖最右側。編號「38110」的客戶接受度為 0.0803%，編號「38111」的客戶接受度為 41.0043%，依此類推。

## 結論：

1. 本實例是用保險公司的客戶資料來計算，經 AI 機器學習後，產生了自動判斷業務成功率的例子，目的幫助業務員找到「接受度較高的客戶」，而以最少時間並排定優先順序去努力達成業績。

2. 這是從原有客戶中找機會（Corss-Sell）的最佳例子，同理可用在任何其他的領域，如精品店的客戶、大賣場的客戶，如果購買頻率越高，越容易找出「交叉銷售」或「向上銷售」的潛在客戶。

3. 數十萬筆資料的大量學習後並精準判斷潛在客戶是那一位，並非人類可以辦到的，這是 AI Marketing 的巨大魅力。二十一世紀的今天，任何業務員都不能拒絕 AI 的幫助。

# 顧客分眾
# （Customer Targeting）

「顧客分眾」就是從大量客戶資料中，確定哪些客戶適合那些產品；也就是用分群的行銷技術來進行客戶群拆解並分群，再用 AI 演算法來預測每個群組的未來購買力。

在美國等先進行銷技術的地方，在電子商務成為顯學之後，「顧客分眾」的技術就成為行銷學的重要章節；而「顧客分眾」（Customer Targeting）的目的是預測購買力（Sales Forecasting）。許多大型電商如 Amazon、Target、IKEA 等，均可以在聖誕節前準確預測要備多少庫存，主要的依據就是將其所有客戶均做了分群，並依各群來預測銷售量，加總所有「群」的銷售量即為總銷售量。

其採用的技術，就是本章介紹的 AI Customer Targeting 技術。

# 4-1 什麼是顧客分眾？

顧客分眾是 CRM（Customer Relationship Management）的重點工作，即維繫「舊顧客」關係的一種行銷技術。顧客分眾可精準找到產品的目標客戶，進而有效降低行銷成本，提高行銷活動的投資報酬率。將顧客進行分眾後，才有辦法進行後續的深度行銷工作。

顧客分眾的目標有二：

(1) 分辨出真正有價值的顧客？
(2) 找出誰願意再次消費？

本章以 IKEA 之模擬銷售資料為例，使用「LRFM」分眾模型來進行顧客分眾：LRFM 分眾模型概念易懂操作簡單，即利用顧客的消費行為（大數據資料），分析顧客的終身價值，找出 VIP 顧客。IKEA 資料庫說明如下：

(1) IKEA 在 50 年前成立第一家店後，至今已轉型成為綜合家用品倉庫式批發中心，並在全球五大洲展店。

(2) 本資料庫是利用歷史交易資料，可以用來計算行銷的客戶關係參數：如客戶關係長度、顧客活躍度、消費頻率、消費金額。

(3) 公司定位：

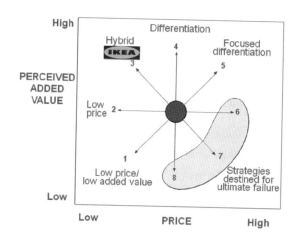

① 該公司是走「低價精品」路線，由於是低毛利經營，高效率的要求格外重要。

② 先進系統是必要條件，精準的客戶服務依賴大數據的良好運作。

③ 強調「客戶體驗概念」：不再只是產品，而是體驗；也不再是理想的客戶體驗，而是情感體驗和附加價值的呈現；不再是每個接觸點的完美，而是定義客戶需求和偏好。顧客可以將孩子留在遊樂區，提供風味美食的用餐區，易於安裝的產品，這一切似乎都是對顧客有吸引力的服務；然而，這些不凡的「客戶體驗概念」並沒有反映在毛利中。

④ 我們分析了利潤不佳的三個原因：

i. 同業激烈競爭：網上購物進入了每個家庭，在網上提供產品，並以較低的價格從中國或印度發貨。

ii. 購物習慣改變：客戶更喜歡在螢幕後面購物，而不是開車去宜家。

iii. 客戶需求改變：如果從一所房子搬到另一所房子，客戶會要求重新組裝服務。此外，客戶也會有不同的思考並尋找更可靠的產品，但 IKEA 不提供備品。

# 到 2019 年，戰略上進行了徹底的轉變

(4) 企業轉型：

- 大數據應用：2018 年，開始利用數據，根據數據分析結果進行客戶需求推動及組織內部的變革。

- 移動裝置應用：為了強化線上購物體驗，推出了其移動 APP，讓客戶可以利用「虛擬實境（VR）」來查看產品的每個選項及配件，也可利用「擴增實境（AR）」來想像產品在他們家中的樣子。這種最先進的技術使用戶可以輸入房間尺寸，並從各種不同的品味和生活方式中選擇他們喜歡的產品，並想像他們的家如何佈置產品。然後，可以通過 using IKEA 的移動應用程序訂購這些產品。

- 外包服務：為了滿足客戶需求，包括產品的維護、噴漆和提供備件。iKEA 美國公司收購了 TaskRabbit，可以派人去做客戶要求的事情，比如擦水槽、粉刷牆壁、組裝和重新組裝產品等。有了這個服務，IKEA 開始塑造全新的視野。它不僅實現「銷售（相對）便宜、（某種）簡單（組裝）的家具」，還看到了另一個業務的巨大潛力，例如家具維修。

- 進軍市中心：IKEA 的傳統戰略過去包括在城外開設大型賣場。面對挑戰，將策略轉向在城市內開設較小的商店，客戶可以在那裡獲得快速服務，但是主要服務仍將在大型商店提供。快速服務包括固定和組裝產品以及提供備件。對學生和一些短期外籍工人特別有吸引力。

- 進軍亞太市場：大舉進入中國、印度、菲律賓、東南亞國家市場。因為這個地區是未來十年全球經濟成長最高的地區。

**全球營收分佈**

- 該公司將「AI」視為重新回到成長軌道的萬靈丹。從毛利的成長，可以看出該跨國賣場的 AI 策略是成功的。

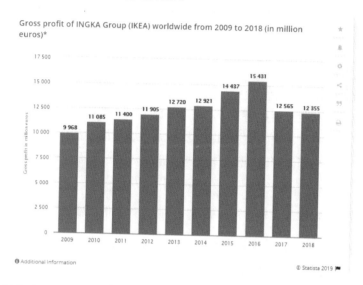

Gross profit of INGKA Group (IKEA) worldwide from 2009 to 2018 (in million euros)*

(5) 本章是集合巨量資料來運算行銷數據，希望讓 LRFM 理論能夠實現，不僅用在網路交易上，也用在實體店面的交易。

(6) LRFM 的理論與實踐，從 2015 年在該公司大量採用，也證實對營收成長有顯著貢獻。從 Bloomberg 的公開資料顯示 2016 年開始創造新成長趨勢。如果沒有 Covid-19，2020 ～ 2021 年的成長將超過 10%。

# 4-2 什麼是 LRFM ？

LRFM 是 CRM 的顧客分眾模型之一：

RFM 指的就是 Length（客戶關係長度）、Recency（上次消費的日期）、Frequency（消費頻率）、Monetary（消費金額）。說明如下：

- Length：客戶關係長度。從客戶開始建立關係起算的時間長度，並不一定是從首次購物，可能是第一次參加活動，或第一次拜訪網站起算；也可以是綜合下列三個指標的運算結果；因為從一般交易資料很難找出客戶關係長度，故引用 AI 演算法來計算整年所有客戶的巨量資料，從中找出該客戶最可能的「客戶關係長度」。

- Recency：上次消費的日期，反應的是顧客的活躍度。簡單來說，比起許久未消費的顧客相比，最近消費的顧客對公司比較有印象，如果顧客的消費體驗良好的話，很可能會再次選擇消費。此時，行銷人員應主動出擊，為這些最近才消費的顧客，作產品介紹或是加值服務，重新點燃他們的消費欲望。

- Frequency：消費頻率，能幫你找到持續購物的顧客。消費頻率可能受到產品類、補貨或更換需求等影響。經過 LRFM 的分析，可發現某顧客平均每個月會進行消費，表示顧客本來就有消費習慣或預算的，因此行銷人員可以在下一個消費週期前，提醒或推廣新產品，鼓勵他們持續消費。

- Monetary：消費金額，幫你分辨真正的「貴客」。貴客不一定很常消費，但消費金額很高，是真正有的客戶。因此鼓勵他們繼續消費，提高業績。

LRFM 分析以上三種消費資料，以便針對不同的顧客類型進行行銷策略。如果公司想推廣一個限量經典奢侈品，可能適合行銷給 Monetary 較高的顧客；如果針對新會員提供免運服務，那 Recency 高、Frequency 低的新顧客會更感興趣。

| Recency<br>最近消費者 | Frequency<br>消費頻率 | Monetary<br>消費金額 |
| --- | --- | --- |
| 最近有互動（指消費，點擊）的顧客活躍度較高 | 互動頻率越高，對公司的黏著度越高 | 消費金額高，表示消費能力高 |

**廣泛用於CRM，EDM，WebAD的分析指標**

| | | |
| --- | --- | --- |
| ·上次消費日期 | ·一段時間內購買次數 | ·一段時間內顧客消費之總金額 |
| ·上次打開電子郵件之日期 | ·一段時間內開信次數 | ·一段時間內，根據每個顧客的成本及利潤等因素估算之價值 |
| ·上次潛在顧客轉之日日期 | ·一段時間內列為潛在顧客次數 | ·一段時間內從不同指標得出的顧客參與度分數 |

# 4-3 使用 LRFM 的結果？

(1) 零售業進行精準行銷時，先進行「LRFM 分析」是必備工作：

如果你是零售業，強烈推薦使用 LRFM 來進行顧客分眾。因為零售業面對龐大的顧客群，這種巨量資料很適合分析顧客消費資料的 LRFM。由於顧客很多，若在每位顧客上都花費相同的行銷費用，會是一筆很大的費用。若利用 LRFM 先過濾掉已流失的顧客後，將行銷費用重點花在忠實顧客上，可收立竿見影的成效。

IKEA 歐洲行銷部門的財務報告指出，在 2018 年開始使用了 LRFM 模型後，在 2020 年取得了重大成功：

- 針對不同客戶群組（顧客分眾後）進行線上的行銷活動後，一年後電子型錄的利潤提高了 19％。
- 針對不同「顧客分眾」群組，用電子郵件推銷信，而產生的收入，增加了 18 倍。
- 媒體的廣告費用較之前減少 30％，而平均顧客的回購率卻增加了 16％。

(2) 幫助你瞭解顧客的特性：

LRFM 模型能幫助你瞭解顧客，除了幫助公司進行「個性化」服務之外，也能辨識更有可能回應活動的顧客群。LRFM 直接告訴你：

- 誰是你的忠實顧客？
- 哪些顧客有更高的消費潛力？
- 誰是你不需要太在意的流失顧客？
- 誰是你必須挽回的流失顧客？
- 哪些顧客最有可能回應你的廣告活動？

(3) 此系統易懂簡單好操作。

(4) 本書附件有 AI 完整軟體可以協助你建立 LRFM 模型，來判斷顧客價值。使用 LRFM 模型，你可以根據顧客的消費行為，判斷他是多次購買但消費金額很低，或是半年只買一次奢侈品。而這兩種顧客對你而言都很有價值，但是必須使用不同的行銷手法。

- 概念易懂：LRFM 是非常簡單和直觀的概念。根據顧客的行為模式判斷他是否值得投資，以及因應每個顧客的特性進行不同的行銷策略。
- 資料取得簡單：不必費心取得顧客的個人資料（性別、年齡、職業等），只需有會員的消費資料，因消費資料相對正確性最高。
- 操作方便：無需學會複雜統計，只需用 Python 來進行 LRFM 分析。

# 4-4 AI 實例：用行銷學的 LRFM 和 AI 大數據演算來進行顧客分眾

（完整程式如本書附件 Customer_Targeting.ipynb）

以知名零售商 IKEA 的模擬資料為例，來做顧客分眾，找出目標客戶。AI 程式的步驟如下：

(1) 探索性資料分析：將資料進行視覺分析，以「時間序列」和「地理位置」來了解客戶的購買行為。

(2) 由於本巨量資料細緻到購買時間之「小時分鐘」，故使用創建新資料特徵，以利 LRFM 數據分析：

- 停留時間（Length of Stay，最早一次購買間至今時間）
- 最新近度（Recency，最近一次購買至今時間）
- 購買頻率（Frequency，至今購買次數）
- 購買金額（Monetary，購買總金額）

# 4-5 數學統計方法，用「權重方式」進行「顧客分眾」（RFM、LRFM、RFM_SUM 指標）

在 2018 年以前，行銷學只用 RFM 指標，但在 2020 年，加入了 Lenght（客戶停留長度），而成為 LRFM 指標。

Lenght 如果是計算首購和最近一次購物的時間長度，就有行銷的意義，Length 表示客戶的某種忠誠度（雖然消費頻率可能不高，或消費金額不高）。但 Lenght 如果是計算註冊成為會員的時間長度，就不一定表示客戶的忠誠度了。在線上情境中，LRFM 較常用，在實體商店或賣場情境中，RFM 較常用。

| LRFM Score | Length mean | min | max | count | Recency mean | min | max | count | Frequency mean | min | max | count | Monetary mean | min | max | count |
|---|---|---|---|---|---|---|---|---|---|---|---|---|---|---|---|---|
| 1111 | 0.0 | 0.0 | 0.0 | 277 | 379.9 | 349 | 396 | 277 | 1.0 | 1 | 1 | 277 | 140.3 | 0.8 | 218.1 | 277 |
| 1112 | 0.0 | 0.0 | 0.0 | 260 | 379.5 | 349 | 396 | 260 | 1.0 | 1 | 1 | 260 | 307.9 | 220.8 | 405.2 | 260 |
| 1113 | 0.0 | 0.0 | 0.0 | 111 | 375.5 | 349 | 396 | 111 | 1.0 | 1 | 1 | 111 | 519.5 | 406.6 | 759.1 | 111 |
| 1114 | 0.0 | 0.0 | 0.0 | 41 | 372.0 | 349 | 396 | 41 | 1.0 | 1 | 1 | 41 | 1065.1 | 767.4 | 1631.3 | 41 |
| 1115 | 0.0 | 0.0 | 0.0 | 9 | 372.0 | 356 | 395 | 9 | 1.0 | 1 | 1 | 9 | 2488.2 | 1715.9 | 3794.4 | 9 |
| ... | ... | ... | ... | ... | ... | ... | ... | ... | ... | ... | ... | ... | ... | ... | ... | ... |
| 5545 | 287.7 | 255.0 | 314.0 | 12 | 32.7 | 22 | 39 | 12 | 3.8 | 3 | 4 | 12 | 2666.6 | 1712.9 | 5681.7 | 12 |
| 5552 | 270.0 | 270.0 | 270.0 | 1 | 37.0 | 37 | 37 | 1 | 6.0 | 6 | 6 | 1 | 306.7 | 306.7 | 306.7 | 1 |
| 5553 | 280.0 | 269.0 | 293.0 | 5 | 30.6 | 26 | 37 | 5 | 5.8 | 5 | 7 | 5 | 612.6 | 558.5 | 666.4 | 5 |
| 5554 | 286.6 | 257.0 | 320.0 | 52 | 30.3 | 22 | 39 | 52 | 6.5 | 5 | 12 | 52 | 1253.1 | 768.1 | 1701.9 | 52 |
| 5555 | 296.3 | 255.0 | 323.0 | 313 | 28.2 | 22 | 39 | 313 | 17.2 | 5 | 185 | 313 | 10695.5 | 1714.5 | 253197.8 | 313 |

264 rows × 16 columns

經 LRFM 分眾後，結果如上圖所示。例如，解釋 RFM Score=5555 這個族群而言，

- 此族群中有 313 個人。
- 平均而言，他們最近一次購買是在 28.2 天前。
- 他們第一次購物到今天的購物次數是 17.2 次。
- 他們平均的總購物金額花了 10695.5 美元。

## 4-6 用行銷學 Length、Recency、Frequency、Monitory 四者間互動關係，用 3D 圖呈現

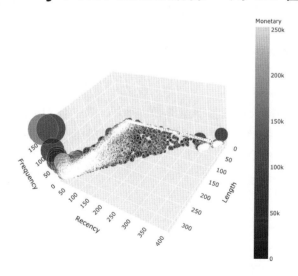

圖形觀察結果：

(1) Length、Recency、Frequency、Monitory 四者均佳的客戶，在圖中集中在左方，這個區域是重點行銷的客戶群。

(2) 圖中間部分，佔有極高比例，表示這個區域是可以大力提昇忠誠度的部分，也是 AI（後面實例演練要強調的部分）。

(3) 圖右方部分，有少數客戶是頻率高但最近未消費

# 4-7 用 LRFM/RFM 進行「顧客分眾」後，找出重要的行銷答案

(1) 誰是最佳客戶（Who are my best customers）？找出共 313 人是最佳客戶。

| LRFM Score | Length | | | | Recency | | | | Frequency | | | | Monetary | | | |
|---|---|---|---|---|---|---|---|---|---|---|---|---|---|---|---|---|
| | mean | min | max | count | mean | min | max | count | mean | min | max | count | mean | min | max | count |
| 1111 | 0.0 | 0.0 | 0.0 | 277 | 379.9 | 349 | 396 | 277 | 1.0 | 1 | 1 | 277 | 140.3 | 0.8 | 218.1 | 277 |
| 1112 | 0.0 | 0.0 | 0.0 | 260 | 379.5 | 349 | 396 | 260 | 1.0 | 1 | 1 | 260 | 307.9 | 220.8 | 405.2 | 260 |
| 1113 | 0.0 | 0.0 | 0.0 | 111 | 375.5 | 349 | 396 | 111 | 1.0 | 1 | 1 | 111 | 519.5 | 406.6 | 759.1 | 111 |
| 1114 | 0.0 | 0.0 | 0.0 | 41 | 372.0 | 349 | 396 | 41 | 1.0 | 1 | 1 | 41 | 1065.1 | 767.4 | 1631.3 | 41 |
| 1115 | 0.0 | 0.0 | 0.0 | 9 | 372.0 | 356 | 395 | 9 | 1.0 | 1 | 1 | 9 | 2488.2 | 1715.9 | 3794.4 | 9 |
| ... | ... | ... | ... | ... | ... | ... | ... | ... | ... | ... | ... | ... | ... | ... | ... | ... |
| 5545 | 287.7 | 255.0 | 314.0 | 12 | 32.7 | 22 | 39 | 12 | 3.8 | 3 | 4 | 12 | 2666.6 | 1712.9 | 5681.7 | 12 |
| 5552 | 270.0 | 270.0 | 270.0 | 1 | 37.0 | 37 | 37 | 1 | 6.0 | 6 | 6 | 1 | 306.7 | 306.7 | 306.7 | 1 |
| 5553 | 280.0 | 269.0 | 293.0 | 5 | 30.6 | 26 | 37 | 5 | 5.8 | 5 | 7 | 5 | 612.6 | 558.5 | 666.4 | 5 |
| 5554 | 286.6 | 257.0 | 320.0 | 52 | 30.3 | 22 | 39 | 52 | 6.5 | 5 | 12 | 52 | 1253.1 | 768.1 | 1701.9 | 52 |
| 5555 | 296.3 | 255.0 | 323.0 | 313 | 28.2 | 22 | 39 | 313 | 17.2 | 5 | 185 | 313 | 10695.5 | 1714.5 | 253197.8 | 313 |

264 rows × 16 columns

LRFM 四個指標均為「5」，無疑是最佳客戶。表中有 313 個客戶，無論在會員持有日、近期採購、採購頻率、採購金額等最佳。再細看最佳客戶的詳細資料，又有許多驚人發現：

| | CustomerID | Frequency | Monetary | Length | Recency | Freq_Tile | Rec_Tile | Mone_Tile | Length_Tile | RFM Score | LRFM Score |
|---|---|---|---|---|---|---|---|---|---|---|---|
| 1630 | 14646 | 69 | 253197.76 | 322.0 | 23 | 5 | 5 | 5 | 5 | 555 | 5555 |
| 4038 | 18102 | 56 | 231822.69 | 306.0 | 22 | 5 | 5 | 5 | 5 | 555 | 5555 |
| 3592 | 17450 | 41 | 173901.75 | 267.0 | 30 | 5 | 5 | 5 | 5 | 555 | 5555 |
| 1816 | 14911 | 185 | 132606.70 | 319.0 | 23 | 5 | 5 | 5 | 5 | 555 | 5555 |
| 1284 | 14156 | 53 | 100282.71 | 301.0 | 31 | 5 | 5 | 5 | 5 | 555 | 5555 |
| ... | ... | ... | ... | ... | ... | ... | ... | ... | ... | ... | ... |
| 3774 | 17705 | 9 | 1823.52 | 299.0 | 25 | 5 | 5 | 5 | 5 | 555 | 5555 |
| 3808 | 17754 | 5 | 1772.26 | 260.0 | 22 | 5 | 5 | 5 | 5 | 555 | 5555 |
| 3269 | 16983 | 6 | 1767.76 | 309.0 | 34 | 5 | 5 | 5 | 5 | 555 | 5555 |
| 3250 | 16954 | 8 | 1738.28 | 270.0 | 22 | 5 | 5 | 5 | 5 | 555 | 5555 |
| 1325 | 14217 | 14 | 1714.48 | 311.0 | 23 | 5 | 5 | 5 | 5 | 555 | 5555 |

313 rows × 11 columns

超級採購者每月至少消費一次，甚至有一年消費 100 次以上者，金額甚至高達數十萬歐元；有經驗的行銷人員應該再針對「最佳客戶」進行 VIP 等級的行銷活動，如企業卡、特賣會或滿額禮，以鼓勵「最佳客戶」繼續保持「最佳狀態」。

| | CustomerID | Frequency | Monetary | Length | Recency | Freq_Tile | Rec_Tile | Mone_Tile | Length_Tile | RFM Score | LRFM Score |
|---|---|---|---|---|---|---|---|---|---|---|---|
| 4168 | 12346 | 1 | 77183.60 | 0.0 | 348 | 1 | 2 | 5 | 1 | 215 | 1215 |
| 1946 | 15098 | 3 | 39916.50 | 0.0 | 204 | 4 | 2 | 5 | 1 | 245 | 1245 |
| 5280 | 18102 | 4 | 27834.61 | 2.0 | 388 | 4 | 1 | 5 | 1 | 145 | 1145 |
| 4591 | 14646 | 5 | 27008.26 | 31.0 | 346 | 5 | 2 | 5 | 2 | 255 | 2255 |
| 4807 | 15749 | 2 | 22998.40 | 0.0 | 355 | 3 | 1 | 5 | 1 | 135 | 1135 |
| ... | ... | ... | ... | ... | ... | ... | ... | ... | ... | ... | ... |
| 3945 | 17956 | 1 | 12.75 | 0.0 | 271 | 1 | 2 | 1 | 1 | 211 | 1211 |
| 4196 | 12476 | 1 | 12.45 | 0.0 | 384 | 1 | 1 | 1 | 1 | 111 | 1111 |
| 3415 | 17194 | 1 | 10.00 | 0.0 | 295 | 1 | 2 | 1 | 1 | 211 | 1211 |
| 3095 | 16738 | 1 | 3.75 | 0.0 | 320 | 1 | 2 | 1 | 1 | 211 | 1211 |
| 4953 | 16554 | 1 | 0.85 | 0.0 | 354 | 1 | 1 | 1 | 1 | 111 | 1111 |

2120 rows × 11 columns

(2) 哪些客戶處於邊緣（at the verge of churning）？最新近度（Recency）指標值（Rec_Tile）很低者（1 或 2），列為處於邊緣的客戶。共 2120 個客戶是處於邊緣的客戶。

- 這樣分析有個巨大的錯誤：有一種大客戶，他們不常購物，但一出手就是大金額買家，這種客戶的購買能力表現在大宗購物（貴重服飾）和節慶購物（只有在聖誕節才或生日趴才會出手大採購）者。這種消費行為通常是可怕的大買家，當然不能視為「邊緣的客戶」來經營，反而應該全力維持客戶關係。

- 在分析邊緣客戶時，應該排除只在節慶及重要時日大採購者。如下所示，這群客戶才是真正的「邊緣客戶」。

| | CustomerID | Frequency | Monetary | Length | Recency | Freq_Tile | Rec_Tile | Mone_Tile | Length_Tile | RFM Score | LRFM Score |
|---|---|---|---|---|---|---|---|---|---|---|---|
| 4900 | 16250 | 1 | 226.14 | 0.0 | 396 | 1 | 1 | 2 | 1 | 112 | 1112 |
| 5072 | 17181 | 1 | 155.52 | 0.0 | 396 | 1 | 1 | 1 | 1 | 111 | 1111 |
| 4583 | 14594 | 1 | 255.00 | 0.0 | 396 | 1 | 1 | 2 | 1 | 112 | 1112 |
| 5169 | 17643 | 1 | 101.55 | 0.0 | 396 | 1 | 1 | 1 | 1 | 111 | 1111 |
| 4267 | 12791 | 1 | 192.60 | 0.0 | 396 | 1 | 1 | 1 | 1 | 111 | 1111 |
| ... | ... | ... | ... | ... | ... | ... | ... | ... | ... | ... | ... |
| 2682 | 16147 | 1 | 375.00 | 0.0 | 155 | 1 | 2 | 2 | 1 | 212 | 1212 |
| 3923 | 17926 | 2 | 397.29 | 70.0 | 155 | 3 | 2 | 2 | 2 | 232 | 2232 |
| 547 | 13106 | 1 | 76.50 | 0.0 | 155 | 1 | 2 | 1 | 1 | 211 | 1211 |
| 2537 | 15942 | 1 | 337.44 | 0.0 | 155 | 1 | 2 | 2 | 1 | 212 | 1212 |
| 2184 | 15438 | 1 | 156.58 | 0.0 | 153 | 1 | 2 | 1 | 1 | 211 | 1211 |

1286 rows × 11 columns

- 邊緣客戶要做「滿意度調查」，以徹底瞭解為何如此長時間未登門消費？是競爭者因素，還是客訴因素；消費金額少亦是調查的重點，是需求型客戶？只買生活必須品，或價格吸引力不佳，沒有購買意願？

- 邊緣客戶也是新客戶族群，其中隱藏未來客戶，故不能用低消費客戶來分群。這是行銷人員常常誤判的關鍵，許多賣場多年來沒有新客戶上門，應從「邊緣客戶」做起。

(3) 誰是失去的客戶（Who are the lost customers）？ recency、frequency、monetary 值都低的客戶，直覺判斷應是屬於「失去的客戶」或是「搖擺客戶」，以上三指標都在 1 或 2 者就算是這類的客戶了。共有 1763 個失去的客戶。

| | CustomerID | Frequency | Monetary | Length | Recency | Freq_Tile | Rec_Tile | Mone_Tile | Length_Tile | RFM Score | LRFM Score |
|---|---|---|---|---|---|---|---|---|---|---|---|
| 4900 | 16250 | 1 | 226.14 | 0.0 | 396 | 1 | 1 | 2 | 1 | 112 | 1112 |
| 4725 | 15350 | 1 | 115.65 | 0.0 | 396 | 1 | 1 | 1 | 1 | 111 | 1111 |
| 5072 | 17181 | 1 | 155.52 | 0.0 | 396 | 1 | 1 | 1 | 1 | 111 | 1111 |
| 4274 | 12838 | 1 | 390.79 | 0.0 | 396 | 1 | 1 | 2 | 1 | 112 | 1112 |
| 4583 | 14594 | 1 | 255.00 | 0.0 | 396 | 1 | 1 | 2 | 1 | 112 | 1112 |
| ... | ... | ... | ... | ... | ... | ... | ... | ... | ... | ... | ... |
| 1989 | 15149 | 1 | 520.80 | 0.0 | 155 | 1 | 2 | 3 | 1 | 213 | 1213 |
| 2537 | 15942 | 1 | 337.44 | 0.0 | 155 | 1 | 2 | 2 | 1 | 212 | 1212 |
| 2425 | 15776 | 1 | 241.62 | 0.0 | 155 | 1 | 2 | 2 | 1 | 212 | 1212 |
| 2184 | 15438 | 1 | 156.58 | 0.0 | 153 | 1 | 2 | 1 | 1 | 211 | 1211 |
| 1796 | 14885 | 1 | 765.32 | 0.0 | 153 | 1 | 2 | 3 | 1 | 213 | 1213 |

1763 rows × 11 columns

- 但是「Length」短（剛加入的客戶）並不能算是失去的客戶，因為他們才剛成為新客戶，尚須時間來「培養」；「培養中客戶」所採取的行銷活動和「失去的客戶」所採取的行動是完全不同的。建議在做進一步分析時要善用資料庫做更精準的分析。

| | CustomerID | Frequency | Monetary | Length | Recency | Freq_Tile | Rec_Tile | Mone_Tile | Length_Tile | RFM Score | LRFM Score |
|---|---|---|---|---|---|---|---|---|---|---|---|
| 4463 | 13963 | 2 | 366.71 | 28.0 | 362 | 3 | 1 | 2 | 2 | 132 | 2132 |
| 4817 | 15808 | 3 | 2983.77 | 30.0 | 362 | 4 | 1 | 5 | 2 | 145 | 2145 |
| 5251 | 17975 | 3 | 1053.37 | 27.0 | 362 | 4 | 1 | 4 | 2 | 144 | 2144 |
| 4898 | 16241 | 2 | 438.03 | 30.0 | 362 | 3 | 1 | 3 | 2 | 133 | 2133 |
| 4510 | 14210 | 2 | 668.61 | 32.0 | 362 | 3 | 1 | 3 | 2 | 133 | 2133 |
| ... | ... | ... | ... | ... | ... | ... | ... | ... | ... | ... | ... |
| 4240 | 12683 | 3 | 1795.22 | 39.0 | 349 | 4 | 1 | 5 | 2 | 145 | 2145 |
| 4594 | 14667 | 6 | 2303.91 | 42.0 | 349 | 5 | 1 | 5 | 2 | 155 | 2155 |
| 5298 | 18223 | 2 | 1137.49 | 32.0 | 349 | 3 | 1 | 4 | 2 | 134 | 2134 |
| 4504 | 14176 | 2 | 280.75 | 41.0 | 349 | 3 | 1 | 2 | 2 | 132 | 2132 |
| 4864 | 16033 | 4 | 1053.79 | 43.0 | 349 | 4 | 1 | 4 | 2 | 144 | 2144 |

162 rows × 11 columns

- 精準分析後，只有 162 個失去的客戶，減少了 91%；所以在進行分析時一定要瞭解特徵意義。

(4) 誰是忠誠客戶（Who are the loyal customers）？直覺是高購物頻率（frequency）的客戶是忠誠客戶，以購物頻率 Top20%(Freq_Tile=5) 來區分，有 1033 個客戶是忠誠客戶。

| | CustomerID | Frequency | Monetary | Length | Recency | Freq_Tile | Rec_Tile | Mone_Tile | Length_Tile | RFM Score | LRFM Score |
|---|---|---|---|---|---|---|---|---|---|---|---|
| 1630 | 14646 | 69 | 253197.76 | 322.0 | 23 | 5 | 5 | 5 | 5 | 555 | 5555 |
| 4038 | 18102 | 56 | 231822.69 | 306.0 | 22 | 5 | 5 | 5 | 5 | 555 | 5555 |
| 3592 | 17450 | 41 | 173901.75 | 267.0 | 30 | 5 | 5 | 5 | 5 | 555 | 5555 |
| 1816 | 14911 | 185 | 132606.70 | 319.0 | 23 | 5 | 5 | 5 | 5 | 555 | 5555 |
| 52 | 12415 | 19 | 117821.55 | 274.0 | 46 | 5 | 4 | 5 | 5 | 455 | 5455 |
| ... | ... | ... | ... | ... | ... | ... | ... | ... | ... | ... | ... |
| 4682 | 15107 | 5 | 278.70 | 42.0 | 353 | 5 | 1 | 2 | 2 | 152 | 2152 |
| 2935 | 16500 | 5 | 235.86 | 32.0 | 26 | 5 | 5 | 2 | 2 | 552 | 2552 |
| 527 | 13079 | 5 | 220.10 | 136.0 | 26 | 5 | 5 | 1 | 3 | 551 | 3551 |
| 3967 | 17988 | 6 | 136.13 | 150.0 | 33 | 5 | 5 | 1 | 3 | 551 | 3551 |
| 3995 | 18037 | 5 | 38.72 | 169.0 | 176 | 5 | 2 | 1 | 3 | 251 | 3251 |

1033 rows × 11 columns

「忠誠客戶」和「最佳客戶」不同，忠誠客戶不論金額多寡都會上門消費，從衛生紙到電腦都是採購品項，家中大小事務都會到賣場來找答案；這種客戶才是「忠誠客戶」。在行銷上要採用「溫情」行銷方式，拉住客戶長久的感情。

(5) 誰是大採購者（Who are the Big Buyers）？高消費金額（Monetary）的客戶是大採購者，以購物金額 Top20%(Mone_Tile=5) 來區分，有 1062 個客戶是忠誠客戶。

| | CustomerID | Frequency | Monetary | Length | Recency | Freq_Tile | Rec_Tile | Mone_Tile | Length_Tile | RFM Score | LRFM Score |
|---|---|---|---|---|---|---|---|---|---|---|---|
| 1630 | 14646 | 69 | 253197.76 | 322.0 | 23 | 5 | 5 | 5 | 5 | 555 | 5555 |
| 4038 | 18102 | 56 | 231822.69 | 306.0 | 22 | 5 | 5 | 5 | 5 | 555 | 5555 |
| 3592 | 17450 | 41 | 173901.75 | 267.0 | 30 | 5 | 5 | 5 | 5 | 555 | 5555 |
| 2895 | 16446 | 2 | 168472.50 | 205.0 | 22 | 3 | 5 | 5 | 4 | 535 | 4535 |
| 1816 | 14911 | 185 | 132606.70 | 319.0 | 23 | 5 | 5 | 5 | 5 | 555 | 5555 |
| ... | ... | ... | ... | ... | ... | ... | ... | ... | ... | ... | ... |
| 43 | 12405 | 1 | 1710.39 | 0.0 | 170 | 1 | 2 | 5 | 1 | 215 | 1215 |
| 1884 | 15021 | 8 | 1709.18 | 253.0 | 30 | 5 | 5 | 5 | 4 | 555 | 4555 |
| 2539 | 15947 | 1 | 1708.24 | 0.0 | 104 | 1 | 3 | 5 | 1 | 315 | 1315 |
| 45 | 12407 | 5 | 1708.12 | 215.0 | 71 | 5 | 4 | 5 | 4 | 455 | 4455 |
| 3210 | 16902 | 1 | 1706.88 | 0.0 | 138 | 1 | 3 | 5 | 1 | 315 | 1315 |

1062 rows × 11 columns

# 4-8 數學統計方法：綜合指標計算（RFM_Sum、LRFM_Sum）

直接將 LRFM 四個或 RFM 三個指標值加總，亦可作為一種行銷學的判斷指標，用來表示「客戶關係水準」。作法如下：

(1) 如果 Length 只有一年期間，將客戶依 Length 分級並沒有多大意義。所以 Length_Tile 維持一倍權重。

(2) 例如 Recency 因逢聖誕節剛過，在近期購買者表示有在注意聖誕節的行銷活動，故 Rec_Tile 變得重要的客戶關係判斷依據，配二倍權重。

(3) 若 Frquency 非常重要，是判斷客戶關係的重要依據，故 Freq_Tile 配三倍權重。

(4) 若 Monetary 是判斷客戶重量的依據，故 Mone_Tile 配二倍權重。

結果如下：

| | CustomerID | Frequency | Monetary | Length | Recency | Freq_Tile | Rec_Tile | Mone_Tile | Length_Tile | RFM Score | LRFM Score | RFM_Sum | LRFM_Sum | LRFM_Level |
|---|---|---|---|---|---|---|---|---|---|---|---|---|---|---|
| 1211 | 14051 | 20 | 13782.23 | 316.0 | 22 | 5 | 5 | 5 | 5 | 555 | 5555 | 15 | 40 | 頂級客戶 (Cutting-Edge) |
| 3576 | 17428 | 24 | 15369.06 | 305.0 | 22 | 5 | 5 | 5 | 5 | 555 | 5555 | 15 | 40 | 頂級客戶 (Cutting-Edge) |
| 2973 | 16558 | 18 | 7457.94 | 320.0 | 22 | 5 | 5 | 5 | 5 | 555 | 5555 | 15 | 40 | 頂級客戶 (Cutting-Edge) |
| 3616 | 17490 | 7 | 2092.32 | 176.0 | 22 | 5 | 5 | 5 | 3 | 555 | 3555 | 15 | 38 | 頂級客戶 (Cutting-Edge) |
| 3282 | 17001 | 10 | 3591.61 | 320.0 | 22 | 5 | 5 | 5 | 5 | 555 | 5555 | 15 | 40 | 頂級客戶 (Cutting-Edge) |
| ... | ... | ... | ... | ... | ... | ... | ... | ... | ... | ... | ... | ... | ... | ... |
| 4470 | 14001 | 1 | 301.24 | 0.0 | 396 | 1 | 1 | 2 | 1 | 112 | 1112 | 4 | 10 | 流失客戶 (Activating) |
| 4759 | 15525 | 1 | 313.93 | 0.0 | 396 | 1 | 1 | 2 | 1 | 112 | 1112 | 4 | 10 | 流失客戶 (Activating) |
| 4483 | 14078 | 1 | 136.24 | 0.0 | 396 | 1 | 1 | 1 | 1 | 111 | 1111 | 3 | 8 | 流失客戶 (Activating) |
| 4496 | 14142 | 1 | 311.81 | 0.0 | 396 | 1 | 1 | 2 | 1 | 112 | 1112 | 4 | 10 | 流失客戶 (Activating) |
| 4900 | 16250 | 1 | 226.14 | 0.0 | 396 | 1 | 1 | 2 | 1 | 112 | 1112 | 4 | 10 | 流失客戶 (Activating) |

5309 rows × 14 columns

「顧客分眾」後的統計表：

| | Length | Recency | Frequency | Monetary | |
|---|---|---|---|---|---|
| | mean | mean | mean | mean | count |
| **LRFM_Level** | | | | | |
| 培養客戶(Promising) | 4.7 | 157.0 | 1.3 | 692.7 | 595 |
| 忠誠客戶(Loyal) | 70.0 | 175.2 | 2.3 | 907.6 | 391 |
| 流失客戶(Activating) | 0.0 | 333.2 | 1.0 | 186.8 | 878 |
| 潛力客戶(Potential) | 35.4 | 232.7 | 2.0 | 682.3 | 280 |
| 邊緣客戶(Attention) | 0.0 | 202.9 | 1.0 | 345.2 | 889 |
| 重要客戶(VIP) | 116.5 | 111.5 | 2.9 | 1187.2 | 695 |
| 頂級客戶(Cutting-Edge) | 218.5 | 49.4 | 7.9 | 4211.2 | 1581 |

「顧客分眾」後的統計互動分佈圖（TreeMap）：

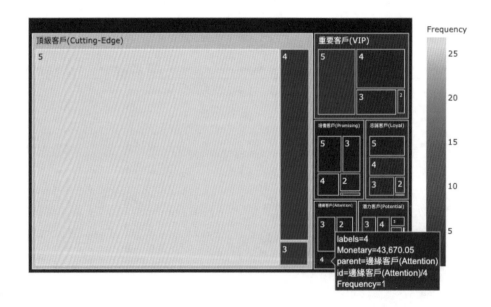

- 頂級客戶佔銷售額超過 70%，其中又以 Mone_Tile=5 者最絕大部分。而頂級客戶佔總客戶數 30%，表示這公司的客戶結構很健康。
- 邊緣客戶及流失客戶佔銷售額少，如果該公司急欲開拓新客戶，這是重點經營區。

# 4-9 AI 人工智慧方法進行分群並預測業績

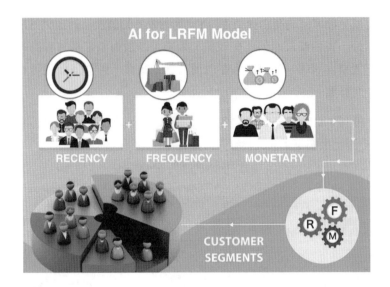

(1) 運用 LRFM（Length、Recency、Frequency、Monetary）模型針對顧客交易紀錄進行資料轉換與分析。再透過**自組織映射圖網路**與 **K-Means 分群法**的技術將顧客分為十群（最佳群數），並在 LRFM 四個變數的構面下對此十群顧客做敘述性統計分析。

(2) 輪廓值是指一種解釋和驗證「資料群組」之一致性的方法。該技術提供了每個群組的簡要圖示。如下圖所示：

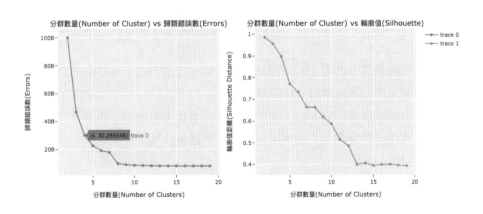

分群結果：

(1) 輪廓值是衡量對象與其他群集（分隔）相比其自身群集（內聚力）的相似程度的度量。輪廓值的範圍從 -1 到 +1，其中較高的值表示對象與其自身的群集匹配良好，與相鄰群組的匹配較差。如果大多數對象都具有較高的值，那麼群組配置是合適的。如果許多點的值較低或為負，則群集配置可能包含太多或太少的群集。

(2) 其中 Z 值為 K-Means 分群法的各群組之最近的平均值（聚類中心或群集的質心）。分群結果如下：

「顧客分眾」結果（Cluster Size）

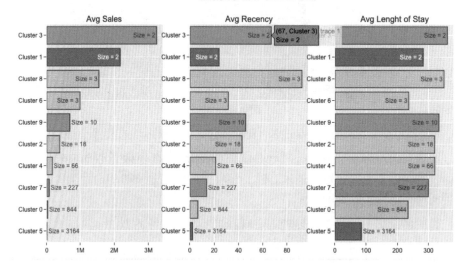

(3) 可將十群顧客分成四大類：核心顧客群、中型顧客群、流失顧客群與未來顧客群。

- 核心顧客群（群組 1,3）：對核心顧客群的行銷方式，可提供活動及促銷，以便他們可以繼續與業務聯繫。
- 中型顧客群（群組 6,8）：中型顧客群的消費金額適中，頻率不算高，但成為註冊客戶時間長；是實用型客戶，不買奢侈品；但卻是週年慶或節日的忠實客戶。
- 流失顧客群（群組 9,2）：對流失顧客群的行銷方式，我們可以了解他們的購買方式並相應地提供一些促銷。

- 未來顧客群（群組 0,4,5,7,10）：即新顧客群，這些客戶放在中型客戶可能
  更好，至少可以收到一些促銷資訊。但是這些客戶的訂購金額和訂購頻率
  低。可了解他們的購買方式，或選擇的產品類型，再提供折扣或優惠券，
  與他們進行交叉銷售。

(4) 可用「顧客關係矩陣」重新將十群客戶分成四種：長期頻率型、短期最佳
型、長期最佳型、短期不確定型，並找出各群體購買的前五名商品。再依照
上述分析出的顧客關係結果提出適合的行銷策略及產品組合。

(5) 分析不同群組屬性後，可依不同的顧客特性進行不同的策略方法，並找出有
高貢獻與潛在顧客群，使企業能夠留住高貢獻的顧客，並挖掘出潛在顧客
群，提供企業有限的資源最佳配置的方法，提升顧客滿意度、忠誠度及企業
獲利能力。

(6) 用 AI 機器學習演算法（SARIMAX Model），進行業績預測。結果如下：
- 按「每週」時序預測。

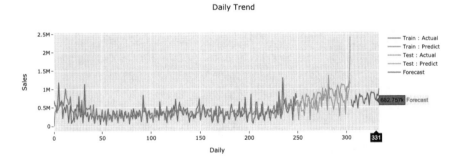

- 按「每日」時序預測。

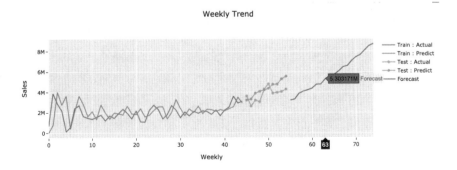

## 結論

(1) 用 AI 機器學習演算法做「客戶分群」用在零售百貨業、保險業、精品業等非常有效。日後行銷人員只要將資料庫進行些微更動；所有演算法都直接套用即可。

(2) 「顧客分眾」要避免下列錯誤：

① 「顧客分眾」不可過於廣泛：過於廣泛地細分客戶群是最常見的錯誤之一。這將使他們無法與目標更為狹窄的競爭對手競爭。行銷人員可以分析客戶帳戶、網站訪問和交易歷史記錄來創建狹窄的細分市場。如此公司可以更好地定位客戶。例如，經常購買特定產品並且可能對該公司推出的產品新版本感興趣的客戶。

② 「顧客分眾」要按市場細分業務：成功的行銷人員傾向於建立以市場為中心的團隊或部門。因此，可以使客戶交流和交易更有針對性，從而使業務更加簡化。

(3) 「顧客分眾」的好處：

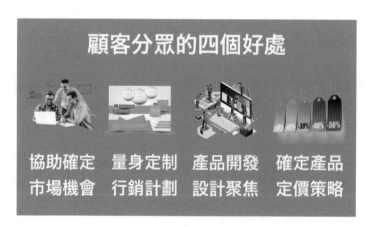

① 協助確定市場機會：研究客戶群及其對現有產品的滿意度，如果發現不滿之處，公司可以以此為契機來改進和推出滿足客戶群需求的產品。

③ 量身定制行銷計劃：借助「顧客分眾」，可以了解客戶的心態。可幫助企業針對不同的客戶群在其行銷計劃中進行必要的調整。進一步使客戶感到品牌對他們的需求敏感，並最終獲得對該品牌的歸屬感。

④ 產品開發設計聚焦：「顧客分眾」可以幫助企業衡量品牌對客戶的真實期望。公司可以確定哪些產品對他們更有效，哪些不適合當前的市場產品。品牌可以利用這種洞察力對其產品 / 服務進行必要的更改或添加，以確保滿足客戶需求。

⑤ 確定產品定價策略：「顧客分眾」的主要優勢包括確定產品定價的能力。由於每個客戶群均有價格敏感性，公司必須針對不同客戶群採用不同的產品定價。企業可以針對新客戶確定合適的價格。以幫助企業確保其產品不會被高估或低估。

賣場客戶類型分析
（Feature Modeling）

# 5-1 客戶類型和賣場經營的關係

本章是實際用大賣場的客戶交易資料來進行 AI 分析，這些資料是行銷人員唾手可得的，交易資料中充滿高價值的資訊，經 AI 大數據分析，可進行定義準確的賣場特色，及客戶行為模式，據以精準控制存貨，預估客戶未來可能的採購產品及光臨賣場的次數。最重要的是如何使用 AI 分析的結果使賣場業績翻倍。

類似 Cosco、IKEA 這種大型賣場，每個客戶來採購商品，都會產生一個交易明細，交易明細上有交易時間、產品名、產品說明（有些賣場隱藏此項）、數量、金額等。而一段時間的資料（以本章用一年做為一個運算區間），就可以從時間比對客戶的購買頻率（一年內購買次數）及購買間隔時間。並更進一步用 AI NLP（自然語言處理）來分類產品類別，找出賣場的 AI 描述式的特色（非一般社區型，商務型那種簡單無用的描述），分析客戶的採購習慣（行為模式）；最後取得最有價值的結論。

本章「賣場客戶類型分析」的內容，涵蓋了 AI 時代六大行銷趨勢必備工具：行銷自動化、銷售自動化、客戶服務自動化、大數據資料探勘、分析工具、預測系統等內容。

現在我們就用這些資料來分析出以下有用的行銷決策資訊：

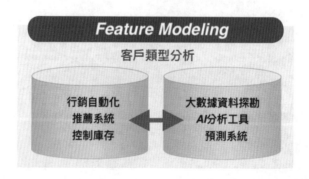

(1) 賣場 / 產品類型：

有些賣場是社區型的，主要銷售家用品及食物；而有些賣場是辦公商務型，主要是銷售辦公文具、辦公用品及耗材。而有些賣場位於旅遊區，主要銷售泳衣，運

動用品，或滑雪用品等。類型很多，賣場的商品會隨著「賣場類型」不同而有全然不同的商品陳列，而行銷活動的設計也是差異很大。

每個賣場在設立之初就已設定好該賣場的類型，如社區型，辦公商務型，旅遊型，或位於機場內的機場型等等，以 Cosco 為例，至少有十種以上類型。

從 AI 分析及運算的角度來看，將賣場分類並不是好的分類方法，因為不同類型亦會銷售同一商品，例如咖啡一定會在所有賣場都有陳列，不論是社區型，辦公商務型或旅遊型。

而分類的目的是要**定出差異化的行銷策略**，如果模糊的分類對 AI 運算會產生干擾並因些失去預測準確性。所以本章用產品進行分類，而不用賣場性質或地點進行分類，理由是產品種類多具有大數據的特性，可以進行極為精準的分類及後續客戶行為的預測。而不是只有粗糙的描述性分類而已。

但是如果你所經營的商店並不是大型賣場，客戶資料不多，單日的來客數也不多，商品項目也不多。以台灣的 7-11 為例，單日來客數約 4-6000 人，商品項約 1000 項，要如何利用交易資料來進行大數據的 AI 分析呢？

其實這種小型商店或獨立商店更需要 AI 分析，只是這種小商家要有一份同業的分析結果，因為客戶行為是大數據分析的結果，並不需要去詳查單一客戶的交易行為，經營者只要注意大**趨勢**即可，如果店面小或非連鎖店，那就去引用別人的分析結果即可。

本章有建立好一個大型連鎖店的一年交易資料，是 2019-2020 年間美國大型生活賣場的資料，我們刪除有隱私的個資部分，只留下交易結果並進行大規模的 AI 分析，其運算結果同樣適用於其他同類型的中小型商家。只要會用分析結果來管理行銷工作，讓店家經營者能

## 及時預測消費者可能消費品項，立即提醒消費者購買；
## 或利用週期判斷來預測下週要補貨的品項等。

本章用 AI 的 NLP（自然語言處理）技術，來拆解產品說明欄位中的文字，進行大數據分類，由電腦自動分類為八大類品項，這種做法是很先進的做法，使用者其實不必去深入瞭解分類的結果，只要完全相信 AI 運算的結果即可。因為分類結果

一點也不重要,例如旅遊用的冰桶產品,是要歸類為家用品還是辦公用品呢?我們用 AI 分類(NLP)結果是歸類為「設備類」。這樣會比一般商品分類更準確一些。

也就是說 NLP 分類法,會比一般常識性的判斷來分類商品,更具「區別性」;而區別性是 AI 運算最重要的因素,即模糊不清的分類會產生模糊不清的運算結果。所以:

## AI 分析是否夠專業,是否夠實用且派上用場,是取決於分類,而不是運算。

### (2) 客戶分類:

客戶分類仍然是用 AI 運算來進行分類,本章使用 PCA 進行分類。

PCA 主成分分析(英語:Principal components analysis,PCA)是一種統計分析、將大數據「化繁為簡」的方法。PCA 是利用正交轉換來對一系列可能相關的變數(交易資料中的各項欄位)進行線性轉換,從而投影出一系列線性且不相關的值,這些不相關變數稱為主成分(Principal Components)。再利用 PCA 分析結果,將所有客戶依 AI 運算結果拆分成 12 類;這種分類的原則仍然是著重「區分性」,儘量不要產生模糊不清的分類結果,儘量不要有錯誤的客戶分類結果。

### (3) 進行預測:

如果產品分類及客戶分類順利完成,接下來再用五種 AI 演算法:Logistic regression、k-Nearest Neighbors、Decision Tree、Random Forest、AdaBoost 來進行演算。

這五種分類器是經過精挑細選的。行銷或消費者行為的分析方法,與自然科學(生物、圖像處理、電子電路等)的分析方法不同。因為消費行為有異常傾向,也有季節因素(如聖誕節、情人節的採購產品與平日採購產品不同),故使用 k-Nearest Neighbors、Decision Tree,會比較適合。而 Logistic regression、Random Forest、AdaBoost 是用於系統規律性的分析,當資料量大到一定規模,以本章使用的資料量為五十萬筆左右,就會產生規律性的變化。如果將這些規律放在個人身上來驗證,並不一定準確。

## 大數據是看趨勢，不是看個別準確率。

本章亦用先進的「融合模型」來進行更精確的運算，將上述五個分類器（Logistic regression、k-Nearest Neighbors、Decision Tree、Random Forest、AdaBoost）再做一個投票式組合運算。可有效提昇準確率。

這樣做是讓 AI 更實用化，當準確提高到 75% 以上，分析結果就成為行銷人員的利器，可根據分析結果進行客戶個別預測或商品推薦。

# 5-2 用人工智慧改變客戶體驗

## (1) 客製化 AI 演算法

由於本章是用在零售業，大數據分析用在大型賣場是最適合的，但零售業的客戶有許多「異常行為」；例如退貨比率高，以美國 Cosco 或歐亞 IKEA 等業者為例，退貨比率為 16-20%，而台灣零售業退貨比率為 3-5%，退貨是造成無法預估之「異常行為」的主因。故在進行運算前，先進行嚴密的退貨資料校正工作；在本章附件的程式說明中，會有詳細的敘述。

另外，零售業有季節因素干擾，如聖誕節、情人節等。在大數據分析中，我們引用 Decision Tree 的類神經演算法，並在參數設定時不使用「資料標準化」，去除標準化時將異常值刪除。

## (2) 產品推薦系統

本書另有一章「第十章 推薦系統（Recommendation）」會詳述如何聚焦不同類別的客戶來進行客製化的產品推薦。

本章是針對大數據資料庫（每筆交易明細）來進行趨勢性的產品推薦，只要有辦法將準確率拉高到 60% 以上，就會形成有效的推薦。

舉例，如果消費者到賣場買了酒及香菸，依推薦系統的運算，會在結賬時出現推薦零食及保險套，這是根據產品說明及客戶分類來推薦的。這樣做並不一定能準確切中客戶的需要，但善意提醒及加購優惠仍會增加 15-20% 的營收，是零售業公認最有效的「及時行銷法」。

### (3) 庫存控制

本章根據 AI 運算結果進行客戶下次來店購物的預估，將這些未來可能發生的交易匯整成「預估進貨單」，即根據「預估進貨單」進行庫存控制，對店家經營者而言是莫大的福音。既然未來一個月有可能會發生這些交易，就應該事先準備好庫存量，以便交易時不會缺貨。

未使用 AI 預估消費者來店消費時間及數量的店家，常發生缺貨現象。有 25-30% 的客戶需求無法滿足，不是缺貨就是數量不夠，而使用 AI 預估系統可以將缺貨率降到 10% 以下。意即可增加 15% 的營收，及無法估計的客戶滿意度。

# 5-3 AI 方法：用「融合模型」（Emsemble）投票及權重方式，來提升準確率

本章採用先進的融合模型來強化 AI 預估系統準確率，將原先（用五種 AI 模型運算結果）準確率再提升到 61% 以上。使 AI 預估系統成為可用的行銷工具。

這部分屬資工人員較熟悉的技術說明，意即「三個臭皮匠，勝過一個諸葛亮」。因行銷預估夾帶複雜的消費者行為因素，不確定因素高，又有季節因素等異常狀況，準確率不易提高。而 AI 技術專家想到用綜合各演算法的優點，加上電腦運算速度夠快的話，何不綜合幾個模型來加總運算，來消除不利因素，截長補短，最後產生一個最佳結果。

以「融合模型」的 Voting 法為例，有二種決策方式：

① Hard Voting：少數服從多數來定最終結果。
① Soft Voting：將所有模型預測樣本為某一類別的概率的平均值作為標準，機率最高的對應模型為最終的預測結果。

由於本章是針對行銷學的消費者行為做為目標，故採用 Soft Voting 方式運算。讀者亦可以參考 Hard Voting 運算法。根據實務演算證實，Soft Voting 較能有效提高準確率；原因很簡單，因為 Soft Voting 可排除異常因素，讓結果呈現出最佳的一面。

在行銷學等社會學科的研究上，AI 運算有其特殊的考量，筆者根據經驗告訴你答案是「Soft Voting」，但只要你多多比對二者運算的結果，就能發現資料本身的特

性早已決定了運算方式，若使用錯誤的運算方式，AI 分析結果亦有可能產生離譜的結果，讓行銷人員無所適從而退回到傳統原始的靠直覺的行銷方式。

本章使用的融合模型，如下：

(1) 用 Random Forest、Gradient Boosting、k-Nearest Neighbors 三者來進行融合模型運算，進行單一消費者未來可能來店購買產品類別及次數。

(2) 用 Random Forest、Gradient Boosting and k-Nearest Neighbors 三者來進行融合模型運算，進行庫存控制以有效提昇準確率。

有了上述對資料的基本認識，及 AI 運算的基本概念，就可以大膽進入 AI 實例的領域了。唯有從實務的真實資料中，練習判斷 AI 運算結果；並妥善解釋結果，再進行行銷策略的擬定。相信經過這個過程，你會成為下世代的行銷專家。

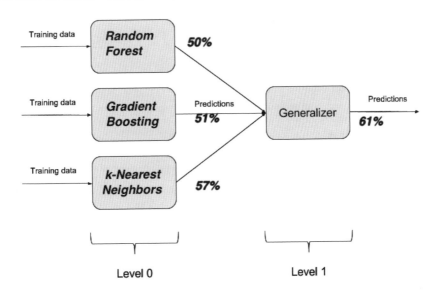

## 5-4 AI 實例：用大數據預測客戶消費品項及消費頻率

（完整程式如本書附件 Feature_Modeling.ipynb）

本例資料來自歐亞大型連鎖生活賣場的實際交易資料（刪去個資部份，僅保留資料），以便用實際的資料來產生有用的行銷工具。

資料樣貌如下：

| | InvoiceNo | StockCode | Description | Quantity | InvoiceDate | UnitPrice | CustomerID | Country |
|---|---|---|---|---|---|---|---|---|
| 0 | 425359 | 21913 | VINTAGE SEASIDE JIGSAW PUZZLES | 12 | 2019-12-01 08:45:00 | 3.75 | 12586 | France |
| 1 | 425360 | 22540 | MINI JIGSAW CIRCUS PARADE | 24 | 2019-12-01 08:45:00 | 0.42 | 12586 | France |
| 2 | 425360 | 22544 | MINI JIGSAW SPACEBOY | 24 | 2019-12-01 08:45:00 | 0.42 | 12586 | France |
| 3 | 425360 | 22492 | MINI PAINT SET VINTAGE | 36 | 2019-12-01 08:45:00 | 0.65 | 12586 | France |
| 4 | 425361 | POST | POSTAGE | 3 | 2019-12-01 08:45:00 | 18.00 | 12586 | France |

每筆交易資料有：資料庫有 54 萬筆資料，每筆資料有 8 個欄位。

① 發票號碼（InvoiceNo）

② 商品貨號（StockCode）

③ 商品說明（Description）

④ 商品數量（Quantity）

⑤ 交易日期（InviceDate）

⑥ 單價（UnitPrice）

⑦ 客戶編號（CustomerID）

⑧ 國家（Country，因為跨國性企業，全球有數百家賣場）。

資料的缺陷整理如下：

客戶編號（CustomerID）有 24.92% 是空值，應是退貨或發票重覆造成的，在進行 AI 運算前，先適當處理一下這些缺陷值。

```
Dataframe dimensions: (541928, 8)
```

| | InvoiceNo | StockCode | Description | Quantity | InvoiceDate | UnitPrice | CustomerID | Country |
|---|---|---|---|---|---|---|---|---|
| column type | object | object | object | int64 | datetime64[ns] | float64 | object | object |
| null values (nb) | 9291 | 0 | 1454 | 0 | 0 | 0 | 135080 | 0 |
| null values (%) | 1.71443 | 0 | 0.268301 | 0 | 0 | 0 | 24.9258 | 0 |

## (1) EDA 資料分析

① 賣場分佈 40 個國家，以英國地區來客數最多。

分析每個國家的賣場，每日平均來客數

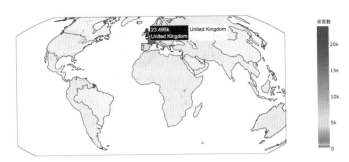

以英國、法國等歐洲國家的賣場來客數最多，而美國、亞洲國家的來客數正在上升中；本章用歐洲收集的大數據，來推測其他新市場的客戶行為。

## (2) 分析營運型態

|  | products | transactions | customers |
|---|---|---|---|
| quantity | 4074 | 22069 | 4373 |

① 在（2019.12.01-2020.12.09）一年中，有 4373 個來客數，採購了 4074 項產品，產生發票（交易次數）22069 次。

② 在美國的 Radioshack，歐洲亞洲的 IKEA、Best BUY 均屬同類型商場。本章的分析工具亦適用於這些賣場。本章使用的巨量資料亦以這些賣場為主。

    i. Radioshack 及類似賣場：

| RadioShack | Best Buy | Bharat Electronics | Micro Center | Staples |
|---|---|---|---|---|
| RadioShack is a company engaged in the retail sale of consumer electronics goods and services. | Best Buy is a company operating as a retailer of technology and entertainment products and services. | Bharat Electronics (BEL) is a company that manufactures and supplies electronic products for defense industries. | Micro Center is a destination retailer designed to satisfy the dedicated computer user. | Staples is an office supply retailer. |
| 1919 | 1966 | 1954 | 1979 | 1986 |
| Private | Public | Public | Private | Private |
| Retail | Retail | Manufacturing & Industrial | Retail | Retail |
| batteries | consumer electronics | defense | consumer electronics | consumer electronics |
| cables | consumer goods | distribution | consumer goods | consumer goods |
| consumer electronics | ecommerce | electronic components | distribution | distribution |
| distribution | electronics | electronics | electronic components | ecommerce |
| ecommerce |  |  | electronics | furniture |
| electronics |  |  |  | paper and packaging |
|  |  |  |  | printing |

ii. IKEA 及類似賣場：

| Ikea | Groupe SEB | Ashley Furniture Industries | Walmart | Bed Bath & Beyond | Amazon |
|---|---|---|---|---|---|
| IKEA is a multinational group of companies that designs and sells ready-to-assemble furniture, appliances and home accessories. | Groupe SEB is a company that designs, manufactures, and markets small household appliances. | Ashley Furniture Industries is a furniture manufacturer. | Walmart is a retailing company that operates a chain of hypermarkets, discount department stores, and grocery stores. | Bed Bath & Beyond is an omnichannel retailer that sells a wide assortment of domestics merchandise and home furnishings. | Amazon is a company operating a marketplace for consumers, sellers, and content creators. |
| 1943 | 1857 | 1945 | 1962 | 1971 | 1994 |
| Private | Public | Private | Public | Public | Public |
| Manufacturing & Industrial Retail appliances | Manufacturing & Industrial Retail appliances | Manufacturing & Industrial Retail furniture | Retail consumer goods consumer products & services | Retail consumer goods distribution furniture | Retail Technology cloud consumer |

## (3) 分析客戶購買行為

① 退貨率高：發票號碼中前綴字「C」表示該筆交易已取消（辦理退貨）。該賣場退貨比率（以金額來看）佔 16%，是個不低的數字，並不是說該賣場商品品質不佳，而是商品的技術含量高，需要一點知識才能安裝使用，產品規格上亦有一定專業程度（如燈具或電動工具），大多是須要讀完說明書及準備必要工具才能使用的產品，間接造成退貨增加，商品只要不合用就一定會退貨。

| | CustomerID | InvoiceNo | Number of products |
|---|---|---|---|
| 0 | 12346 | 541431 | 1 |
| 1 | 12346 | C541433 | 1 |
| 2 | 12347 | 537626 | 31 |
| 3 | 12347 | 542237 | 29 |
| 4 | 12347 | 549222 | 24 |
| 5 | 12347 | 556201 | 18 |
| 6 | 12347 | 562032 | 22 |
| 7 | 12347 | 573511 | 47 |
| 8 | 12347 | 581180 | 11 |
| 9 | 12348 | 539318 | 17 |

② 目標型客戶多：只來一次且只買一項商品的客戶比率高（**70%**）。如客戶 **12347**，這種客戶是目標明確的買者，即客戶在進入賣場前心中已有定見；該賣場的產品以五金工具材料或生活必須品為主，「目標型客戶多」也符合一般民眾對該賣場的印象；這種目標明確的採購方式，不易受廣告或臨時優惠打動，這種客戶採購模式確認了 AI 輔助行銷的重要性。如果可以用 AI 分析來產生「對消費者具有建設性的行銷決策」將會大大提昇業績。

③ 忠誠度高的大採購者比率亦高（**11%**）：這些客戶交易頻繁且採購項目繁多，是企業型的固定客戶，也可能是裝潢設計公司或靠施工維生的工人，他們視該賣場為穩定可靠的進貨來源，來賣場補貨是工作的一部分。以單次購買總金額來分看，**65%** 的交易金額大於 200 歐元。

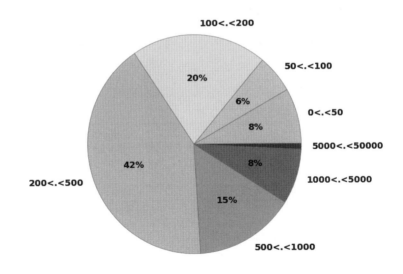

**Breakdown of order amounts**

## (4) 進行產品分類

在本章，我們用先進的 AI 分類方式，理由是這種賣場產品種類多且複雜，很難用單一類別來定義產品，如電動起子算是手工具類還是玩具類，或是耗材類？

## 在沒有辦法的時候用 AI 就對了

NLTK：是和「Jieba」同為 AI 領域的 NLP 工具，大多用來在眾多文章中找關鍵字並進行「詞頻」（關鍵字出現次數）分析或聲量統計的工具，近年也用在「假新聞及假風向」的偵查上。我們發現用在複雜產品分析上亦一樣好用。如果要深入瞭解 NLTK 的功能，請詳閱附件的程式說明。作法如下：

① 用 NLTK 對產品說明欄中的文字進行大規模的分析後，找出的產品關鍵字數量：1604。

② 將這些關鍵字用二維矩陣來分類，依該連鎖店的全球賣場的所有產品，分成八大類產品。

③ 用 K-Means 法來產生「輪廓值」以確認分類的準確度後，決定分成八大類是最佳分類結果。「輪廓值」表示分類的集中度，可視為分類結果的「可信度」。

從「產品說明」欄位中分析之關鍵字如下：

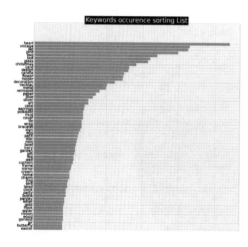
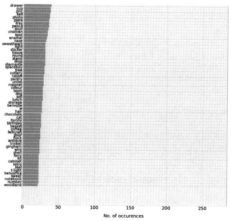

各類別產品數量如下：

| | |
|---|---|
| 2 | 918 |
| 0 | 691 |
| 4 | 685 |
| 6 | 678 |
| 1 | 576 |
| 5 | 365 |
| 3 | 131 |
| 7 | 113 |

產品分類結果的輪廓值：（可視分類結果之「可信度」）

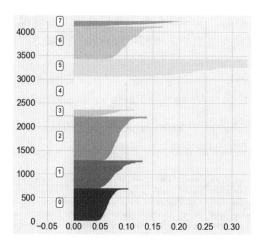

產品分類結果的 PCA 主成分分析：可視分類結果之「區分性」，即產品分類的單一獨特性。當分類的決定因素眾多時，例如電動起子是工具，還是玩具，還是耗材，或是裝飾品，在決定產品分類時，用 PCA 來判斷所有分類結果的適切程度。

經過上述的八大分類結果，用 100 多個組件來解釋數據的 90% 資料的方差（variance）。呈現如下圖完美的適切程度。

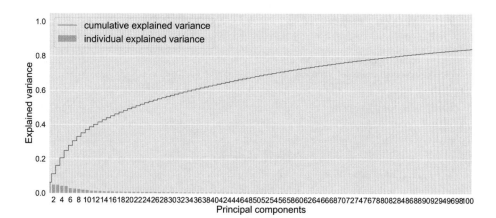

## (5) 將八大類產品和客戶資料組合：

為了進行客戶分群，將八大類產品和客戶資料組合。先將每一筆訂單都對應到產品分類，只要不是退貨及取消的訂單都可以看到「訂單中的單一產品」所對應的類別。

## (6) 創建的新欄位：

FirstPurchase（第一次購買日），LastPurchase（最近購買日）。目的是進行客戶分群時有更可靠的依據，就是要讓客戶分群準確性更高。

| CustomerID | count | min | max | mean | sum | categ_0 | categ_1 | categ_2 | categ_3 | categ_4 | categ_5 | categ_6 | categ_7 | LastPurchase | FirstPurchase |
|---|---|---|---|---|---|---|---|---|---|---|---|---|---|---|---|
| 12347 | 5 | 382.52 | 711.79 | 558.172000 | 2790.86 | 35.889296 | 11.630465 | 22.459027 | 0.483722 | 11.095505 | 8.328974 | 7.361172 | 2.75184 | -223 | 16 |
| 12348 | 4 | 227.44 | 892.80 | 449.310000 | 1797.24 | 0.000000 | 0.000000 | 41.296655 | 4.526941 | 3.872605 | 20.030714 | 30.273085 | 0.00000 | -277 | 7 |
| 12350 | 1 | 334.40 | 334.40 | 334.400000 | 334.40 | 0.000000 | 0.000000 | 43.630383 | 0.000000 | 41.357656 | 11.961722 | 3.050239 | 0.00000 | -41 | -41 |
| 12352 | 6 | 144.35 | 840.30 | 345.663333 | 2073.98 | 10.226714 | 14.076799 | 5.405067 | 3.771975 | 8.288412 | 58.231034 | 0.000000 | 0.00000 | -280 | -55 |
| 12353 | 1 | 89.00 | 89.00 | 89.000000 | 89.00 | 19.887640 | 22.359551 | 13.033708 | 0.000000 | 0.000000 | 44.719101 | 0.000000 | 0.00000 | -148 | -148 |
| 12354 | 1 | 1079.40 | 1079.40 | 1079.400000 | 1079.40 | 18.487122 | 18.204558 | 13.053548 | 1.574949 | 31.324810 | 12.641282 | 4.713730 | 0.00000 | -120 | -120 |
| 12355 | 1 | 459.40 | 459.40 | 459.400000 | 459.40 | 28.210710 | 8.619939 | 48.976926 | 0.000000 | 4.309970 | 9.882455 | 0.000000 | 0.00000 | -138 | -138 |
| 12356 | 2 | 481.46 | 2271.62 | 1376.540000 | 2753.08 | 5.096111 | 20.874076 | 22.924870 | 7.626368 | 11.645139 | 23.166780 | 8.666657 | 0.00000 | -107 | -26 |
| 12358 | 1 | 484.86 | 484.86 | 484.860000 | 484.86 | 0.000000 | 63.007879 | 3.093677 | 14.119540 | 0.000000 | 19.778905 | 0.000000 | 0.00000 | -202 | -202 |
| 12359 | 3 | 547.50 | 1803.11 | 1153.310000 | 3459.93 | 7.133092 | 29.156659 | 8.029642 | 5.267448 | 9.468400 | 39.018130 | 1.926629 | 0.00000 | -163 | -20 |

## (7) 進行客戶分群：

① 用 K-Means 法來進行客戶分群，一樣是用 PCA 及輪廓值的評分來決定群組數量。經過下列三個嚴密的檢驗，分為 11 個群是最佳決定。

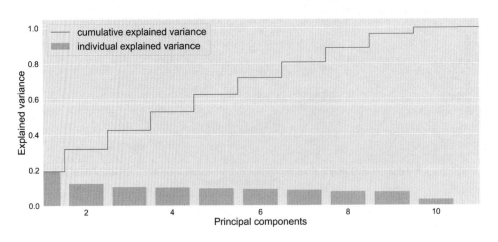

② 除了 PCA 圖來解釋分群的適切性，也加「PCA 矩陣比對圖」來觀察客戶分群的結果是否集中度高（圖中不同色的點是否集中在一起）。左上角圖來說明觀察重點，第一主成分允許將最小的「群」與其他集群分開。其他成分對比圖，顯示任兩個「群」看起來是不同的，由這個矩陣圖可看出每個成分在決定適切性的角色。

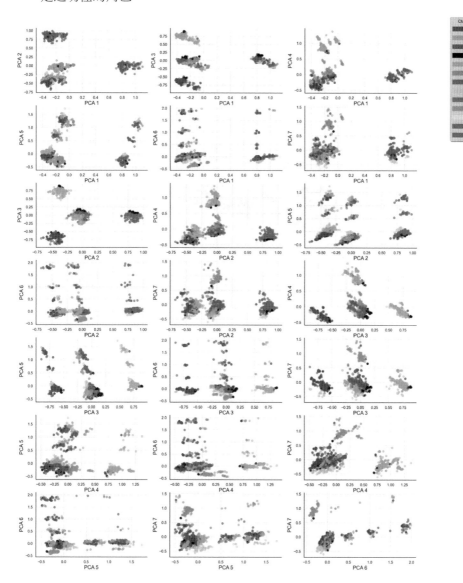

③　客戶分群結果的輪廓值：（可視分類結果之「可信度」）

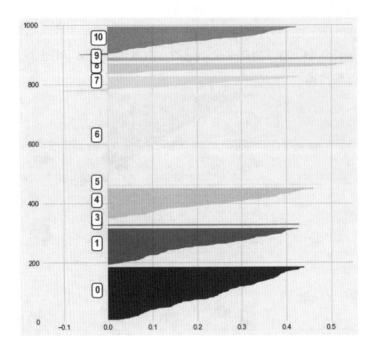

　　與產品分群一樣，客戶分群的輪廓值評分結果，顯示客戶分群結果有良好的適切性及準確性，亦即可做為後面 AI 運算時的良好品質之運算資料。

④　客戶分群結果：為 11 個群組，而各群組用雷達圖來進行特質分析，發現客群組在產品類別上的差異很明顯；幾乎找不到任二個群是相似的。這個實務練習充分說明 AI 的力量。

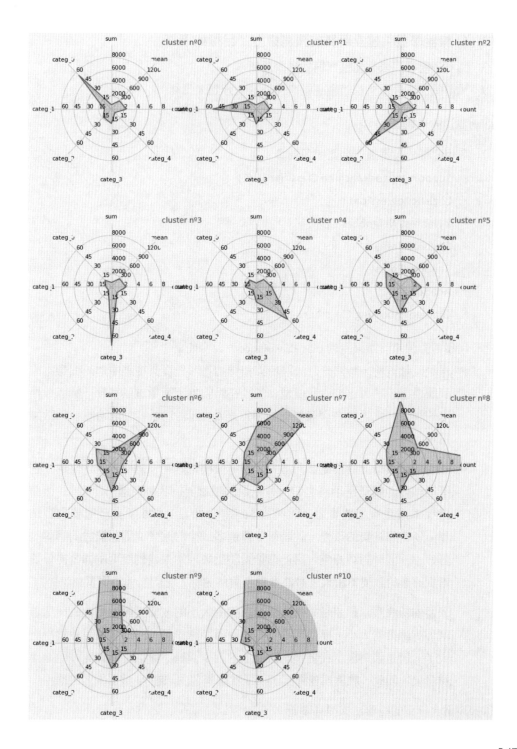

### (8) AI 機器學習：建立可靠的預測模型。目標如下：

① 預測個別客戶未來光臨賣場的機率及頻率。

② 預測個別客戶未來採購產品機率（以八大分類來預測）。

AI 演算法的步驟如下：

① 選用六種分類器進行機器學習演算：

- Support Vector Machine Classifier (SVC)
- Logistic regression
- k-Nearest Neighbors
- Decision Tree
- Random Forest
- AdaBoost
- Gradient Boosting Classifier

② 用學習曲線來診斷模型的 bias 和 variance，說明如下：

- 一個巨量資料，將它分割成訓練集和驗證集。先從訓練集中拿一個樣本來訓練模型，並用它來估計模型。然後在驗證集上衡量這個基於一個訓練樣本的誤差。會得到在訓練集上的誤差是 0，因為它很容易地適應一個數據點。

- 然而在驗證集上的誤差會非常大。因這個模型是在一個樣本上建立的，它不能準確地廣泛應用到之前沒有見過的數據上。我們考慮一下取 10 個訓練樣本來重複上述實驗。然後取 50 個、100 個、500 個直至用整個訓練集。隨着訓練集的改變，誤差得分會或多或少的改變。因此監控兩個誤差得分：一個針對訓練集，另一個針對驗證集。如果我們把兩個誤差得分隨着訓練集的改變畫出來，最終會得到兩個曲線。它們被稱為學習曲線。

- 學習曲線會展示誤差是如何隨着訓練集的大小的改變而發生變化的。隨着增加訓練集的大小，模型不再完美地適應訓練集了。所以訓練誤差變得更大了。但是因為模型在更多的數據上進行了訓練，所以它能夠更好地適應驗證集。因此，驗證誤差降低了。這就是學習曲線在 AI 機器學習的應用。

③ 用融合模型的投票法來提昇準確率。

一一說明每個分類器的演算結果：

# Support Vector Machine (SVC)：得到預測準確度為：79.10 %。

用混淆矩陣進行演算結果分析，驗證預測結果是否不正確。圖中真實資料和預測結果大致呈現「對角線」相符的趨勢。SVC 演算法是用大量使用相關值與偏離值的向量來計算，能算出 80% 左右的準確率，故證明 SVC 在「社會科學」的「行銷」領域是很出色的。

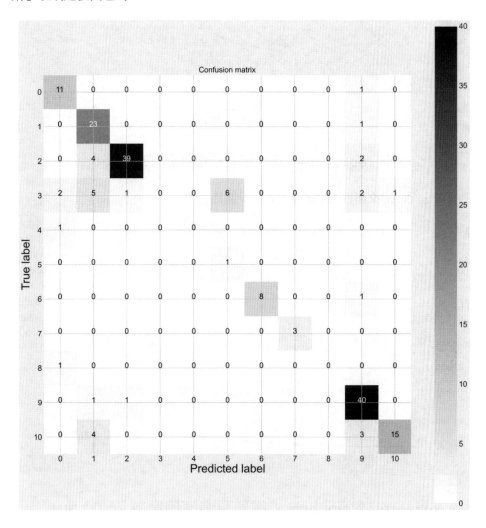

用 Learning Curve 來觀察 SVC 運算過程：

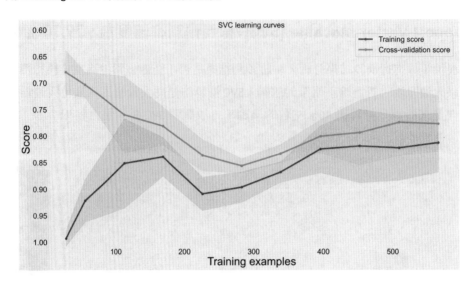

**Logistic regression：得到預測準確度為 92.66 %。**

用 Learning Curve 來觀察 Logistic regression 運算過程：

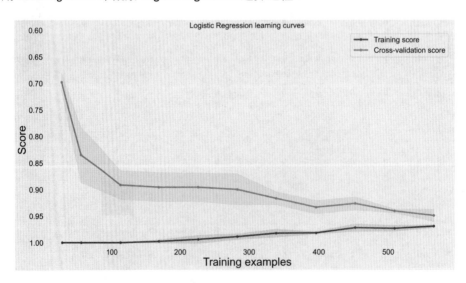

**k-Nearest Neighbors：得到預測準確度為 74.01 %。**

用 Learning Curve 來觀察 k-Nearest Neighbors 運算過程：

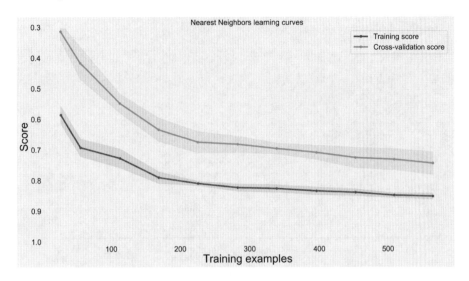

**Decision Tree：得到預測準確度為 76.84 %。**

用 Learning Curve 來觀察 Decision Tree 運算過程：

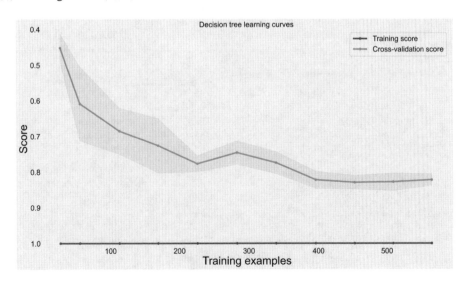

**Random Forest：得到預測準確度為 83.62 %。**

用 Learning Curve 來觀察 Random Forest 運算過程:

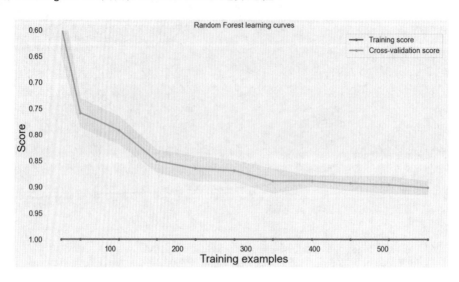

**AdaBoost**:得到預測準確度為 **45.76 %**。

用 Learning Curve 來觀察 AdaBoost 運算過程:

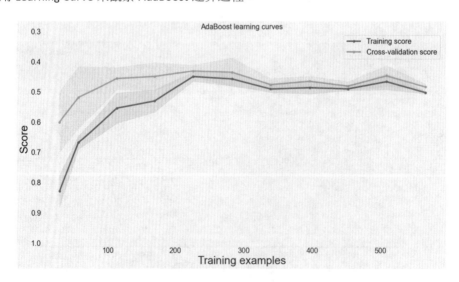

**Gradient Boosting Classifier**:得到預測準確度為 **88.14%**。

用 Learning Curve 來觀察 AdaBoost 運算過程：

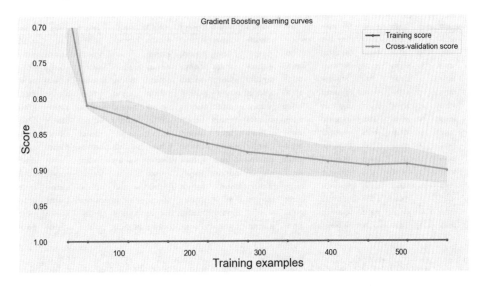

- 用「融合模型」的投票法來提昇準確率：將 Random Forest、k-Nearest Neighbors、Gradient Boosting 三個分類器，來進行投票式的「融合模型」。關鍵程式如下：

```
votingC = ensemble.VotingClassifier(estimators=[('rf',rf_best),('gb',gb_best),
('knn',knn_best)],voting='soft')

votingC = votingC.fit(X_train, Y_train)

predictions = votingC.predict(X_test)
print("Precision: {:.2f} % ".format(100*metrics.accuracy_score(Y_test, predictions)))
```

**「融合模型」Voting 得到預測準確度為 90.40 %。**

## (9) 用上述 AI 機器學習（「融合模型」Voting）演算結果進行預測：

| CustomerID | count | min | max | mean | sum | categ_0 | categ_1 | categ_2 | categ_3 | categ_4 | categ_5 | categ_6 | categ_7 |
|---|---|---|---|---|---|---|---|---|---|---|---|---|---|
| 18289 | 1245 | 0.55 | 52272.14 | 2312.812249 | 2879451.25 | 17.609826 | 17.329149 | 18.628147 | 4.933338 | 17.742587 | 16.604824 | 4.649657 | 2.697392 |
| 18287 | 10 | 70.68 | 1001.32 | 536.000000 | 5360.00 | 1.399254 | 1.585821 | 45.820896 | 4.701493 | 1.175373 | 0.000000 | 15.809701 | 29.507463 |
| 18283 | 30 | 1.95 | 307.05 | 159.783333 | 4793.50 | 6.532805 | 1.950558 | 17.938876 | 14.660478 | 52.950871 | 0.000000 | 5.966413 | 0.000000 |
| 18282 | 5 | 77.84 | 77.84 | 77.840000 | 389.20 | 60.765673 | 0.000000 | 0.000000 | 0.000000 | 0.000000 | 32.759507 | 6.474820 | 0.000000 |
| 18277 | 5 | 110.38 | 110.38 | 110.380000 | 551.90 | 0.000000 | 44.392100 | 37.887298 | 0.000000 | 11.415111 | 0.000000 | 6.305490 | 0.000000 |
| 18276 | 5 | 329.61 | 329.61 | 329.610000 | 1648.05 | 9.920816 | 1.896180 | 24.331786 | 11.431692 | 3.786293 | 30.035496 | 9.496071 | 9.101666 |
| 18273 | 5 | 51.00 | 51.00 | 51.000000 | 255.00 | 100.000000 | 0.000000 | 0.000000 | 0.000000 | 0.000000 | 0.000000 | 0.000000 | 0.000000 |
| 18272 | 10 | 367.88 | 604.25 | 486.065000 | 4860.65 | 11.566354 | 22.265541 | 30.419800 | 8.517379 | 16.973039 | 0.000000 | 1.431907 | 8.825980 |
| 18270 | 5 | 171.20 | 171.20 | 171.200000 | 856.00 | 19.392523 | 50.467290 | 0.000000 | 0.000000 | 14.719626 | 0.000000 | 0.000000 | 15.420561 |
| 18263 | 5 | 399.68 | 399.68 | 399.680000 | 1998.40 | 0.000000 | 0.000000 | 75.760608 | 0.000000 | 9.887910 | 0.000000 | 14.351481 | 0.000000 |
| 18261 | 5 | 99.44 | 99.44 | 99.440000 | 497.20 | 49.617860 | 0.000000 | 34.995977 | 0.000000 | 15.386163 | 0.000000 | 0.000000 | 0.000000 |
| 18259 | 5 | 1070.40 | 1070.40 | 1070.400000 | 5352.00 | 8.408072 | 63.340807 | 0.000000 | 14.125561 | 14.125561 | 0.000000 | 0.000000 | 0.000000 |
| 18257 | 15 | 14.85 | 517.53 | 258.253333 | 3873.80 | 23.070370 | 22.097166 | 6.946667 | 2.684702 | 43.858743 | 0.000000 | 1.342351 | 0.000000 |
| 18252 | 5 | 448.37 | 448.37 | 448.370000 | 2241.85 | 14.461271 | 25.737672 | 17.235765 | 10.181323 | 8.823070 | 15.132591 | 6.454491 | 1.973816 |
| 18249 | 5 | 95.34 | 95.34 | 95.340000 | 476.70 | 31.466331 | 0.000000 | 15.733166 | 0.000000 | 28.005035 | 0.000000 | 24.795469 | 0.000000 |

- 顯示客戶（18289）在未來一年的來店採購頻率為 1245 次，每次採購的金額為 2312 歐元，而預測結果為八大類產品的金額如圖所示。
- 根據預測結果，可以在該客戶（18289）最後一次來店時將預測結果提醒該客戶。
- 採購客戶的來店頻率是另一重要的「行銷指標」，這是 AI 的重要貢獻。

## 結論：

1. 本章說明如何利用客戶交易明細資料庫 - 該資料庫提供了一年中在電子商務平台上進行的購買的詳細資料。資料庫中的每個項目都描述了該特定客戶在特定日期購買的產品。總共大約 5000 個客戶資料。

2. 本程式開發一個分類器，可以預測客戶將進行的購買類型，以及他未來將在一年內進行的訪問次數，這是從第一次訪問本電子商務網站開始計算。

3. 第一階段：分析網站銷售的不同產品。將不同的產品分為 8 大類商品。

4. 第二步，分析客戶在 10 個月內的消費習慣進行分類。根據客戶通常購買的產品類型、訪問次數以及他們在 10 個月內花費的金額將客戶分為 12 個主要類別。

5.  建立了客戶類別，最終訓練了幾個不同 AI 分類器，目標是能夠準確的將消費者分類為這 12 個類別中的一個類別（且從他們第一次購買開始計算）。

6.  分類器是根據 5 個變數來運算：

    (1)  mean：當前購買的籃子數量

    (2)  categ_N：with N∈[0:7]：在指數 N 的產品類別中花費的百分比。

7.  最後，在資料的最後兩個月內測試了不同分類器的預測品質（準確度）。分兩步處理：

    (1)  首先，考慮所有資料（前 2 個月）來定義每個客戶所屬的類別，然後將分類器預測結果與該類別分配進行比較。然後發現 75% 的客戶被授予正確的類別。

    (2)  因模型的潛在缺點，分類器的性能似乎是正確的。特別是，尚未解決的個別客戶的「消費偏見」與購買的「季節性變化」以及購買習慣可能取決於一年中的時間（例如聖誕節）有關。在實務中，這種季節性影響可能導致 10 個月內定義的類別與過去兩個月推斷的類別大不相同。為了糾正這種偏差，擁有涵蓋更長時期的數據將是下一步本書作者努力的方向。

# 廣告媒體選擇
# （Media Selection）

當你選定產品或客戶群時，就要開始進行廣告或傳播媒體的投放了。這是行銷工作的重點，本章介紹的 AI 工具可協助你將媒體購買程序「AI 系統化」。

學會如何運用 AI 進行媒體的分析，或由「機器學習」演算法，計算分析出客戶傾向模型（propensity models），以便有效地將廣告投放到最合適的客戶。這就是「精準行銷」的技術。

媒體的選擇也將影響廣告的效益和成本，如果「目標客戶」不常使用的網頁，投放廣告在這些網頁上就會完全無效。就像年輕人不會去銀髮族網站找美妝產品一樣，如果投放「美妝產品」的廣告在銀髮族網站上就是無效的。

在使用 AI 工具前，先介紹一下廣告媒體的選擇要考慮什麼？媒體選擇考慮的主要面向有三：媒體選擇的策略、與誰溝通、如何溝通。

# 6-1 媒體選擇的策略

網路是現今每個人相互聯繫重要管道。在 2020 年疫情爆發後，更快速推昇人們線上生活的比率，使網路生活變得更加豐富。行銷人員在 2020 年沒有閒著，以更為有效地發展組織並以巨大的網路媒體方式發表他們產品或服務。其中最好的方法是利用社群及線上團體活動。企業家已經意識到「線上即時生活展示」（SMM、

KOL、網紅直播主直銷）對實現業務具有極大建設性的結果，並且 SMM 是一種幾乎不需要現金即可實現的強大廣告技術。

(1) 不只是廣告，再加上「線上即時生活展示」：因線上不同生活面向的人數量顯著增加，越來越多的人越來越多地參與線上活動，發展他們的組織並不斷與他人建立聯繫。「線上即時生活展示」是最簡單實惠的行銷方法之一。「線上即時生活展示」是人群創造曝光度和策略的集合。「線上即時生活展示」就是利用社群進行宣傳工作，只是像是陳述某人日常的生活，卻是植入深層的潛意識，讓人們打從心底認同網紅或網紅所使用的產品。廣告的實質已發生明顯的變化，行銷人員或廣告商必須去客戶所在的任何地方，直接對話並掏心掏肺的陳述自己的經驗。而真相是，

### 「客戶正在在線上社群中間逛時，<br>不自知的進入行銷人員的廣告世界中」。

(2) 做出「消費者行為推測」：用與「現金」幾乎無關的方式與許多人交談。當然沒有什麼產品是絕對免費的。行銷人員必須要有冒險精神：時間消耗和嘗試錯誤。許多成功的網紅確實找對了方法，把大量產品賣出去，但 95% 的其他網紅或「線上生活展示者」仍在贈品及教育消費者的漩渦中打轉，始終無法找到賺錢之道。成功的網紅，只有一個秘訣：「預測消費者下一個反應」；說白一點，

### 他們手上有一個策略地圖，<br>指引他們如何走到結帳這一關。

成功的網紅不會亂槍打鳥，他們只鎖定他們要的客戶，並大膽放棄他們不要的客戶；有時你會看到一些完全沒有興趣的「網紅生活展示」型態的長篇大論廣告，其實那些廣告不是針對你的，甚至只是針對百分之一的客戶群，例如膝蓋關節炎的年長患者，或心血管疾病的人，或全力減肥卻不願運動的人等等。

「消費者行為推測」的進行，需要倚賴大數據分析及 AI 工具。如果行銷人員不會使用大數據分析及 AI 工具，就要有很敏銳的「消費者傾向直覺」。

(3) 強化線上活動的不安情緒：不安是生活中不可避免的要素，特別在疫情期間，人們開始體驗在家上班，及全時間線上教學；面對巨大的改變，心中的不安達到史上最高。因「創新」和「轉變」，使人們開始被迫加入改變的行列。

(4) 避免強迫推銷及壓力式行銷手法：要強調與他人建立聯繫，從長遠來看，這些人將成為您的客戶。這是個人化的行銷方式，要強調解決人們的個人問題。與他人的聯繫越多，人們就越信任您，對您的可信度充滿信心，並與您合作，並最終成為忠實的客戶。

(5) 是對話，不是賣東西：建立這些聯繫的一個重要部分是「對話」。行銷人員要用「正在進行對話以進行指導」來進行生活化的產品分享，而不是進行銷售。該方法不引人注目，而是將人們真正與您建立聯繫。

以下整理 KOL 在媒體廣告操作上的「地雷及最佳實務」：

## The Best and Worse KOL Practices
### 網紅直播主 的 地雷 與 最佳實務

| The Worse | | The Best | |
|---|---|---|---|
| 對客戶<br>疲勞轟炸 | 失焦的<br>目標管理 | 精準的<br>策略管理 | 面對面<br>客戶服務 |
| 複雜的<br>傭金制度 | 模糊的<br>產品定位 | 明確的<br>產品區隔 | 新穎的<br>創意思考 |
| 複雜的<br>客服系統 | 難懂的<br>交易條款 | 清楚的<br>產品型錄 | 精準的<br>定價策略 |
| 不公的<br>交易制度 | 重疊的<br>代理制度 | 單一的<br>客戶窗口 | 大方的<br>回饋活動 |
| 不傾聽<br>客戶意見 | 間斷的<br>追蹤客戶 | 客製化<br>網紅服務 | 勇敢的<br>拒絕無理 |

# 6-2 Who（與誰溝通）：即確定目標受眾。

在選擇要接觸的受眾群體時，還應考慮購買者的購買偏好，購買時間和地點，以及與競爭對手同質性產品的優缺點。以**使廣告產生最大的影響力**。即是媒體的報導內容是什麼？報導可以傳達到多少人？如果目標受眾明確，則可**再根據深度分**

眾（如客戶屬性，個性傾向或價格區間）等 .... 來做更深層的分類；再來進行廣告投放。

# 6-3 How（如何溝通）：考慮溝通方式的五個因素

(1) 靈活性 – 媒體的靈活性設定，考慮使廣告可以**自由地根據需求進行調整**。覆蓋範圍可根據聽眾的反應逐漸增加或減少，當產品風向改變時，可順勢更換廣告內容等彈性。

(2) 播放頻率 – 媒體應允許調整廣告頻率。如果聽眾的反應良好，則頻率可能會增加。如果介質沒有提供任何頻率調整，則稍後可能會引起一些問題。

(3) 溝通選擇 – 媒體可能傾向於特定的受眾群體；女性讀者可能會更喜歡某些雜誌，而專業人士可能更喜歡某些雜誌。在做出決定之前，應考慮媒體的觀眾或觀眾類型。

(4) 創意極限 – 媒體是否允許消息或視覺效果的創意範圍。它可以允許描述廣告中的各種顏色。它應該是盡可能充分發展的信息。

(5) 費用 – 各種形式的廣告費用，應適當評估，即是經由「**廣告回饋**」（點閱數量、按讚數、營業額增加 ... 等）來評估「**廣告效益**」。例如：廣告效果不佳，那麼即使花費成本很少，成本也會很高。另一方面，如果拍攝的費用高，但所有目標客戶都看得到，那麼成本會是很低。因此，應該根據廣告的回饋來確定廣告效益。

# 6-4 針對「媒體的用途」以找出最適合的行銷媒體

一般人使用媒體的目的如下：

- 與朋友和家人保持聯繫：例如 Facebook、微博、Line。
- 取得最新消息：例如 Facebook、Twitter、Line。
- 與您的專業網絡保持聯繫：例如 LinkedIn、Infotech。
- 共享多媒體內容：例如 Instagram、YouTube、Vimeo 和 Flickr。
- 查找問題的答案：例如問卷網和 Quora。

- 查找和組織感興趣的項目：例如 Pinterest。
- 參與「被動收入」：例如 Survey。
- 企業內部的溝通工作：Slack、Microsoft 的 Teams 及 Facebook。

# 6-5 「媒體分析」AI 實例：從消費者社群媒體習慣分析廣告投放媒體

（完整程式如本書附件 Media_Selection.ipynb）

美國 UCD 大學大數據中心，於 2020 年針對一萬名消費者，進行「使用媒體」問券調查，再運用人工智慧機器學習演算法，來進行消費者分類及消費者習慣及屬性的區隔。找出做廣告或行銷活動最有效的媒體，得出以下很珍貴的結論：

## (1) 消費者使用媒體的習慣：

針對二萬名使用者（含 40 個國家、不同年齡、不同學歷）的網路使用行為調查：

| 消費者使用媒體的習慣（總數：2萬名） | Count | Percentage |
|---|---|---|
| Social Media (FB, Twitter, WeChat, etc) | 13759 | 76.3% |
| Blogs (Huffington Post, Engadget, Moz, Mashable, TechCrunch, etc) | 10020 | 55.6% |
| YouTube (Consumer Metrics, LEGO, etc) | 7624 | 42.3% |
| Influencer (Line, Tiktok, market influencers) | 6861 | 38.0% |
| Journal Publications (traditional publications, preprint journals, etc) | 4510 | 25.0% |
| Course Forums (forums.consumer, etc) | 3794 | 21.0% |
| Survey (Questionnaire web, product promotion, etc) | 3585 | 19.9% |
| Slack Communities (ai, Community, etc) | 2436 | 13.5% |
| Podcasts (Marketing trend, Topic trend, etc) | 2097 | 11.6% |
| Hacker News (https://news.ycombinator.com/) | 1843 | 10.2% |
| Other | 1196 | 6.6% |
| None | 580 | 3.2% |

根據上述消費者媒體使用習慣統計可看出，這十種是現在最流行的「網路媒體」：

- 每天會使用社群網站佔 76.3%：包括 Facebook、Twitter、WeChat 等。
- 每天使用 Blogs 部落格佔 55.6%。
- 每天使用 YouTube 佔 42.3%。

- 每天使用上群組網站佔 38.0%：包括 Line、Tiktik 等。聯絡或分享資訊。
- 每天看各種線上雜誌佔 25.0%：如消費者情報，賣場會員通訊雜誌等。
- 每天看線上課程或專業論壇佔 21.0%。
- 上市調網或問卷網佔 19.9%。
- 有 3.2% 不使用任何網路媒體。

## 行銷新趨勢

- 交叉分析後，83% 消費者每天會使用 2 個以上社群媒體。
- 42.3% 人每天使用 YouTube。
- 76.3% 人每天使用社群媒體（FaceBook、Twitter、WeChat 之一）。
- 近年 Blogs 使用者大幅減少，但仍是主要媒體。因為 Blogs 涵蓋數十個國家數量多達數千個部落格，是行銷人員最難掌握的媒體。

(2) 消費者「同時使用」的「主流媒體數量」統計：

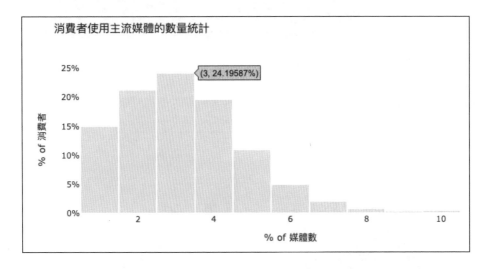

- 83% 消費者每天使用主流媒體 2-6 種，即每天使用 YouTube、FB、Tiktok、Line、Blogs 等共 2-6 種。這些媒體將是行銷人員廣告或促銷活動的重點媒體。而使用一般網頁的時間則大幅減少。
- 24.7% 消費者會留言或主題進行互動（回信、轉發或按讚等）。

## 行銷新趨勢

- 消費者的目光早已從電視轉移到手機等行動裝置上。
- 一般人每天都上社群網、部落格、線上雜誌、線上課程等。

### (3) 網路使用者的年齡分佈（總人數 20,000 人）：

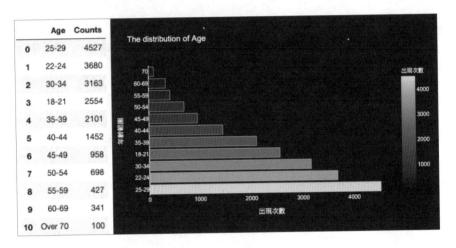

從年齡分佈可看出 **18-35** 歲是網路主要使用者。

### (4) 消費者使用主流媒體的互動數量統計：

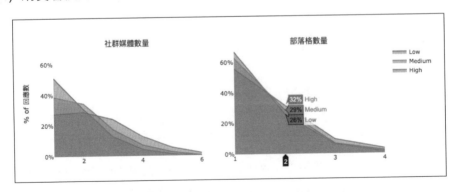

- 不論是社群媒體的高度使用者，中度使用者或低度使用者，都有很高的互動數（回信、轉發或按讚等），達 **15-25%**。所以社群媒體是很好的廣告媒介，不但可「單向傳播」，也可「擴散廣告」及進行「互動行銷」。

- 以「社群媒體」的「媒體效應」來觀察：以高度網路使用者（High）為例，同時使用的社群媒體約 4-5 種，如果要對高度網路使用者進行行銷活動，需要針對媒體是否重複的情況進行深入分析。例如 Facebook 是否和 YouTube 是同一群使用者。中度使用者和低度使用者的媒體使用種類情況相似，只是中低度使用者的使用時間較短。

- 以「部落格」的「媒體效應」來觀察：對高度網路使用者（High）為例，同時使用的部落格的數量約 1-2 種，而部落格的專業及特殊性高，如果要對高度網路使用者進行行銷活動，需要針對目標族群的 1-2 種部落格是否重複的情況進行深入分析。由於每個部落格的屬性迥異，使用者也完全不同，對行銷人員是難度很高的工作。其他中度使用者和低度使用者的情況相似。

## 行銷新趨勢

1. 社群媒體（Facebook、Twitter、WeChat 等）的功能正快速取代 Blogs；對行銷人員而言，這是好消息。

2. 而 Blogs 的媒體傳播效應（或廣告效果）遠不及社群媒體，是 Blogs 逐漸退出主流媒體的原因之一。

   - 分析每一個人使用的社群媒體，可以看到消費者至少使用 2-5 種不同的社群媒體，而最大的族群是 3-5 個社交媒體同時使用。

   - 以工作族群來區分：白領工作者是社群媒體最活躍的一群人，而藍領工作者是社群媒體最不活躍的一群人。

| | Influencer | Hacker News | Survey | Social Media | Course Forums | YouTube | Podcasts | Blogs | Journal Publications | Slack Communities | None | Other | job_title | job_ds |
|---|---|---|---|---|---|---|---|---|---|---|---|---|---|---|
| 0 | 0 | 0 | 0 | 1 | 0 | 0 | 0 | 1 | 0 | 0 | 0 | 0 | Student | Students/Not employed/Others |
| 1 | 1 | 0 | 0 | 1 | 1 | 0 | 1 | 0 | 0 | 0 | 0 | 0 | Not employed | Students/Not employed/Others |
| 2 | 0 | 1 | 1 | 1 | 0 | 1 | 0 | 1 | 0 | 0 | 0 | 0 | White Staff | White Staff |
| 3 | 0 | 0 | 0 | 1 | 0 | 0 | 0 | 0 | 0 | 0 | 0 | 0 | White Staff | White Staff |
| 4 | 0 | 0 | 0 | 1 | 0 | 0 | 1 | 1 | 0 | 0 | 0 | 0 | Student | Students/Not employed/Others |
| 5 | 0 | 0 | 0 | 0 | 0 | 1 | 0 | 0 | 0 | 0 | 0 | 0 | Service | Blue Staff |
| 6 | 0 | 1 | 1 | 1 | 1 | 0 | 0 | 1 | 0 | 1 | 0 | 0 | White Staff | White Staff |
| 7 | 0 | 0 | 1 | 1 | 0 | 0 | 1 | 0 | 0 | 0 | 0 | 0 | White Staff | White Staff |
| 8 | 0 | 0 | 0 | 0 | 0 | 0 | 1 | 1 | 1 | 0 | 0 | 0 | Research Scientist | Blue Staff |
| 9 | 0 | 0 | 1 | 1 | 0 | 1 | 0 | 0 | 0 | 0 | 0 | 0 | Engineering | Blue Staff |

- 到 2021 年 6 用為止，全球社交媒體之「活躍用戶數」的排名如下：FB 及 YouTube 仍是最夯的社群媒體（除了中國以外），QQ 及新浪微博（Sina Weibo）並未在中國以外的國家盛行。

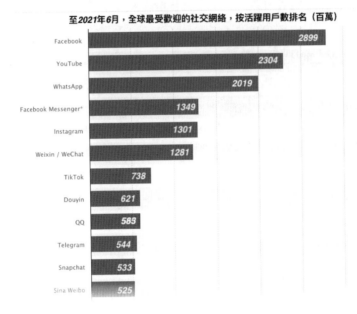

至2021年6月，全球最受歡迎的社交網絡，按活躍用戶數排名（百萬）

- 到 2021 年，成為社群媒體的忠誠使用者（已在社群媒體建立 Profile）已達 79%。表示社群媒體的廣告效益一定很好。

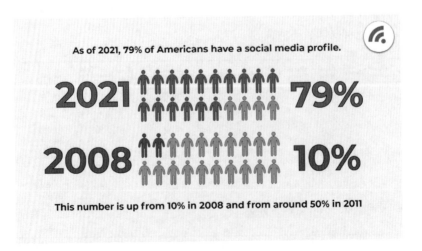

本章將用最新 AI 技術來找 7 個「行銷領域」的答案，這對理解消費者對社交網絡的使用至關重要：

- 社交媒體的整體受歡迎程度，如何影響消費者的購買行為？
- 不同年齡和性別，最喜愛的社交網絡是哪些？
- 哪些是增長最快的社交媒體，這些媒體也是消費者的採購資訊來源嗎？
- 消費者用社交媒體在選擇產品和服務時，是否參考出現在社交媒體的廣告？
- 而使用社交媒體時，消費者行為的參與度指標有哪些？
- 消費者如何與社交媒體中的廣告互動？
- 消費者最常使用社交媒體，其廣告最佳發佈時間的時間是什麼時候？

## (5) 四種「主流媒體組合」的滲透率統計

我們將上述十種網路媒體進行使用者的使用習慣分析後，找出四種對行銷有意義的「主流媒體組合」，再進行深度分析，以確認在那一種媒體上做廣告或進行行銷活動是有效的：

① Blogs（部落格）重度使用者：Blogs 的重度使用者（取樣 5390 個樣品）大多只是集中在 1-2 個部落格，但他們更喜歡在社群媒體上流連；表示在需要專業知識時會上自己鎖定的部落格，但這群人的社交活動仍是在社交媒體上（Facebook、Twitter、WeChat）進行；幾乎可以忽略在部落格上打廣告了。

② Social Media ＋ Blogs 二種媒體同時使用者：這群消費者是網路重度使用者（取樣 4757 個樣品），其他各類媒體的使用也一樣非常活躍。

③ Social Media ＋ YouTube 二種媒體同時使用者：基本 Social Media 和 YouTube 是二種不同的媒體，理論上使用者應該不太重疊，行銷人員也常常將這二種媒體視為不同性質的傳播工具；Social Media 可以進行電子商務交易，但 YouTube 似乎只是媒體而無法進行交易；但最近二者平台有合流的趨勢，主因是二個媒體的使用者開始高度重疊。這個趨勢是行銷人員要高度關注的。

④ Blogs ＋ Social Media ＋ YouTube 三種媒體同時使用者：這種（三種媒體同時使用）使用者更是少數，他們非常集中的使用這三個平台，其他媒體使用相對低很多。

⑤ 整理出新行銷趨勢如下：

- 部落格的使用者，也同時喜愛在社群媒體上互動，可以忽略部落格的廣告。
- YouTube 使用者同時也在社群媒體上與其他人密切互動。
- 由上述四個組合可以看出這三大類型（社群媒體、部落格、YouTube）在使用者習慣上似乎沒有差異。表示這三者在廣告效益上屬同質性極高的媒體；不需要重覆配置廣告資源。

### 行銷新趨勢

- 在部落格逐漸式微後，一般消費者中有 25% 忠誠使用者。
- 有 12% 消費者同時使用社群媒體及 YouTube，部落格。
- 以廣告媒體選擇而言，社交媒體是涵蓋率最高最有效的。

## (6) 消費者對「主流媒體組合」的滲透率統計

以不同職業類別（Blue Staff、White Staff、Students/Not employed/Others）來分析使用媒體現況：

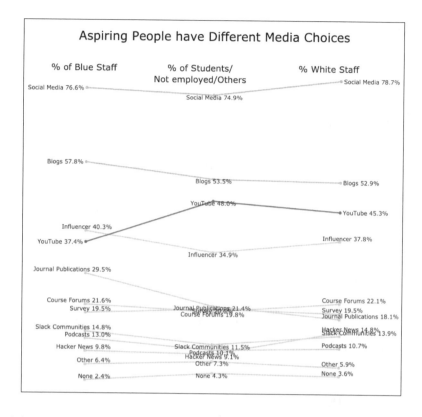

將上述各種不同職業類別和四種「主流媒體組合」合併觀察如下：

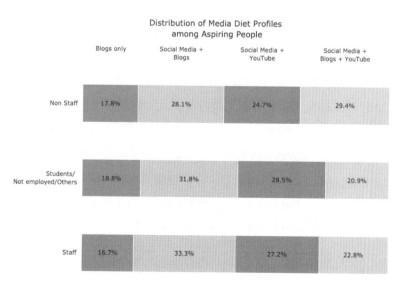

## 行銷新趨勢

若以不同職業區分使用者，對社群媒體的喜好差不多；在廣告媒體選擇上，減少很多麻煩。

- 以 Social Media 而言，白領工作者（White Staff）使用 Social Media 人口略多（78.7%）；三大 Social Media 中以 Facebook，使用率最高。

| job_ds | Influencer | Hacker News | Survey | Social Media | Course Forums | YouTube | Podcasts | Blogs | Journal Publications | Slack Communities | None | Other |
|---|---|---|---|---|---|---|---|---|---|---|---|---|
| Blue Staff | 0.403049 | 0.097719 | 0.194889 | 0.766067 | 0.216166 | 0.374205 | 0.129634 | 0.577539 | 0.294582 | 0.147949 | 0.023689 | 0.063830 |
| Students/Not employed/Others | 0.349293 | 0.090937 | 0.205658 | 0.749417 | 0.198197 | 0.479869 | 0.101042 | 0.535054 | 0.213586 | 0.115498 | 0.042593 | 0.072594 |
| White Staff | 0.378476 | 0.147924 | 0.195486 | 0.787183 | 0.220879 | 0.453446 | 0.106812 | 0.528819 | 0.181378 | 0.138654 | 0.036276 | 0.059250 |

- 以 Blogs 而言，白領工作者（White Staff）使用 Blogs 人口略少（52.9%）於學生及藍領工作者。

- 以 YouTube 而言，是唯一單獨分離媒體的指標，學生使用率高達 48%，比藍領工作者多了 10%。如果行銷或廣告的對象是學生或白領工作者，YouTube 是非常必要的廣告媒體。

- 近年很夯的新媒體 Podcasts，其廣告效益分析如下：
  - 近兩年內全球（含台灣）新增很多播客，這個趨勢與 Podcast 產業存在的龐大商機有關，以美國 Podcast 市場為例，根據美國 IBA 的「2020 Podcast 廣告調查報告」，美國 Podcast 整體廣告收益在 2019 年上升了 48％，約為 7 億美元。而儘管 2020 年受疫情的影響，IAB 預估美國在 2020 年的 Podcast 整體廣告收益成長為 14.7％，2021 年和 2022 年分別被預估將成長 55％ 和 36％，如此可觀的廣告收益及商業潛力，也大量吸引許多播客來搶占 Podcast 市場。
  - Podcasts 的行銷經營特質有三個重點：播放內容、頻道定位、個人特色。而對產品和品牌的行銷而言，也要根據「內容、定位、特色」來決定廣告投放的地方。Podcast 的廣告投放和 Blogs 同樣是非常客製化的選擇，並不是巨量資料下的科學演算所能分析出來的。
  - Podcast 聽眾輪廓：年輕人、高學歷、高收入，許多人從來沒聽過廣播，

卻是 Podcast 的主要收聽者。Podcast 吸引年輕人聆聽的原因，成為品牌、藝人及廣告主關注的焦點。美國的 Podcast12 至 24 歲的使用者佔 42％（2020），25 至 54 歲的聽眾也快速攀升，達到 39％；收聽 Podcast 聽眾中，60％聽眾的教育程度是大學以上；41％聽眾年收入超過 7.5 萬美元家庭所得。

- Podcast 廣告效益高於一般想像：千禧世代、Z 世代對廣告打擾內容的接受度很低，但對 Podcast 廣告的接受度卻相對高。Podcast 廣告大多由主持人念出廣告語，長期收聽節目的粉絲，對 Podcast 主持人或創作者具高信任度，因此較能接受廣告只是 Podcast 體驗的一部分，具有主持人推薦的效果。

■ Survey 廣告效益分析如下：

  i. Survey 媒體包括 Questionnaire web、product promotion 等平台，在美國已是個非常大量商業化及個人化的平台，甚至已數千萬人加入「被動收入」行列，以螞蟻雄兵的態勢協助 Survey 平台佔領媒體市場；是個 2021 年以後無法忽視的重要媒體。

  ii. 當然 Survey 平台早已不放過廣告收入的機會，問券的內容大量植入廣告內容，讓回答問券的過程中接受了廣告內容；而行銷人員要如何大量的利用 Survey 平台，需要觀察一段時間，如果和 Blogs 的廣告型態一樣，Survey 就是一個特製的廣告平台；如果與 Twitter 的廣告型態一樣，Survey 就與一般大量投放的行銷品牌的廣告一樣，很容易追蹤效益。

■ Slack Communities 是個很新的互動平台，大多數行銷人員並未使用過 Slack，很難認同 Slack 是個可使用的廣告媒體。以 AI Marketing 的巨量分析基礎來看，無法忽略 Slack 的大量使用者及其不斷上升的廣告價值。

■ Slack 在 2013 年以企業版模式、協作軟體來改革 E-mail 低效率的溝通。初期著重優化功能和顧客體驗，而非打廣告，而是以有限制的免費版本來推廣 Slack。到了 2020 年 Slack 在軟體、資通訊、行銷廣告、網路產業的中小型企業客群較多。

■ Slack 也出現強勁的競爭對手：Microsoft 的 Teams 及 Facebook。

## 6-6 跳脫媒體平台的分類，以全球線上購物來看廣告趨勢

不論媒體是 FB 或 YouTube 或其他媒體平台，都有四個非常明顯的趨勢：

- 客製服務大量增加：選擇廣告或行銷媒體之後，接下來應免不了客製服務，不論是目標客戶或產品定位都要做客製的工作。

- 頂級品牌引領風潮：媒體嗅覺最敏銳的頂級品牌，會花大錢來進行廣告投放，包括新興媒體如 Survey 和 Podcast 都可看到頂級品牌的廣告。

- 創新金流引爆消費：由於金流機制的完善，使新興媒體（如 Survey、Podcast）使用新型的經營方式來創造「被動收入」；看似新型式商業模式，其實是傳統直銷理論的再利用。

- 社群媒體百花齊放：分眾的社群媒體，加重了行銷人員的工作量，使廣告投放更加精緻且專業；如果沒有 AI 工具協助，根本無法準確掌握目標客戶及定出熱銷產品。

# 6-7 2020年全球媒體廣告行為分析

本章引用的大數據分析資料中，也同時進行了不同性別的媒體行為的調查，如下圖：

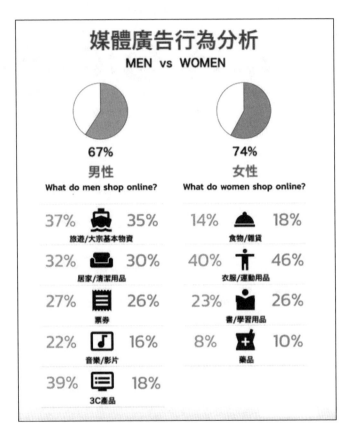

- 67% 男性及 74% 女性會注意線上媒體廣告，線上媒體廣告對女性更有吸引力。
- 3C 產品是男女有別的「最明顯」項目，男性比女性多一倍人數的關注。
- 衣服和運動用品是最多人關注的產品項目。
- 旅遊廣告也是次多人關注的項目，不分男性女性。

**Digital Marketing Channels**

# 網路媒體投放通路

社群媒體　　　　SEO與網站　　　　CRM

關鍵字廣告　　　　轉換率優化　　　　內容行銷

# 風向內容分析
# （Content Analysis）

內容分析是引用社會科學研究方法，對文章內容進行分析（即 NLP 技術，包括文句編碼、文章分類、字句分詞，語義判斷及轉變成可供統計分析的資料型態等）之量化分析方法。內容分析是一種以系統、客觀與量化的方式，來分析傳播內容，以測量及解讀內容的研究方法。

# 7-1 「風向內容分析」的目的

在行銷上，「風向內容分析」的目的，是「**找到熱賣產品或設定適當客戶群**」。

從公開資料找客戶或找產品是個新穎的方法：網路和社群平台的文章數量，每天以驚人的速度和數量生成。經過 AI 分析後，可從文章分析的結果了解客戶的活動，意見和消費者個性屬性，這些資料可以作為未來開展業務的重要依據。

近年 AI 技術大幅進步，以 AI 技術分析大量之 Twitter 上的推文，可以發現「消費趨勢」和「人們對特定事件的反應」。例如：

- 近年 Amazon 大量使用 AI「風向內容分析」技術以了解用戶的回饋或對特定產品的評論，為 Amazon 找到了數以千萬的潛在客戶。
- 而 BookMyShow 也用「風向內容分析」技術，發掘人們對電影的看法，準確預測客戶的娛樂風向。
- YouTube 用 AI「風向內容分析」技術，分析和理解視頻中人們的觀點，成功過濾出數以百萬計的假新聞及詐騙影片，也為數以佰萬計的商品找到「精準行銷」的客戶。

而「風向內容分析」使用的技術主要是 NLP，自 2019 年，「自然語言處理（NLP）」技術大量使用在 AI Marketing 領域，主要的作法是用搜尋程式從廣大資料中挑選關鍵字並構建成新的「目標字群」，再進行分析成有用的規律及找出目標客戶。

# 7-2 什麼是 NLP ？

我們在日常工作生活中，會產生許多文章，例如線上聊天、發送消息、發佈推文、分享文章、撰寫推文、分享意見等。這些在「線上購物」和「社交媒體」上的文章很容易以「網路爬蟲」的方式取得；在 AI 技術日趨成熟後，將 AI 用在行銷上，即稱為「NLP Marketing」。而 NLP（Nature Language Process 自然語言處理）即是 AI Marketing 用來分析文章的工具。

一般文章本質上是非結構化的，NLP 可以理解人類語言，是用 AI 機器人以自然方式與人互動的技術，將非結構化的文章進行結構化分析，成為重要的行銷工具。

NLP 可再細分為下列技術：文章標記、詞頻分佈、詞彙分類、單詞拆解、情緒分析、文檔分類、內容分析等技術。說明如下：

- **文章標記（Tokenization）**：是分析文章的第一步，即是將文章每個段落分解為較小的「單詞」（幾個字組成的詞稱為單詞）的過程稱為「文章標記」。

- **詞頻分佈**：詞頻（字詞重覆出現）分佈是用來確定文章標記後「單詞」的重要性，它以便根據單詞的重要性，而來決定文章的傾向及屬性。

- **詞彙分類（Noise removal）**：詞彙分類是針對文章中的噪聲進行區隔，詞彙分類是將單詞的改成標籤的形式，再分類為「社會科學通用詞根」，將俗話轉成標準用語的程序。

- **單詞拆解**：用詞彙庫比對的方式和詞法分析來轉換詞根，進行單詞的屬性分類。到此 AI 基礎的工作已經完成，接下來便要進行社會學和心理學的部分。

- **情緒分析**：是用 AI 技術以大規模詞庫比對的方式進行「情緒分析」，是將情緒「量化」的一種技術。說白一點，就是針對「單詞拆解」的內容，想法，信念和觀點進行判讀；是純文字字面上的意義及隱藏意義的分析技術，這種分析與目的有關，例如是針對「心理諮商的病徵分析」那麼文章出現「崩潰」或「去死」等字詞，是個很重要的警示詞，有可能心理病患會真的去死。但如果是針對「精準行銷的目標客戶分析」，那麼當文章出現「崩潰」或「去死」等字詞時，則是對產品否定詞；如果是針對「客戶個性類型分析」，那麼「崩潰」或

「去死」等字詞，是「情感傾向型決策」的極端者（在 MBIT Test 分佈圖中），位置會是在 80-90% 偏右的位置。作法如下：

用 AI 技術進行「傾向」量化的作法：由於這些在公開網站上的推文或產品反饋，可以幫助行銷人員，針對廣告受眾進行屬性分類，擬定精準的「目標客戶」策略；另外在未來創新產品方面，也有極有價值的參考作用。所以要準確的找出單詞拆解的結果和情緒分類名稱的關聯性；如「崩潰」一詞：

- 屬「外向型」心態用語。
- 是「直覺式」訊息判斷結果。
- 是「情感式」決策方式。
- 是「感知式」思考結構產物。

■ 文檔分類：機器學習進行文檔分類。
- 選用分類模型：使用預先標記的正面，負面和中性數據集進行訓練。
- 在一段時間（約 2-10 小時，若資料量大可能要數日）的「訓練電腦」時間後，會收斂成很接近人類對文章的判讀方式。
- 從數佰萬的文章中，找出機器學習演算法的最佳參數，並做成「最佳化模型」儲存起來。

■ 風向內容分析：日後只要取得「新的留言或發表文章」，便可立即打開「最佳化模型」來進行判讀，將此客戶作精準的個性類型分類；而完成 AI Marketing 中最重要的**內容分析**（Content Analytics）工作。

# 7-3 NLP 未來的發展趨勢？

- NLP 將會在不久的將來成為人與機器人溝通的語言，在不久的將來會出現同步翻譯機器人；將會大規模突破人們因語言產生的隔閡，知識將更無限制地大量擴散。
- NLP 也大量運用在將人類語言快速解譯，進行未來事件的預測；如熱賣商品預估，熱門討論題目的風向，或客戶喜好的改變等。
- 自然語言處理（NLP）不久將大量使用在我們每天的事物中，若再進一步與聊天機器人結合，則將大量的取代客服人員及業務員基礎部分的工作。

# 7-4 如何讓電腦準確的理解中文語言？

中文屬於詞性複雜的語言，除了雙關語和同義詞多以外，姓名和形容詞也很難區分；而這正是將 NLP 運用在中文語言部份的困難處；而韓文和日文也遇到同樣的困難；所以在做人工智慧的「分詞」工作時，準確率很低；所以 AI 科學家，只能用機器學習的大數據分類技術，加上「人工經驗的詞彙比對法」，來彌補「分詞」的準確率不足問題。作法如下：

- 從文章中「斷詞」及找出「理解詞」。
- 分析句子：語法及語義解析。
- 將中文語言轉為「電腦可處理」的形式如下：

- 用機器學習的分類器（Classifer）進行比對完成詞性分類。
- 最後順利從文章中將個性類型，較為準確的做出分類。

# 7-5 中文詞性分析的方法

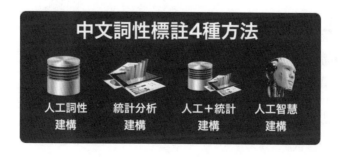

(1) 人工詞性建構：用人工方式來進行中文詞性的標註方法，是最早的詞性標註方法，也是最準確的方法。由文學素養優秀的人員來進行詞性判斷，用人工按「類詞」關係和「上下文語境」建造詞類規則。

(2) 但隨著詞庫規模不斷增大，簡體和繁體字差異大且特殊詞眾多，如「目屎」，「感心」等台灣地區詞彙多，使詞性判斷工作複雜，故以「人工詞性建構」詞性的方法顯然效率不佳。

(3) 統計分析建構：統計方法是將詞性標註看作是個「序列標註」的問題來處理。其理論是：只要前一個詞彙確給定詞性，我們可以大致用統計分析的公式，來確定下一個詞最可能的詞性。

(4) 現在英文德文等語言都有成熟的「隱馬爾可夫模型（HMM）」、「條件隨機域（CRF）」等統計模型了，這些模型是使用「有標記數據」的大型語料庫進行訓練，使下一個詞可輕鬆的進行詞性分類。

(5) 人工詞性＋統計分析建構：理性主義的「統計方法」與經驗主義的「人工詞性分析」結合的處理策略，是「NLP（自然語言處理）」領域的專家們不斷研究和探索的問題，對於「中文詞性標註」問題也不例外。這類方法主要特點在於對統計標註結果的篩選，只對那些被認為可疑的標註結果，才採用規則方法進行歧義消解，而不是對所有情況都既使用統計方法又使用規則方法。

(6) 人工智慧建構：把中文詞性分析當作「序列標註」的任務來做；用人工智慧解決序列資料（如股票價格依歷史資料來預測未來價格）的常用方法來進行中文詞性分類。人工智慧的演算法包括 SVC、MultinomialNB、LSTM+CRF、BiLSTM+CRF 等。

# 7-6 NLP 技術商品化方向

■ **偵測假新聞**：假新聞檢測是 NLP 的新熱門話題。
　① 將有真新聞和假新聞的資料集用 NLP 進行新聞分類。
　② 創建一個模型來預測**新聞是真實還是虛假的**，這是屬於監督機器學習。
　③ 用分類模型來嘗試不同的模型並評估性能。

- **情緒分析**：將眾多不同喜怒哀樂的面部表情照片存在同一個資料集，用**深度學習進行分類，只要資料多，便可得到 95% 以上的準確率**。

- **搜尋建議更正**：當您在 Google 開始查詢資料，輸入文字時，Google 會預測熱門搜尋，並套用在您的查詢；因這是 NLP 將模糊查詢與相關聯資料一併提供給你的結果。

- **詞類標示**：將每一個字都用標記來標示，以使 NLP 可做進一步詞句組合。

- **翻譯機器人**：將詞句和語意做不同語言間的轉換。

- **語音辨識**：把語音和文本的語言轉換成數學公式，再根據所提取的含義做出回應，甚至是讓 AI 理解文字中的多重語意。

- **人名辨識擷取**：利用 NER（命名實體識別）技術作為信息提取的第一步，目的是將文章中的專有名詞，準確的分類出來。例如：姓名、名稱、組織、地點、時間表、數量、貨幣價值、百分比等。

- **擷取文章關鍵字詞**：
  ① 轉換：將一段話轉換成句子，分割成相應的句子。
  ② 文本處理：在文本處理中移除停止詞（那些沒有實際意義的常見詞，如「and」和「the」）、數字、標點符號以及句子中的其他特殊字符。句子成分的過濾有助於移除冗餘和不重要的信息，這些信息對文本意圖的表達或許沒有任何價值。
  ③ 分詞：切分各個句子，列出句子中的所有單詞。

- **句法分析**：分為句法結構分析和依存關係分析。句法結構分析也就是短語結構分析，比如提取出句子中的名詞短語、動詞短語等，最關鍵的是人可以通過經驗來判斷的短語結構。

NLP 技術商品化方向：

## 7-7 「風向內容分析」AI 實例：從消費新聞分析 「美妝產品」的流行趨勢

（完整程式如附件：Content_Analysis.ipynb）

以台灣 2020 年下半年美妝市場為例：從中文十大入口網站及數十個美妝網站收集的數百筆新聞資料，來準確分析台灣「美妝產品」的流行趨勢：

(1) 從點閱率最高的入口網站，如「Google 新聞」、「Yahoo 流行」、「momo」、「蝦皮購物」、「PC Home 24 小時」下載新聞數百筆。

(2) 從流行產業的趨勢分析或時事報導，下載最新商業分析資料。

(3) 進行內容分析：以 NLP 技術（**文章標記、詞頻分佈、詞彙分類、單詞拆解、情緒分析、文檔分類及訊息提取**等技術）來進行內容分析。

(4) 將資料整理成日期，標題及內容三部分，以利後面進行人工智慧演算。

(5) 進行「資料純化」的工作，將語言文字不相容的亂碼及空缺值等資料刪除。

(6) 下載資料如下圖。(部分)

(7) 將收集到的內容進行人工智慧解讀：斷句、分詞、歸類後，整理成關鍵字排序如下。

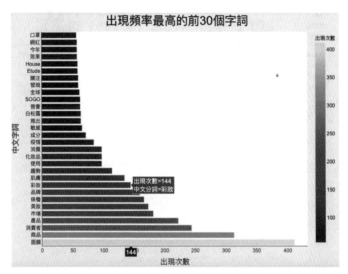

(8) 詞頻：用 TF-IDF 指標來表示「詞」出現頻率。TF-IDF 越大，表示該詞「顯著性」越高。也就是說用這詞當做「關鍵字」很適當。

| | Word | Frequency |
|---|---|---|
| 0 | 面膜 | 312 |
| 1 | 商品 | 239 |
| 2 | 消費者 | 186 |
| 3 | 產品 | 173 |
| 4 | 保養 | 140 |
| 5 | 市場 | 138 |
| 6 | 美妝 | 137 |
| 7 | 品牌 | 119 |
| 8 | 彩妝 | 107 |
| 9 | 肌膚 | 99 |

```
word: 面膜 tf-idf: 0.1588663032347131
word: 消費者 tf-idf: 0.11695086285906485
word: 產品 tf-idf: 0.10877687782052806
word: 保養 tf-idf: 0.08802753118424236
word: 市場 tf-idf: 0.08676999502446747
word: 美妝 tf-idf: 0.08614122694458003
word: 彩妝 tf-idf: 0.06727818454795666
word: 商品 tf-idf: 0.06643538974119287
word: 肌膚 tf-idf: 0.0622480399088571
word: 趨勢 tf-idf: 0.052816518710545414
word: 消費 tf-idf: 0.05093021447088308
word: 2020 tf-idf: 0.043384997512233736
word: 化妝品 tf-idf: 0.0414986932725714
word: 品牌 tf-idf: 0.037775378637616895
word: SOGO tf-idf: 0.03395347631392205
word: 關注 tf-idf: 0.029552099754709935
word: 疫情 tf-idf: 0.0284962213774811198
word: 成為 tf-idf: 0.0282945635944935044
word: 發現 tf-idf: 0.0282945635944935044
word: Etude tf-idf: 0.0276657955150476
```

(9) 詞雲:「詞」出現的頻率越高,字的尺寸越大。

① 從標題欄來分析詞雲如下:

詞雲的分析結果,顯示「品牌」、「高顏值」、「文青風」等詞是常用字,即新聞記者傾向用這些詞來吸引消費者注意;

所以用標題進行分詞分析絕對是找出行銷關鍵字的好作法。

② 從國內新聞的內容欄位的文章來分析詞雲如下:

從「內容」的詞雲圖可以看出關鍵字出現品牌(Amuse、LAKA),也出現「面膜」、「彩妝」等美妝產品。如果你是電子商務平台的行銷人員,可以選擇這些關鍵字來進行網站優化或廣告投放時的產品選項。

(10) 用人工智慧演算法來驗證「關鍵字」是否正確：本書用了二個 AI 演算法
（SVC、MultinomialNB）進行演算，結果如下：

```
SVC Model (with linear kernel) Valid:
=============================================================
Feature: tag  | Prediction accuracy: 0.8181818181818182
Feature: tag  | Prediction F1-score: 0.8181387741046833
Feature: tag  | Prediction recall: 0.8181818181818182
               precision    recall  f1-score   support

        國內       1.00      0.71      0.83         7
        國際       1.00      0.68      0.81        19
        消費       0.69      1.00      0.82        18

    accuracy                           0.82        44
   macro avg       0.90      0.80      0.82        44
weighted avg       0.87      0.82      0.82        44
```

AI 專家的分析：

① SVC：

SVC 是從巨量資料中找出非核心群資料，進行分離映對到頂層，再回映到
原始資料中；重覆多次一樣的運算方式，使資料成功分群，並看出資料的
屬性；SVC 用在 Marketing 文字分析上，達到 60% 以上算非常好的結果，
因為文詞的離散性非常大，且某一文詞在眾多文章中的重覆性也很低。是
很難找出規律的分析項目。

② MutlinomialNB：

MutlinomialNB 的運算方式，較適合用在 NLP 等語言詞句的分析上；在實
務上，將 MutlinomialNB 用在字詞分析，也準確率是最高的 AI 演算法之
一；MutlinomialNB 的運算原理是以多次分層的運算，不斷整理後得到最
接近「人性認知」的分類方式；也就是說模擬人類對語言的瞭解，所以可
以得到較準確的判斷。

本章的實例證明，這二個模型的準確率（accuracy）都達到 0.6 以上水準，表
示從這些收集到的文章分析之「關鍵字」，不論關鍵字是產品或品牌都可以充
分代表流行趨勢。

(11) 深度分析詞頻：本章使用更科學性的 tf-idf 和 textrank 演算法找出重要關鍵字。

Jieba 和 snownlp 的字詞分析程式中，使用了 tf-idf 和 textrank 演算法；且在中文環境，我們局部修改了 Jieba 的詞庫及 snownlp 的程式判斷，讓中文字詞判斷準確率提升到 99%，再也不會發生斷句錯誤的情形。

以下介紹 TF-IDF 和 TextRank 演算法：

① TF-IDF 權重法：

Tf-idf 優點在簡單易使用。TF-IDF 的理論是，如果某個「詞」（或「短語」）在某一篇文章中出現的頻率 TF 高，並且該詞在其他文章中很少出現，則此「詞」具有很好的區分能力，就用來作分類指標。

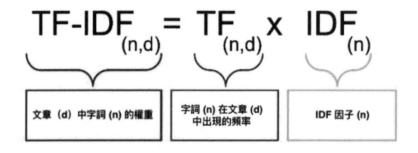

使用 TF-IDF 方法：

jieba.analyse.extract_tags(sentence, topK=20, withWeight=False, allowPOS=())

- sentence：為待提取關鍵字的文章。
- topK 為返回幾個 TF/IDF 權重最大的關鍵詞，初始值為 20。
- withWeight：是否一並返回關鍵詞權重值，初始值為 False。
- llowPOS：指定詞性的詞，初始值為空，即不指定。如果要指定「名詞＋形容詞＋動詞＋副詞」，allowPOS=('nb','n','nr', * 1. 'ns','a','ad','an','nt','nz','v','d')。
- jieba.analyse.TFIDF(idf_path=None)：新建 TFIDF 實例，idf_path 為 IDF 頻率文件。

② TextRank 關聯法：

TextRank 演算法是依據 PageRank，從文章產生新的關鍵字和摘要。TextRank。原用在計算網頁的相關性與重要程度上，作為排序搜尋結果的依據。近年在計算文章中句子的重要程度上也大量使用。

TextRank 的概念，能成為「摘要條件」是因與文章中其他句子相似度最高，例如以美妝為文章標題，當然用「美妝」作為「摘要條件」時，美妝這個詞一定出現頻率最高。TextRank 提供關鍵詞抽取的方法，除了指定抽取出的關鍵詞數量外，也可以只選取特殊的詞性（預設為名詞與動詞）作為候選詞。

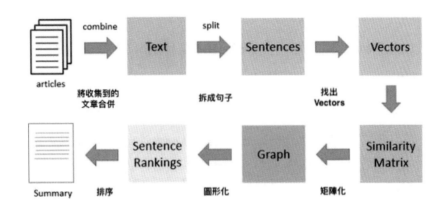

核心算法：

基本原理是對具有許多鏈接的頁面給予高分。在文章分析上也用類似的方法。如果位於左右兩側的某個區域中，則確定鏈接已連接。這樣，圖形就可以通過單詞或句子連接起來，並計算出重要性。

演算步驟：

i. 把文章整合成文字資料。

ii. 把文字分割成句子。

iii. 為每個句子找出詞向量。

iv. 計算詞向量間的相似性並放在矩陣中。

v. 將相似矩陣轉換為以句子為節點、相似性得分為邊的圖結構，用於句子 TextRank 計算。

vi. 一定數量的排名最高的句子構成最後的摘要。

使用 TextRank 方法：

```
jieba.analyse.textrank(sentence, topK=20, withWeight=False, allowPOS=())
```

- sentence：為待提取的文章。
- topK 為返回幾個 TF/IDF 權重最大的關鍵詞，初始值為 20。
- withWeight：是否一並返回關鍵詞權重值，初始值為 False。
- allowPOS：指定詞性的詞，初始值為空，即不指定。如果要指定「名詞＋形容詞＋動詞＋副詞」，allowPOS=('nb','n','nr', 'ns','a','ad','an','nt','nz','v','d')。
- jieba.analyse.textrank(idf_path=None)：新建 TFIDF 實例，idf_path 為 IDF 頻率文件。

## 結論：

1. 我們用了二個模組：MultinomialNB (based on Naive Bayes) 和 SCV (based on SVM)，來進行 Content Analysis，試著找出網路新聞或社群留言中，「美妝」的關鍵用詞。
2. SVC model 準確率較好，從評估指標中（weighted and macro average scores for performance、recall and f1-score、corresponding scores per class）均較 MultinomialNB 好。

### 行銷新趨勢

在廣大的新聞文章中，找出與某一題目（例如「美妝」、「iPhone」）有關的「詞」，再根據這個「詞」來定義出「趨勢」是 AI Marketing 領域中很新的技術，也是很好用的工具。

# 客戶心理分析
# （Psycho Modeling）

「客戶心理分析」是一種 AI 機器學習演算法，根據大量的歷史數據來創建客戶傾向模型（理論上可以對真實的世界做出準確的預測）；是近年最流行的行銷工具之一。

傾向分析（Tendency Analysis）是從客戶在社群網站數佰萬筆留言或評論中，利用人工智慧的演算法從字裡行間的「遣詞用字」來透析客戶的「個性傾向」；再與你要賣的產品（或服務）進行配對，進行「**精準行銷**」。

### 也就是說你的產品適合那些「個性傾向」的客戶？

#### 例如：「特製的星座項練」適合推薦給那一種個性傾向的客戶？

#### 例如：「時尚感的運動服」適合推薦給那一種個性傾向的客戶？

在這裡介紹一個全球知名的「個性傾向分析」工具：**MBTI**。

用 MBTI 來進行大範圍的社群詞語的分析。

再用精準的文詞分析進行「個性傾向」的分類。

再從分類結果找出「目標客戶」。

詳細說明：

MBTI（Myers-Briggs Type Indicator）是根據客戶的留言文字及購買記錄進行大數據分析，資料是從眾多的社群平台留言資料取得，用文字解析的方式來拆解客戶的個性傾向，將一般人分為 16 個不同的個性。這樣的分析工具，早已大量使用在全美百大企業的面試中。面試官除了想知道你是否具有

工作技能外，更想知道你是否可以融合在團隊中，如魚得水般的自在工作。

在實務應用前，先對 MBTI 仔細說明如下：

① MBTI 十六型職業人格測試是根據瑞士著名的心理分析學家 Carl G.Jung 的《心理類型理論》整理而成，目前已經是全球最具權威的「個性傾向測試」，在世界五百強公司中，有 90% 的企業包括 IBM、Disney、Pepsi 等都有使用 MBTI。

① 這種理論可以幫助解釋：為甚麼不同類型的人對不同事物有不同的興趣程度，每個人專長於不同範疇的工作，且某些人和某些人無法互相溝通理解。

MBTI 是一種個性類型系統，是用問券分析的技術，將每個人在 4 個心理面向 MIND（心態）、INFORMATION（資訊）、DECISION（決策）、STRUCTURE（行動力）上，再劃分為 16 種不同的個性類型：

內向（Introversion）– 外向（Extraversion）

直覺（iNtuition）– 感測（Sensing）

思考（Thinking）– 感覺（Feeling）

判斷（Judging）– 感知（Perceiving）

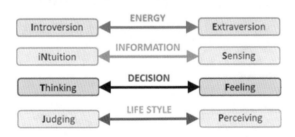

例如，在 MBTI 系統中，一個內向、直覺、思考和感知的人會被標記為 INTP，基於個性的條件，可以根據該標籤來建模或描述此人的偏好或行為。

它用於商業、在線、娛樂、研究以及其他領域。

以字母表示類型排列組合之後，16 型人格如下：

ESFP、ISFP、ENFJ、ENFP

ESTP、ISTP、INFJ、INFP

ESFJ、ISFJ、ENTP、INTP

ESTJ、ISTJ、ENTJ、INTJ

四個面向在每個人身上會有不同的比重，不同的比重會導致不同的表現，而最關鍵在於各個面向上的人均指數和相對指數的大小。

十六種「個性傾向特徵」分類描述：

十六種「個性傾向特徵」的全球人口分佈：

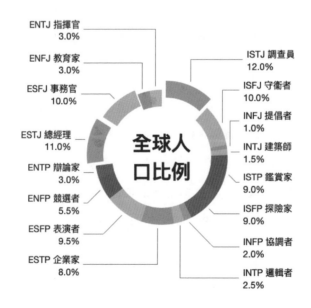

- 統計結果整理自 MBIT 官方網站，時間為 2017-2020；全球人口中以 ISTJ（調查員，12.0%）、ESTJ（總經理，11.0%）和 ISTP（鑑賞家，10.0%）為最多的族群。
- 資料以網路問卷進行，故以知識份子為主，可能無法採集到無法回答問卷的文盲及社經地位較低者。
- 由於是線上問卷統計結果，而中國地區網路使用有侷限性。
- 網路使用者因年齡結構偏年輕人，可能會有統計偏差（N 型、F 型、I 型人可能偏多），但統計樣本數量大，涵蓋多國跨行業進行比對，偏差可以抵銷至極低水準。

十六種「個性傾向特徵」的華人人口分佈：

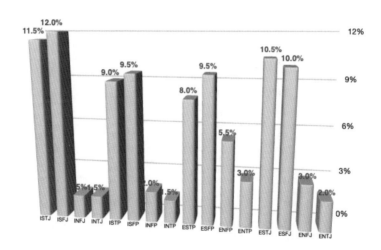

華人部分以旅居美國的華人為主，收集共近十萬份問卷，整理得出一些有趣的資料：

- NF 的數量比全球的統計資料高。
- S 型人格（感知型）比全球平均值多（+5.1%），是最顯著的差異。
- T 型人格（思考型）比全球平均值多（+0.3%）。
- P 型人格（感知型）比全球平均值低（-1.4%）。
- F 型人格（情感型）比全球平均值低（-0.3%）。
- E 型人格（外向型）比全球平均值低（-0.2%）。

十六種「個性傾向特徵」的整理如下：

在台灣或華人世界，因文化差異，Decision 偏向情感（F）的特質人群比例稍微上升， 向客觀（T）的特質稍微下降。四個面向中，理性主義者的 NT 下降，理想主義者 NF 上升。

| 個性類別 | 個性傾向 | 佔全球人口比率 | 佔全球男性比率 | 佔全球女性比率 | 佔台灣人口比率 | 佔台灣男性比率 | 佔台灣女性比率 |
|---|---|---|---|---|---|---|---|
| ISTJ | 調查員 | 12.0% | 15.5% | 8.5% | 11.5% | 14.5% | 8.0% |
| ISFJ | 守衛者 | 10.0% | 5.0% | 15.0% | 12.0% | 6.5% | 14.5% |
| INFJ | 提倡者 | 1.0% | 0.5% | 1.5% | 1.5% | 1.5% | 2.0% |
| INTJ | 建築師 | 1.5% | 2.5% | 0.5% | 1.5% | 2.5% | 0.5% |
| ISTP | 鑑賞家 | 9.0% | 11.5% | 6.5% | 9.0% | 11.5% | 6.5% |
| ISFP | 探險家 | 9.0% | 8.0% | 10.0% | 9.5% | 8.5% | 11.0% |
| INFP | 協調者 | 2.0% | 1.5% | 2.5% | 2.0% | 1.5% | 2.5% |
| INTP | 邏輯者 | 2.5% | 4.0% | 1.0% | 1.5% | 3.0% | 0.5% |
| ESTP | 企業家 | 8.0% | 9.0% | 7.0% | 8.0% | 9.0% | 7.0% |
| ESFP | 表演者 | 9.5% | 8.0% | 11.0% | 9.5% | 8.0% | 11.0% |
| ENFP | 競選者 | 5.5% | 4.5% | 6.5% | 5.5% | 4.5% | 6.5% |
| ENTP | 辯論家 | 3.0% | 4.5% | 1.5% | 3.0% | 4.5% | 1.5% |
| ESTJ | 總經理 | 11.0% | 13.5% | 8.5% | 10.5% | 13.5% | 9.0% |
| ESFJ | 事務官 | 10.0% | 6.0% | 14.0% | 10.0% | 6.0% | 14.0% |
| ENFJ | 教育家 | 3.0% | 1.5% | 4.5% | 3.0% | 1.5% | 4.5% |
| ENTJ | 指揮官 | 3.0% | 4.5% | 1.5% | 2.0% | 3.5% | 1.0% |
| 總計 | | 100.0% | 100.0% | 100.0% | 100.0% | 100.0% | 100.0% |

# 8-1 ISTJ（負責執行傾向）：「調查員」個性類型

特徵：

(1) ISTJ 是最容易過度勞累的「個性類型者」之一，幾乎對每一件關心的事都會投注足夠心力。

(2) ISTJ 是忠實的「結果論」者，即一切以結果為答案，所有過程的努力，若沒有結果就只是空談而已；對效率和生產力的頑固精神導致他們殫精竭慮的工作。

(3) ISTJ 是「資訊導向論」者，ISTJ 的生活受現實和邏輯支配，會花費大量時間取得自認為正確的資訊。也會在社群共享資訊，且資訊都經過徹底檢查以確保準確性。但這種堅持也讓 ISTJ 深受錯誤資訊及假新聞氾濫的困擾。

(4) ISTJ 認為保持專注很重要，但認為休息也同樣重要，最終希望達到工作與生活的平衡。而對 ISTJ 來說，專注於事物時也是「自我隔離」及「自我放鬆」的好機會。

(5) ISTJ 是幸福論者，ISTJ 喜歡照顧別人，當 ISTJ 知道所愛的人是安全和健康的時候，就會感到最幸福。ISTJ 會盡一切努力確保家裡的每個人都保持良好的心境。包括為他們做飯、打掃、計劃活動、並希望給家人可以放心快樂的生活。

(6) 正直誠信也是 ISTJ 的重要特徵之一，ISTJ 傾向對工作上的事物維持「最高的公平原則」，在職場上是最不容易被說服的一群人，但這種特徵也影響了 ISTJ 的人際關係。

**ISTJ 適合職業**：律師、公務員、軍人、行政總務人員、社工等。

**優點：**

(1) 意志堅強，盡忠職守 – 在工作中，努力工作並始終專注於目標；堅定且有耐心，可以履行其義務並且如期完成。忠誠度對於 ISTJ 而言是一種強烈的情感，他們履行對自己和組織所作的承諾。

(2) 冷靜務實 – 如果容易發脾氣或在遇到困難的情況下就崩潰，那麼他們的諾言就沒有多大意義了，所以 ISTJ 會站穩腳跟，做出明確理性的決定，冷靜務實的達成任務。

(3) 執行力強 –ISTJ 能有效執行自己的任務，但也會要求長官們或公司先制定清楚的任務準則。所以 ISTJ 的主管們要先為該職務做好「結構設定」和「規則制定」。

(4) 萬事通 – 與分析人員的個性類型有點像，ISTJ 以自身的知識豐富為傲，儘管工作內重點是現場實做和統計數據，而不是概念和基本原理，但 ISTJ 仍會盡量弄懂每一件事。ISTJ 會要求自己有能力應付各種情況，也會順便在過程中獲取新知識和新數據，以儲備知識並掌握深具挑戰性的未知狀況。

**弱點：**

(1) 固執－傾向抵制新想法，也較難以接受自己在某些方面是錯的，即使犯錯在工作中是很正常的。

(2) 不知變通－常會以「誠實是最好的政策」這種簡單口號來傷害客戶或公司。在現今複雜的社會及工作環境，誠實常常是最壞的工作方法，如果每個商品都按國家規定標示成分，那消費者將不斷發問，第一線業務人員將全數陣亡。

(3) 只知遵循原則－ISTJ 認為只有在規定明確的情況下事情才能做好，即使在不利很小的情況下也不願意改變這些規則或嘗試新事物。所以若公司是個非常結構化的工作環境，容易造成組織癱瘓；此外，就算要遵循原則，ISTJ 不太嘗試用創新的工作方法來遵循原則，常常導致最終結果是一事無成。根據美國勞工部統計資料，ISTJ 是最常被裁員的族群；努力工作卻被裁員，對 ISTJ 族群很不公平，但「死守原則」在組織中常常是個要命的缺點。

(4) 不太尊重不同意見的人－尤其是那些故意不了解實情而挑釁的客戶，ISTJ 無法應付這種「奧客」，偏偏這種客戶比例不低。ISTJ 也常是主流意見的捍衛者，成為創新力量的敵人，完全不適合待在新創事業部門中。

(5) 無理自責－ISTJ 是願意承擔額外的工作和責任的人。ISTJ 放棄好主意和有用的想法時，會遇到一些無法適應的轉折點，由於承擔責任，因此相信失敗的責任是他們自己的責任，這種責任和理性的衝突時常出現在 ISTJ 的生活中，甚至讓自己崩潰；美國最大的心理諮商機構 MAHA 統計發現，ISTJ 者較容易產生嚴重的「無理自責」，較其他個性類型高出 30%。

**ISTJ 個性類型代表人物：**亨利福特、德國總理梅克爾、華倫巴菲特等。

## 行銷策略：針對 ISTJ「調查員」個性類型者

- 根據 AI 分析，ISTJ 的個性特徵是務實、盡責、固執、不知變通、無理自責等。

- 老派的行銷方式如看板廣告，郵寄 DM 對 ISTJ 仍然有效，60% 的 ISTJ 相信花錢的企業是有信用的企業，而花錢打廣告的產品，應該就是好產品，雖然事實並非如此。

- 如果要用新行銷工具如推播，SEO 或 Focus 等新式網路工具來對 ISTJ 行銷，一定要搭配 AI 來搜尋鎖定客戶，否則亂槍打鳥根本無法找到 ISTJ。好消息是，搜尋 ISTJ 很容易，因為 ISTJ 個性類型的客戶社會行為（網路留言、購買記錄、或問券回條等）特徵明顯，辨識率高達 89% 以上。

- ISTJ 的忠誠度高，喜歡去固定的餐廳用餐，也傾向點固定的套餐來吃，是「再行銷」的重點客戶，只要不斷提醒，他們會不斷上門重覆消費。但千萬不要考驗他們的信任，失去信用的店家或合作夥伴，ISTJ 會列為永遠的拒絕往來戶。

- 在銷售過程中，最好安排「真人」解說，特別是精品或高價商品，若沒有「專業人仕」的人員來解說，很難打動 ISTJ 的心。

- ISTJ 者喜好有知識深度的產品，不要向 ISTJ 者介紹沒有學問的產品，如無電腦控制功能的電鍋，沒有養生概念的果汁機，或只能測心率的跑步機等。就算是簡單功能的產品，也要加上知識及學習的概念。

- ISTJ 者有「知識僵固性」，認知過程有如認證過程，一旦確認過品質的產品或品牌，在 ISTJ 者心中會形成知識僵固性，會持續深入瞭解產品新功能及強化忠誠度，故不要對 ISTJ 者做品牌「交叉銷售」或不同等級的「替代銷售」。如果 ISTJ 客戶要求 BMW，就不要去說服客改買 BENZ，因為 ISTJ 對 BMW 可能已產生無法取代的「知識僵固性」及「品牌忠誠度」。

## 利用 AI Marketing 的演算法來找出「ISTJ 個性類型」的客戶：

依據四大心理面向（MIND、INFORMATION、DECISION、STRUCTURE）將收集到的文章進行人工智慧詞句比對演算，得到個性類型分數如下：

(1) MIND、DECISION、STRUCTURE 偏向左方。其思考結構是極端的倚賴理性判斷。

(2) INFORMATION 偏向右方。

(3) 在大數據之客戶留言中,經過分詞及拆解後,很容易找到潛在客戶。

(4) AI 程式請見本書附件。

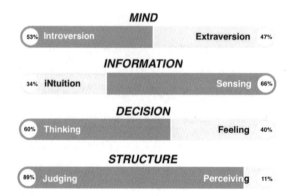

ISTJ 個性傾向,在社群中使用最多的字詞如下:(英文)

從社群的留言大數據，分析 ISTJ 個性類型的消費者的關鍵字「字雲」如下：

(1) 留言及發文：用詞傾向僵固性思考，有主見自視高，有時用攻擊性字詞，少有迂迴字詞，用語堅定，表述直接，主客觀用詞各半。

(2) 問卷選擇用詞：傾向誠實正直，道德性高，自由意識低，受控制性高。

(3) 文詞穩定性：對意見表達不遲疑，不修改文字，決定即不後悔。

(4) 社交熱度：社交用語穩定平衡，少有過激發言，禮貌用語多重視他人感覺，少有輕挑文字，會回覆他人問題，回信用語保守中性，小心謹慎避免尖銳對話。

# 8-2 ISFJ（專注管理傾向）:「守衛者」個性類型

特徵：

(1) ISFJ 個性類型最主要的特徵是「自然無私」，但也意味著他們傾向於忽略自己。

(2) 當世界上發生重要的事情時，ISFJ 很難保持「置身事外」的狀態。

(3) 無私的天性會想要直接投入公益事業，認為全世界最感動人心的是那些無助的人們，並在能力可及的情況下盡力提供協助。

(4) ISFJ 需要學習分配時間進行自我護理。

(5) ISFJ 也具有冒險精神，不太介意因環境困難而做些生活上的犧牲。

(6) ISFJ 作為一個性格內向的人，可以享受一個人的時光，並不需要以持續的親友交流就可以與自己所愛的人保持親密關係。

**ISFJ 適合職業：**設計師、護理人員、行政主管、會計等。

**優點：**

(1) 全能支援－ ISFJ 是全能的幫助者，與需要幫助的人分享知識、經驗、時間；而與朋友和家人則更是如此。這種人會努力爭取雙贏。

(2) 可靠耐心－不會半途而廢，行事細緻而謹慎，會採取穩定的方法，並順應形勢，以實現目標；且努力爭取雙贏，並以最高標準完成工作。

(3) 豐富想像力和觀察力－以這種特質作為同理心的附件，觀察他人的情緒狀態並從他人的角度看待事物。腳踏實地的工作，散發出令人著迷和啟發的特質。

(4) 熱心－只要目標正確，ISFJ 將「可靠性」和豐富想像力，應用到他們認為將改變人們生活的事物上－無論是全球計劃與貧困作戰，ISFJ 們都會全力以赴；這種特質用在創造客戶的業務工作上非常有力量。

(5) 忠誠勤奮－可在很短時間內，將熱情轉變成忠誠。守衛者的個性常常對他們致力於的想法和組織產生強烈情感上的依戀。經由努力履行義務，來達到預期期望。

(6) 實踐技能－ ISFJ 有能力實踐「利他主義」，會身體力行應用到日常細節。面對日常的工作，ISFJ 可以創造美麗與和諧的氣氛，因為 ISFJ 知道這樣做可幫助他們或照顧自己的朋友、家人和其他人。

**弱點：**

(1) 退縮害羞－ ISFJ 在順境中可完全發揮能力，但在逆境中，要達成目標將是一條漫漫長路；這是因為 ISFJ 面臨的最大挑戰，是因為他們關心他人的感受，以至於壓抑自己的想法，也不會主動為自己的貢獻而爭取榮譽。

(2) 自視太高－ ISFJ 對自己的標準也很高，他們相信自己可以更有效地完成任務，因此往往會輕視自己的巨大成功。

(3) 太重個人主義－ ISFJ 很難區分個人情況和非個人情況。在某些職業如法官，律師或老師等需要調解技巧的工作，當同時面對意見對立的兩造，常因衝突

或批評而產生的「消極情緒」，這種情緒大大打擊了原本善良的原意，在一陣拉扯下，他們的「專業思維」就轉換到「個人情緒」中；終致無法完成協調工作，甚至做出錯誤判決，產生離譜的結果。

(4) 壓抑感情－ISFJ 很重私密性也非常敏感，會放大內心的感受。會為了捍衛自己並盡力保護自己，而無法適當的表達專業意見。

(5) 無法量力而為－強烈的責任感和完美主義，加上對衝突情境的厭惡，造成自己超載工作，而無法完成工作。也就是說，ISFJ 會默默地努力滿足每個人的期望，終因超出工作負載而功虧一簣，最後造成沒有任何人獲得利益的結果。

(6) 抱殘守缺－ISFJ 的個性在決策過程中，傾向保守思維和依循歷史經驗；因此面對新挑戰或未見過的案件時，往往知識不足，捉襟見肘，難以解決問題。在需要突破現況的情境時，ISFJ 必須由旁人協助才會在安全的前提下，使用新知識來改變舊路線。

(7) 太重利他主義－利他主義並非一定是弱點，但過度的利他主義，使決策變得複雜，期望面面俱到，終至難以實現而一事無成，讓事情變成「既損人又不利己」的結果。

(8) 不知趨吉避凶－ISFJ 是熱情友善的人，期望所有事情都能順其自然發展而走向成功，就算在困境中，也會相信事情會好轉；在不願給別人負擔的情況下，最後在自己力不從心的情況下，讓事情變得失控，最後在精疲力盡下，無助地面對失敗。

**ISFJ 個性類型代表人物：**伍茲、德蕾莎修女、吉米卡特等。

## 行銷策略：針對 ISFJ「守衛者」個性類型者

(1) 根據 AI 個性傾向分析，ISFJ 的個性特徵是忠誠、固執、利他、熱心、壓抑感情等。ISFJ 族群佔人口比率約 10 ～ 12%，是重要的客戶群，相信沒有任何行銷人員會放棄 ISFJ 族群，如何針對 ISFJ 族群擬定好的行銷策略，非常重要。

(2) 對 ISFJ 進行有效推銷的門檻並不太高，也就是說很容易可以對 ISFJ 銷售成功，就算 ISFJ 對產品沒什麼興趣，也常常會在不好意思拒絕的情緒下買點試用品。

(3) 利用 ISFJ「熱心」的特質，請他們轉發廣告信或傳遞試用品（分享包）是有效的行銷手法；根據 AI 大數據分析，ISFJ 喜歡轉發看似對人有益的社群廣告，例如類似「好康分享」之類的廣告資訊。這種給點好處就會發揮散播能力的行銷技巧，特別適合用在 ISFJ 身上。

(4) 因「利他」的個性特質使然，ISFJ 不但對銷售人員的進入門檻不高，「培養忠誠度」同樣門檻也不高，是非常有購買力的族群，算是業務員的財神爺了。

(5) ISFJ 購買商品的動機非常簡單，只要「利他」就可以成為購買動力，商品就算不實用或對自己無用處，但為了救濟窮人或幫助慈善團體，ISFJ 也會慷慨的掏腰包。所以慈善團體的商品銷售對象中，以 ISFJ 為最大比率。根據大數據分析，ISFJ 對慈善團體社群的訊息分享及動態追蹤比例最高，這是 ISFJ「利他」特徵的佐證。

(6) ISFJ 對產品品質要求不太高，這是大數據分析的整體結果，並不是準確針對個人進行的分析，不代表每個 ISFJ 都是如此。不過這是個重要的行銷指標，告訴我們清楚的訊息：不用花太多精神對 ISFJ 進行品質訴求的推銷。因為 ISFJ 是個熱心及利他的族群，只要產品對親友有益或對銷售員有益，ISFJ 都有可能會購買，就算對 ISFJ 自己不見得有益也沒有關係。所以禮品（是送給別人的，不是自己用的）的推銷，一定要先鎖定 ISFJ 族群。

(7) 根據上述分析，可以得到一個重要的推論：高價商品或客製化商品，對 ISFJ 就比較沒有吸引力了。根據分析，ISFJ 確實很少對高價商品或服務投注長時間的關注，他們的社群分享或留言內容也較少提及這些商品（相對其他族群）。

(8) 針對高價商品的銷售技巧，有一個很有用的行銷準則，就是附帶慈善捐贈的內容；例如買一台電腦智慧型果汁調理機，就替你捐 100 元給慈善團體等。這種附帶「利他」的銷售技巧很能打動 ISFJ 族群。

## 利用 AI Marketing 的演算法來找出「ISFJ 個性類型」的客戶：

依據四大心理面向（MIND、INFORMATION、DECISION、STRUCTURE）將收集到的文章進行人工智慧詞句比對演算，得到個性類型分數如下：

(1) INFORMATION、DECISION 偏向右方。

(2) MIND、STRUCTURE 偏向左方且是極端值，也就是說 ISFJ 是極端內向理性思考。

(3) 從客戶留言之大數據，經過分詞及拆解後，很容易找到潛在客戶。

(4) AI 程式請見本書附件。

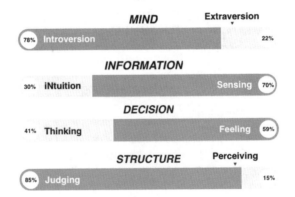

從社群的留言大數據，分析 ISFJ 個性類型的消費者的關鍵字「字雲」如下：

generous sedate particular
sympathetic considerate
dependable bashful melancholic untalkative
flexible uninquisitive kind charitable
careful affectionate happy accommodating
peaceful
guarded soft-hearted timid responsible
polite quiet fair discreet
meek humble sentimental indirect
pleasant jovial neat warm prideless helpful
predictable easy-going
sincere modest formal unaggressive
organized lax punctual trustful
reserved passive obliging shy silent
cooperative agreeable compliant
pessimistic romantic somber moral
inner-directed cheerful
secretive thrifty sensitive reasonable
introverted blase compassionate
principled prudish self-critical inhibited reliable
cautious understanding withdrawn
uncompetitive respectful conscientious
conventional serious traditional
circumspect

(1) 留言及發文：用詞內斂且保守，很少用攻擊性字詞，多有迂迴字詞，用語和緩，表述間接，不露形色，主客觀意識模糊。

(2) 問卷選擇用詞：傾向不表述意，拘束小心，自由意識高，感性文字多於理性文字。

(3) 文詞穩定性：對意見表達直接，不修改文字，決定即不後悔。

(4) 社交熱度：社交用語穩定保守，少有過激發言，禮貌用語多用中性制式文詞，少有過激文字，少回覆他人問題，不回應尖銳對話；社群經營保守，熱度不高，但會分享廣告或慈善訊息。

# 8-3 INFJ（遠見啟發傾向）：「提倡者」個性類型

特徵：

(1) INFJ 是天生的宅男或宅女，如果賦閒在家是休息的好時機，可做些一直想做的事，並反思自己的生活。

(2) 當獨處時，INFJ 的頭腦仍不停運轉，並思考最壞的情況及預想最佳的解決之道。

(3) INFJ 甚至會想想最微小的事情，並可能無休止的對這些事物列出工作清單。

(4) 在面對新訊息和管理新事務時會產生焦慮，在現實和理想之間很難取得平衡。

(5) 困擾 INFJ 唯一的是事情的「不確定性」。

(6) 會拿起樂器，看書或進行鍛煉身體。

(7) 會與他人共享新事物，盡可能提供他人協助。

INFJ 適合職業：建築師、培訓師、顧問、作家等。

**優點：**

(1) 富創造力－INFJ 喜歡為他人找到完美的解決方案。善於發揮自己的想像力和強烈的同情心，使他們成為優秀的顧問和講師。

(2) 有見識－會努力超越事物的表象，而進入事物的核心。使人們瞭解真實動機，真實感受和真實需求，加上適當的表達能力，讓許多困難的事物變得可以順利完成，似乎非常不可思議。

(3) 有原則－具有倡導者性格者，傾向於持有深厚的信念，當談論或撰寫文章時，他們的信念常常會散發出來。

(4) 渲染力－是令人信服的和鼓舞人心的傳播者，他們的理想主義甚至可說服懷疑論的極端份子。

(5) 熱情－INFJ 大多會一心一意追求理想，這種熱情也可能使其他人措手不及。INFJ 很少滿足於 "JUST FINE" 或 "AVGERAGE" 的程度，他們「破壞現狀的傾向」不是所有人都能適應的。也就是說，INFJ 對他們選擇的事業的熱情也是最關鍵的特徵。

(6) 利他主義－INFJ 通常會利用自己的優勢謀求更大的利益，他們很少享受以「他人」為代價的成功。傾向於思考「自己的行為如何影響他人」，而他們的目標是：以一種能夠幫助他人的形式，並使世界變得更美好的理想方式來行事。

**弱點：**

(1) 對批評過於敏感－當某人挑戰其原則或價值觀時，INFJ 者常會做出強烈反應。具有這種個性類型的人在面對批評和衝突時會變得「自我防禦」，尤其是涉及內心深處的問題時。

(2) 不願開放心胸－難以對外界或不瞭解的領域用開放的心胸去學習，挑戰新知的力量較為脆弱。也可能是因為他們認為自己需要自己解決學習上的問題，

或者不想讓他人負擔自己的問題，而用封閉的方式去學習，導致學習成就不高。當他們不尋求幫助時，會直覺的選擇退縮或在人際關係中與別人拉開社交距離。

(3) 完美主義者－這種個性類型是由「唯心主義」產生的。從許多方面來說「完美主義」是一種出色的特質，但如果 INFJ 持續注意不完美之處，會表現出「不滿現狀」的偏執態度。

(4) 避開普通人－ INFJ 有「崇尚菁英」的傾向，所以常被「偉大願景」的感覺激勵。他們認為將偉大願景分解為可管理的小步驟，是繁瑣且不必要的。不過若沒有這些小步驟及按步就班，他們的目標將永遠無法實現。

(5) 容易倦怠－由於完美主義作祟和對「泛泛之輩」的保留態度，使他們沒有什麼選擇彈性可以隨心所慾的工作或生活。如果持續無法找到完美和平凡的「平衡點」，就會失去怡然自得的心情及找不到片刻休息的方式，最後因筋疲力盡而崩潰。

INFJ 個性類型代表人物：希特勒、Lady Gaga、莫迪等。

## 行銷策略：針對 INFJ「提倡者」個性類型者

(1) 根據 AI 分析，INFJ 的個性特徵是創意、熱情、利他、敏感、特立獨行等。

(2) INFJ 族群是個特徵明確重要的族群，是用 AI 很容易找到的客戶，因為 INFJ 的特徵太明顯了，明顯到連聊天機器人都可辨認出來；但 INFJ 族群卻很難擬定行銷策略。

(3) 其中四大心理面向中的「DECISION」是偏向「FEELING」的極端值 54% 以上，表示這個族群是很感情用事的，然而在分析事理或購買前的行為卻非常理性；不論購買前如何理性分析，到了要決定購買時卻非常感情用事。

(4) 推銷產品時不要去聽信 INFJ 者的偏執批評，真正應驗了「嫌貨就是買貨人」這句俗語。因為到了要掏腰包付款時，經常卻只是因為「業務員很帥」或

「推銷員深得我心」這種與產品毫無關係的因素。

(5) 別忘了，不要因為「自己很帥」就省略掉強調品質或功能這些程序；因為在敘述功能時，INFJ 族群會不斷探索業務員是否「深得我心」，而深得我心的主觀意識包含了業務員的誠意，如果業務員表現得夠誠意，很容易水到渠成完成交易。

(6) 不要批評或暗示 INFJ 客戶不懂產品或不瞭解流行趨勢，因為要摧毀一個即將到手的大筆交易，就是暗示客戶「愚笨」，在 INFJ 客戶身上尤其重要。

(7) 雖然產品說明書不太重要，卻是取得客戶信任的必備工具，一定要讓 INFJ 客戶感受到「深得我心」的誠意。

(8) 「敏感」是 INFJ 的另一個明顯特徵，所以不要輕易打斷 INFJ 個性類型客戶的發言；很有可能客戶根本不給業務員太多發言的機會，所以「簡單而感性」訴求是挑戰 INFJ 客戶的必要能力之一；不要長篇大論，也不要太多科學數字，這些都只會趕走客戶。

(9) 「私密且自視甚高」的個性，使 INFJ 族群成為「微商」的重點客戶，INFJ 喜歡散播自己的影響力，而大部分時間卻離群索居或遠離塵囂，所以微商的經營方式成為 INFJ 族群的好舞台。當直銷產業轉為微商型態時，INFJ 族群是最積極加入微商的一群人，所以當你的客戶中有這種個性特徵時，吸收他們成為經銷商（中盤商）是個好點子，他們是很好的擴散者。

(10) 「創意」是 INFJ 的主要特徵，不只對具有創意的新產品有極高興趣且有散播的熱情，如果善用這個優勢，INFJ 是個很不錯的「廣告加成者」；不但自己可能會使用你的產品也會推薦別人使用；在社群網站中的版主或網紅，以 INFJ 族群的比例最高，是發言密度高得離譜的一群人。可考慮將你的新產品優先推薦給這群人，會大大節省你的廣告費。

(11) 要想好好伺候 INFJ 類型的客戶，是個困難度很高的工作；好在 INFJ 個性類型客戶的比例很低很低（不到 2%）；如果不能妥善應付這種客戶，選擇放棄，也是策略選項之一。

(12) 別忘了，這些人有廣播宣傳的天份，口齒伶俐，勇於挑戰制度，想想看發動第二次世界大戰的希特勒（典型的 INFJ 個性類型）是如何用一張嘴創造如此大的災難；如果惹惱了 INFJ 類型客戶，他們不買產品也就算了，還到處宣傳產品有多糟糕，真是無語。聰明的你，如果沒有多少時間，就選擇放棄 INFJ

客戶吧，把時間用在其他客戶身上很可能成效更好，除非這個 INFJ 客戶是個重要不可或缺的大客戶。

### 利用 AI Marketing 的演算法來找出「INFJ 個性類型」的客戶：

依據四大心理面向（MIND、INFORMATION、DECISION、STRUCTURE）將收集到的文章進行人工智慧詞句比對演算，得到個性類型分數如下：

(1) MIND、INFORMATION、STRUCTURE 極端偏向左方。是非常內向的性格，其中資訊面向也是極端偏直覺式的。

(2) DECISION 偏向右方。

(3) 從客戶留言之大數據，經過分詞及拆解後，很容易找到潛在客戶。

(4) AI 程式請見本書附件。

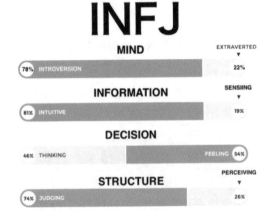

從社群的留言大數據，分析 INFJ 個性類型的消費者的關鍵字「字雲」如下：

sentimental charitable generous innovative pessimistic
intellectual formal perfectionistic unaggressive
dignified cautious obliging sympathetic self-disciplined
romantic
agreeable informative reliable fastidious
introverted respectful modest helpful punctual
inventive
imaginative introspective serious guarded
creative
moral discreet diplomatic polite particular
contemplative idealistic sensitive reserved
analytical precise genial perceptive
thrifty
inner-directed quiet tactful prudish
inhibited sensual neat deep warm complex kind intelligent
withdrawn
meditative indirect sophisticated silent
shy
secretive humble sedate articulate artistic
inquisitive
principled cultured refined industrious
melancholic compliant efficient foresighted
pleasant
bashful reasonable timid considerate
conscientious untalkative sincere
dependable
cooperative philosophical careful organized
circumspect soft-hearted responsible
affectionate systematic accommodating

(1) 留言及發文：用詞內斂保守和開放交叉使用，偶爾使用攻擊性字詞，間接表述多，主客觀意識交叉呈現；正負面用語也交叉使用。

(2) 問卷選擇用詞：表述意見直接，自由放任，自我意識頗高，感性文字多於理性文字。

(3) 文詞穩定性：對意見表達直接，不重覆修改文字，具擴散性，文詞有廣播效果；情緒性字眼使用頻繁，理性訴求的文字少。

(4) 社交熱度：社交用語與性格迥異，偶有過激發言，禮貌用語少用，屬廣播性質。頻繁回覆他人問題，不迴避尖銳對話；社群經營積極，熱度高，分享訊息亦多。

# 8-4 INTJ（願景策略傾向）：「建築師」個性類型

特徵：

(1) 對工作和生活的放緩會有無奈的困擾。

(2) 習慣於快節奏生活並且強力控制每件事情。

(3) 不斷重複審視工作生活計劃以確定每件事都在控制中。

(4) 會提前為即將來臨的挑戰作準備，當一切準備就緒時，心情會感到較為平靜。

(5) 在閒暇期間，會放鬆心情並閱讀那些一直想閱讀的書。再從閱讀中激發學習新事物，重複的上述學習進步強化能力的生活流程。

(6) 會試圖經由線上課程學習新的語言，技能或食譜。

(7) 經由檢閱國際大事或流行趨勢並更新資訊，再將資訊放入計劃及工作表中。

(8) 嘗試從學到的每件事，轉換成對總體規劃有幫助的能力。

(9) 心中自有一套理論，直線式思考模式，對任何事都有計畫，不斷追求成長；他們是完美主義者，在獨創的思想中，不可動搖的信仰促使他們達到目標。

**INTJ 適合職業**：建築師、發明家、企業家等。

**優點：**

(1) 理性－以自己的想法為榮，任何情況都可以成為擴展知識和磨練理性思維能力的機會。這種思維方式，可以針對最艱鉅的問題設計出創新的解決方案。

(2) 機靈－少有人那樣致力於形成理性的，一切以證據為依歸。結論不是基於預想或半生半熟的假設，而是基於研究和分析得出的結論。即使面對分歧爭論，這些分歧也為他們提供了捍衛自己想法的佐證。

(3) 獨立－「順從」只是平庸的代名詞。富有創造力和自我激勵，以自己的方式做事。沒有什麼比允許規則或慣例阻礙其成功更令人沮喪的了。

(4) 決心－雄心勃勃，面向目標。當一個想法引起想像力時，就會致力於掌握該主題並獲得相關技能。他們傾向於將成功的意義轉化成清晰的願景，幾乎沒有什麼可以阻止他們將願景變為現實。

(5) 好奇－建築師願意接受新想法，只要這些想法是理性的和有證據的。這些「個性類型者」天生就持懷疑態度，尤其是面對另類或逆勢觀點時。但當事實證明它們是錯誤的時，他們甚至願意改變自己的觀點。

(6) 多樣－建築師喜歡潛入各種挑戰。他們的好奇心和決心可以幫助具有這種個性類型的人在各種努力中取得成功。

**弱點：**

(1) 傲慢自大－知識淵博但並非萬無一失。看不見其他人的優點，尤其是他們認為智力低下的人。會在試圖證明他人錯誤時，變得苛刻或專一。

(2) 輕視情感－理性為王。會對任何看似比事實更珍貴的人事物感到不耐煩。無視情感是一種偏見，會使判斷能力蒙上陰影。

(3) 過於嚴厲－這種人往往具有很大的自制力。當別人無法達到自制程度時，就會變得嚴厲批評。但是這種批評通常是不公正的，批評只是基於標準而不是基於人性的理解。

(4) 強勢好戰－厭惡盲目跟隨，卻不了解人性的原因。常發生在限制和施加限制的權威人物身上。具有這種「個性類型者」的人可能會陷入對規則和法規的爭論中，但是時常這些爭論只會分散對更重要事情的注意力。

(5) 浪漫無知－無限制的理性會使他們對浪漫感到沮喪。尤其是在戀愛初期，他們可能很難理解發生了什麼以及如何表現。最糟的是，如果關係因不了解而瓦解，可能會變得憤世嫉俗，甚至質疑愛情和社交的重要性。

**INTJ 個性類型代表人物：霍金、阿諾史瓦辛格、馬斯克等。**

## 行銷策略：針對 INTJ「建築師」個性類型者

(1) 根據 AI 分析，INTJ 的個性特徵是理性思維、有決心、利他、強勢主導、浪漫不拘等。

(2) 對自己的喜好有定見，不受低級肥皂式行銷影響。

(3) 不會去使用試用品，只能用產品本身品質及效用來說服。

(4) 喜歡參加說明會，常在說明會中提尖銳的問題，是挑剔的購買者。

(5) 不能只用感性訴求，產品要有品質證明文件，最好附上科學數字佐證。

(6) 喜歡受重視的感覺，消費水準是低或高，這種客戶有客製化的「心理需要」。

(7) 這種客戶不論能不能看懂，說明書要清楚一點，INTJ 就是要這種「安心的感覺」。

(8) 高價位的商品，購買欲的辨識力很高，即很容易區分是否有購買慾；如果不想購買，無論推銷員如何費力都是沒有用的；因為他們一旦拒絕就不會改變。

(9) 對於中低價位的商品，就算沒有錢也不會說『NO』，表現出高傲自大的特質。

(10) 理性的訴求對這種人很有用，不論這種客戶是否有足夠知識去理解推銷員使用的艱澀名詞，請放心，這種人很愛面子，不會針對艱澀名詞發問的。

(11) INTJ 喜歡新上市產品或最新昇級的產品，千萬不要推銷上一代的產品。

(12) INTJ 個性類型的客戶一旦理智線斷了，會很難挽回，除非換人推銷了。

## 利用 AI Marketing 的演算法來找出「INTJ 個性類型」的客戶：

依據四大心理面向（MIND、INFORMATION、DECISION、STRUCTURE）將收集到的文章進行人工智慧詞句比對演算，得到個性類型分數如下：

(1) MIND、INFORMATION、DECISION、STRUCTURE 分數都偏向左方。其中 DECISION 面向是極端的 79% 思考決策型。

(2) 用 AI 大數據分析社群網站之客戶留言中，經過分詞及拆解後，很容易找到四個指標「都偏左」的潛在客戶。

(3) AI 程式請見本書附件。

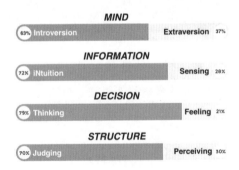

從社群的留言大數據，分析 INTJ 個性類型的消費者的關鍵字「字雲」如下：

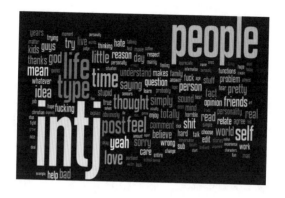

(1) 留言及發文：用詞開放直接且深具滲透力，攻擊性字詞頻率高，直接表述多，喜怒形於色，主觀詞遠多於客觀詞；正負面用語也交叉使用。

(2) 問卷選擇用詞：意見直接而大膽，不受傳統約束，自由意識高，感性文字也遠多於理性文字。

(3) 文詞穩定性：對意見表達直接，不論是否反悔都不會修改文字，文詞具擴散性，且有廣播效果；情緒性字眼使用頻繁，理性訴求的文字較少。一般人少用的嚴屬用詞，在 INTJ 的文章中卻頗為多見，在其他個性類型極為少見。

(4) 社交熱度：社交用語與性格迥異，偶有過激發言，禮貌用語少用，屬廣播性質。頻繁回覆他人問題，不迴避尖銳對話；社群經營積極，熱度高，分享訊息亦多。

# 8-5 ISTP（敏捷務實傾向）：「鑑賞家」個性類型

**特徵：**

(1) ISTP 個性類型屬「直覺行動派」，只要能力可及便會立刻採取行動，但不會有什麼長遠計劃。

(2) ISTP 喜歡修補和創造；會去學烘烤，製作工藝品，玩新的遊戲或重新裝修房間。也會花大部分時間來製作 DIY 視頻或特殊食譜。興奮來自於找出某些東西並查看最終產品的過程。

(3) 喜歡遠程工作帶來的自由，且對於工作方法有很好的理解力。

(4) ISTP 型的人擅長分析，對堅持原則很有主見。

(5) 喜歡創建自己的日程表並選擇自己的工作區。

(6) 許多 ISTP 都是自由職業者。

(7) 令 ISTP 感到沮喪的是無法隨意散步或隨時光顧自己喜歡的餐廳。

(8) 會排定了足夠的工作或生活項目，以使自己忙碌幾個月，讓自己閒不下來。

**ISTP 適合職業：** 分析師、顧問、技術人員、程式設計師等。

**優點：**

(1) 樂觀且充滿活力－性格開朗，具有巨匠大師級（Virtuoso）個性類型。充滿自信，很少感到壓力。

(2) 觀察力強－對周圍的世界能作出幽默而充滿洞察力的觀測。

(3) 創意且身體力行－在動手實作的領域如機械和手工藝方面非常富於想像力。新穎的想法很容易出現，他們喜歡用雙手將它們付諸實踐。

(4) 自發且理性－將自發性與邏輯相結合，可以輕而易舉地轉變成新的思維方式以適應新狀況，使他們變得靈活多才。

(5) 知道如何確定優先順序－由於具高度的靈活性，故帶有一點不可預測性，但是能在平日存儲自己的自發性，並在最需要的時候釋放巨大能量。

(6) 在危機中表現出色－憑藉創造力和自發性，可在危機情況下應付得宜。也因為親力親為的個性，通常會遭受一些身體上的風險，因為在情況需要時，他們不怕弄髒自己的手，常會身在險境中而不自知。

(7) 怡然自得－就算身為專業大師級（Virtuosos）人物仍可以保持心情輕鬆。

(8) 活在當下－有點「隨波逐流」的浪漫，拒絕為未來或未知的事擔心太多。私下也可能是冒險者，喜歡高速度或高風險的娛樂（比如衝浪、競速運動、重型機車和跳傘）。

## 弱點：

(1) 固執－就像「Virtuosos」隨波逐流一樣，有點隨性，有創意且不拘型式。如果別人批評他們生活方式或想法，他們的怒氣非常直截了當。

(2) 麻木不仁－太重邏輯分析，即使他們試圖以同理心和他人交往，也不容易產生效果，因為一般人需要安慰而不是聽訓。

(3) 私領域的保留－ISTP 的性格很難捉摸，是真正的性格內向者，將私事保護的很好，只喜歡沉默而不願閒聊。

(4) 輕鬆無趣－有追求新穎的個性，使他們成為出色的修補匠。但對需要長期投注心力的事物而言，ISTP 的可靠性就顯然不及格。他們一旦了解新事物的某些內容後，便會轉向其他新的和更有趣的事物。

(5) 不喜歡承諾－長期承諾對 ISTP 太過沉重；在 ISTP 的浪漫關係中，可能是一個特殊的挑戰。

(6) 不按牌理出牌－上述弱點綜合起來，就成為「不按牌理出牌」的人；並非 ISTP 是個邏輯能力差的人，而是有理性分析之後選擇非理性的表述；ISTP 對結果是否「出人意表」很有興趣，一付「語不驚人死不休」的樣子，而內心卻對大家驚訝的表情而澎湃不已。

(7) 冒險行為－專注於容易且無聊的事物是完全違背 ISTP 個性的要求，會讓 ISTP 心理壓力沉重。

(8) 壓力白痴－眾所周知，ISTP 為了看清衝突的影響，常會使衝突和危險升級，如果失去對局勢的控制，對周圍的人會造成災難性的後果。

ISTP 個性類型代表人物：賈伯斯、李小龍、普丁等。

## 行銷策略：針對 ISTP「鑑賞家」個性類型者

(1) 根據上述分析，ISTP 的個性特徵是樂觀，有創意、熱情、固執、富冒險精神、抗壓性差等。

(2) ISTP 是敏捷務實的一群，行銷時不要太多感性訴求，多強調產品功能效率；若沒有同類產品的比較表很難打動 ISTP 族群；抱著「貨比三家不吃虧」的心態，會花很多時間買一個簡單日用品。

(3) ISTP 不輕易相信廣告內容，故行銷產品時要用「感性帶有故事」的方式。

(4) 「固執」的個性使然，購買程序會拉得很長，又要有持續的創造購買誘因，是行銷難度很高的族群。

(5) ISTP 個性類型傾向者會參加說明會或產品試用，且不吝給予產品意見，這個特點深受市調人員喜愛；大型市調公司手上有一大堆固定名單，以 ISTP 族群比率最高。但大多不會在短期內出手購買產品。

(6) 「創意且冒險」的特質，會表現在選擇產品的樣式上，是高價產品的愛好者；業務員要用高價產品來帶路，如果客戶預算有限才會選擇中低價產品；請放心，當你改為介紹低價產品時，ISTP 不會愛面子的不滿或批評。

(7) ISTP 不輕易購買長期合約的產品，以電信公司的長期合約為例，完全無法打動 ISTP 族群，因為長期合約限制了 ISTP 去冒險嘗試其他產品的機會，限制消費者的「冒險機會」大大的違背 ISTP 的個性。

(8) 由於「極端排斥壓力」的特質，面對 ISTP 客戶，不要用「限期優惠」或其他「壓力式行銷」來進行產品推銷；這會造成極大的反效果。請注意，雖然 ISTP 不太會發怒，卻常常調頭走人或從此拒接電話。

(9) ISTP 客戶是個「會聆聽」的族群，算是可以正常「行銷溝通」的族群，雖然

常常裝傻或裝不懂，但大多 ISTP 會花時間聽你把話講完，至少會把有趣的感性故事聽完，就算他們早已知道那些故事都是胡說八道。

(10) ISTP 個性類型是個很好的「新上市產品」行銷的族群，加上勇於試用新產品，可以把 ISTP 當作新產品第一階段的目標客戶，可以在初期創造可觀的業績。

(11)「喜歡嚐鮮且還算理性」，所以是保單合約業務員的最愛，他們會接受轉換保單的建議，只要你提出的建議還算合理。只是長期保單屬長期承諾，並不適合 ISTP 族群。

(12) ISTP 是「行動派」，常常不請自來；高價精品門市常有未預約前來的 ISTP 客戶，當 ISTP 得不到產品資訊或門市無專業人員即時服務時，ISTP 會一去不回頭。

### 利用 AI Marketing 的演算法來找出「ISTP 個性類型」的客戶：

依據四大心理面向（MIND、INFORMATION、DECISION、STRUCTURE）將收集到的文章進行人工智慧詞句比對演算，得到個性類型分數如下：

(1) MIND、DECISION 分數都偏向左方。

(2) INFORMATION、STRUCTURE 分數都偏向左方。思考結構是「極端感知型」。

(3) 用 AI 大數據分析社群網站之客戶留言中，經過分詞及拆解後，很容易找到四個指標「都偏左」的潛在客戶。

(4) AI 程式請見本書附件。

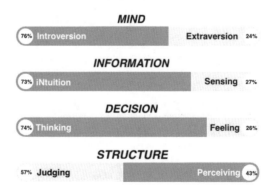

從社群的留言大數據，分析 ISTP 個性類型的消費者的關鍵字「字雲」如下：

(1) 留言及發文：用詞隱晦，情緒性字詞頻率高，主觀詞遠多於客觀詞；負面用語也多。

(2) 問卷選擇用詞：僵固性高，感性文字也遠多於理性文字。

(3) 文詞穩定性：對意見表達間接，履履修改文字或直接刪文，理性訴求的文字較少。

(4) 社交熱度：不太回覆他人問題，迴避尖銳對話；社群經營不積極，除了工作相關分享訊息亦少。

# 8-6 ISFP（務實看守傾向）：「探險家」個性類型

**特徵：**

(1) ISFP 作為一個性格內向的人，可以享受一個人的時光，不需要持續的社交就可以與自己所愛的人保持親密關係。

(2) ISFP 的特點是深切關心自己的親人，也會花費大量時間來問候別人。

(3) 這種「個性類型者」，壓力最大的是不知道他們的朋友和家人在困難時期是否安全。

(4) ISFP 會對遭受不公正或壓迫的陌生人同情，也會盡可能幫助別人。

(5) 為了避免煩惱，會將困難情境引導到創作中，包括繪畫、寫詩、烹飪、音樂等。對 ISFP 來說，藝術是理解複雜情緒的好方法。

(6) 少有科學家及創業家，習於穩定的生活，不會投資在自己不懂的股票。

(7) 雖然會導引自己的困難情境到藝術中，但少有成為藝術家的，因為藝術家是要有創造力的。

**ISFP 適合職業：**設計師、醫生、藝術家、教練等。

**優點：**

(1) 個人魅力－具有冒險家個性類型，具輕鬆而熱情心態，ISFP 的「熱愛生活與放任隨意」的態度使他們討人喜歡和受歡迎。

(2) 對人敏感－可以輕鬆地與他人的情感聯繫起來，有助於建立和諧情境並減少衝突。

(3) 富有想像力－了解他人的情緒，加上利用創造力和洞察力可構築打動人心的創意。這個特質無法在履歷表上說明這種特質。

(4) 熱情洋溢－在冒險精神之下，喜歡進入有趣新鮮的事物中。

(5) 好奇且理性－冒險精神需要觀察和探索他們的想法是否正確。用科學技能無法滿足他們好奇的特質，ISFP 會更進一步採取大膽的「藝術和人文主義視角」來詮釋他們的好奇心；這個「好奇且理性」的特質，使 ISFP 不會陷入空想而只是紙上談兵。

(6) 藝術性－ ISFP 能以有形的方式和驚人的美感來展示自己的創造力。不管是作

曲、繪畫，或只是在圖表中顯示統計數據，ISFP 都有一種「可視化」的方式可以引起觀眾的共鳴。

弱點：

(1) 特立獨行－言論自由是 ISFP 的最重要特徵。任何與傳統作法和硬性規定相抵觸的事物都不適合 ISFP，這些只會為 ISFP 帶來很大壓力。

(2) 不可預測－ISFP 也不喜歡長期的承諾和計劃。會主動避免為未來做長期計劃，對 ISFP 而言，只會導致 ISFP 無法享受浪漫關係的緊張情緒，長期計劃限制了 ISFP 自由彈性，常會使 ISFP 產生「財務困難」的壓迫感。

(3) 抗壓性－冒險家活在當下，充滿情感。當無法怡然自得的生活時，ISFP 性格類型的人（尤其是動蕩的人）會選擇「沉默以對」，瞬間失去其特有的魅力和創造力。

(4) 過度競爭－冒險家可以將小事情升級為激烈的比賽，這樣的性格，會失去未來長期成功的機會，在過度競爭下只會造成兩敗俱傷的糟糕情況。

(5) 自尊心起伏不定－ISFP 傾向「量化」各種技能，但是技能是很難量化的，這種想法與冒險家的敏銳度和藝術性很強有關；雖然 ISFP 可以說出一大堆量化的「理由」，其實「量化」是為了滿足 ISFP 心理上起伏不定的不安全感。

(6) 冒險家的努力常常會被忽視，因為藝術或美感是很難量化，很難對一般人講清楚。這種忽視藝術價值的普遍現象，對 ISFP 是一種傷害和破壞性打擊。尤其對年輕人而言，更是明顯，95% 的藝術家個性類型者，在 20 歲前就被普世認定的經濟價值淹沒，放棄了對藝術美感的追求。ISFP 在沒有強大社會支持下，會轉向開始相信反對藝術者，殊不知任何工作領域或生活都有相當高的藝術成分。

ISFP 個性類型代表人物：麥可‧傑克森、史帝芬史匹柏、戴安娜王妃等。

## 行銷策略：針對 ISFP「探險家」個性類型者

(1) 根據上述分析，ISFP 的個性特徵是有魅力、藝術美感、競爭傾向、冒險精神、特立獨行、玻璃心等。

(2) ISFP 的「藝術美感」個性常會伴隨著浪漫思維，有點不切實際，喜歡感性訴求；產品要有美美的包裝，不用強調太多產品功能性（如耐用度、使用時效等）。

(3) ISFP 也是有耐心的族群，雖然不用太強調產品規格，但要打動 ISFP 族群也要有適當鋪陳，如產品故事或設計想法等。有耐心並不表示可以用粗糙的文宣來介紹產品。

(4) ISFP 算是好客戶的一種，因為熱情使交易過程簡單化，行銷人員不用花太大力氣就可以打動 ISFP：不論採取理性訴求或感性訴求都會有效，大多數行銷顧問公司會將重點放在「再行銷」及「培養忠誠度」上。而這二項工作，都必須加入「美感昇級」或「藝術訴求」的元素，這二個元素對其他個性類型也有效，只是對 ISFP 客戶的影響會非常明顯。

(5) 喜歡競爭卻抗壓性差，使 ISFP 成為藥物濫用最嚴重的族群，在先進國家的心理諮商醫療統計中，濫用藥物者中有 45% 是 ISFP 個性類型；所以如何紓壓是 ISFP 的重要課題。因此，推銷人員不宜用「限時特價」或「逾時不候」來對 ISFP 客戶進行推銷，要特別注意。

(6) ISFP 是易受挫類型，一旦在交易過程產生客訴，會很難擺平；ISFP 遇到衝突時，會有不穩定且不可預測的情緒反應，以各種不同型式來表達不滿，讓經驗不足的業務員難以招架。

(7) ISFP 客戶有「藝術傾向」並不是表示 ISFP 有藝術修養，行銷人員要分清楚二者差異。ISFP 的「藝術傾向」說白話一點就是「孤芳自賞」，給 ISFP 一點客製化服務會很容易打動這類客戶。

(8) ISFP 在購買行為中「玻璃心」很重，業務人員一句不經意的話會重傷 ISFP 客戶，也是客訴最多的族群。如果可以，只要提供一段美美的廣告影片或一小盒包裝精美的試用品，就可打動 ISFP 類型客戶。

(9) ISFP 客戶的「魅力」特質對行銷沒有幫助，反而因有魅力或自認有魅力而拉高自視及眼光，大量增加銷售員的推銷時間。高級精品店經常會準備一杯好咖啡及一段五分鐘的感性且美觀的廣告影片，由業務員在旁陪著看完影片，加上短暫的試用或試穿，就足以打動 ISFP 客戶。記得「無聲勝有聲」對 ISFP

來說是好方法，收起伶牙俐齒讓產品的美麗包裝打動 ISFP 客戶即可。畢竟「藝術美感」是對客戶的認同潛意識，無法量化也無法言喻。

**利用 AI Marketing 的演算法來找出「ISFP 個性類型」的客戶：**

依據四大心理面向（MIND、INFORMATION、DECISION、STRUCTURE）將收集到的文章進行人工智慧詞句比對演算，得到個性類型分數如下：

(1) MIND 分數偏向左方。ISFP 是極端的內向傾向。

(2) INFORMATION、DECISION、STRUCTURE 分數偏向右方。ISFP 的思考結構是極端感知型。

(3) AI 程式請見本書附件。

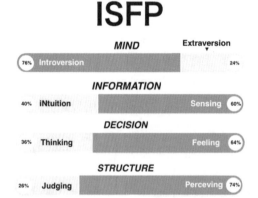

從社群的留言大數據，分析 ISFP 個性類型的消費者的關鍵字「字雲」如下：

(1) 留言及發文：用詞開放直接且深具滲透力，攻擊性字詞頻率頗高，直接表述多，具滲透力字眼也多，主觀詞遠多於客觀詞；正負面用語也交叉使用。而美感文詞及藝術字眼也使用頻繁。

(2) 問卷選擇用詞：意見直接而大膽，不受傳統約束，自由意識高，感性文字也遠多於理性文字。

(3) 文詞穩定性：對意見表達直接，不會修改文字，文詞具擴散性；情緒性字眼使用頻繁，理性訴求的文字較少。嚴厲用詞在 ISFP 的文章中卻頗為多見，在其他個性類型極為少見。

(4) 社交熱度：社交用語與性格迥異，偶有過激發言，禮貌用語少用，屬廣播性質。頻繁回覆他人問題，但迴避尖銳對話；社群經營積極，熱度頗高，主動分享訊息亦多。

# 8-7 INFP（機警戰鬥傾向）:「協調者」個性類型

**特徵：**

(1) INFP 機靈的個性，在家工作就像其他地方一樣自由自在。

(2) 有「大而化之」的習慣，只要有空閒會放鬆自己，並按照需要進行休息。

(3) 想做的事項目很多，但會分心到其他次要的事。

(4) 在家自由自在的工作似乎很棒，但實際上卻充滿挑戰且沒有效率。

(5) 會花很多時間過濾掉不習慣的生活方式的朋友。

(6) 作為最善解人意的人格類型之一，不會約束別人及勉強別人作不喜歡的事。

**INFP 適合職業**：護理師、獸醫生、表演者、研究人員等。

**優點：**

(1) 面面俱到－ INFP 關心他人的感受。如果認為自己可能會傷害任何人，甚至無意中傷害到他們，INFP 就會調整自己的行動。善良的 INFP，讓每個人都可以從中受益。

(2) 慷慨大方－ INFP 很少享受以他付出代價的成功。具有這種個性類型的人會希望分享生活中的美好事物。他們重視平等，希望確保能照顧到不同觀點的人。

(3) 胸襟開闊－INFP 往往會給其他人帶來疑問的好處。他們旨在容忍他人的信仰，生活方式和決定。一般來說，調解員支持他人認為合適的生活權，只要沒有人受到傷害即可。

(4) 富創造力－INFP 通常可以從非常規的角度來看待事物。憑藉創造力來找出各方接受的方案。

(5) 充滿熱情－當一個想法或動作，啟動了 INFP 的想像力，他們會全心全意地投入其中。具有這種性格類型的人或許沉默寡言，但並不減弱他們對理想的事業的熱情。

(6) 堅持價值－做正確的事並不容易，但 INFP 的遠見可以幫助他們堅持到底。當他們在做有意義的事情時，會有一種「神聖目標」感的勇氣，使他們忠於自己的價值觀。

(7) 領悟力高－由於對知識充滿熱情及環境的敏感性高的特質，「領悟力高」就成了 INFP 的特徵。INFP 佔人口比例很低，但在各領悟都有不少佼佼者，如天才型藝術家或科學家多出自 INFP 族群。

(8) INFP 是最多人研究的個性類型，充滿神秘因子，也是心理諮商師的常客。

## 弱點：

(1) 特過於理想主義－INFP 會將他們自己設定的「理想主義」走得太遠，幾乎每位 INFP 都有一個遙不可及的人生目標。具有這種性格類型的人會傾向崇拜英雄，因為自己不可能成為心目中的英雄，便將理想投射在英雄身上。INFP 在工作的每個方面都設有崇高理想，當無法實現他們的夢想時，也會掉入失望的深淵。

(2) 自我批評－由於 INFP 對自己的期望高，當失敗發生時，也會更加指責自己。這種自我批評會削弱他們東方再起的動力，也削弱他們保持實力及健康的意願。

(3) 不切實際－當某些東西吸引了 INFP 的想像力時，INFP 可能會因此而沉迷，以至於脫離現實。具有這種性格類型的人在追求激情時，甚至會忽略進食或睡眠。

(4) 情感驅動－ INFP 過於專注於自己的情感，以至於無法掌握實際情況。INFP 要學習放慢腳步，並確保情緒不會妨礙他們理智，這會是一個挑戰。

(5) 避免衝突－INFP 強烈的避免衝突。他們傾向投入大量時間和精力去取悅各方人馬。這種取悅他人的想法會淹沒他們的理智，使他們對建設性的批評極為敏感。

(6) 退縮內疚－INFP 重視私密性，思想保守，使他們很難讓外人了解，即使是心理醫生也常常束手無策。

(7) 過度防衛－INFP 常會因過度防衛而加大「私人空間」，拉大社交距離，讓他人無法接近；也因此形成內疚感循環，終至離群索居，不再向自己關心的人投入更多的協助；這就是所謂的「社工症候群」。所以 INFP 不適合從事社工，牧師或輔導老師的工作。而偏偏 INFP 個性類型者，常會將社工、服務性工作列為自己的理想工作，喜歡幫助他人卻沒有注意到自己不合適做社工。

**INFP 個性類型代表人物**：尼可拉斯凱吉、瑪麗蓮夢露、莎士比亞等。

## 行銷策略：針對 INFP「協調者」個性類型者

(1) 根據上述分析，INFP 的個性特徵面面俱到、領悟力高、堅持價值、富創造力、感情用事等。

(2) INFP 也是人口稀少的族群之一，除了個性類型難以辨別，起伏不定的情緒也使 INFP 的個性特徵若隱若現，有時熱情有時退縮。用 AI 來進行社群留言的大數據分析判斷後，INFP 的辨識準確率只有 87%。在行銷心理學和心理諮商上常將 INFP 和 ISFP 歸為同一類客戶，因為二者在特徵上重疊多。

(3) INFP 的性格最接近「神」，對自己要求高，凡事希望面面俱到；所以面對這種客戶，就少說多做吧。多給些試用品或資訊分享，其他的工作就交給產品自己去說話吧。

(4) INFP 雖然人數不多，仍有些地雷是行銷業務人員要注意的，因為 INFP 有擴散資訊的熱情，不論資訊是否正確，在熱心助人的心態下，是社群網站推文的高轉發族群之一；就算沒有什麼購買力，卻有不小的破壞力。不成熟的試用

品或未準備好的餐廳新套餐，都不要讓 INFP 試用或試吃。INFP 會主觀的當做正常商品來評價，也會立刻將試吃感想分享到社群上，讓許多米其林高檔餐廳意外收到不少負評。

(5) INFP 悟性高，不太需要對產品多做說明；也不用發說明會通知給 INFP，因為 INFP 有退縮個性，一般產品說明會的氛圍充滿購買壓力，只會讓 INFP 反感。

(6) INFP 個性的客戶的明顯特徵之一是「難以卸下心防」，INFP 不輕易表達對產品的喜好或厭惡，從 INFP 表面上的反應，看不出來是否有購買慾望或購買能力，所以就讓產品本身去說話吧。

(7) INFP 與一般消費者不同，INFP 會反反覆覆，是最容易取消訂單的族群，經常會要求延長鑑賞期，並不是出於對產品沒有信心，而是在熱情和退縮二個不同性格拉扯下的自然反應。

(8) INFP 是憂鬱症的高風險族群，行銷產品的訴求要放在「降低門檻」上，價格要親民一點，讓 INFP 容易做出決定。由於較低的門檻代表較低的損失風險，讓購買產品的風險低到 INFP 客戶不會去計較是最好的，別忘了，INFP 也有「慷慨大方」的性格，在多少體諒業務員要養家活口的想法下，也許會不計較的收下產品的。

(9) 如果 INFP 決定不買產品，不要窮追猛打；很多業務人員有死纏濫打的銷售技術，這招對 INFP 無用，這樣做只會刺激 INFP 內心的憂鬱症因子，最後產生極大反感；就算業務員全力追單後，INFP 真的買了，也會因反反覆覆的個性，過沒幾天就退貨了。加上「過度防衛」的個性，勉強來的訂單，如果最後還是退貨了，少不了一次次的糾紛衝突協調。對公司而言，又是一場惡夢。

(10) 最壞的情況是，業務員和消費者二者如果都是 INFP 個性，其慘烈的狀況，可想而知。因為 INFP 族群一旦成為業務員，「強迫症」瞬間上身，是最會窮追猛打的一群戰狼業務。有經驗的業務主管，會將二者區分開來，不會讓 INFP 個性的業務員去接觸 INFP 個性的重要客戶。

(11) 以筆者多年帶業務團隊的經驗，會建議年輕的業務員，放棄 INFP 族群吧，多花些時間在其他客戶身上。

## 利用 AI Marketing 的演算法來找出「INFP 個性類型」的客戶：

依據四大心理面向（MIND、INFORMATION、DECISION、STRUCTURE）將收集到的文章進行人工智慧詞句比對演算，得到個性類型分數如下：

(1) MIND、INFORMATION 分數偏向左方。INFP 在心態是極端內向。

(2) DECISION、STRUCTURE 分數偏向右方。

(3) AI 程式請見本書附件。

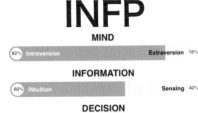

從社群的留言大數據，分析 INFP 個性類型的消費者的關鍵字「字雲」如下：

(1) 留言及發文：用詞開放直接，攻擊性字詞頻率極低，直接和間接表述交叉使用，具滲透力字眼少，主觀詞遠多於客觀詞。

(2) 問卷選擇用詞：意見少，感性文字也遠多於理性文字。

(3) 文詞穩定性：理性字眼使用多，少引用別人文章，自信說理，正面字眼多於負面字眼。

(4) 社交熱度：社交用語少有過激發言，屬學者性質發言；頻繁回覆他人問題，多為理性對話；社群經營積極，主動分享訊息亦多。

# 8-8 INTP（擴增分析傾向）：「邏輯者」個性類型

**特徵：**

(1) INTP 的創意很棒，但拖延是致命弱點。

(2) INTP 儘管外表鎮定，但是心思卻忙得不可開交，會一直延伸自己的思考範圍。

(3) 喜歡閱讀有關大趨勢的所有分析。儘管您不相信陰謀論，但您卻喜歡探究陰謀論，並認為它們確實很有趣。

(4) 喜歡與一小群密友進行社交，不太喜歡人群。

(5) 喜歡思考理論概念，重視智力而不是情感

(6) 喜歡尋找固定思考或工作模式；雖然思慮無礙但仍傾向不變的工作生活方式。

(7) 具有簡化複雜思想和現象的獨特能力。

(8) 對策略分析方面，有過人的收斂能力。

(9) 需要學習將計劃付諸實踐，並實際完成每天需要做的事情。

**INTP 適合職業：** 學術研究、分析人員、美術設計等。

**優點：**

(1) 分析和抽象思考－將世界視為大型複雜的機器，所有部份都認為是相互關聯的。擅長分析這些部份，將看似無關的因素視為相互關聯的組合元件。

(2) 富想像力和獨創性－在 INTP 眼中，一般人乍看之下違反直覺的事物，經過 INTP 想像力與獨創能力，可以整理出脈絡及關聯性，讓沒有規律的現象變成有條理的公式，證明是非凡的創新；所以在自然科學及資料科學領域，INTP 特質的人，佔有 70% 以上。

(3) 思維開闊－所有知識只要邏輯和事實支持，他們就很願意接受其他理論。在社會學和更主觀問題上，邏輯學家通常相當自由，採取開放態度。

(4) 熱心分享－當有新想法激起他們的興趣時，邏輯學家會非常熱情。是內向型人格，但是如果另一個人有共同的興趣，他們可能會非常興奮地討論它。不過，這種熱情的唯一外在證據將只是邏輯學家的沉默步調或凝視遠方。

(5) 目標明確－邏輯學家的分析，創造力和思想開放並不是某些尋求意識形態或情感驗證的工具。而是，邏輯學家型的人似乎是他們周圍事實的傳播管道，根據他們所能表達的範圍，他們以身為理論解譯人的角色感到自豪。

(6) 誠實和直率－習於表達事實，並且不會刻意繞過傷害他人的事實，因為他們認為「事實」是最重要的，並希望他人能夠欣賞和回報這些誠實的性格。大老闆們如果想聽最真實的聲音，會找來公司中研究科學的員工來問，常會聽到驚人又直接的事實真相。

## 弱點：

(1) 私密孤僻－儘管邏輯家對周圍環境有許多過人見解，但諷刺的是，INTP 認為周圍環境常對其思想具有侵犯性或挑戰性。所以邏輯學家在社交場合非常害羞。即使是密友也難以進入邏輯學家的內心世界中。

(2) 麻木不仁－邏輯學家的性格會陷入自己的「邏輯循環」之中，在「合邏輯」和「不合邏輯」中打轉，以至於忘記了每件事都有情感上的考量，這會造成嚴重的社交障礙。他們也不太理會他人的主觀意見和傳統束縛，認為那些都是阻止進步的因素。

(3) 情緒化－這是 INTP 的特質之一，這情況使邏輯者們自己都深感困惑，INTP 常被外人認為是缺乏「及時同情心」，這個表象很容易得罪他人。

(4) 心不在焉－當邏輯者因興趣而瘋狂時，他們會開始不涉及科學世界以外的部分，看起來像是個高尚的學者，但卻沒有什麼人願意跟隨這樣的學者。因「心不在焉」使邏輯者變得健忘，與他們手上瘋狂的事物無關者，都會變成無用且健忘，甚至會忘記自己的健康，許多 INTP 愛好打座或冥想的，甚至可長時間不進餐和睡覺。

(5) 居高臨下－在社交環境中，「居高臨下」成為非常致命的因素，表面看起來像謙虛退讓，其實是內心高人一等的心態作祟。具有 INTP 個性類型的人以其豐

富知識感到自豪,並樂於分享他們的想法,但在試圖解釋細節時,他們會感到沮喪,有時會為了簡化事情,以至於開始侮辱對話夥伴的觀點。最終溝通失敗而使 INTP 放棄溝通,成為憤世疾俗的一群人,這是「人際溝通」的極大障礙。

(6) 厭惡規則－邏輯學家渴望繞過規則及社會規範。這種態度有助於邏輯學家提高突破性的創造力,但也因此成為無法融入社會的主因之一,在工作中最常看到的情況是,INTP 是強烈要求自治的一群人。

(7) 自我中心－邏輯學家對新知持開放態度,以至於他們常常不致力於決策。這也適用於他們自己的技能範圍。邏輯學家知道,隨著他們的實踐,他們會不斷進步,當無法解決這些工作上的問題時,邏輯學家大多會不斷修改其版本,以至於無限期地延遲結案時間。有時甚至在專案前期的準備期,就發生這種延遲現象,讓公司老闆們忍無可忍,很多科學家或藝術性很強的導演都是 INTP 個性類型,但卻很難完成一項完整的專案。

INTP 個性類型代表人物:愛因斯坦、比爾蓋茲、林肯總統等。

### 行銷策略:針對 INTP「邏輯者」個性類型者

(1) 根據上述分析,INTP 的個性特徵是邏輯分析力強、誠實正直、熱情分享、富創造力、自我中心、情緒化等。

(2) INTP 並不是少數人,很多人就算做完心理測驗後,並不屬於 INTP 族群,但身上仍有 INTP 特質(百分比分類的結果);這對行銷人員是好事,根據 INTP 的個性特質,可設計出各式各樣的非常有效的行銷計劃及廣告詞。

(3) 最簡單的行銷方法是強調產品知識內涵及創造品牌故事的策略,就可以打動大部分 INTP 的心。

(4) 在此先不論道德及法律，行銷人員根據一般消費者的虛榮心和追求自由的心態，可以延伸或轉化 INTP 的「自我中心」心理特質；就可深深打動 INTP 族群及 40% 具有 INTP 特質的消費者。

(5) INTP 的「思維開闊」特質其實只限於他們有興趣或專長的科學性事物，面對他們不懂的事物或產品，其實就像白痴一樣；所以業務人員大多很喜歡這樣的客戶，因為啟動他們的購買慾望並不是難事；在廣告中加點虛榮尊貴的文字，有時銷售的產品根本不重要，INTP 只是買個「尊貴感」；多延伸這種若有似無的感覺，效果奇佳無比。其實虛榮心每個人都有，但是 INTP 客戶尤其嚴重，加上私密及崇尚自由的個性傾向，使產品銷售過程干擾大大減少。

(6) INTP 對再行銷及忠誠度培養也比其性格客戶有效，只要記得持續的維持 INTP 者的「居高臨下」的優越感即可。

(7) INTP 的長期注意力不足，所以不要作冗長的產品說明，但在說明過程中要強化 INTP 客戶的知識優越感。

(8) 好消息是，大企業的專業採購人員大多是 INTP 個性類型，他們因邏輯能力及知識過人而做到高階主管，但判斷力常被「自我中心」蒙蔽，只要避開「注意力不集中」或「情緒化」的毛病即可。許多頂級業務員深諳其中道理，要拿到大訂單不是難事。

(9) 美國國家防詐騙中心，發現 INTP 是最常見的詐騙受害者，他們是詐騙集團眼中的肥肉；因自我中心及僵化的邏輯思考方式，很容易讓 INTP 產生高人一等的虛榮心，容易因不真實的錯判產品效果而上當，發生匪疑所思的離譜詐騙事件；所以科學家及深居實驗室的學者常成為詐騙集團鎖定的對象。

## 利用 AI Marketing 的演算法來找出「INTP 個性類型」的客戶：

依據四大心理面向（MIND、INFORMATION、DECISION、STRUCTURE）將收集到的文章進行人工智慧詞句比對演算，得到個性類型分數如下：

(1) MIND、INFORMATION、DECISION 分數偏向左方。

(2) STRUCTURE 分數偏向右方。

(3) AI 程式請見本書附件。

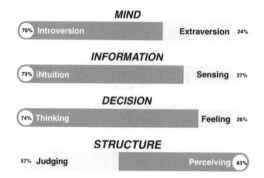

從社群的留言大數據，分析 INTP 個性類型的消費者的關鍵字「字雲」如下：

(1) 留言及發文：用詞開放直接，攻擊性字詞頻率很低，直接表述多，滲透力字眼很少，主觀詞遠少於客觀詞；正面用語多，負面用語幾乎為零。

(2) 問卷選擇用詞：意見直接而謹慎，理性節制，理性文字也遠多於感性文字。

(3) 文詞穩定性：對意見表達直接，不會修改文字，文詞具學術性；情緒性字眼使用極少，理性訴求的文字較多。嚴厲用詞在文章中很少見。

(4) 社交熱度：社交用語少，偶有過激發言，禮貌用語頻用，屬廣播性質。頻繁回覆他人問題，但迴避尖銳對話；社群經營積極，熱度高，主動分享訊息亦多，是版主的一大族群。

# 8-9 ESTP（靈活新進傾向）：「企業家」個性類型

**特徵：**

(1) ESTP 是外向的人，不願長時間待在同一個地方。

(2) ESTP 具有令人難以置信的商業意識，隨時注意市場需求。

(3) 有空閒，就開始忙於次要事物。保持活躍不斷前進是 ESTP 的本性。

(4) 喜歡親自拜訪喜歡的咖啡館或與朋友深聊。會嘗試製作自己的洗手液或向鄰居出售烘焙食品。

(5) 機靈的智慧會讓 ESTP 在所有事物中找到機會。可能會發明新遊戲，與家裡的室友一起玩新遊戲，或者與網友建立密切聯繫。

(6) 具積極能量及感染力，使他人輕鬆自在。

(7) ESTP 也是最挑逗的「個性類型者」。無聊時，會想嘗試約會 APP。

**ESTP 適合職業：**營銷人員、警察、經紀人、記者等。

**優點：**

(1) 大膽突破－ ESTP 個性類型的人充滿活力和活力。沒有比突破界限，探索和創新事物和創新想法，更大的樂趣了。

(2) 理性務實－ ESTP 熱愛知識和哲學，但並非出於自己的緣故。對 ESTP 個性而言，最有興趣的是找到可行的想法並貫徹執行。

(3) 原創能力－結合勇氣和實用性，企業家喜歡嘗試新的想法和解決方案。他們以其他人沒有想到的方式將事情放在一起。

(4) 敏銳洞察力－企業家能洞察到局勢何時發生變化以及應變發生變化的能力，並發揮其獨創的特質！習慣和外表的微小變化對企業家很重要，他們利用這些觀察來幫助與他人建立聯繫。

(5) 清晰思維－企業家具有清晰思維，可直接進入問題核心並尋找解答；並且迴避複雜的解決方案；ESTP 是個天生的溝通者，一切簡單扼要，排斥拐彎抹角的論述方式，是很特殊的個性類型。

(6) 善於交際－以上特質共同構成了企業家的領導特質者。這不是他們刻意尋求的東西－具有這種個性類型的人精通互動能力和掌握機會的訣竅。

弱點：

(1) 麻木不仁－對於企業家而言，情感的重要性次於事實和 "現實"。情緒激動的情況常另旁人尷尬或不自在，企業家的「直率誠實」的優點掩蓋不了「麻木不仁」的弱點。所以 ESTP 也常常在表達自己的感受時得不到任何共鳴。

(2) 不耐煩－ESTP 以自己的步調決定事情的順序，以使自己處於最高的機動性。對於企業家來說，ESTP "不懂" 如何高整節奏或放慢腳步，若需要長時間專注於某個細節而放慢腳步時，對 ESTP 來說是極具挑戰性的。

(3) 視風險如無物－ESTP 個性的急躁情緒可能導致 ESTP 在思考長期時，不經意的進入危險的未知領域。ESTP 性格有時會故意以危險的方式打擊無聊。

(4) 散漫隨意－ESTP 發現機會－解決問題，繼續前進，享受樂趣是 ESTP 喜愛的生活方式，而在此過程中往往會忽略法律規定和社會期望。這種隨機決策及投機性格，可能會為 ESTP 帶來不好的社交影響。

(5) 求取近利－求取近利可能會導致 ESTP 為樹木而錯過森林。具有這種個性的人喜歡立即解決問題並立即獲取利益；講求速效而放棄長遠目標是 ESTP 最容易犯的錯誤。

(6) 完美主義－ESTP 認為一個項目的所有部分都可以達到完美的要求，但是如果某些部分不完美，則傾向認定該項目仍屬失敗。這種性格傾向造成 ESTP「刻薄寡恩」和「重利忘義」的結果，在「麻木不仁」的特質加持下，ESTP 根本不會在乎社會觀感及他人眼光；所以 ESTP 有普遍性且嚴重的社交障礙。在美國向心理醫師求助最多的族群是企業家性格的人，並不是因為企業家付得起高額的諮商費用，而是企業家無法交朋友，除了處在爭名奪利的小圈子中，也沒有別的地方可去；遺憾的是，ESTP 在忙碌的追求完美生活，很難有時間放慢腳步來改變自己。

(7) 勇於挑戰－企業家不適合任職固定工作。重複性高，規則嚴明，在別人的演講時要安靜地坐著等，都不是企業家喜歡的生活。ESTP 以行動為導向並且親身實踐。像學校這樣的安逸環境和入門級的工作讓 ESTP 無法忍受，而另一方面需要付出巨大努力或長時間集中注意力的開創型工作，會非常吸引 ESTP。

ESTP 個性類型代表人物：川普、瑪丹娜、海明威等。

## 行銷策略：針對 ESTP「企業家」個性類型者

(1) 根據上述分析，ESTP 的個性特徵是大膽創新，敏銳直接，散漫隨意，完美主義，求取近利等。

(2) ESTP 是最不需要客製化商品的一群人，這點與一般人印象不同，會強烈要求「以客為尊，精品客製」的人並不是 ESTP（企業家性格），而是 ESTP 身邊那些挑剔的親友，因為 ESTP 根本沒有時間注意細節。

(3) 直接向 ESTP 介紹實用的商品即可，一定要強調品質，更要強調 CP 值；要符合 ESTP「短視近利」的特質，不要花太多時間闡述商品故事或規格內容，因為對 ESTP 來說，時間就是金錢。

(4) 要注意 ESTP 的「無耐性」特質，若在十分鐘內無法說服 ESTP 下單，幾乎不可能成交了，這對業務推銷人員是個挑戰。伴隨無耐性的特質，是更難應付的「完美主義」，最好在見客戶前將商品徹底檢查一遍，在確認商品無瑕疵下再開始進行推銷。否則一旦產品當面出差錯，就要面對 ESTP 另一個更可怕的特質「沒有基本社交禮儀水準」的無情批評。

(5) 但 ESTP 不是無限制的「完美主義」者，產品或服務只要達到「效用」的程度即可，可以視為是對品質的要求；請放心，ESTP 不是挑剔找麻煩的族群，因為「散漫隨意」的性格使然，大部分 ESTP 不會追根究底的追問瑕疵問題。

(6) 不過 ESTP 有「勇於挑戰」的特質，行銷人員可大膽介紹新鮮商品，ESTP 是不會拒絕說明會或發表會的一群人，只要口袋有錢，ESTP 對新商品同樣的勇於下單。

(7) ESTP 族群不會當傳聲筒，為好商品擴散傳播，所以不用浪費時間去要求 ESTP 填寫問卷或售後服務卡。在 ESTP 身上，完全看不到其他個性類型普遍擁有的「利他主義」。

(8) 另一個好消息是，ESTP 是購買慾望強烈的一群人，因「散漫隨意」的特質，ESTP 不會記得上次的不愉快經驗。只要好好擬定針對 ESTP 客戶的銷售策略，是個事半功倍的好差事。

(9) 創造亮點是行銷策略的重點之一，強調「亮點」對 ESTP 的推銷尤其重要；但 ESTP 對「創造話題」沒有興趣甚至有點排斥；話題包括正面聲量及負面聲量，有話題不見得有亮點，ESTP 只對亮點有興趣，對話題沒有興趣；ESTP 對浪費時間的無聊話題甚至會強烈排斥。

(10) 請記得「企業家」個性類型的人，並不是企業家；只是 ESTP 具有「企業家」特質而已；依 AI 大數據分析，「企業家」個性類型佔 7 ～ 9% 以上，並不是極少數的那一群企業家。要成為企業家當然不是只要具備「企業家」個性類型就足夠了；這點要分清楚。

## 利用 AI Marketing 的演算法來找出「ESTP 個性類型」的客戶：

依據四大心理面向（MIND、INFORMATION、DECISION、STRUCTURE）將收集到的文章進行人工智慧詞句比對演算，得到個性類型分數如下：

(1) MIND、INFORMATION、STRUCTURE 分數極端的偏向右方。

(2) DECISION 分數極端的偏向左方。

(3) AI 程式請見本書附件。

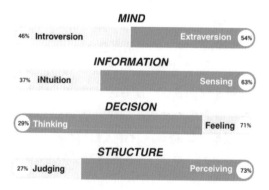

從社群的留言大數據，分析 ESTP 個性類型的消費者的關鍵字「字雲」如下：

(1) 留言及發文：用詞開放直接且深具滲透力，少有攻擊性字詞，直接表述多，具滲透力字眼也多，主觀客觀詞各半；正負面用語交叉使用。但美感文詞及藝術字眼也使用頻繁。

(2) 問卷選擇用詞：意見直接而大膽，用詞節制而多文，感性文字也遠多於理性文字。

(3) 文詞穩定性：對意見表達直接，但常常修改文字；情緒性字眼使用頻率也頗高，理性訴求的文字較少，是個演講高手。嚴厲用詞在 ESTP 的文章中卻頗多見。

(4) 社交熱度：社交用語偶有過激發言，禮貌用語多，社交文字多屬傳播性質文字。不會回覆他人問題，不會迴避尖銳對話；社群經營積極，熱度頗高，主動分享訊息亦多。

# 8-10 ESFP（熱情改進傾向）：「表演者」個性類型

特徵：

(1) ESFP 個性類型是自發的且充滿活力，喜歡探索世界。

(2) 是跳躍思考者，很容易從一件事跳到另一件事。

(3) 雖然是跳躍思考者，但每天都遵循相同的慣例工作或生活。

(4) 運動和機動性是保持生命的必要條件。會在社群網和酒精中找到寄託。

(5) 不喜歡獨居，在旅行中也要有同伴。

(6) 花時間與朋友進行視訊通話，隨機找話題聊天。

(7) 無聊可能會做出瘋狂決定，對未知的生活帶來的新鮮感很有興趣。

(8) 因為有時間梳理頭髮，可能會有劉海或染髮，對外貌的改變較沒有拘束。

**ESFP 適合職業**：公關、調查員、保險經紀人、業務推銷員等。

**優點：**

(1) 大膽嘗試－是 ESFP 最明顯特質之一，具有娛樂性格類型的 ESFP，完全不介意進入無人願意嘗試的領域，對「走出舒適區」習以為常。

(2) 創造力－傳統價值和社會期望對 ESFP 來說是次要的。ESFP 個性喜歡嘗試新領域的風格，不斷尋找新的表現方式，並積極在人群中脫穎而出。

(3) 美學和表演技巧－ ESFP 不僅僅將特質表現在服裝上，還會在他們的言行舉止中注入「藝術創造力」。每天都是一場表演，隨時隨地都在表演，ESFP 喜歡表演。

(4) 實用主義－對於 ESFP 來說，全世界所有事物都能感受和體驗的。ESFP 喜歡「觀察」和「實做」，而不是對 "假設" 進行哲學思考。

(5) 細心的觀察者－由於所有的注意力都集中在表演，在工作和表演上，事物和情緒的大變化，對 ESFP 是很自然的事；ESFP 都能記錄在表演基因中，在適當的時候表現出來。

(6) 優秀的人際交往能力－ ESFP 比其他人更會關注他人。ESFP 健談、機智，幾乎可談論任何沒有討論過的東西。對於具有這種性格類型的人，幸福和滿足感源於與喜歡的人在一起的時間。

(7) 將抽象轉成具體－雖然藝術是抽象的，但對 ESFP 而言，藝術是非常具體的；因為 ESFP 與生俱來擁有轉化的能力。

**弱點：**

(1) 敏感－ ESFP 具有動蕩不拘的性格特質，因此情緒較為強烈，極易因批評而影響情緒，批評很容易使他們陷入困境。這可能是表演者的最大弱點。

(2) 無法迴避衝突－ ESFP 有時會忽略衝突，故失去對衝突的危機意識而提前避免衝突，所以表演者要有強力的助理去擺平衝突。ESFP 必需採取必要的措施來擺脫衝突及情緒波動。

(3) 輕鬆無聊－在沒有持續激動的情況下，ESFP 會找到自己的冒險行為，自我放縱以及獲得的愉悅感，都是演藝人員經常進入用來處理無聊的方法。

(4) 缺少長期計劃能力－ ESFP 人士很少為未來製定詳細的計劃。對他們來說，事情隨性來臨，他們很少花時間安排下一個步驟，他們相信事情隨時可能發生變化，就算做好計劃。

(5) 不專心－任何需要長期奉獻和專注的事情對於 ESFP 來說都是一個挑戰。在學術界，例如古典文學之類的密集知識，一成不變的學科如心理學之類的領域，對 ESFP 是很困難的領域。ESFP 不斷在廣泛的目標中尋找快樂，以解決那些必須乏味的日常生活。

(6) ESFP 身為快樂的化身，ESFP 排斥一切與快樂對立的的事物；由於上述無聊、枯燥、沒有耐心的特質，也常有逃避責任的習慣，所有的責任在 ESFP 看來都顯得很沉重。

(7) 輕諾寡信－由於傾向於逃避矛盾的情景，終身的承諾對他們而言更是困難；因輕諾而衍生的問題很多，不夠關注自己的健康，甚至可能有「自虐傾向」。

**ESFP 個性類型代表人物：**柯林頓、Beyonce、李奧納多等。

### 行銷策略：針對 ESFP「表演者」個性類型者

(1) 根據上述分析，ESFP 的個性特徵是大膽創作、人際關係、敏感、無長期計劃、無法專注等。

(2) 因 ESFP 具有「天性樂觀、挑戰傳統」的特質，是新產品的愛用者，只要產品

包裝精心設計，很容易挑動 ESFP 的購買慾望；ESFP 也是購物狂的族群，不論本身經濟情況如何，ESFP 都不會讓業務員失望。

(3) 因極端外向及感情用事的特質，ESFP 非常適合「感性訴求」的行銷方式，但又因隨性嘗鮮的特質，使 ESFP 很難成為忠誠客戶。除了不斷推出新產品，似乎沒有什麼辦法留住 ESFP 客戶。

(4) 突發性的廣告及新鮮主題的促銷，對 ESFP 族群就十分對味，因為 ESFP 沒有什麼購物計劃，也沒有什麼不購物的約束。只要有活動，ESFP 都是積極反應的一群人。

(5) ESFP 也有細心及「實用主義」的人格特質，所以產品要有效用及功能，多餘的裝飾品或美觀的垃圾食物並不適合 ESFP 族群；別忘了，ESFP 是極端敏感的一群，不要因容易以行銷打動 ESFP 而輕忽了 ESFP 的務實的一面，不要塞過期或一次性的奢侈品給 ESFP。

(6) 因 ESFP 知道自己「無法迴避衝突」，常會躲在自己建構的保護傘下，是需要苛護的一群；因 ESFP 不輕易表達不滿，也不會留下負評，也是容易流失的一群客戶。行銷人員需有持續的小活動來填補銷售淡季的時期，提醒 ESFP 仍然沒有被遺忘，在旺季來臨時，才會看到 ESFP 展示的巨大消費能力。

(7) 不要輕易挑戰 ESFP 的美學觀念，ESFP 具與生俱來的表演天分，自然有自己一套的美學觀念，很會表達自己的獨特風格及穿搭配色；業務員只要迎合 ESFP 定義的美感即可，完整的產品線是掌握 ESFP 客戶的基本要素。

(8) ESFP 也是玻璃心族群，加上 ESFP 不太使用負面批評；客服人員要細心查看 ESFP 的留言，並且至少要用機器人回信;不可置之不理，任其不滿情緒滋生。

(9) 好消息是，ESFP 族群是積極回應行銷活動的族群，試用試吃活動對 ESFP 很有用；客戶粉專及客戶群組對 ESFP 客戶這種比例高又忠誠度不高的客戶尤其重要；而 ESFP 客戶的四大心理面向的傾向非常明顯，可以很容易從問卷或回信篩選 ESFP 客戶；對新公司或新產品而言，強烈建議先從 ESFP 客戶開始，可以收到事半功倍的效果。

## 利用 AI Marketing 的演算法來找出「ESFP 個性類型」的客戶：

依據四大心理面向（MIND、INFORMATION、DECISION、STRUCTURE）將收集到的文章進行人工智慧詞句比對演算，得到個性類型分數如下：

(1) MIND、INFORMATION、DECISION、STRUCTURE 分數偏向右方，而 MIND 是極端外向型。

(2) 用 AI 大數據分析社群網站之客戶留言中，經過分詞及拆解後，很容易找到四個指標「都偏右」的潛在客戶。

(3) AI 程式請見本書附件。

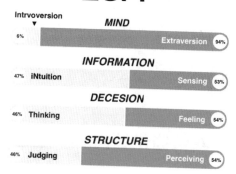

從社群的留言大數據，分析 ESFP 個性類型的消費者的關鍵字「字雲」如下：

domineering
competitve accommodating unpretentious
adventurous compassionate impractical
extravagant
affectionate devil-may-care sentimental
confident verbose helpful extraverted
easy-going unruly unrestrained dominant
active talkative spirited warm persistent
proud energetic wordy mischeivous
tolerant sociable fair happy assertive
vigorous respectful sincere
happy-go-lucky courageous
uninhibited vibrant friendly flirtatious
obliging genial peaceful
spontaneous jovial verbal excitable forceful
weariless cheerful polite enthusiastic
daring generous playful pleasant patient
flexible merry lax bold understanding informal
flamboyant exhibitionist assured romantic
sensitive relaxed reasonable
opinionated rambunctious trustful outspoken
considerate charitable kind sympathetic optimistic
undemanding unsystematic aggreeable
uninquisitive opportunistic strong explosive indefatigable
imperturbable soft-hearted
cooperative down-to-earth dramatic uncritical

(1) 留言及發文：用詞開放直接且深具誘惑，攻擊性字詞少，間接且具滲透力字眼多，主觀詞遠多於客觀詞；正負面用語交叉使用。而美感文詞及藝術字眼也使用非常頻繁。

(2) 問卷選擇用詞：意見直接而大膽，不受傳統約束，自由意識高，感性文字也遠多於理性文字。

(3) 文詞穩定性：對意見表達直接，不會修改文字，文詞具擴散性；情緒性字眼使用頻繁，理性文字少；嚴屬用詞少。

(4) 社交熱度：社交用語與性格相似，偶有過激發言，禮貌用語多，屬廣播擴散性質。頻繁回覆他人問題，深諳 SEO 及聲量的技術，刪文與發文頻繁，其他族群極為少見；社群經營積極，熱度高，主動分享訊息亦多；是最懂得社交媒體的族群。

# 8-11 ENFP（熱情催化傾向）：「競選者」個性類型

**特徵：**

(1) ENFP 崇尚自由精神，是極端外向型有群眾魅力。人數不多（5 ～ 6.5%）但影響力大。

(2) ENFP 擁有堅定不移的樂觀態度，並在充滿挑戰的時代堅持不懈。這種熱情促使您為工作做出自己的貢獻。

(3) 一旦開始做某事，不懈態度將確保完成任務。

(4) 樂觀態度加上創新精神，可以轉化為幫助別人的行動者。也許會啟動救濟基金或提供服務以換取捐款，來幫助別人。

(5) 在進行工作時，可能還會花一些時間在個人項目上。

(6) ENFP 很少會有空閒時間，放鬆並不真正適合 ENFP。

(7) 可能會學會彈鋼琴或想法子來磨練創造力。所以可能會獲得一堆新技能。

**ENFP 適合職業：**諮詢師、企業家、政治家／外交家、作家等。

**優點：**

(1) 好奇心強－有新想法時，ENFP 對沉思不會選擇沉默，毫不猶豫地走出自己的舒適區，去嘗試 ENFP 的新想法。

(1) MIND、INFORMATION、DECISION、STRUCTURE 分數偏向右方，而 MIND 是極端外向型。

(2) 用 AI 大數據分析社群網站之客戶留言中，經過分詞及拆解後，很容易找到四個指標「都偏右」的潛在客戶。

(3) AI 程式請見本書附件。

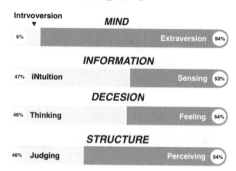

從社群的留言大數據，分析 ESFP 個性類型的消費者的關鍵字「字雲」如下：

(1) 留言及發文：用詞開放直接且深具誘惑，攻擊性字詞少，間接且具滲透力字眼多，主觀詞遠多於客觀詞；正負面用語交叉使用。而美感文詞及藝術字眼也使用非常頻繁。

(2) 問卷選擇用詞：意見直接而大膽，不受傳統約束，自由意識高，感性文字也遠多於理性文字。

(3) 文詞穩定性：對意見表達直接，不會修改文字，文詞具擴散性；情緒性字眼使用頻繁，理性文字少；嚴厲用詞少。

(4) 社交熱度：社交用語與性格相似，偶有過激發言，禮貌用語多，屬廣播擴散性質。頻繁回覆他人問題，深諳 SEO 及聲量的技術，刪文與發文頻繁，其他族群極為少見；社群經營積極，熱度高，主動分享訊息亦多；是最懂得社交媒體的族群。

# 8-11 ENFP（熱情催化傾向）：「競選者」個性類型

**特徵：**

(1) ENFP 崇尚自由精神，是極端外向型有群眾魅力。人數不多（5 ～ 6.5%）但影響力大。

(2) ENFP 擁有堅定不移的樂觀態度，並在充滿挑戰的時代堅持不懈。這種熱情促使您為工作做出自己的貢獻。

(3) 一旦開始做某事，不懈態度將確保完成任務。

(4) 樂觀態度加上創新精神，可以轉化為幫助別人的行動者。也許會啟動救濟基金或提供服務以換取捐款，來幫助別人。

(5) 在進行工作時，可能還會花一些時間在個人項目上。

(6) ENFP 很少會有空閒時間，放鬆並不真正適合 ENFP。

(7) 可能會學會彈鋼琴或想法子來磨練創造力。所以可能會獲得一堆新技能。

**ENFP 適合職業：**諮詢師、企業家、政治家 / 外交家、作家等。

**優點：**

(1) 好奇心強－有新想法時，ENFP 對沉思不會選擇沉默，毫不猶豫地走出自己的舒適區，去嘗試 ENFP 的新想法。

(2) 富想像力－思想開闊，勇於解決問題，將困難視為生活的一部分；特別在影響他人的議題上，極富想像力，是新議題的創造者，宣傳者及行動者。

(3) 觀察入微－ENFP 相信所有事情都有關聯性，每一次情緒轉變，每個舉動和每個想法都是某一大事情的一部分。基於好奇心，ENFP 會特別注意公共事務。

(4) 活力熱情－對新事務不會固執己見，投注熱情在新事物上，並積極與願意傾聽的人分享。這種具有「感染力的熱情」有雙重好處，那就是使 ENFP 有機會建立更多的社交關係，並再為 ENFP 提供新資訊，再融入 ENFP 現有的想法中。以此循環成為源源不絕的活力來源。

(5) 溝通能力－ENFP 有強大人際交往能力。ENFP 既喜歡閒聊，又喜歡進行深入而有意義的對話，這種一體兩面的溝通能力，是 ENFP 的獨特天份。ENFP 也擅長以自然沒有壓力的方式引導一群人的團體對話，並導引他們的主題到自己設定的題目，是個典型的帶領風向者。

(6) 享受生活－ENFP 簡單地享受樂趣和體驗生活的快樂，對周遭事物不斷進行探索或觀察，並在適當的時候爆發狂熱的野心，足以讓旁人驚訝不已。

(7) 受歡迎和友善－以上這些特質加上超乎常人的適應能力和自發性，形成了一個平易近人，有趣的人。

(8) 合作無私－與富有同情心的性格加在一起。ENFP 幾乎可以與所有人相處融洽，他們的朋友圈遍布四海。

## 弱點：

(1) 光說不練－在構思初步想法和啟動新項目時，ENFP 具有非凡才能。不幸的是，要在這些項目上持續推動，管理監控和後續維護方面的技能很差。如果沒有旁人願意捲起袖子幫助 ENFP，這些 ENFP 推動的工作，仍然只是想法而已。

(2) 目標渙散－ENFP 是人際關係經營者和哲學探索者，但是當需要做詳細計劃時，ENFP 常會因目標太多而不知如何下手。當計劃啟動並逐漸轉移到日常事務時，或需要投入管理能力時，ENFP 會表現得毫無興趣。

(3) 過度思考－ENFP 缺少對事物的評價能力，故常拘泥表層簡單的事物中，反覆思考，無法用刪去法將事物單純化，容易陷入「治絲益棼」的困境。雖然 ENFP 對事物有熱情，但要找出可行的方案時卻又因目標渙散而難以聚焦。

(4) 抗壓性弱－「過度思考」的特質還有一個不好的結果，是處在動盪環境中，使 ENFP 的情緒變成「非常敏感的焦慮」，是典型的「抗壓性」問題族群。另一方面，ENFP 他們之所以受歡迎，是因為 ENFP 不吝於給予他人指導和幫助，這又造成 ENFP 在「過度思考的壓力下不知所措」的原因。又更加強化了「抗壓性」不足的問題。

(5) 高度情緒化－儘管情感表達是可以健康自然的，即使 ENFP 將其「熱心服務」視為核心能力，但情感表達卻可能引起 ENFP 個性類型的另一問題：特別是在壓力，批評或衝突中，ENFP 會情緒爆發，使「熱心服務」的效果適得其反。簡單的說，情緒管理是 ENFP 的重要功課。

(6) 不受約束－ ENFP 厭惡規則及傳統束縛，他們高度獨立自主，甚至有超越法律的利他思想。對 ENFP 來說，挑戰來自於他們生活在一個「制衡的世界」中。

**ENFP 個性類型代表人物：**歐巴馬、艾倫、威爾史密斯等。

### 行銷策略：針對 ENFP「競選者」個性類型者

(1) 根據上述分析，ENFP 的個性特徵是富想像力、熱情溝通、不受約束、人際關係、情緒化、抗壓性差、目標渙散等。

(2) 因具有「無法聚焦」的特質，故在推銷產品時，不要對 ENFP 提供太多選項，因為他們需要別人的協助來聚焦在真正的需求上；最好的作法是像朋友般協助 ENFP 客戶作決定，但不要觸動 ENFP 反傳統約束的敏感神經，只強調產品新穎及特色即可。

(3) 因為「抗壓性差」的特質，對 ENFP 客戶，不要使用時間壓力或限時購買等手法，ENFP 客戶完全不吃這套。

(4) 因敏感及觀察力佳的特質，行銷活動要著重感性訴求，捨棄那些產品規格的科學數字吧；如果 ENFP 客戶對產品沒有興趣，不要死纏爛打的推銷，直接切換到另一個新穎的產品吧。

(5) 因極端外向的特質，ENFP 是社群版主或網紅的一群人，網路分眾的客製產品很容易打動這群消費者，巧妙的包裝產品的規格，讓產品看起來像是為某人特製的，就算非主流規格仍然可以打動 ENFP 個性類型的消費者。

(6) ENFP 是微商或經銷商的好人選，不但有擴散推廣的本事，在傳遞資訊上也有很好的效果，就算 ENFP 不買產品，仍可以熱情的轉發產品資訊或活動消息；但沒有人喜歡被利用的感覺，將 ENFP 視為夥伴，彼此代發訊息及廣告，可利用 ENFP 善於人際關係的特質，創造雙贏的機會。

(7) ENFP 族群不算是難纏的消費者，「友善利他」是 ENFP 看待世界的方式，所以多強調產品的利他因素，將環保、健康、多功能的概念注入廣告中，很容易打動 ENFP 族群；如果可以設計成分享包的型式，對 ENFP 族群可打中要害，因為 ENFP 很少為自己購買產品，不是轉送就是當做禮物，或是分享出去；是節慶商品的最大宗客戶。

(8) 對行銷或業務員而言，ENFP 只有一個小弱點，複雜的產品很難被 ENFP 接受，如果是金融商品或是難以使用的科技產品，很難向 ENFP 推廣，不如找 ENFP 的親人或助理推銷還比較務實。

(9) ENFP 是最主要的且要優先掌握的消費族群，不但 ENFP 本身有較高的消費慾望，且又有推廣的能力，加上利他助人的活力，只佔總人口的 5.5 ～ 6.5%，卻佔總消費的 13%，沒有理由不優先照顧。

## 利用 AI Marketing 的演算法來找出「ENFP 個性類型」的客戶：

依據四大心理面向（MIND、INFORMATION、DECISION、STRUCTURE）將收集到的文章進行人工智慧詞句比對演算，得到個性類型分數如下：

(1) MIND、DECISION、STRUCTURE 分數偏向右方。其中 MIND 為極端外向型。

(2) INFORMATION 分數偏向左方，是極端直覺型。

(3) AI 程式請見本書附件。

# ENFP

**MIND**

Introversion ▾

19%            Extraversion (81%)

**INFORMATION**

(76%) iNtuition          Sensing 24%

**DECISION**

33% Thinking          Feeling (67%)

**STRUCTURE**

28% Judging          Perceiving (72%)

從社群的留言大數據，分析 ENFP 個性類型的消費者的關鍵字「字雲」如下：

(1) 留言及發文：用詞和緩，幾乎沒有攻擊性字詞，直接表述多，具滲透力字眼少；正面用語頻率極高，美感文詞也使用頻繁。

(2) 問卷選擇用詞：意見直接，節制而平衡，是很有善意的族群，，感性文字也遠多於理性文字。

(3) 文詞穩定性：對意見表達中性，不會修改文字；情緒性字眼頻率低，理性訴求的文字較多。嚴厲用詞在 ENFP 的文章中極為少見。

(4) 社交熱度：社交用語與性格類型相似，少有過激發言，禮貌用語多。頻繁回覆他人問題；社群經營中性，不熱也不冷以功能性社群為主，主動分享訊息亦以工作或「目的性強烈」的訊息範圍為主。

# 8-12 ENTP（創新探索傾向）：「辨論家」個性類型

**特徵：**

(1) ENTP 是最外向的人格類型之一，厭惡一個人獨自生活。

(2) ENTP 通常會搶盡周圍人的光環，若周圍沒有人，則會感到無聊。

(3) ENTP 會尋找更多方法來度過每天的平凡事物；也許您將開始烤製自己的麵包，破解您一直想學習的麵食食譜，或者在抽屜中翻閱舊字母和小技巧。它有助於保持從一項任務轉移到下一項任務。

(4) 儘管喜歡一個人思考，但不喜歡獨居，喜歡讓人們進入自己的世界。

(5) 當睡著時，平日想法會滲入夢中；在夢中仍持續想出新點子。

(6) 精通每天發生的新事物，最新政策以及國家／地區的行動。您很好奇其他人為何也沒有得到新資訊。

(7) 會花時間與線上人員爭論，以使他們了解情況的嚴重性，是網路留言區的常客。

**ENTP 適合職業：**律師、心理學家、創業、顧問、業務、行銷等。

**優點：**

(1) 知識淵博－ENTP 不放棄學習新事物的機會，尤其是抽象概念。

(2) 思想敏捷－ENTP 頭腦靈活，能輕易從一個想法轉換到另一個想法，並利用他們的淵博知識證明自己的觀念或打擊對手的觀點。

(3) 原創能力－不依賴傳統，ENTP 可以拋棄現有的系統方法，從其知識庫中整理創新想法，並將新想法與原創結合在一起，再創造出更大膽的新想法。如果有傳統的系統性問題並控制了 ENTP，ENTP 會毫不掩飾地抗拒。

(4) 善於腦力激盪－ ENTP 長於從各個不同角度分析問題以找到最佳解決方案。再結合自己的知識和獨創性，擴展出脈絡清晰的知識；再經去蕪存菁後，成為商場上的贏家策略，這是 ENTP 不可替代的能力。

(5) 超凡魅力－ ENTP 個性類型的人會以一種言語和才智吸引他人的方式。他們的自信，敏銳的思維和新穎的表達方式，可將不同的想法的各方意見聯繫起來，創造出一種迷人又有趣的溝通方式。

(6) 精力充沛－結合這些特質，ENTP 的熱情和正面能量就會給人深刻的印象，讓與 ENTP 共事的人，無需花費大量的時間和精力尋找解決方案。

(7) 野心勃勃－ ENTP 大約只佔人口的 3%，但 ENTP 可以數量眾多的新穎想法，再由其他人格類型者做具體實踐和後續維護的後勤工作。

## 弱點：

(1) 極具爭議性－ ENTP 將辯論視為「想法的精神鍛煉」，沒有什麼是不可挑戰的。以共識為導向的其他人格類型，不易體會 ENTP 人格所具有的活力，ENTP 人會破壞一般人的信仰和方法論，也會製造另人不安的緊張氣氛。

(2) 麻木不仁－ ENTP 經常誤判別人的感受，使他們的「辯論傾向」遠遠超出別人的容忍度。ENTP 在這種辯論中沒有真正體認到情感觀點也是有用的，單純說理智論點極大地放大了問題。

(3) 不寬容－除非他人們能在一陣爭吵後支持 ENTP 的想法，否則 ENTP 仍會駁斥他人想法，是沒有寬容度的一群人。ENTP 大多不願將他人建議或可接受範圍的妥協納入考量。

(4) 難以集中注意力－靈活性使 ENTP 能夠提出計劃和想法，在過於頻繁地採用新計劃或想法後，在腸枯思竭之後也會很快失去興趣。對 ENTP 來說，很容易陷入無聊。

(5) 不喜歡實際問題－ ENTP 對可能發生的事情感興趣－對新事物具創新延展性。但是當進入執行層面的硬功夫和例行工作時，創意才華不再是必要的，反而讓 ENTP 失去興趣。

ENTP 個性類型代表人物：湯姆漢克斯、席琳迪翁、馬克吐溫等。

## 行銷策略：針對 ENTP「辨論家」個性類型者

(1) 根據上述分析，ENFP 的個性特徵是思想敏捷、超凡魅力、野心勃勃、具爭議性、不寬容、不切實際等。

(2) 如果可以把 ENTP 族群拉攏過來，當作經銷商或網路直銷商或隱形微商；ENTP 有為產品辨護的充沛精力，知識淵博辯才無礙，只要給 ENTP 足夠的知識，對產品行銷有加倍效果。不過 ENTP 適合單兵作戰，對產品只能做業務推廣，無法委以行銷重責。

(3) ENTP 是喜歡退貨和客訴的一群，精品專櫃的銷售人員都有一付好眼力，可一眼看穿 ENTP 的特質，其實 ENTP 也並不難辨識，只要三句話就可分辨。小心應付這種客戶，不用強迫 ENTP 購買商品；強迫方式其實也沒有什麼用處。

(4) ENTP 有他們自己的定論，自認知識淵博又喜歡辯論，屬於有主見的客戶，只要把產品規格及試用品準備好，就讓他們自己判斷自行決定即可。

(5) ENTP 是行銷或業務人員的惡夢，人數不多只有 3%，但卻是十足好事者，購買力不佳，卻意見很多；如果沒有太多時間就放棄 ENTP 族群吧，把時間放在更有效率的消費者族群身上。

## 利用 AI Marketing 的演算法來找出「ENFP 個性類型」的客戶：

依據四大心理面向（MIND、INFORMATION、DECISION、STRUCTURE）將收集到的文章進行人工智慧詞句比對演算，得到個性類型分數如下：

(1) MIND、STRUCTURE 分數極端偏向右方。其中思考結構是極端的感知。

(2) INFORMATION、DECISION 分數偏向左方，是 100% 的理性決策者。

(3) AI 程式請見本書附件。

從社群的留言大數據，分析 ENTP 個性類型的消費者的關鍵字「字雲」如下：

(1) 留言及發文：用詞直接且深具滲透力，攻擊性字詞頻率高，直接和間接表述交互使用，具滲透力字眼也多，主觀詞遠多於客觀詞；正負面用語也交叉使用。而美感文詞及藝術字眼也使用頻繁。

(2) 問卷選擇用詞：直接而大膽，不受傳統約束，自由意識高，感性文字也遠多於理性文字。

(3) 文詞穩定性：意見表達直接，少有修改文字；情緒性字眼使用非常頻繁，理性訴求的文字較少。嚴厲用詞在 ENTP 的文章中多見，在其他個性類型極為少見。

(4) 社交熱度：社交用語與性格相似，常有過激發言，禮貌用語少用。頻繁回覆他人問題，不迴避尖銳對話；社群經營積極，熱度頗高，主動分享訊息亦多。

# 8-13 ESTJ（效率主導傾向）:「總經理」個性類型

**特徵：**

(1) ESTJ 會為每一件事做好準備，深度信仰效率是所有努力的最終結果。

(2) 是不可思議的戰略家，也具有良好的遠見。

(3) 這種「個性類型者」聰明，警覺性高並且非常務實。

(4) ESTJ 在做出任何決定之前都需要仔細考慮。

(5) ESTJ 者知道如何保護自己和自己所愛的人的安全。

(6) 會為每件工作研究替代品，列出利弊，並尋求朋友的評論或建議。甚至每個準備工作需要一段時間才能做出最後決定。

(7) 準備工作對 ESTJ 來說很重要，所有最壞的情況都會先在腦海中模擬出來。

(8) 當 ESTJ 在關心自我良好狀態時，還會看到他人的需要。

**ESTJ 適合職業：** 軍官、企業管理層、法官、教師銷售代表等。

**優點：**

(1) 敬業專注－看到事情完成對 ESTJ 而言只是道德義務。任務並不會因為困難而被放棄；ESTJ 個性類型的人會在事情發生時積極接手，並專注投入。

(2) 意志堅強－堅強的意志轉化成奉獻主義是個無堅不摧的力量，所以 ESTJ 不會因為多數人反對而放棄信念。ESTJ 會堅持不懈地捍衛自己的理想和原則，除非有明確證據證明自己是錯的。

(3) 直接誠實－ ESTJ 信任事實，一切眼見為憑，不相信抽象的想法或觀點。只遵守簡單而可具體化的原則，相信誠實正直是解決問題最好的方法。

(4) 耐心可靠－ ESTJ 會努力證明真實性和強化可靠性，認為穩定性和安全性非常重要。當 ESTJ 說會做某事時，就會恪守承諾；ESTJ 常是家庭和公司中最有責任感的成員。

(5) 創造秩序－ ESTJ 認為混亂會使事情變得不可預測，而不可預測的事物就無法信任；所以 ESTJ 努力建立規則，結構和明確的角色，創建秩序和安全性。

(6) 組織能力－對真理和明確標準的承諾使 ESTJ 幹練而自信。具有這種個性類型的人較沒有道德問題；可以公平客觀地分配任務，從而使他們成為出色的管理員。另一方面，這種幹練而自信的特質，使 ESTJ 有組織團隊的不凡能力，

加上公平客觀及耐心可靠的心態，可以在新創公司或團隊中，將每個人放在最適當的位置。ESTJ 常是大老闆們倚重的重要幹部。

弱點：

(1) 僵化頑固－ ESTJ 常常過於關注問題，而忽略了可能有更好的的方法。在證實觀點是否有效之前，絕不押寶任何觀點；ESTJ 保留任何觀點的彈性，他們相信如此才有機會找到更好的解決之道。

(2) 在非常規情況下感到不舒服－ ESTJ 堅守傳統，相信過去的經驗，當被迫嘗試未經驗證的解決方案時，會感到不舒服和壓力很大。若新方法證明，過去的方法不夠好，反而擔心放棄以前有效的方法會帶來極大災難；是歷史可靠性最忠實的信徒。

(3) 判斷偏執－ ESTJ 對「對錯」的分野有強烈的信念。ESTJ 會強迫自己為每一件事創造秩序，而忽略了有許多其他的「正確方法」也可以完成事情。ESTJ 會毫不猶豫地糾正「越軌者」，並認為「越軌者」有責任把事情改正回來。

(4) 過於看重社會地位－ ESTJ 對自己受朋友，同事和社區的尊重感到自豪；儘管ESTJ 的社交能力有限，但他們仍會非常關注公眾事務。ESTJ（尤其是處於動蕩環境的 ESTJ）常會陷入無法滿足他人期望的自卑感中，以致於對自己的成就也常感到不滿意；其實一切都是出於太過於看重社會地位。

(5) 難以放鬆－為了保持自己的尊嚴，使 ESTJ 難以放鬆，即使在進行很好玩的家庭遊戲，也很容易看到 ESTJ 像傻瓜一樣的無法自處。

(6) 難以表達情感－這是 ESTJ 最大的弱點；ESTJ 大多難以表達情感和同情心。由於具有「執行者性格」，只專注於事實和找出最有效的方法，以至於忘記了讓他人感到高興。例如繞道彎路可能會帶給全家人歡樂，但 ESTJ 們可能只會看到遲到一個小時的後果，而過於苛責他人，親手毀掉一個美好的假日。

**ESTJ 個性類型代表人物**：小布希總統、伊凡卡川普、洛克菲勒等。

## 行銷策略：針對 ESTJ「探險家」個性類型者

(1) 根據上述分析，ESTJ 的個性特徵是專注、誠實、耐心、紀律、頑固、難以放鬆及表達情感等。

(2) ESTJ 是可靠性的客戶，佔人口比率也是最高（11 ～ 13.5%），只要按步就班的說明產品、試用產品，並且誠實以對就可以取得 ESTJ 客戶的信任，這種信任很容易轉化成忠誠度；是精品店業務人員都會鎖定的客戶群。

(3) ESTJ 是保守的族群，有點老套世故但注重規矩，不會找店家的麻煩；新舊產品都可推銷，且 ESTJ 言而有信，說會買就一定會買，不會放業務員鴿子；ESTJ 在社群留言也少有極端字眼，也不太會給負評，大多數時候是沉默的一群人。

(4) ESTJ 有「墨守成規」的特質，一旦建立忠誠度就會是長期愛用的客戶，除非產品停止銷售，ESTJ 會一直持續購買；行銷人員應持續寄送試用品給 ESTJ 客戶，讓他們時常想起產品。

(5) ESTJ 因有「看重社會地位」的個性特質，故傾向購買中高價位產品，除非實在沒有貨可賣，不要主動降低產品等級；就算是實用的產品也要有高級的包裝，ESTJ 非常注重產品外觀或包裝。

(6) ESTJ 的社交能力不佳，不易準確表達自己情感或意願，用暗示性的廣告毫無用處，用誠意直接的表達方式行銷即可。

(7) ESTJ 凡事追求中性客觀平穩，不太會使用最新產品，如果不能確定產品穩定通常很難掏錢購物。如果沒有預算，通常 ESTJ 不會出現在賣場，因為誠實的基因作祟，也不願浪費時間去打擾業務員。

(8) 不過 ESTJ 也有愛面子的特質，對高價產品負擔不起也不願意說「NO」，如果業務人員不瞭解箇中原因，花很多時間卻不能成交，很可能只是預算不夠的原因而已，換個稍低價且品質差不多的產品，再給 ESTJ 一個實用的理由，仍然可以打動 ESTJ 的心。

(9) ESTJ 有個不可侵犯的地雷，就是一旦認定產品的規格或樣式，便很難改變他們的想法，再加上安全法則的堅持，建議業務員就從善如流的讓 ESTJ 決定他們心目中的產品吧，不見得要強迫推銷新式的產品。

利用 AI Marketing 的演算法來找出「ESTJ 個性類型」的客戶：

依據四大心理面向（MIND、INFORMATION、DECISION、STRUCTURE）將收集到的
文章進行人工智慧詞句比對演算，得到個性類型分數如下：

(1) MIND、INFORMATION 分數偏向右方。

(2) DECISION、STRUCTURE 分數偏向左方。

(3) AI 程式請見本書附件。

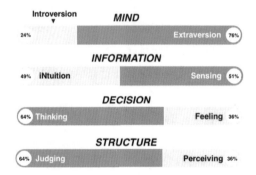

從社群的留言大數據，分析 ESTJ 個性類型的消費者的關鍵字「字雲」如下：

(1) 留言及發文：用詞開放直接，攻擊性字詞頻率不高，直接表述多，主觀詞遠多於客觀詞；正面用語多。而美感文詞及藝術字眼使用極少。

(2) 問卷選擇用詞：意見直接而大膽，感性文字也遠多於理性文字。

(3) 文詞穩定性：對意見表達直接，但常會修改文字，文詞無擴散性；情緒性字眼使用頻繁，理性訴求的文字較少。

(4) 社交熱度：社交用語與性格類似，偶有過激發言，禮貌用語使用少。頻繁回覆他人問題，不迴避尖銳對話；社群經營不積極，社交熱度不高；主動分享訊息亦多，不過訊息多與生活有關，常分享其他開放社群的訊息；有群體同溫層傾向，社群排他性也強。即非同類（如貧富差異，社經地位不同）會被拒絕加入同一社群。

# 8-14 ESFJ（信實建造傾向）：「事務官」個性類型

特徵：

(1) ESFJ 以自然的魅力而聞名，是成為 vlogger 和網紅的理想人格類型。

(2) ESFJ 可輕易轉移到遠程工作。

(3) ESFJ 習慣於規劃生活，並在工作與休閒之間建立明確的界限。

(4) ESFJ 不是工作過度，就是工作不足，兩者之間沒有任何平衡關係。

(5) 閒暇期間可能會想製作 Tiktok 或 Youtube 視頻。

(6) 與關懷態度結合，會幫助他人應對困難。

(7) 為自己做好面對任何突發事件，做好準備工作。當自己可以控制某些事情時，會感到輕鬆自在。

(8) 面對不可預測性的事物很容易陷入焦慮的困境。

ESFJ 適合職業：零售商、餐飲業主、房地產經紀人、顧問、口筆譯人員等。

優點：

(1) 較強實踐能力 - ESFJ 是日常任務維護的優秀管理者，樂於確保他人受到良好的照顧。

(2) 強烈的責任感－具有事務官個性的人具有強烈的責任感，並努力履行義務，儘管責任感更多是出於社會期望而不是內在動力。

(3) 忠誠度高－事務官非常重視穩定性和安全性，渴望保持現狀，使他們成為非常忠誠和可信賴的合作夥伴和員工。事務官通常是所屬群體的支柱，無論是他們的家庭還是社區俱樂部，始終可以依靠具有這種個性類型的人。

(4) 敏感而熱情－事務官的人格有助於保持穩定，「尋求和睦」與他人相處並深切關心他人的感受，事務官也會時時注意不冒犯或傷害任何人。事務官是強有力的團隊成員，「雙贏」是事務官性格非常堅持的原則。

(5) 善與他人建立聯繫－上述這些特質融合在一起，使事務官變得善於社交，讓人舒適且受到人們的喜愛。事務官性格本身也非常需要「歸屬感」，最常使用的社交方式是與他人閒聊並隨著社交線索，來幫助他們發揮積極的正面作用。

**弱點：**

(1) 社會地位的焦慮－這些優勢與事務官的弱點有關：事務官對社會地位和影響力比常人在意，這種想法會影響他們做決定，也可能會限制他們的創造力和開放性。

(2) 僵化－事務官性格者非常重視社會價值及社會規範，並且非常謹慎，甚至批評非常規或非主流事物。具有這種性格類型的人也可能會過分推崇自己的信仰，成為非主流價值的破壞者。

(3) 不願創新或即興創作－正如他們可能批評別人的"非主流"行為一樣，事務官性格者們也可能不願意走出自己的舒適區，通常是因為害怕與眾不同。

(4) 容易受到批評－改變這些趨勢尤其困難，儘管事務官性格者極力避免衝突。如果與他們關係密切的人批評他們的習慣，信仰或傳統，事務官性格者會變得非常防禦和傷害感。

(5) 經常需要幫助－事務官性格者需要很多讚賞。如果他們的努力不為人所知，可能會開始垂頭喪氣；所以 ESFJ 需要有人不斷強化他們的價值。

(6) 過度無私－ ESFJ 有時會試圖經由「點滴關注」來確立自己的價值，最終使 ESFJ 不太受歡迎。因「過度無私」的個性類型，使 ESFJ 在工作過程中經常忽略自己的需求。

ESFJ 個性類型代表人物：美國新生代歌手 Ariana Grande、教宗方濟各、英國威廉王子等。

## 行銷策略：針對 ESFJ「事務官」個性類型者

(1) 根據上述分析，ESFJ 的個性特徵是無私、執行力、忠誠、熱情、僵化、易受傷、不夠創新等。

(2) ESFJ 像我們身邊廣大默默無聞的小老百姓一樣，只知勤奮工作，像個工具人，天天滿足家人的需要，卻很少滿足自己的需要；是這個社會持續前進的原動力，付出和享受不成比例，當然也是經濟財富的創造者，不但滿足自己基本生活需要，又要提供家人或員工經濟上的需要。也是佔人口比例很高的族群（10-14%），是行銷人員的主要對象，也是很容易掌握的對象；只要滿足 ESFJ 基本要求，就有一定的業績。

(3) 對 ESFJ 進行行銷活動，只要以實用及需求為主要訴求即可，不需要過度包裝產品，也不用寄送試用品，不要浮誇的廣告詞，簡單而直接的告知產品效用即可。

(4) ESFJ 因安全感不足，其實是最沒有忠誠度的一群，雖然對工作有忠誠度，但對品牌或產品沒有忠誠度；只要其他同類商品便宜一元，就會轉頭去購買，毫無忠誠度可言。不必用「再行銷」或「特殊廣告」來建立 ESFJ 的忠誠度，只要提醒 ESFJ 何時週年慶或跳樓大拍賣即可；ESFJ 是實用商品的購買大軍，也是折扣券的忠實收集者。

(5) 由於「強烈的責任感性格」，要抓住 ESFJ 的心也很容易，只要到了清倉的時間，記得通知 ESFJ 即可；ESFJ 以滿足家人基本需要為榮，是大宗商品的基本客戶。行銷人員只要將商品區隔成實用、進階、奢侈三類，在節慶前或出清前通知 ESFJ 即可，他們會在開門前在門口大排長龍。

(6) 不過 ESFJ 族群有個可怕的地雷，即「社會地位的焦慮」；行銷人員儘管知道「便宜是王道」，但仍要為 ESFJ 保留面子，ESFJ 有非常嚴重的自卑感，儘管自卑感是無中生有且毫無道理，但仍像個幼童一樣的玻璃心，稍有歧視就會催毀 ESFJ 的購買慾。請記得，在特價期間買到的都是「放在倉庫中而非立即需要」的商品，要做好促銷動線控管，排隊和暴動只有一線之隔。

(7) ESFJ 有嚴重的「社群躁鬱症」，他們需要呼朋引伴壯大聲勢，一方面避免資訊斷線，一方面需要同溫層取暖，微小而持續的「歸屬感」對 ESFJ 很重要；行銷人員應該主動加入這些社群，近年發展迅速的微商及網路經銷商就是針對 ESFJ 客戶，主動出擊比打廣告亂槍打鳥有效。

(8) ESFJ 是顧客，不是消費者；除了價格策略以外，最重要的是強調產品效用；也要善用利他主義，強調產品幸福感，除了需要層次外，加上滿足層次將會深深打動 ESFJ 族群。

(9) 利用 ESFJ 者的「利他主義」，可使用介紹朋友的行銷策略，如第二杯半價、或憑「親友證」打八折等利他行銷的技巧；這些老掉牙的行銷方式，對 ESFJ 永遠有效，因為對 ESFJ 而言，親人比自己更重要。幫助 ESFJ 們堅持信念「可以對自己刻薄，也不可虧待家人」。

(10) 不要忘了 ESFJ 的玻璃心，且 ESFJ 的玻璃心非常易碎，劣質品會引來 ESFJ 排山例海的反撲；如果大排長龍買到的是劣質品，將是無法收捨的大災難。加上 ESFJ 加入眾多社群的特性，「好事不出門，壞事傳千里」，一旦惹惱 ESFJ 客戶，幾乎可以準備退出市場了。

(11) ESFJ 客戶是最大的族群，是中低價商品的基本客戶；行銷人員要忍受這個最大族群不追求新品的特質，仍要把舊產品好好包裝一番再放在貨架上銷售。不用花太多廣告費就可以吸引 ESFJ 族群大肆購買。

## 利用 AI Marketing 的演算法來找出「ESFJ 個性類型」的客戶：

依據四大心理面向（MIND、INFORMATION、DECISION、STRUCTURE）將收集到的文章進行人工智慧詞句比對演算，得到個性類型分數如下：

(1) MIND、INFORMATION、DECISION 分數偏向右方。

(2) STRUCTURE 分數偏向左方。

(3) AI 程式請見本書附件。

從社群的留言大數據，分析 ESFJ 個性類型的消費者的關鍵字「字雲」如下：

(1) 留言及發文：用詞開放直接，攻擊性字詞頻率頗高，具滲透力字眼很少，主觀詞遠多於客觀詞；正負面用語也交叉使用。不使用美感文詞及藝術性字眼。

(2) 問卷選擇用詞：意見直接而大膽，不受傳統約束，自由意識高，感性文字也遠多於理性文字。

(3) 文詞穩定性：對意見表達直接，不會修改文字，文詞具擴散性；情緒性字眼使用頻繁，理性訴求的文字較少。嚴厲用詞在 ISFP 的文章中卻頗為多見，在其他個性類型極為少見。

(4) 社交熱度：社交用語與性格迥異，偶有過激發言，禮貌用語少用，屬廣播性質。頻繁回覆他人問題，但迴避尖銳對話；社群經營積極，熱度頗高，主動分享訊息亦多。

# 8-15 ENFJ（積極動員傾向）：「教育家」個性類型

**特徵：**

(1) ENFJ 無私、勇敢、執著、具有童話故事書中「英雄」的特質，盡力幫助他人。其社交媒體供稿中也可能充滿上述關鍵的詞語和資料。

(2) ENFJ 會嚴格保護自己所愛的人。

(3) 為最富有同情心的一種人格類型，可能會感到孤獨或焦慮。

(4) ENFJ 會毫不猶豫地與他人保持聯繫，以使親友們感到安全。

(5) 這種個性類型的唯一弱點是，需要付出很多感情。而情感會因時間及空間隔離帶來巨大損失。

**ENFJ 適合職業：** 社會工作者、參謀、教師、活動協調人、政治家等。

**優點：**

(1) 寬容－ ENFJ 是真正的團隊合作的靈魂人物，他們會傾聽他人的意見，即使處在多方意見矛盾的情境中，仍能建設性的推動團隊合作；ENFJ 有寬容的特質可以接受不同意見，並傾向維持各方力量的平衡。

(2) 可靠－ ENFJ 最不喜歡的事就是「讓人失望」；ENFJ 總是可以依靠大家的信任來解決問題。

(3) 超凡魅力－魅力是 ENFJ 們的主要特質。他們具有吸引目光的本能，能以理性、情感、熱情、克制來與各方進行交流，進而能輕易掌握團體的情緒和他人內心真正的動機。ENFJ 也是有才華的模仿者，與表演者不同的模仿力，是能隨機應變的改變語氣和表達方式，可立即反映他人的需求，同時仍保持自己發言的聲量。「超凡魅力」和「利他主義」加乘後，讓 ENFJ 很容易成為大

家推崇的對象，ENFJ 最常見的職位是校友會會長，基金會執行長等，這些都是非營利性質的工作，因為 ENFJ 天生就不是個推銷員。但將這些非營利的工作發揮的淋漓盡致是毫無問題的。

(4) 利他主義－團結他人的利益，是 ENFJ 堅持的願望；無論是在家中還是在全球的舞台上，都像是在做善事。ENFJ 也有「熱情無私」的特質，他們真誠地相信，只要他們能夠將人們團結在一起，他們就能創造一個美好的世界。

(5) 天生的領導者－ ENFJ 因魅力之故很容易建立權威，ENFJ 們通常會在其他人的要求下成為領導者，同時獲得仰慕者的信任和鼓舞。但 ENFJ 們本身並不喜歡成為領導者，而是在期望下成為領導者，因為魅力已經形成，是在眾望所歸下成為領導者，ENFJ 的領導力問題在成為領導者後才會出現。

## 弱點：

(1) 過度理想主義－ ENFJ 人格類型者在受到誤解，常會措手不及；尤其在鬥爭環境中，周圍的人蔑視 ENFJ 所採用的原則，無論 ENFJ 是多麼善意，雖然 ENFJ 最終可以贏得「天真理想」的好名聲，但在情感上，已經重重傷害了 ENFJ 的無私付出。

(2) 太無私－ ENFJ 會把自己埋在希望的諾言中，把別人的問題當成自己的事情，並努力去履行自己的諾言。一不小心，ENFJ 可能會變得脆弱無法招架，最終仍無法幫助任何人。

(3) 過於敏感－儘管 ENFJ 能接受批評，但也認為「接受批評是領導一支好團隊的必備工具」；但對許多複雜的事物來說，這套本領仍不足以解決爭端。若短時間無法解決爭端，ENFJ 會敏感的察覺問題無法妥善解決而退縮，終至一事無成。

(4) 不斷變化的自尊心－ ENFJ 經由是否實現自己的理想來定義自尊心，總是想知道自己可以做得更好。如果一旦不能實現目標或無法幫助組織成功，ENFJ 的自信心也將所剩無幾。自尊心如果加上敏感，二者同時發作就會是個嚴重的弱點，這是 ENFJ 無法成為企業家或完成大事的大障礙，明明「利他、寬容、魅力」是大企業家或做大事者的主要特質，為何 ENFJ 少有企業家或名人呢？主要原因就是「不斷因環境而變化的自尊心」。有時 ENFJ 要稍微捨棄一點「自尊心」，在重要客戶或老闆面前裝傻一下，等到達成目標後，再來想想要不要回頭來處理那位把你的自尊心踩在腳下的那位客戶或老闆吧。

(5) 難以做出艱難的決定－如果 ENFJ 陷入困境中，常因強烈自尊而陷入癱瘓，特別是 ENFJ 身為政治人物或知名人仕時，若面對的是人道主義及利益衝突時，ENFJ 幾乎完全無法作出任何決定。

ENFJ 個性類型代表人物：歐普拉、金恩博士、南非民主之父曼德拉等。

## 行銷策略：針對 ENFJ「教育者」個性類型者

(1) 根據上述分析，ENFJ 的個性特徵是寬容、利他、領導力、理想主義、猶豫不決等。

(2) ENFJ 具有利他及理想主義的特質，是屬於衝動型的消費者；憑第一印象就足以決定花大錢購買商品，只是為他人準備生日禮物。氣氛鋪陳是對 ENFJ 們最有效行銷的利器，而週年慶及過年禮物是 ENFJ 花大錢的時機；根據美國大型連鎖百貨公司的感恩節的銷售統計，ENFJ 是最具購買力的族群，ENFJ 佔人口約 10%，卻佔消費金額的 22%，說明 ENFJ 深受節慶氛圍影響。

(3) ENFJ 是不為自己著想的一群人，有經驗的售貨人員都有一致的看法，認為 ENFJ 都在為別人買東西，所以 ENFJ 是顧客而不是消費者；也就是說 ENFJ 是付錢的人，並不是使用商品的人；故銷售人員必須用對待「顧客」的方式來服務 ENFJ 族群。讓 ENFJ 覺得金錢是用對了，所以「附贈下回購物的現金券」是個好方法，現金券可以滿足利他的心態，也能多少對自己好一點，下次可以少花點錢。如果產品不是自己要用的，甚至是自己不熟悉的人（老師、長官、孤兒院中的小朋友等），ENFJ 只會在意是否可以少花點錢，這時現金券就是無敵的行銷工具了。

(4) ENFJ 有領導人的特質，但並不是那種大老闆的領導心態，而是期望影響他人的心態，是會花心思教育新人的主管；在敏感的特質加持下，對需要幫忙

的人會無條件幫忙，對沒有效用的華麗衣服或多餘的聖誕大餐等商品沒有興趣，如果在奢侈商品中附贈慈善小捐款（吃一套聖誕套餐代為捐款給孤兒院 10 元）會很吸引 ENFJ 族群。

(5) 自尊心是每個人相當隱密的心理特質，有些人有「強烈自尊心」卻表現出一付「寬容不計較」的好人形象；ENFJ 不會允許任何人侵犯自尊心，對不小心傷害自尊心的業務員幾乎「有仇必報」；有些銷售人員會習慣性的「以貌取人」，而主動為「穿著普通」的 ENFJ 族群挑選或建議低價位的商品，這種作法大大傷害 ENFJ 的自尊心，這是很大的地雷。但「自尊心」特質，對行銷人員也有可利用的地方，上述「代為捐款」就是「啟動自尊心」的方式之一，讓 ENFJ 們「利他主義」心理傾向得到滿足，何不讓 ENFJ 客戶帶著滿足且得意的微笑離開你的店舖呢。

(6) 如果 ENFJ 是為自己挑選商品就和前面敘述的狀況完全不一樣了，因為 ENFJ 是個「理想主義」者，也不吝情表現出挑剔的態度，這時推銷人員就要意會出 ENFJ 是在為自己買東西，拿出耐心很可能要與 ENFJ 客人耗一個下午了。建議這個時候準備一本型錄讓 ENFJ 客戶先看看要那一類商品，再花時間進行介紹。

(7) 別忘了，ENFJ 族群是比例最高的一群人，各行各業都有；如果推銷人員發揮觀察力，外向的人很容易觀察出特質，ENFJ 有種吸引人的和善魅力，帶點豪氣和慈善的氣質；根據 AI 分析（成交價和訂價），ENFJ 族群不太殺價，如果價格不合意，只會走人而不會失面子的討價還價。

## 利用 AI Marketing 的演算法來找出「ENFJ 個性類型」的客戶：

依據四大心理面向（MIND、INFORMATION、DECISION、STRUCTURE）將收集到的文章進行人工智慧詞句比對演算，得到個性類型分數如下：

(1) MIND、DECISION 分數偏向右方。

(2) INFORMATION、STRUCTURE 分數偏向左方。

(3) AI 程式請見本書附件。

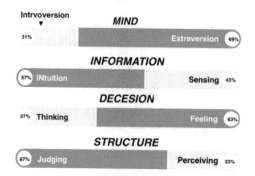

從社群的留言大數據，分析 ENFJ 個性類型的消費者的關鍵字「字雲」如下：

(1) 留言及發文：用詞直接且深具滲透力，攻擊性字詞頻率低，直接表述多，具滲透力字眼也多，主觀詞遠多於客觀詞；正負面用語也交叉使用。而美感文詞及藝術字眼也使用頻繁。

(2) 問卷選擇用詞：意見節制而善意，自由意識與傳統意識均有，感性文字也遠多於理性文字。

(3) 文詞穩定性：對意見表達直接，常修改文字，文詞具擴散性及上對下的宣示性；情緒性字眼使用極少，理性訴求的文字多。

(4) 社交熱度：社交用語與性格迥異，偶有過激發言，禮貌用語少用，屬廣播性質。頻繁回覆他人問題，但迴避尖銳對話；社群經營積極，熱度頗高，主動分享訊息亦多。

# 8-16 ENTJ（策略引導傾向）：「指揮官」個性類型

**特徵：**

(1) ENTJ 是訓練有素的計劃者，厭惡未知及難以預測的變化。

(2) 會一直尋找新的方法來控制工作或生活，以符合事前的規劃。

(3) 每天您都會有一份待辦清單。也許不全寫在紙上，但所有事物都在腦海中。

(4) ENTJ 也喜歡新的挑戰。

(5) 有確定的目標，也會激發早上神采奕奕的起床。

(6) 也會花時間重新評估自己的工作或生活，並為自己設定新的目標。

**ENTJ 適合職業：**政治家、法官、社團負責人、CEO、行銷經理等。

**優點：**

(1) 重視效率－指揮官性格者不僅認為效率低下本身就是一個問題，還認為會浪費時間和精力來拖延未來所有目標，這是由非理性和懶惰構成的結構性破壞力。具有指揮官性格類型的人無論走到哪裡都將根除「無效率行為」。

(2) 精力充沛－指揮官經常感到精力充沛，而且是真正享受帶領團隊執行計劃和目標時的過程和結果。

(3) 充分自信－指揮官者很少自我懷疑，他們信任自己的能力，表達自己的見解，並相信自己作為領導者的能力。

(4) 意志堅定－艱難時他們也不放棄－指揮官個性只知努力實現自己的目標，但實際上，對他們來說，在經歷「挑戰終點線的每個障礙」的挑戰後，卻很少滿意結果。

(5) 戰略思想家－指揮官有「即時危機管理」的天份，清楚認知未來有更大挑戰；但也會同時按步就班的執行眼前的步驟；他們以「檢查問題的各個方

面」而聞名，不僅會解決眼前暫時的問題，而且同時將整個團隊向前推進。

(6) 具有超凡魅力和鼓舞人心－這些特質結合起來，就是「激勵人心」的超凡特質。

**弱點：**

(1) 固執且強烈支配慾－常因超凡的信心和意志力讓別人跟不上自己的腳步；但指揮官們也有能力為自己的節奏辯論，造成團隊很大的困擾；ENTJ 只在乎自己的遠見能不能一如期實現。

(2) 不寬容－有指揮官個性的人不支持任何會干擾其主要目標的想法，甚至不關心情感層面的想法。糟糕的是，指揮官們會毫不猶豫地向周圍的人表明這個觀點。

(3) 不耐煩－快速思考的指揮官無法容忍延遲；他們經常誤解旁人的深思熟慮，認為那些只是愚蠢的脫延理由，這是領導者最容易犯下的可怕錯誤。

(4) 傲慢自大－指揮官個性有敏捷的思想和堅定的信念，相信自身的能力，並鄙視那些跟不上的人。這種傲慢對大多數其他性格類型的人來說，是個大挑戰，其他人可能並不膽怯，但在霸道的指揮官看來卻是膽小如鼠。

(5) 情感處理不佳－理性主義至上的偏執，使指揮官們無法準確表達自己的情感；有時甚至以嘲笑面對協助他的人。這種性格的人經常踐踏他人的感受，無意中傷害了他們的伴侶和朋友，尤其是在情緒激動的情況下。

(6) 冷漠無情－他們對效率的執著以及對理性主義的堅定信念，尤其是在自己的專業領域上；「冷漠無情」使指揮官們在追求目標時，忽視個人的差異，缺乏敏感度和偏見，產生更嚴重的「不理性」和「冷漠無情」，終致成為失敗者。

**ENTJ 個性類型代表人物：**前 GE CEO Jack Welch、英國女歌手艾戴兒、美國眾議會議長裴洛西等。

## 行銷策略：針對 ENTJ「指揮官」個性類型者

(1) 根據上述分析，ENTJ 的個性特徵是重效率、自信、魅力、傲慢無情等。

(2) ENTJ 是個別行銷的精準對象，因 ENTJ 明確的特徵，很容易從人群中分離出來；最有效的方法是投其所好，根本不要想去動搖 ENTJ 的想法，滿足 ENTJ 的自尊心和予取予求的支配慾即可。通常 ENTJ 是高價商品的客戶，並不是因為 ENTJ 有品味，只是沒有什麼中低價商品業務員有多餘精力去服務 ENTJ 們，而 ENTJ 們也常因為沒有什麼選擇空間而粗糙決定購買這些在 ENTJ 眼中無效率的商品。

(3) 由於不寬容和情感處理不佳的特質，ENTJ 是很容易被得罪的一群人；一不小心就會踩到 ENTJ 的痛處，加上 ENTJ 們不怕衝突的個性，在商場上只能交給有經驗的客服人員用耐心處理 ENTJ 的情緒。除了提供詳盡產品資訊讓 ENTJ 自由挑選，只能在一旁等待 ENTJ 作決定，好消息是，業務員根本不用多做什麼，也無法多做什麼。

(4) ENTJ 們因「傲慢自大」的特質，除了銷售高價商品給他們，讓 ENTJ 有尊貴感以外，能用的銷售技巧很少。有經驗的業務員，會試著做 ENTJ 的朋友，從朋友的角度介紹商品會有很好的效果，不過這招只適用於有巨大採購能力的 ENTJ；如果是個沒有購買力的 ENTJ，那就敬而遠之吧。

(5) 無疑 ENTJ 是最難行銷的對象，由於 ENTJ 是極少數人，只佔總人口的 3%，女性甚至只有 1%；如何對那麼少數的消費族群進行廣泛的行銷活動呢？答案是沒必要。如此固執自大的客戶，交給主管們去應付，減少衝突比銷售產品重要。以「現代效率行銷」的角度觀之，除非 ENTJ 們擁有極大的採購能力，否則沒有必要花太多時間在典型的 ENTJ 個性的人身上。

## 利用 AI Marketing 的演算法來找出「ENTJ 個性類型」的客戶：

依據四大心理面向（MIND、INFORMATION、DECISION、STRUCTURE）將收集到的文章進行人工智慧詞句比對演算，得到個性類型分數如下：

(1) MIND 分數偏向右方，是極端的外向性格。

(2) INFORMATION、DECISION、STRUCTURE 分數偏向左方。

(3) AI 程式請見本書附件。

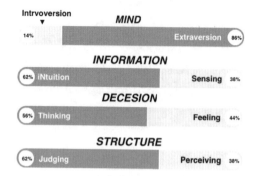

從社群的留言大數據，分析 ENTJ 個性類型的消費者的關鍵字「字雲」如下：

(1) 留言及發文：用詞開放直接且深具攻擊性字詞頻率高，直接表述多，主觀詞
    遠多於客觀詞；正負面用語也交叉使用，不過負面用語比率高。而美感文詞
    及藝術字眼使用頻率低。

(2) 問卷選擇用詞：意見直接而大膽，不受傳統約束，自由意識高，感性文字也
    遠多於理性文字。

(3) 文詞穩定性：對意見表達直接，不會修改文字；情緒性字眼使用頻繁，理性
    訴求的文字較少。嚴厲用詞在 ISFP 的文章中卻頗為多見。

(4) 社交熱度：社交用語與性格一致，常有過激發言，禮貌用語很少用，很少回覆他人問題，但會忽視尖銳對話；社群經營不積極，主動分享訊息亦少。

# 8-17 「傾向分析」AI 實例：用機器學習判斷個性類型

（完整程式如本書附件 Tendency_Analysis.ipynb）

以 MBTI 2020 年的社群平台大數據資料庫為依據，做個性類型的演算基礎，行銷人員只要將客戶在社群或留言板上的發言，放入程式中進行運算即可為該客戶完成個性類型的分類。

「MBTI 2020 年的社群平台大數據資料庫」是從全球 141 個國家的 YouTube、Facebook、WeChat、IG、Twitter 等百大社群平台收集 9000 個文章，MBITh 資料庫內容描述如下。

| Demographic | Target % | Actual % | Demographic | Target % | Actual % |
|---|---|---|---|---|---|
| **Age group** | | | **Employment status** | | |
| 18–24 years | 13 | 13 | Working full-time or part-time (men) | 33 | 31 |
| 25–34 years | 18 | 17 | Working full-time or part-time (women) | 33 | 35 |
| 35–44 years | 18 | 20 | Not working for income | 5 | 6 |
| 45–54 years | 19 | 20 | Retired | 10 | 15 |
| 55–64 years | 15 | 16 | Enrolled as full-time student (men) | 5 | 3 |
| 65+ years | 17 | 13 | Enrolled as full-time student (women) | 5 | 5 |
| Mean age: 44 years | – | – | None of the above | 5 | 5 |
| **Gender** | | | **General line of work** | | |
| Female | 50 | 53 | Sales and related occupations | 11 | 9 |
| Male | 50 | 47 | Office and administrative support | 18 | 8 |
| **Ethnicity** | | | Education, training, and library occupations | 7 | 6 |
| White | 80 | 67 | Food preparation and food service | 9 | 5 |
| Hispanic/latino | 15 | 13 | Business and financial operations | 5 | 5 |
| Black | 13 | 12 | Healthcare practitioner and technical occupations | 6 | 4 |
| Asian | 5 | 2 | Production occupations | 8 | 4 |
| American Indian / Alaskan native | 1 | <1 | Transportation and materials moving | 7 | 3 |
| Native Hawaiian | <1 | <1 | Computer and mathematical occupations | 3 | 3 |
| Multiethnic | 2 | 4 | Construction and extraction occupations | 5 | 3 |
| Other | – | 1 | Personal care and personal service | 3 | 2 |
| No response | – | 3 | Healthcare support occupations | 3 | 2 |
| **Education level** | | | Installation, maintenance, and repair occupations | 4 | 2 |
| Some high school | 14 | 3 | Architecture and engineering | 2 | 2 |
| High school diploma | 31 | 26 | Protective services | 2 | 2 |
| Some college (no degree) | 20 | 24 | Community and social services | 1 | 1 |
| Associate degree, occupational (trade, technical training) | 4 | 4 | Building and grounds cleaning and maintenance | 3 | 1 |
| Associate degree, academic | 4 | 8 | Arts, design, entertainment, sports, and media | 1 | 1 |
| Bachelor's degree | 18 | 24 | Life, physical, and social sciences | 1 | 1 |
| Master's degree | 7 | 9 | Legal | <1 | <1 |
| Professional degree (e.g., DDS, JD, MD) | 1 | 2 | Military-specific occupations | 2 | <1 |
| Doctorate (e.g., PhD, EdD) | 1 | 1 | Farming, fishing, and forestry | <1 | <1 |
| No response | – | <1 | No response | – | 34 |

375-Tendency Analysis

經過複雜 AI 資料純化過程（刪除贅字、符號及翻譯成統一的英文文字、去除網域符號、小寫化、去除名稱、去除貨幣符號等）後完成的資料庫。經由心理學分析後，將每個人的個性類型進行逐筆分類後完成。

將資料庫內容進行 AI 分詞：

由於每一筆資料就是一個冗長的文章，根據文章的分詞進行 NLP（自然語言處理）的語意分析，分類出該文章作者的「個性類型」如 INFJ、ENTJ 等。資料庫中的各個性類型的分佈如下：

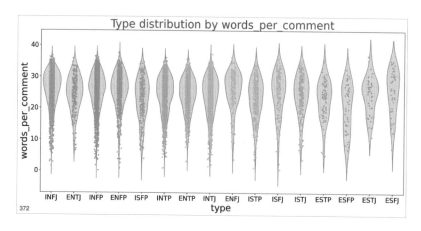

INFJ、ENFP 等個性類型文章「分詞」數較多，根據 9000 人文章的分詞進行統計：

分詞標記化後，每個文章都已針對 MBTI 的四個心理面向（心態、資訊、決策、結構）進行分類。部分資料如下：

| posts | words_per_comment | variance_of_word_counts | seperated_post | num_post | youtube | id | clean_post | mind | information | decision | structure |
|---|---|---|---|---|---|---|---|---|---|---|---|
| 'It is very annoying to be misinterpreted. Esp... | 22.02 | 167.4800 | ['It is very annoying to be misinterpreted. Es... | 50 | 11 | 0 | it is very annoying to be misinterpreted espec... | 0 | 0 | 0 | 1 |
| 'Now I'm interested. But too lazy to go resear... | 23.84 | 157.7476 | ['Now I'm interested. But too lazy to go resea... | 50 | 0 | 1 | now im interested but too lazy to go research ... | 1 | 0 | 1 | 1 |
| '45016 urh sorry uh. couldn't resist.||all of... | 13.04 | 143.6875 | ['45016 urh sorry uh. couldn't resist., all of... | 28 | 1 | 2 | urh sorry uh couldnt resist all of you enfjs ... | 0 | 0 | 0 | 0 |
| 'Still going strong at just over the two year ... | 21.72 | 198.7300 | ['Still going strong at just over the two year... | 50 | 2 | 3 | still going strong at just over the two year m... | 1 | 0 | 1 | 1 |
| 'Personally, I was thinking this would be more... | 21.94 | 186.9136 | ['Personally, I was thinking this would be mor... | 50 | 2 | 4 | personally i was thinking this would be more o... | 0 | 0 | 0 | 0 |

## (1) 川普 2020.12.02 演講實例：

將川普 2020.12.02 演講稿，放入本書的附件的程式中（Tendency_Analysis.ipynb）進行人工智慧的個性類型（Tendency Analysis）分析：

川普在這篇演說長達 46 分鐘，文章內容以正式修辭及情緒字眼多為外交辭令，是幕僚的文字工作產品，並不能充分表達出川普的個性類型。

```
1  test_string=''
2  with open('MBTI/Trump20201203Speech.txt', 'r') as fileinput:
3      for line in fileinput:
4          line = line.lower()
5          test_string=test_string+line
6          #print(line)
7  print(test_string)
```

thank you. this may be the most important speech i've ever made. i want to provide an update on our ongoing efforts to expose the tremendous voter fraud and irregularities which took place during the ridiculously long november 3rd elections. we used to have what was called, election day. now we have election days, weeks, and months, and lots of bad things happened during this ridiculous period of time, especially when you have to prove almost nothing to exercise our greatest privilege, the right to vote. as president, i have no higher duty than to defend the laws and the constitution of the united states. that is why i am determined to protect our election system, which is now under coordinated assault and siege.

for months, leading up to the presidential election, we were warned that we should not declare a premature victory. we were told repeatedly that it would take weeks if not, months, to determine the winner, to count the absentee ballots and to verify the results. my opponent was told to stay away from the election, don't campaign. "we don't need you. we've got it. this election is done." in fact, they were acting like they already knew what the outcome was going to be. they had it covered and perhaps they did, very sadly for our country. it was all very, very strange. within days after the election, we witnessed an orchestrated effort to anoint the winner even while many key states were still being counted.

the constitutional process must be allowed to continue. we're going to defend the honesty of the vote by ensuring that every legal ballot is counted and that no illegal ballot is counted. this is not just about honoring the votes of 74 million americans who voted for me, it's about ensuring that americans can have faith in this election and in all future elections.

川普的演講稿中，字頻以「詞雲」（wordcloud）呈現如下：

trump (2020.12.02) Speech:Most common words

進行人工智慧的個性類型（Tendency Analysis）分析後，結果如下：

```
1  final_test = tfizer.transform(vectorizer.transform([test_string])).toarray()
2  test_point = pd.DataFrame.from_dict({w: final_test[:, i] for i, w in enumerate(all_words)})
3  mind_classifier.predict_proba(test_point) #[I, E]
```
array([[0.8536196, 0.1463804]], dtype=float32)

```
1  information_classifier.predict_proba(test_point) #[N,S]
```
array([[0.8484547 , 0.15154526]], dtype=float32)

```
1  decision_classifier.predict_proba(test_point) #[F,T]
```
array([[0.44057918, 0.5594208 ]], dtype=float32)

```
1  str_classifier.predict_proba(test_point) #[P,J]
```
array([[0.5733417, 0.4266583]], dtype=float32)

川普的個性類型分數如下：

① MIND、INFORMATION、DECISION 分數偏向左方，是極端的內向性格。

② STRUCTURE 分數偏向右方。

③ AI 程式請見本書附件。

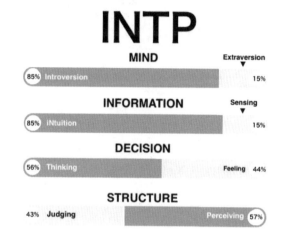

川普 2020.12.02 演講實例，分析結論：

- 在個性類型的四個面向中在「MIND」「INFORMATION」二個面向中是極端偏左，是明顯的內向感性文章。例如 disputed、miraculously、horror 等詞出現頻繁，使這篇文章呈現內斂且直覺的風貌，也是定義川普個性類型的關鍵。

- 而決策性（DECISION）的字眼亦以感性訴求為主。例如 tremendous victory、catastrophe、disparaged 等詞出現，使「決策性」面向大大的偏向感情式決策。

- 而行動力（STRUCTURE）也以感知訴求為主。而行動力的傾向是很難分辨的，但文章中出現 involved、overwhelming 等「行動力」用語，大大偏向感知行動力。

## (2) 歐巴馬 2008.11.05 演講實例：

將歐巴馬在 2008.11.05 首次當選總統時的演講稿，放入本書的附件的程式中（Tendency_Analysis.ipynb）進行人工智慧的個性類型（Tendency Analysis）分析：

① 歐巴馬在這篇演說長達 20 分鐘，文章內容以歐巴馬自己的個人風格為主要基調，幾乎是歐巴馬自己撰稿，再由幕僚潤飾。並沒有太多修辭及外交辭令，雖然也有幕僚添加的文字在其中，但經過 AI「分詞」分析處理後，發現都是出現頻率少的專有名詞，沒有改變文章風格的重要用詞。故本文應能充分表達出歐巴馬的個性類型。

② 這篇文有將中文翻譯放入其中，可進一步看看是否在中文轉英文過程中，是否會出現可能的分詞錯誤，而造成個性類型的判斷錯誤。

③ 文章中充分表現歐巴馬的演講長才，群眾魅力十足，但使用的情緒性字眼很少，通篇文章找不到政治上的地雷，沒有針對議題或爭議性問題多加著墨，多在強調普世價值、人權價值及正向思考。

```python
1  test_string=''
2  with open('MBTI/ObamaSpeech.txt', 'r') as fileinput:
3      for line in fileinput:
4          line = line.lower()
5          test_string=test_string+line
6          #print(line)
7  print(test_string)
```

my fellow citizens:

i stand here today humbled by the task before us, grateful for the trust you have bestowed, mindful of the sacrifices borne by our ancestors.

i thank president bush for his service to our nation, as well as the generosity and cooperation he has shown throughout this transition.

各位同胞：

今天我站在這裡，為眼前的重責大任感到謙卑，對各位的信任心懷感激，對先賢的犧牲銘記在心。我要謝謝布希總統為這個國家的服務，也感謝他在政權轉移期間的寬厚和配合。

forty-four americans have now taken the presidential oath. the words have been spoken during rising tides of prosperity and the still waters of peace. yet, every so often, the oath is taken amidst gathering clouds and raging storms.

at these moments, america has carried on not simply because of the skill or vision of those in high office, but because we the people have remained faithful to the ideals of our forebearers, and true to our founding documents.

so it has been. so it must be with this generation of americans.

四十四位美國人發表過總統就職誓言，這些誓詞或是在繁榮富強及和平寧靜之際發表，或是在烏雲密布，時局動盪之時。

在艱困的時候，美國能賡表相繼，不僅因為居高位者有能力或願景，也因為人民持續對先人的抱負有信心，也忠於創建我國的法統。

因此，美國才能承繼下來。因此，這一代美國人必須承繼下去。

④ 其中中文翻譯部分有可能加強了「個性類型」分類，因為一個字詞可能重覆二次；但對詞的「重要性」排序沒有影響，應不影響分類的準確性。

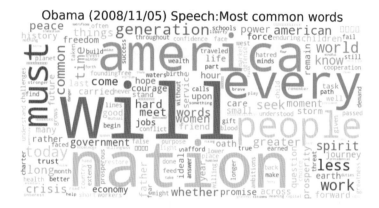

Obama (2008/11/05) Speech:Most common words

進行人工智慧的個性類型（Tendency Analysis）分析後，結果如下：

```
In [55]: final_test = tfizer.transform(vectorizer.transform([test_string])).toarray()
         test_point = pd.DataFrame.from_dict({w: final_test[:, i] for i, w in enumerate(all_words)})
         mind_classifier.predict_proba(test_point) #[I, E]
Out[55]: array([[0.8610356 , 0.13896438]], dtype=float32)

In [56]: information_classifier.predict_proba(test_point) #[N,S]
Out[56]: array([[0.81950396, 0.18049604]], dtype=float32)

In [57]: decision_classifier.predict_proba(test_point) #[F,T]
Out[57]: array([[0.66615784, 0.3338422 ]], dtype=float32)

In [58]: str_classifier.predict_proba(test_point) #[P,J]
Out[58]: array([[0.5870545 , 0.41294554]], dtype=float32)
```

歐巴馬的個性類型分數如下：

① MIND、INFORMATION 分數偏向左方、是極端的內向性格。

② DECISION、STRUCTURE 分數偏向右方。

③ AI 程式請見本書附件。

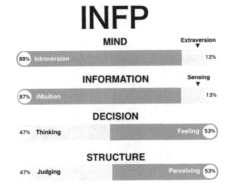

歐巴馬 2008.11.05 演講實例，分析結論：

- 在個性類型的四個面向中在「MIND」「INFORMATION」二個面向中是極端偏左，是明顯的內向感性文章。例如 bestowed、over conflict、grievances、false promises alarmed at one common danger 等詞出，使這篇文章呈現更偏頗的內斂且直覺式的表達，是定義歐巴馬個性類型的關鍵。

- 而決策性（DECISION）的字眼以中性感性訴求為主。例如 undiminished、unpleasant decisions、watchful、sacred oath、hardship 等詞出現，也使「決策性」面向屬中性偏向感情式決策。

- 而行動力（STRUCTURE）以中性的感知訴求為主。與一般人一樣，行動力的傾向是很難分辨的，但文章中出現 alongside、fair play、uncertain destiny 等「行動力」用語，屬中性偏向感知行動力。

## (3) 拜登 2021.01.21 就職演講實例：

將美國總統拜登在 2021.01.21 首次當選總統時的演講稿，放入本書的附件的程式中（Tendency_Analysis.ipynb）進行人工智慧的個性類型（Tendency Analysis）分析：

① 拜登在這篇演說長達 22 分鐘，文章內容以拜登自行擬稿為主，幾乎是歐巴馬自己撰稿，再由幕僚潤飾。文章中少有外交辭令，有較多的感性訴求，雖然也有幕僚添加的文字在其中，但經過 AI「分詞」分析處理後，發現不少頻率很少出現的名人或名詞，是文章的重點。

② 文章中有許多改變文章風格的重要用詞。本文應能充分表達出拜登的個性類型。

③ 這篇文有將中文翻譯放入其中，可進一步看看是否在中文轉英文過程中，是否會出現可能的分詞錯誤，而造成個性類型的判斷錯誤。

④ 文章中充分表現拜登的演講長才，群眾魅力十足，使用的情緒性字眼很多，文章中有許多宗教及種族名詞，許多針對議題或爭議性問題，且多有感性描述、強調普世價值、人權價值、及正面思考。

⑤ 其中中文翻譯部分加強了「個性類型」分類，因為一個字詞可能重覆二次；但對詞的「重要性」排序沒有影響，應不影響分類的準確性。

```
test_string=''
with open('MBTI/BidenSpeech.txt', 'r') as fileinput:
    for line in fileinput:
        line = line.lower()
        test_string=test_string+line
        #print(line)
print(test_string)
```

```
this is democracy's day.
a day of history and hope.
of renewal and resolve.

through a crucible for the ages america has been tested anew and america has risen to the challenge.
today, we celebrate the triumph not of a candidate, but of a cause, the cause of democracy.
the will of the people has been heard and the will of the people has been heeded.
we have learned again that democracy is precious.

democracy is fragile.

and at this hour, my friends, democracy has prevailed.

so now, on this hallowed ground where just days ago violence sought to shake this capitol's very foundation, we come
together as one nation, under god, indivisible, to carry out the peaceful transfer of power as we have for more than
two centuries.

we look ahead in our uniquely american way — restless, bold, optimistic — and set our sights on the nation we know we
can be and we must be.
```

Biden (2021/01/20) Speech:Most common words

進行人工智慧的個性類型（Tendency Analysis）分析後，結果如下：

```
1  final_test = tfizer.transform(vectorizer.transform([test_string])).toarray()
2  test_point = pd.DataFrame.from_dict({w: final_test[:, i] for i, w in enumerate(all_words)})
3  mind_classifier.predict_proba(test_point) #[I, E]
```
array([[0.8536196, 0.1463804]], dtype=float32)

```
1  information_classifier.predict_proba(test_point) #[N,S]
```
array([[0.8484547 , 0.15154526]], dtype=float32)

```
1  decision_classifier.predict_proba(test_point) #[F,T]
```
array([[0.44057918, 0.5594208 ]], dtype=float32)

```
1  str_classifier.predict_proba(test_point) #[P,J]
```
array([[0.5733417, 0.4266583]], dtype=float32)

拜登的個性類型分數如下：

① MIND、INFORMATION 分數偏向左方、是極端的內向性格。

② DECISION、STRUCTURE 分數偏向右方。

③ AI 程式請見本書附件。

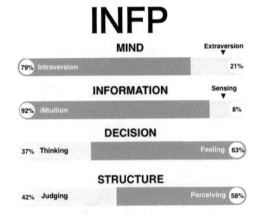

拜登 2021.01.21 演講實例，分析結論：

(1) 在個性類型的四個面向中在「MIND」「INFORMATION」二個面向中是極端偏左，是明顯的內向感性文章。例如 racial justice、foolish fantasy、perennial、afresh、trepidation 等詞出，使這篇文章呈現極端偏頗的內斂且感性直覺式的表達，是定義拜登個性類型的關鍵。

(2) 而決策性（DECISION）的字眼以中性感性訴求為主。例如 boldness、cascading crises、unfolding story、Constitution、forebearers 等詞出現，也使「決策性」面向屬中性偏向感情式決策。

(3) 而行動力（STRUCTURE）以中性的感知訴求為主。與一般人一樣，行動力的傾向是很難分辨的，但文章中出現 possibilities、obligations、silent prayer 等「行動力」用語，屬中性偏向感知行動力。

## 結論：

(1) 本範例是根據社交媒體評論數據的「邁爾斯‧布里格斯評估」創建出「個性類型模型（personality type model）」。

(2) 個性類型分析及預測，可準確預測個人的行為人傾向，在行銷上非常有用；如前面所述，不要花時間在沒有購買慾望的客戶，或很難進行行銷工作的人身上，或佔人口比率很低的族群上。

(3) MBIT 用在創建一個團隊時也非常重要，當考慮團隊中每個人的技術及職位雖然很重要，但是確保組織成員中個性長處的平衡也很重要。

(4) MBTI 不僅用在 AI Marketing，在思維方式和個性方面都提供了完整交叉驗證的理論。

將 16 種個性類型及在行銷學上的意義，整理如下：

| 個性類別 | 個性傾向 | 佔全球人口比率 | 個性特徵 | 代表人物 | 高價商品傾向 | 消費比例 | 行銷難度 | 行銷策略重點 |
|---|---|---|---|---|---|---|---|---|
| ISTJ | 調查員 | 12% | 務實、盡責、固執、不知變通、無理自責 | 亨利福特、德國總理梅克爾、華倫巴菲特 | 低 | 5% | 易 | 1. 傳統廣告及一對一推銷仍有效。<br>2. 新行銷工具要搭配鎖定客戶。<br>3.「再行銷」的重點客戶。<br>4. 高價商品需搭配真人解說。<br>5. 知識行銷的重點客戶。 |

| 個性類別 | 個性傾向 | 佔全球人口比率 | 個性特徵 | 代表人物 | 高價商品傾向 | 消費比例 | 行銷難度 | 行銷策略重點 |
|---|---|---|---|---|---|---|---|---|
| ISFJ | 守衛者 | 10% | 忠誠、固執、利他、熱心、壓抑感情 | 伍茲、德蕾莎修女、吉米卡特 | 中 | 13% | 易 | 1. 會轉發廣告信或傳遞試用品（分享包）。<br>2. 行銷廣告搭配慈善活動。<br>3. 禮品節慶的重點客戶。<br>4. 多強調產品 CP 值。<br>5. 多強調環保利他的產品附加訴求。 |
| INFJ | 提倡者 | 1% | 創意、熱情、利他、敏感、特立獨行 | 希特勒、Lady Gaga、莫迪 | 低 | 1% | 難 | 1. 感性訴求遠多於理性訴求。<br>2. 避免此類客戶進行破壞性傳播，如惡意留言等。<br>3. 可以發展經銷商或微商。<br>4. 創意產品的好客戶。 |
| INTJ | 建築師 | 1.5% | 決心、理性、強勢主導、浪漫不拘 | 霍金、阿諾史瓦辛格、馬斯克 | 高 | 2% | 中 | 1. 排斥低級或低階產品廣告。<br>2. 多強調說明書內容等理性行銷方式。<br>3. 客製化行銷影響力大。<br>4. 排斥洗腦式廣告。 |
| ISTP | 鑑賞家 | 9% | 創意、熱情、固執、冒險精神、抗壓性差 | 賈伯斯，李小龍，普丁 | 高 | 15% | 易 | 1. 由於「聆聽」的好個性，各種行銷方式均有效，活動行銷特別有效。<br>2. 高價商品的說明會或試用很有效。 |
| ISFP | 探險家 | 9% | 魅力藝術感、競爭、冒險獨行、玻璃心 | 麥可·傑克森、史帝芬史匹柏、戴安娜王妃 | 中 | 11% | 易 | 1. 感性理性訴求均可，並強化廣告美感。<br>2. 善用再行銷，並培養忠誠度。<br>3. 善用試用品。<br>4. 忌用限時銷售或飢餓行銷。 |
| INFP | 協調者 | 2% | 領悟力高、堅持價值創造力、感情用事 | 尼可拉斯凱吉、瑪麗蓮夢露、莎士比亞 | 低 | 2% | 中 | 1. 感性訴求以突破心防。<br>2. 防止惡意傳播。<br>3. 價格敏感度高，特價方案有效但不可常用。<br>4. 忌用大量疲勞式行銷手法。 |

| 個性類別 | 個性傾向 | 佔全球人口比率 | 個性特徵 | 代表人物 | 高價商品傾向 | 消費比例 | 行銷難度 | 行銷策略重點 |
|---|---|---|---|---|---|---|---|---|
| INTP | 邏輯者 | 2.5% | 分析強、誠實熱情、創造力、自我中心 | 愛因斯坦、比爾蓋茲、林肯總統 | 高 | 1% | 易 | 1. 加強感性且精簡的廣告訴求。<br>2. 客製化行銷。<br>3. 知識內涵的深度行銷。<br>4. 強調個性化訴求及啟發虛榮感。 |
| ESTP | 企業家 | 8% | 創新敏銳、完美主義、求取近利、不耐煩 | 川普、瑪丹娜、海明威 | 高 | 6% | 中 | 1. 善用亮點行銷或話題行銷。<br>2. 多用說明會及發表會。<br>3. 多強調 CP 值。<br>4. 最不接受客製化的族群。<br>5. 減少複雜行銷活動。 |
| ESFP | 表演者 | 9.5% | 大膽敏感、人際關係、無法專注、樂觀 | 柯林頓總統、女星畢昂絲、演員李奧納多 | 高 | 11% | 易 | 1. 善用主題行銷。<br>2. 不易培養忠誠度，需不斷用新產品維持客戶關係。<br>3. 對活動反應熱烈，可列為產品首發強打族群。 |
| ENFP | 競選者 | 5.5% | 熱情不受約束、情緒抗壓性差、渙散 | 歐巴馬總統、名主持人艾倫、男星威爾史密斯 | 中 | 13% | 中 | 1. 善用簡單標語行銷。<br>2. 可列為經銷商或微商。<br>3. 禮品節慶商品熱銷族群。<br>3. 善用推薦系統簡化銷售流程。<br>4. 善用分享包。 |
| ENTP | 辯論家 | 3% | 思想敏捷、魅力、野心具爭議、不切實際 | 湯姆漢克斯、席琳迪翁、馬克吐溫 | 高 | 1% | 難 | 1. 可列為經銷商或微商。<br>2. 避免負面傳播。<br>3. 適合一對一行銷，對大行銷活動無感。<br>4. 少用深度行銷，以免引發反感。 |
| ESTJ | 總經理 | 11% | 專注誠實、耐心紀律、頑固難以表達情感 | 小布希總統、伊凡卡川普、洛克菲勒 | 中 | 10% | 易 | 1. 善用忠誠循環銷售技巧。<br>2. 訴求產品實用性。<br>3. 屬於淺度行銷的最大族群。<br>4. 避免失信於客戶。<br>5. 直述性廣告為主。 |

| 個性類別 | 個性傾向 | 佔全球人口比率 | 個性特徵 | 代表人物 | 高價商品傾向 | 消費比例 | 行銷難度 | 行銷策略重點 |
|---|---|---|---|---|---|---|---|---|
| ESFJ | 事務官 | 10% | 無私忠誠、執行力、僵化易受傷、不創新 | 歌手 Ariana Grande、教宗方濟各、威廉王子 | 低 | 5% | 中 | 1. 善用實用訴求。<br>2. 善用折扣及親友卷技巧。<br>3. 強調價格優勢。<br>4. 善用社群影響行銷技巧。<br>5. 避免觸動低自我形象的地雷。 |
| ENFJ | 教育家 | 3% | 寬容利他、領導力、理想主義、猶豫不決 | 歐普拉、金恩博士、南非民主之父曼德拉 | 低 | 2% | 難 | 1. 善用慈善活動銷售技巧。<br>2. 對產品挑剔要耗費大量人力進行個別銷售。<br>3. 避免傷害自尊心。<br>4. 強調品質而不要強調價格。 |
| ENTJ | 指揮官 | 3% | 重效率、自信、魅力、傲慢無情 | Jack Welch、歌手艾戴兒、美國議長裴洛西 | 中 | 2% | 難 | 1. 避免傷害自尊心。<br>2. 對產品 CP 值敏感度低。<br>3. 強化中低價產品行銷，但要注重產品說明。<br>4. 忌用強迫銷售及飢餓行銷。 |

# 聲量分析
（Talk Trends）

網路聲量是一種工具：用於衡量主題、人物、議題或事件在網路的曝光度、能見度、討論度，以及內容擴散度等。

經由「網路聲量分析」，可進一步區分討論或評價內容的好感度。

網路聲量對消費者影響很大，隨著網際網路的興盛，社群媒體已成為行銷活動的重要媒介，社群媒體的行銷對企業績效愈來愈重要。但這主要是因為網路聲量的計算，分散於各社群媒體、數量龐大，收集不易。本章運用 AI 技術，使用簡單的網路爬蟲方式，收集到的文字資金料，進行特定議題（如 Nike、Adidas 等）的聲量計算與討論度分析。

# 9-1 討論度與網路聲量

在網路時代，人們購買物品前，常透過搜尋網路評價，以確定自己購買商品的期望，而行銷人員如果自己的品牌，跳脫傳統行銷方法，用一個新的「品牌形象」，亦或是針對舊有的品牌做網路上的「品牌延伸」，那就需要改變品牌在網路上的討論度及網路聲量，使品牌有新的定位，讓消費者更認識您的品牌，因而增加消費者的忠誠度。

首先介紹行銷人員必備的「討論度與品牌聲量」分析工具：

## (1) Google Trend（Google 趨勢）

https://trends.google.com.tw/trends/

Google Trend（Google 趨勢）是做品牌聲量分析的基本工具之一，可大略觀察你的品牌 / 產品目前的搜尋熱度、可依縣市別及搭配其他搜尋的字詞來顯示。

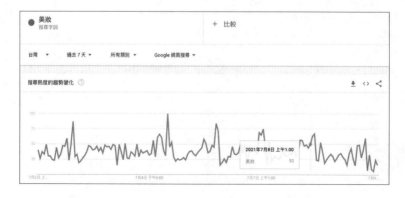

以「美妝」為例，近日（本圖以七日為例）的聲量變化如上圖，說明「美妝」是熱度很高的字詞，消費在搜尋「夏季保溼及保養品」都會「扯到」美妝一詞，但也說明「美妝」並不是理想的關鍵字，在行銷上，使用「美妝保溼」或「美妝面膜」會比「美妝」針對性更強更適當。

亦可以分區顯示熱度，以最高的台北市為 100 分，其他依序呈現熱度分數，讓行銷人員一目了然的觀察熱度的變化。

Google Trend 有助於知道用戶在搜尋相關品牌或產品時，會一起搜尋相關主題，例如用戶在搜尋運動鞋品牌 Nike 時，會特別搜尋防曬及重訓等，可以知道運動品牌 Nike 與防曬的關聯度；這些真實的消費者搜尋習慣反映消費者購物傾向。當然也可能是 Nike 品牌長期塑造出來的或消費者體驗感受到出來的，這些資訊有助於行銷策略的擬定。

如下圖，搜尋「美妝」品牌時，也會帶出保溼及保養等，讓使用者同時知道美妝與防曬的關聯度；也大致能反映消費者購物傾向。

| 相關主題 ⑦ | 人氣竄升 ▼ ± ⟨⟩ ＜ | 相關搜尋 ⑦ | 人氣竄升 ▼ ± ⟨⟩ ＜ |
|---|---|---|---|
| 1　Hannah · 主題 | +1,800% | 1　womentalk | 竄升 |
| 2　华伦天奴 · 公司 | +1,150% | 2　t and a 美妝蛋 | 竄升 |
| 3　3CE · 主題 | +850% | 3　valentino | +950% |
| 4　美体小铺 · 公司 | +750% | 4　j lin 美妝蛋 | +250% |
| 5　MAKE UP FOR EVER · 主題 | +400% | 5　spicychoco 美妝蛋 | +250% |
| ＜　顯示第 1-5 個主題，共 18 個　＞ | | ＜　顯示第 1-5 項查詢，共 22 項　＞ | |

**觀察品牌熱度，一定要連同「相關字詞」的熱度一併觀察，否則無法作出有效的判斷。**

## (2) KOL Search（網紅搜尋）

直接使用 Google Search（Google 搜尋）來找適合的網紅，一般內容越完整、越豐富的網站排名會越往前面，例如搜尋「美白產品」，第一頁大部分是美妝的媒體、知名的部落客文章，即因為他們的內容豐富且與關鍵字的符合性高。

而 Google Search（Google 搜尋）也會判定比較高的網站名次，將名次高的網站往前排序。行銷人員必須常常「操作媒體」、「網紅／ KOL 與論壇」，使 Google 認為「精心包裝」的網站是優質的網站類別。

## (3) Google Analytics（GA 分析）

GA（Google Analytics）是每個網站老闆或行銷人員第一個要開通的功能，申請方式在此不冗述，請參考：

https://support.google.com/analytics/answer/1009694?hl=zh-Hant

GA 的功能：

①　GA 分析可以看見你的網站流量以及流量的來源，使用上完全免費。
②　可以計算目標的轉換率。
③　透過即時流量狀況分析即時操作的成效。
④　跟 Google ads 的串接可清楚知道的投放廣告的狀態。
⑤　每天有多少人進站，以及他們是從哪些渠道進來。
⑥　在來無論宣傳或廣告投放上，能更精準的抓到目標客戶群。

### 為甚麼全世界都在用 GA 做數據分析？

■　查看廣告投放的效益

在 GA 的後台可以查看你的網站是否正確抓到目標客戶。現在主流的廣告學說，主張「數位廣告」是集中在 FB、instagram、Google、Youtube 這 4 大平台上，從 GA 後台就可看到「點擊率」和「曝光率」了，那麼為什麼還要在網站裡面加入 GA 的追蹤代碼呢？

原因是 FB、instagram、Google、Youtube 其他平台的後台數據收集的較不明顯。只要一點擊就算到點擊率裡面。有時誤觸甚至隨便點擊的「不實點擊」，GA 遇到

「不實點擊」不會計算到點擊率裡面，而其他平台就會計算到點擊率裡面。由廣告
學及行銷學角度來說，GA 的數據仍是最客觀且接近真實的點擊率。

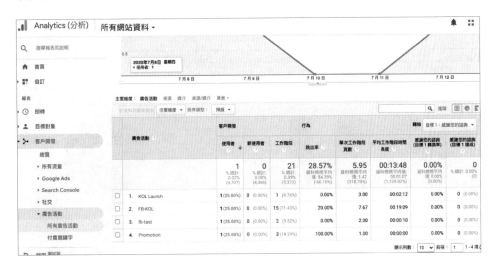

■ 廣告投放是否打動目標客戶

我們在規劃網路行銷時會先設定目標（Target），舉「美妝」為例：用年輕網紅代
言目標是要針對年輕客群，但效果如何評估呢？點擊網紅的連結，會進入官網的
瀏覽者的網上行為是如何點擊的（網上行為），在 GA 上都可以看的到！

■ 查看廣告投放的效益

客層總覽可判斷該網站在目標客戶的點擊上，是否符合行銷計劃的預期。如果目標客層是 25-34 歲男性（例如 Nike 球鞋），如下圖所示，並未切中目標。

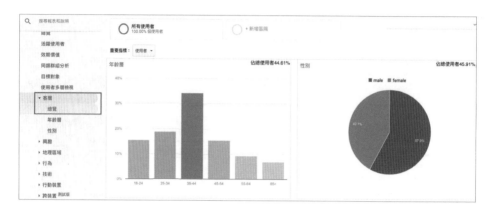

若再深入「年齡層」分析，可以看出各年齡的時間軸的變化。查看目標組合以判斷是否為您想要的客戶群。

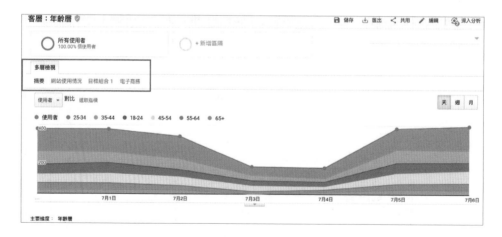

■ 瀏覽者如何找到貴公司網站

由「自然搜尋 SEO」可察看瀏覽者是用那些關鍵字進入網站的。（要先架設 Google search console，請參考 GA：https://support.google.com/webmasters/answer/34592?hl=zh-Hant）。

依我們在前面章節中的實例，「消費者習慣」有三種方式找到貴公司網站：

i.　從 Google 搜尋。（**61%**）

ii.　從 Facebook 等社群轉入。（**19%**）

iii.　直接輸入網址。（**16%**）

GA 可經由來源數據就了解網站哪一方面的表現比較好，而哪一方面的表現較弱。假設目前網站來源大部分來自社群，而透過搜尋引擎來的流量較少，就可以聘請「SEOer」幫你的網站做「最佳 SEO 組合」（本書第一章所述），提升搜尋引擎進站的流量。

用 GA 查看關鍵字搜尋量方法如下：

在 Search Console 可以看到網站的熱門關鍵字（Google 搜尋排名）：

## (4) Google Search Console

https://search.google.com/search-console?hl=zh-TW

i.  Google Search Console 是網站的健檢中心，免費使用，可以一目了然的看到一段時間的總點擊次數、總曝光次數，以及換算下的點閱率，及同性質網站中你的網站排序。也可看到即時使用者在搜尋詞彙的狀況，以美妝為例，在進行一段廣告之後，廣告曝光之後是否有點擊成效，在 Google Search Console 工具上都一目了然。

ii.  網站被 Google 爬蟲而出現降速或當機問題，也會在 Google Search Console 上發出通知，並即時處理，讓網站維持正常。

iii.  如果是希望看到比較準確的網站深度資料，例如關鍵字搜尋狀況，仍要搭配 Google Ads（Google 廣告）來進行分析。

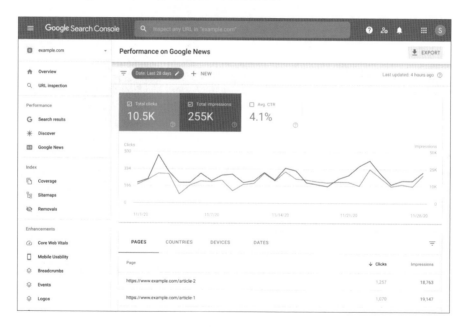

## (5) Google Ads（Google 廣告）

https://ads.google.com/intl/zh-TW_tw/home/

i.  顯示關鍵字的競價狀況以便即時的優化廣告策略外，能檢視是哪些網路社群或電商平台或網站投放廣告效果最佳。

ii. 若是投放 GDN（Google display network 聯播網廣告）則能看到廣告素材的表現狀況，可易於抓到目標客戶。

iii. 從下圖（和左側選單）中，可以引導看到完整的熱門路徑，路徑指標，轉換路徑和各種廣告模組的比較報告。

## (6) Q search

https://zh-tw.qsearch.cc/

Q search 是比較新的「社群聲量」的設計監測工具，主要廣告是經由 Facebook 呈現，是付費工具；現在已是社群當道的時代，Q search 可以看到目前搜尋字詞在 Facebook 上的 PO 文數、最具影響力 PO 文分析、以及文字雲分析。

# 9-2 AI 實例：品牌網路聲量溫度計

聲量值有兩種：「相對聲量值」和「絕對聲量值」，第一章，我們用 BeautifulSoup 設計了一個程式來進行「從討論度分析產品趨勢」的分析工具。本章我們用 GoogleNews 套件及分析程式設計一個簡單的工具，用來計算不同品牌的「絕對聲量值」，再用絕對聲量值進行品牌比對，得到「相對聲量值」，讓讀者免費使用。讀者只要替換要計算的時間範圍及品牌名稱，就可以看到不同品牌或行銷活動的聲量變化，進而在策略上做取捨，調整活動時間及順序，達到最佳的行銷組合。

- 針對運動鞋品牌：以「Nike、Adidas、Under Armour」為關鍵字進行最近一年「聲量溫度計」分析

  ① 以 GoogleNews 進行「關鍵字」搜尋結果，按今日起回算一年（365 天），以一個月為單位，分為 12 期，結果如下：

網路「絕對聲量」尖端值（100000人次以上點閱數）計算中：

(1) 計算日期區間： 07/11/2020 ～ 08/10/2020
「Clinique倩碧」總數：122
「Lancome蘭寇」總數：4
「EsteeLaude雅詩蘭黛」總數：870
「Shiseido資生堂」總數：870
「ARTISTRY雅芝」總數：870
本區間，搜尋並計算聲量費時：26.558613 秒

(2) 計算日期區間： 08/10/2020 ～ 09/09/2020
「Clinique倩碧」總數：95
「Lancome蘭寇」總數：4
「EsteeLaude雅詩蘭黛」總數：1
「Shiseido資生堂」總數：1
「ARTISTRY雅芝」總數：1
本區間，搜尋並計算聲量費時：26.539293 秒

(3) 計算日期區間： 09/09/2020 ～ 10/10/2020
「Clinique倩碧」總數：176
「Lancome蘭寇」總數：6
「EsteeLaude雅詩蘭黛」總數：1
「Shiseido資生堂」總數：1
「ARTISTRY雅芝」總數：1
本區間，搜尋並計算聲量費時：26.550008 秒

(4) 計算日期區間： 10/10/2020 ～ 11/09/2020
「Clinique倩碧」總數：81
「Lancome蘭寇」總數：4
「EsteeLaude雅詩蘭黛」總數：861
「Shiseido資生堂」總數：861
「ARTISTRY雅芝」總數：861
本區間，搜尋並計算聲量費時：27.111830 秒

(5) 計算日期區間： 11/09/2020 ～ 12/10/2020
「Clinique倩碧」總數：197
「Lancome蘭寇」總數：9
「EsteeLaude雅詩蘭黛」總數：1
「Shiseido資生堂」總數：1
「ARTISTRY雅芝」總數：1
本區間，搜尋並計算聲量費時：26.758646 秒

(6) 計算日期區間： 12/10/2020 ～ 01/09/2021
「Clinique倩碧」總數：160
「Lancome蘭寇」總數：25
「EsteeLaude雅詩蘭黛」總數：785
「Shiseido資生堂」總數：785
「ARTISTRY雅芝」總數：785
本區間，搜尋並計算聲量費時：26.870267 秒

(7) 計算日期區間： 01/09/2021 ～ 02/08/2021
「Clinique倩碧」總數：212
「Lancome蘭寇」總數：2
「EsteeLaude雅詩蘭黛」總數：704
「Shiseido資生堂」總數：704
「ARTISTRY雅芝」總數：704
本區間，搜尋並計算聲量費時：26.630718 秒

(8) 計算日期區間： 02/08/2021 ～ 03/11/2021
「Clinique倩碧」總數：227
「Lancome蘭寇」總數：3
「EsteeLaude雅詩蘭黛」總數：675
「Shiseido資生堂」總數：675
「ARTISTRY雅芝」總數：675
本區間，搜尋並計算聲量費時：28.024388 秒

(9) 計算日期區間： 03/11/2021 ～ 04/10/2021
「Clinique倩碧」總數：211
'NoneType' object is not iterable
「Lancome蘭寇」總數：211
「EsteeLaude雅詩蘭黛」總數：1
「Shiseido資生堂」總數：1
「ARTISTRY雅芝」總數：1
本區間，搜尋並計算聲量費時：27.809318 秒

(10) 計算日期區間： 04/10/2021 ～ 05/11/2021
「Clinique倩碧」總數：326
「Lancome蘭寇」總數：2
「EsteeLaude雅詩蘭黛」總數：1
「Shiseido資生堂」總數：1
「ARTISTRY雅芝」總數：1
本區間，搜尋並計算聲量費時：26.554808 秒

(11) 計算日期區間： 05/11/2021 ～ 06/10/2021
「Clinique倩碧」總數：160
'NoneType' object is not iterable
「Lancome蘭寇」總數：160
「EsteeLaude雅詩蘭黛」總數：499
「Shiseido資生堂」總數：499
「ARTISTRY雅芝」總數：499
本區間，搜尋並計算聲量費時：26.683095 秒

(12) 計算日期區間： 06/10/2021 ～ 07/11/2021
「Clinique倩碧」總數：232
「Lancome蘭寇」總數：3
「EsteeLaude雅詩蘭黛」總數：1
「Shiseido資生堂」總數：1
「ARTISTRY雅芝」總數：1
本區間，搜尋並計算聲量費時：26.614802 秒

② 將上述結果以專業表列方式呈現（style.format，詳細如程式說明）；並以顏色標出每個品牌的最大值及最小值。

| StartDate | EndDate | Period | Nike | Adidas | UnderArmor |
|---|---|---|---|---|---|
| 07/11/2020 | 08/10/2020 | 07/11/2020~08/10/2020 | 173 | 131 | 38 |
| 08/10/2020 | 09/09/2020 | 08/10/2020~09/09/2020 | 192 | 138 | 36 |
| 09/09/2020 | 10/10/2020 | 09/09/2020~10/10/2020 | 254 | 148 | 45 |
| 10/10/2020 | 11/09/2020 | 10/10/2020~11/09/2020 | 88 | 79 | 22 |
| 11/09/2020 | 12/10/2020 | 11/09/2020~12/10/2020 | 177 | 170 | 38 |
| 12/10/2020 | 01/09/2021 | 12/10/2020~01/09/2021 | 300 | 197 | 53 |
| 01/09/2021 | 02/08/2021 | 01/09/2021~02/08/2021 | 229 | 210 | 53 |
| 02/08/2021 | 03/11/2021 | 02/08/2021~03/11/2021 | 253 | 170 | 53 |
| 03/11/2021 | 04/10/2021 | 03/11/2021~04/10/2021 | 2 | 247 | 69 |
| 04/10/2021 | 05/11/2021 | 04/10/2021~05/11/2021 | 7 | 4 | 73 |
| 05/11/2021 | 06/10/2021 | 05/11/2021~06/10/2021 | 244 | 167 | 34 |
| 06/10/2021 | 07/11/2021 | 06/10/2021~07/11/2021 | 3 | 393 | 67 |

③ 用互動折線圖來觀察一年來的聲量變化情況：

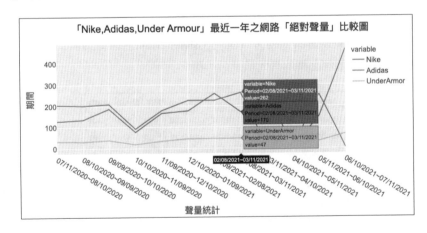

④ 根據上述聲量分析結果，調整廣告投放及活動。

- 針對運動鞋品牌：以「耐吉、愛迪達、安德瑪」為關鍵字進行最近一年「聲量溫度計」分析
  ① 以 GoogleNews 進行「關鍵字」搜尋結果，按今日起回算一年（365 天），以一個月為單位，分為 12 期，結果如下：

網路「絕對聲量」尖端值（100000人次以上點開數）計算中：

（ 1 ）計算日期區間：07/11/2020~08/10/2020
「耐吉」 總數：1
「愛迪達」 總數：405
「安德瑪」 總數：102
本區間，搜尋並計算聲量費時：17.097450 秒

（ 2 ）計算日期區間：08/10/2020~09/09/2020
「耐吉」 總數：1
「愛迪達」 總數：470
「安德瑪」 總數：92
本區間，搜尋並計算聲量費時：16.986718 秒

（ 3 ）計算日期區間：09/09/2020~10/10/2020
「耐吉」 總數：1
「愛迪達」 總數：407
「安德瑪」 總數：72
本區間，搜尋並計算聲量費時：16.893087 秒

（ 4 ）計算日期區間：10/10/2020~11/09/2020
「耐吉」 總數：1
「愛迪達」 總數：196
「安德瑪」 總數：39
本區間，搜尋並計算聲量費時：16.702611 秒

（ 5 ）計算日期區間：11/09/2020~12/10/2020
「耐吉」 總數：1
「愛迪達」 總數：361
「安德瑪」 總數：111
本區間，搜尋並計算聲量費時：17.157192 秒

（ 6 ）計算日期區間：12/10/2020~01/09/2021
「耐吉」 總數：2
「愛迪達」 總數：355
「安德瑪」 總數：71
本區間，搜尋並計算聲量費時：16.746600 秒

（ 7 ）計算日期區間：01/09/2021~02/08/2021
「耐吉」 總數：2
「愛迪達」 總數：320
「安德瑪」 總數：55
本區間，搜尋並計算聲量費時：17.178794 秒

（ 8 ）計算日期區間：02/08/2021~03/11/2021
「耐吉」 總數：2
「愛迪達」 總數：303
「安德瑪」 總數：52
本區間，搜尋並計算聲量費時：16.682538 秒

（ 9 ）計算日期區間：03/11/2021~04/10/2021
「耐吉」 總數：2
「愛迪達」 總數：932
「安德瑪」 總數：103
本區間，搜尋並計算聲量費時：17.068715 秒

（ 10 ）計算日期區間：04/10/2021~05/11/2021
「耐吉」 總數：2
「愛迪達」 總數：1
「安德瑪」 總數：71
本區間，搜尋並計算聲量費時：16.995062 秒

（ 11 ）計算日期區間：05/11/2021~06/10/2021
「耐吉」 總數：1
「愛迪達」 總數：213
「安德瑪」 總數：33
本區間，搜尋並計算聲量費時：16.742793 秒

（ 12 ）計算日期區間：06/10/2021~07/11/2021
「耐吉」 總數：1
「愛迪達」 總數：165
「安德瑪」 總數：125
本區間，搜尋並計算聲量費時：16.716351 秒

以上所有日期區之聲量搜尋及統計，共實時：202.976501 秒

② 將上述結果以專業表列方式呈現（style.format，詳細如程式說明）；並以顏色標出每個品牌的最大值及最小值。

| StartDate | EndDate | Period | 耐吉 | 愛迪達 | 安德瑪 |
|---|---|---|---|---|---|
| 07/11/2020 | 08/10/2020 | 07/11/2020~08/10/2020 | 1 | 405 | 102 |
| 08/10/2020 | 09/09/2020 | 08/10/2020~09/09/2020 | 1 | 470 | 92 |
| 09/09/2020 | 10/10/2020 | 09/09/2020~10/10/2020 | 1 | 407 | 72 |
| 10/10/2020 | 11/09/2020 | 10/10/2020~11/09/2020 | 1 | 196 | 39 |
| 11/09/2020 | 12/10/2020 | 11/09/2020~12/10/2020 | 1 | 361 | 111 |
| 12/10/2020 | 01/09/2021 | 12/10/2020~01/09/2021 | 2 | 355 | 71 |
| 01/09/2021 | 02/08/2021 | 01/09/2021~02/08/2021 | 2 | 320 | 55 |
| 02/08/2021 | 03/11/2021 | 02/08/2021~03/11/2021 | 2 | 303 | 52 |
| 03/11/2021 | 04/10/2021 | 03/11/2021~04/10/2021 | 2 | 932 | 103 |
| 04/10/2021 | 05/11/2021 | 04/10/2021~05/11/2021 | 2 | 1 | 71 |
| 05/11/2021 | 06/10/2021 | 05/11/2021~06/10/2021 | 1 | 213 | 33 |
| 06/10/2021 | 07/11/2021 | 06/10/2021~07/11/2021 | 1 | 165 | 125 |

③ 用互動折線圖來觀察一年來的聲量變化情況：

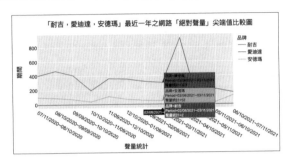

④ 根據上述聲量分析結果，調整廣告投放及活動。

■ 針對美妝品牌：以「倩碧、蘭蔻、雅詩蘭黛、資生堂、ARTISTRY」為關鍵字進行最近一年「聲量溫度計」分析

① 以 GoogleNews 進行「關鍵字」搜尋結果，按今日起回算一年（365 天），以一個月為單位，分為 12 期，結果如下：

② 將上述結果以專業表列方式呈現（style.format，詳細如程式說明）；並以顏色標出每個品牌的最大值及最小值。

| StartDate | EndDate | Period | Clinique倩碧 | Lancome蘭寇 | EsteeLauder雅詩蘭黛 | Shiseido資生堂 | ARTISTRY雅芝 |
|---|---|---|---|---|---|---|---|
| 07/11/2020 | 08/10/2020 | 07/11/2020~08/10/2020 | 122 | 4 | 870 | 870 | 870 |
| 08/10/2020 | 09/09/2020 | 08/10/2020~09/09/2020 | 95 | 4 | 1 | 1 | 1 |
| 09/09/2020 | 10/10/2020 | 09/09/2020~10/10/2020 | 176 | 6 | 1 | 1 | 1 |
| 10/10/2020 | 11/09/2020 | 10/10/2020~11/09/2020 | 81 | 4 | 861 | 861 | 861 |
| 11/09/2020 | 12/10/2020 | 11/09/2020~12/10/2020 | 197 | 9 | 1 | 1 | 1 |
| 12/10/2020 | 01/09/2021 | 12/10/2020~01/09/2021 | 160 | 25 | 785 | 785 | 785 |
| 01/09/2021 | 02/08/2021 | 01/09/2021~02/08/2021 | 212 | 2 | 704 | 704 | 704 |
| 02/08/2021 | 03/11/2021 | 02/08/2021~03/11/2021 | 227 | 3 | 675 | 675 | 675 |
| 03/11/2021 | 04/10/2021 | 03/11/2021~04/10/2021 | 211 | 211 | 1 | 1 | 1 |
| 04/10/2021 | 05/11/2021 | 04/10/2021~05/11/2021 | 326 | 2 | 1 | 1 | 1 |
| 05/11/2021 | 06/10/2021 | 05/11/2021~06/10/2021 | 160 | 160 | 499 | 499 | 499 |
| 06/10/2021 | 07/11/2021 | 06/10/2021~07/11/2021 | 232 | 3 | 1 | 1 | 1 |

③ 用互動折線圖來觀察一年來的聲量變化情況：

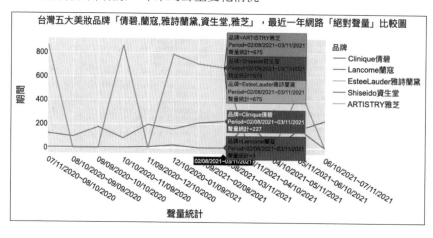

④ 根據上述聲量分析結果，調整廣告投放及活動。

# 9-3 跳脫聲量迷思看廣告趨勢

「網路聲量」是根據網友或記者（或話題機器人）在網路上「提到」品牌 / 商品的次數，最貼切的說法「網路聲量」就是「知名度」。

「網路聲量」的產生（或製造過程）有許多可「操作性」，品牌行銷人員可約定記者大量發稿創造「聲量」；亦可聘請人員大量談論「商品」創造網路上討論次數，讓 GoogleNews 可輕易搜尋到文章。

最新的作法，是用「話題機器人」大量創造「定製文章」發佈在媒體或論壇上，進行「創造聲量」，達到「創造知名度」的目的。

因此「聲量」成了行銷人員的迷思，所以我們要將鎖定在「正聲量」的創造：

① 網路正聲量大，網路行銷工作越好做。

網路聲量可帶動品牌知名度。但不只是提升「知名度」，更要增加「正聲量」，最後進行客戶導流，轉換成產品銷售成績。

② 網路正聲量越大，表示消費者越喜歡。

有時網路聲量大，是因人們都在批評商品。負聲量會成為「票房毒藥」，對銷售有害無益。只有正聲量才真正表示消費者越喜歡

③ 網路正聲量越大，轉換率越高網路聲量大且都是正面聲量，不代表消費者就真的會購買商品。行銷人員必須將正聲量轉變成銷售量。

   i. 用本章及第一章第二章提供的工具，進行聲量分析及最佳關鍵字分析。

   ii. 用本書第二章的 Google Trend 看網路搜尋熱度和趨勢。

   iii. 參考文字雲，以相關度高的關鍵字分析；不斷收集潛在、實際客戶實際的需求，以產製出精準並有價值的內容。

   iv. 市面上網路社群分析平台，亦可進行聲量分析及最佳關鍵字分析，例如 OpView、KEYPO、QuickseeK，可以擷取社群、新聞頻道、討論區與部落格等內容，並進一步觀察商品的「網路聲量」。

查看各關鍵字（組）在各社群平台的概況（時間軸呈現出的趨勢、成效）、縱覽題材在社群上的運用狀況（媒體熱門內容、誰是意見領袖、內容的情緒分析等），以選擇貼近消費者需求的用字與題材。

創造「正聲量」的做法總結：

## 創造獨特性的話題

## 由 KOL 意見領袖或網紅帶出正面討論風向

# 推薦系統
# （Recommendation
# System）

推薦系統是很新的行銷工具，因新的 AI 工具使客戶屬性的分類自動化得以實現，而不同客戶屬性需要用不同的推薦文章，如針對「外向直覺」型的客戶，就要用「活潑生動型」的商品，而針對「內向理性」型的客戶，就要用「科學說理型」的商品。

在 AI Marketing 技術中，根據動態鎖定客戶資料屬性，並針對屬性推薦商品給客戶。最常用到的 AI 內容產生器稱為「推薦系統（Recommendation System）」。

# 10-1 什麼是 AI 推薦系統？

- 是根據許多不同因素向用戶推薦事物的系統。
- 預測用戶最有可能購買並感興趣的產品。Netflix、Amazon 等公司都使用推薦系統來幫助用戶，找出適合他們的產品或電影。
- 使用推薦系統的公司經由「個性化的報價」和「增強客戶體驗」來增加銷售額。
- 通常可加快搜索速度，使用戶更輕鬆地訪問他們感興趣的內容，並為他們提供從未搜索過的優惠。

# 10-2 AI 推薦系統應用實例

- 美聯社使用推薦系統，每季分析近 4,000 條上市公司收益的文章，比記者手動之工作量增加了 12 倍。
- 處理器大廠 NVIDIA 使用 NLG 和 Tableau 的「推薦系統可視化分析」來優化內部報告。
- 可自動生成數千個的網頁，促進了 SEO 工作，使銷售額增長了 5 倍。
- GreatCall 每週使用推薦系統產生超過 50,000 個「個性化敘述」。
- FitBit 使用推薦系統，每週會產生超過 100,000 個摘要，以幫助用戶實現健身目標。
- Google 電子郵件營銷人員使用推薦系統來產生和優化電子郵件的主題文字。使電子郵件主題文字有效利用大量數據來提昇效率；與人工文案撰寫人相比，它在「打開信件」和「點擊廣告」方面獲得很好的效果。

## (1) 內容基礎推薦系統（Content based Recommendation System）

① 針對客戶喜歡的產品的內容或屬性來進行「推薦」。想法是使用某些「關鍵字」來標記產品，根據客戶的喜好，在數據庫中查找這些關鍵字，並推薦具有相同屬性的產品。

② 以內容為依據的計算過程中可能某一特徵比另一特徵重要，所以用「關鍵特徵」的分配權重演算法來進行演算。

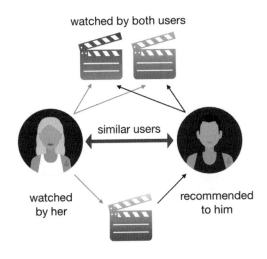

watched by both users

similar users

watched by her

recommended to him

### (2) 協同過濾推薦系統（Collaborative filtering based recommendation system）

該系統的理論根據是：相似的用戶傾向於喜歡相似的物品。基於這樣的假設：如果某用戶過去有類似的興趣，那麼同樣類型的用戶將來也會有類似的興趣。所以「協同過濾」主要的優點是「無需了解詳細內容」，不像「內容基礎」推薦系統要進行大量的內容分析工作。

① 「用戶基礎」的演算法：
- 使用類似相關係數的度量工具來找出與目標用戶相似的用戶。
- 計算用戶未看過的每部電影並賦予評分，再計算每部電影的加權平均值。
- 根據加權平均值的排序，向用戶推薦排序前幾名的電影。

② 「項目基礎」的演算法：
- 使用餘弦（Cosine）度量工具來找出與目標客戶觀看之電影相似的一群電影。
- 計算用戶未看過的每部電影並賦予評分，再計算每部電影的加權平均值。
- 根據加權平均值的排序，向用戶推薦排序前幾名的電影。

### (3) 混合推薦系統（Hybrid recommendation system）

將上述兩種系統（內容基礎推薦系統及協同過濾基礎推薦系統），以適合特定行業（以本例而言是電影業）的方式組合在一起稱為混合推薦系統。這也是最多公司使用的推薦系統，因它結合了兩個推薦系統的優勢，並消除了兩個推薦系統的弱點。

# 10-3 「推薦系統」AI 實例：線上影片平台推薦系統

（完整程式如本書附件 Recommendation_System.ipynb）

以 NETFLIX 公司，根據客戶觀看影片的歷史記錄，用 AI 演算法來找出客戶「未來可能喜歡的影片」為例：（本例使用「內容基礎推薦系統」的演算法）

(1) 將電影資料依《評分》及《影片屬性》進行分類：

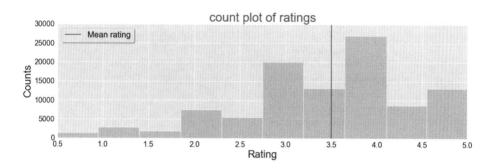

上圖顯示所有評分的分佈，紅線是所有的評分平均值。用戶的評分是重要的內容分析依據。

(2) 將客戶和電影資料進行編碼後再進行人工智慧演算：

本例使用的演算法：

- 獨熱編碼（One-hot encoding）
- 分詞頻率：反向文件頻率編碼（TF-IDF：Term frequency–inverse document frequency encoding）：is Word embeddings scheme.

TF-IDF 是根據資料中某分詞（Term）的「重要性」來衡量之術語（電影的標籤），術語出現的次數越多，其權重就越大。同時，TF-IDF 在整個資料中對分詞的權重與該術語的頻率成反比，即強調在一般資料中罕見的術語，所以 TF-IDF 對特定內容是很重要的指標。

$$w_{x,y} = tf_{x,y} \times \log \left( \frac{N}{df_x} \right)$$

$tf_{x,y}$ = $x, y$ 頻率
$df_x$ = 文件內容 x 出現的數量
$N$ = 文件總數

演算結果如下：

① 排名前 15（觀看最多）的影片：

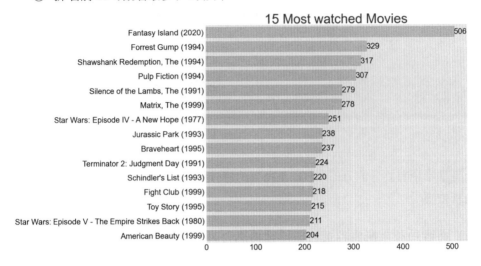

② 所有影片的體裁分佈：

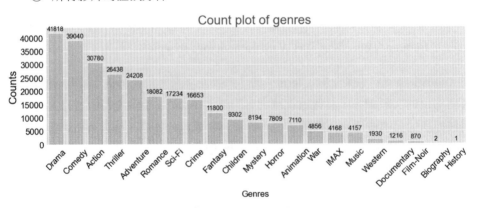

③ 每個用戶的影片觀看記錄：

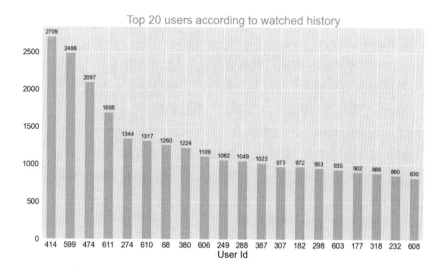

(3) 年度最佳電影：建立最佳影片搜尋函式，找出年度最佳影片如下。

|  | year | nMoviesReleased | mostWatchedMovie |
|---|---|---|---|
| **92** | 1902 | 1 | Trip to the Moon, A (Voyage dans la lune, Le) ... |
| **106** | 1903 | 1 | The Great Train Robbery (1903) |
| **98** | 1908 | 1 | The Electric Hotel (1908) |
| **104** | 1915 | 1 | Birth of a Nation, The (1915) |
| **97** | 1916 | 4 | 20,000 Leagues Under the Sea (1916) |
| **103** | 1917 | 1 | Immigrant, The (1917) |
| **107** | 1919 | 1 | Daddy Long Legs (1919) |
| **93** | 1920 | 2 | Cabinet of Dr. Caligari, The (Cabinet des Dr. ... |
| **100** | 1921 | 1 | Kid, The (1921) |
| **33** | 1922 | 1 | Nosferatu (Nosferatu, eine Symphonie des Graue... |

(4) 人工智慧建立模型：

為單一用戶建立一個推薦系統：可為單一客戶找出某一特定類型的推薦名單。

步驟如下：

① 從資料中建立一個「子資料集」，創建向量來顯示用戶對他 / 她已經看過的電影的評分。

② 再用「獨熱編碼」對電影體裁進行編碼（已在上面完成）。製作成矩陣。

③ 將這兩個矩陣相乘，可以得到電影的加權特徵集。稱為 weighted_genre_matrix，表示用戶觀看過的電影之「體裁興趣」。

④ 匯總加權的體裁，然後對其進行歸一化（normalize）並尋找用戶個人資料。即可清楚表明此客戶比其他類型的人更喜歡動作片。

⑤ 推薦客戶沒有看過的電影：刪除他 / 她看過的所有電影，並刪除重複的數據行。

⑥ 確定哪部電影最適合推薦給用戶。

⑦ 匯總這些加權評級，獲得所有電影的活躍用戶的可能興趣水平。即推薦列表，可以對它們進行排序以對電影進行排名。

## (5) 推薦影片：

輸入任何用戶代碼，影片屬性，影片數量。即可列出推薦系統的演算結果。

**實例 1**：輸入用戶 ID（459），影片屬性選「Action（動作）」，選出 5 支推薦影片，即列出 AI 所選出的影片。結果如下：

① 'Mars Needs Moms (2011)'

② 'Kingsglaive: Final Fantasy XV (2016)'

③ 'Aqua Teen Hunger Force Colon Movie Film for Theaters (2007)'

④ 'Chicken Little (2005)'

⑤ 'Meet the Robinsons (2007)'

**實例 2**：輸入用戶 ID（601），影片屬性選「Drama（戲劇）」，選出 3 支推薦影片，即列出 AI 所選出的影片。結果如下：

① 'Aelita: The Queen of Mars (Aelita) (1924)'

② 'Rubber (2010)'

③ 'Rubber (2010)'

**實例 3**：輸入用戶 ID（006），影片屬性選「Children（兒童）」，選出 1 支推薦影片，即列出 AI 所選出的影片。結果如下：

①　Enchanted (2007)'

**(6) 結論：**

本章的目的是：「簡單的用客戶歷史行為來預測客戶未來行為」。

使用三個 AI 技術：內容基礎推薦系統、協同過濾推薦系統、混合推薦系統。

①　「使用者習慣」的發掘：這部分是巨量資料最大的價值，企業必須善用「使用者習慣」的結論，並記錄在客戶資料中，在每次消費時提醒消費者「系統推薦結果」，可強化消費者體驗及增加滿意度。

②　「類比與對映」：這是新創公司無可避免的困境，每一家新公司都有累積資料不足的問題。「協同過濾推薦系統」和「混合推薦系統」可適時提供新企業支援，因為資料是經由類比與對映的方式產生，雖然準確率只有一點 60-70%；但足以協助新企業開始建立「客戶忠誠度」。

③　推薦系統的延伸：電影平台的推薦系統，亦可用於零售業的產品延伸及推薦上，TF-IDF 的加權法用在廣泛的購物習慣上非常有用，但用在精品或保險商品等少量訂製的產品上並沒有什麼明顯的效用；因為消費習慣是長期累積的，「習慣」並非一二次購物可以成形的，AI 大數據分析也並非靠少量資料可以達成。

④　創造獨特的購物體驗：許多線上購物網站都沉迷於他們自己的推薦引擎。在 AI 演算法和大數據的幫助下，推薦引擎為客戶提供最相關的產品。就像一個自動化的店員。如果你問一件事，它也會暗示你可能感興趣的另一件事。

談到推薦系統，不得不引用 Amazon 的實例：

Amazon 是個科技巨頭，是全球最大的線上零售商場，為客戶提供幾乎所有他們想要的東西。Amazon 的演算法和創新將 Amazon 推向了望而生畏的成功高度。

Amazon 的成功植基於創新的推薦系統。該公司 2021 年第一財季的銷售額，在疫情期間仍增長了 13%，達到 $13.13b，高於去年同期的 $11.91b。這種成長歸因於：

## 將推薦系統應用到幾乎整個購買過程中

Amazon 的「協同過濾」是產品推薦的核心。稱為「協作」，是因為它預測了共同客戶對每個項目的偏好。根據產品到產品的協同過濾，推薦演算法審查用戶最近的購買情況，並針對每次購買提出了建議列表。 Amazon.com 透過驚人的推薦引擎策略所產生的營收已佔其總營收的 35% 以上。Amazon 的產品推薦方式有三種：

① 現場推薦：點擊 Amazon.com 上的「Your Recommendations」鏈接，會看到一個頁面，其中包含專為您推薦的產品。該網站還推薦您瀏覽過的不同類別的產品，以欺騙您可能會點擊、購物或購買的產品。

⑤ 經常一起買：這個建議是為了提高 Amazon.com 的平均訂單價值。它向客戶展示根據客戶購物車中的產品或他們只在現場瞥一眼的下線產品的建議來向上銷售（up-sell）和交叉銷售（cross-sell）客戶。

⑥ 暢銷產品：Amazon.com 為尋求最新產品的購物者推薦最暢銷的產品。「暢銷」（Best-selling）類別在推薦中增加了「證明元素」，即「其他人購買了它，你也應該購買」。例如特定類別的暢銷書幫助客戶找到熱門產品，並從他們以前可能從未體驗過的新賣家那裡購買，從而展開了另一個全新的追加銷售和交叉銷售機會。

# 實戰演練

# A-1 用「最佳關鍵字」進行「品牌定位」（Keyword Confirm）

（程式名：Keyword_confirm.ipynb）

## 1. 找到資料來源

網路爬蟲是用 Python 去模擬使用者操作瀏覽器的行為。其中抓資料的關鍵就是「Get 請求」。「Get 請求」的工作說明如下：

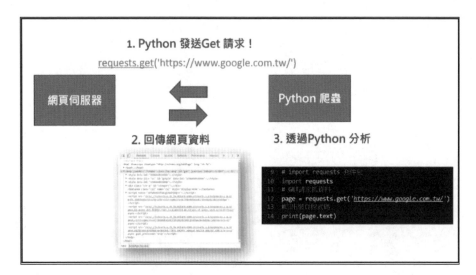

例如我們要抓的資料是「台灣武漢肺炎確診資訊」，資料來源是由衛生福利部疾病管制署所公布的【地區年齡性別統計表 - 嚴重特殊傳染性肺炎 - 依個案研判日統計】。透過這個資料集來幫助我們抓到台灣第一個案例資料。

那這時我們該如何找到資料來源呢？進入網頁後可以點選 JSON 按鈕，就會彈出一個新視窗。如同我們前篇提到的一樣，當我們在網址列輸入資料後按下 Enter 就是發送「Get 請求」。所以新視窗中的網址就是我們的資料來源。

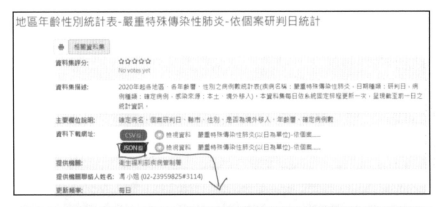

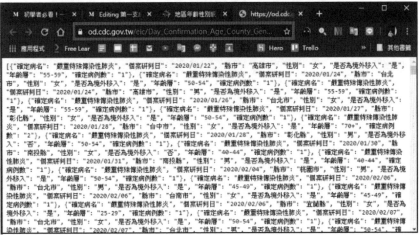

## 2. 韓劇聲量分析

(1) 將台灣地區流覽數最高的八個新聞平台及其網址放入名單。進行網路爬蟲工作。

(2) 預設存檔規格，並擷取資料。

資料擷取中 .....

1 Google 新聞 - 韓劇

2 Yahoo 新聞 -- 韓劇

3 KSD 韓星網

4 TVBS 新聞 -- 韓劇

5 ETToday 新聞 -- 韓劇

6 Google 新聞 - 韓星

7 自由時報 -- 韓劇

8 聯合新聞 -- 韓劇

資料擷取完成！

```
import requests
from bs4 import BeautifulSoup
import pandas as pd
from datetime import datetime

channel=['Google新聞-韓劇','Yahoo新聞--韓劇','KSD韓星網','TVBS新聞--韓劇',
        'ETToday新聞--韓劇','Google新聞-韓星','自由時報--韓劇','聯合新聞--韓劇'
        ]

url=['https://news.google.com/search?q=%E9%9F%93%E5%8A%87&hl=zh-TW&gl=TW&ceid=TW%3Azh-Hant',
    'https://movies.yahoo.com.tw/tagged/%E9%9F%93%E5%8A%87',
    'https://www.koreastardaily.com/',
    'https://news.tvbs.com.tw/news/searchresult/%E9%9F%93%E5%8A%87/news',
    'https://www.ettoday.net/news/tag/%E9%9F%93%E5%8A%87/',
    'https://news.google.com/search?q=%E9%9F%93%E6%98%9F&hl=zh-TW&gl=TW&ceid=TW%3Azh-Hant',
    'https://news.ltn.com.tw/topic/%E9%9F%93%E5%8A%87',
    'https://udn.com/search/tagging/2/%E9%9F%93%E5%8A%87'
    ]

Crawl_Result=['','','','','','','','']
Article=['','','','','','','','']
CrawlTime=['','','','','','','','']
print ('資料擷取中.....')
for i in range(len(url)):
    print (i+1,channel[i])
    r = requests.get(url[i])
    r.encoding = 'utf-8'
    web_content = r.text
    Crawl_Result[i] = BeautifulSoup(r.text,'lxml')
    CrawlTime[i]=datetime.now()
print ('資料擷取完成！')
```

(3) 文章整理，刪除「無意義的符號及贅詞」以減少運算時間。

```
# 無意義字元表，可以自行新增
removeword = ['Google','新聞搜尋','帳戶','搜尋','地圖','YouTube','Play','新聞','Gmail','Meet','聯絡人','雲端硬碟',
            '日曆','翻譯','相片','Duo','Chrome','文件','試算表','簡報','圖書','Blogger','Hangouts','Keep','Jamboard',
            'Ads','播客','旅遊','表單','登入','Android','應用程式','下載','iOS','隱私權政策','條款','App',
            '網頁','搜尋','首頁','本週','新片','上映中','即將上映','預告片','排行榜','情報站',
            'flag','台灣','public','國際','room','地方','business','商業','experiment','科學與科技','theaters','娛樂',
            'directions','bike','體育','fitness','center','健康','語言與地區','中文','設定','提供意見','說明','關於',
            'Chat','地球','最愛','藝文','更多','提供的','內容','headline','焦點','foryou','為你推薦','starborder','追蹤中',
            'search','已儲存的資訊','COVID19',
            'span','class','f3','https','imgur','hl','_ blank','href','rel',
            'nofollow','target','cdn','cgi','b4','jpg','hl','b1','f5','f4',
            'goo.gl','f2','email','map','f1','f6','_cf__','data','bbs',
            'html','cf','f0','b2','b3','b5','b6','原內容','原文連結','作者',
            '標題','時間','看板','<','>',' ',',','.','?','-','開聊',']','/','、',
            '=',',','\n',',','「','」','│','╦','┴','┬','╗','╝','┐','┘',
            ',',',',',',',',',',',',',',',',',',',',',',',',',',',',',',',',',
            '┼','┤','┴','┼',';',';','↓','。','?','→','(',')',',','║','┴','┼','━',
            ',',',',',',',',',',',',',',',',',',',',',',',',',',',',',',','#','(',')',
            ',',',',',',',',',',',',',',',',',',',',',',',',','@','+',''','\r',
            ',','─',')','(','-','━','?',',',',',',',','#',',',
            '\l','\n\n\n\n\n\n\n','\n\n\n']

# 移除無意義字元列
for word in removeword:
    for i in range(len(url)):
        Article[i] = Crawl_Result[i].get_text()
        Article[i] = Article[i].replace(word,'')
```

整理存檔如下：

```
pd.set_option("display.max_colwidth",25)

df=pd.DataFrame({"Date":CrawlTime,
                 "Source":channel,
                 "Text":Article,
                 })

for i in range(len(url)):
    df["Date"][i]= CrawlTime[i]
    df["Source"][i]= channel[i]
    df["Text"][i]  = Article[i]
df.to_csv('CrawlNews/Korea.csv')
display(df)
```

檔案內容如下：

| | Date | Source | Text |
|---|---|---|---|
| 0 | 2021-07-11 23:12:42.79... | Google新聞-韓劇 | Google 新聞 - 搜尋新聞Googl... |
| 1 | 2021-07-11 23:12:43.71... | Yahoo新聞--韓劇 | \n韓劇\n首頁\n信箱\n新聞\n股市\... |
| 2 | 2021-07-11 23:12:44.51... | KSD韓星網 | \nKSD 韓星網\n新聞 \nKPO... |
| 3 | 2021-07-11 23:12:45.18... | TVBS新聞--韓劇 | 搜尋:韓劇 第1頁 | TVBS新聞網\n\n... |
| 4 | 2021-07-11 23:12:45.71... | ETToday新聞--韓劇 | 韓劇相關新聞報導、懶人包、照片、影片、評價... |
| 5 | 2021-07-11 23:12:47.36... | Google新聞-韓星 | Google 新聞 - 搜尋新聞Googl... |
| 6 | 2021-07-11 23:12:48.31... | 自由時報--韓劇 | 「韓劇」 - 相關新聞 - 自由時報電子報... |
| 7 | 2021-07-11 23:12:48.78... | 聯合新聞--韓劇 | \n 韓劇 | 搜尋標籤 | 聯合新聞網 ... |

(4) Snownlp：

Python 中有一項免費的 Snownlp 套件，雖然準度不如大公司所建造的情緒分析系統精準，但經過測試後，Snownlp 的分析結果，也同樣是具有參考價值的。

```
import jieba.analyse
import pandas as pd
import jieba
import numpy as np
from snownlp import SnowNLP
import matplotlib.pyplot as plt

jieba.set_dictionary('NLP_Chinese/traditional_Chinese.txt')

# 讀入爬蟲資料
KoreaDrama=pd.read_csv('CrawlNews/Korea.csv',encoding='utf-8',engine='python',error_bad_lines=False) #開啟檔案

#設定你關心的影劇名稱
movie = ['我的室友是九尾狐','模範計程車','大發不動產','遺物整理師','哲仁王后','如蝶翩翩','女神降臨','怪物','屍戰朝鮮','MOUSE',
         '黑道律師文森佐','朝鮮驅魔師','愛的迫降']

#所有文章和標題都串在一起
thearticle = KoreaDrama['Text']
theSTR =  KoreaDrama['Text'].sum()

s = SnowNLP(theSTR)
```

移除無意義字元，並統計：

```
# 移除無意義字元列
for word in removeword:
    thearticle = thearticle.replace(word,'')

tatal_movie = []

tatal_NLP = []
for mov in movie:
    count = 0
    tatal_sentence = 0
    for art in thearticle:
        if mov in art:
            count = count +1
    tatal_movie.append(count)

    for sentence in s.sentences:
        if mov in sentence:
            tatal_sentence = tatal_sentence +SnowNLP(sentence).sentiments
    tatal_NLP.append(tatal_sentence)

WebCount=pd.DataFrame({"Movie":movie,
                       "NLP":tatal_NLP,
                       "Count":tatal_movie
                       })
WebCount
```

結果如下：每個韓劇的正面情緒（正聲量）及文章數量。

| | Movie | NLP | Count |
|---|---|---|---|
| 0 | 我的室友是九尾狐 | 12.392571 | 6 |
| 1 | 模範計程車 | 2.014881 | 2 |
| 2 | 大發不動產 | 5.240790 | 2 |
| 3 | 遺物整理師 | 6.655753 | 4 |
| 4 | 哲仁王后 | 0.985663 | 1 |
| 5 | 如蝶翩翩 | 5.686777 | 2 |
| 6 | 女神降臨 | 1.147801 | 1 |
| 7 | 怪物 | 5.210605 | 1 |
| 8 | 屍戰朝鮮 | 2.888336 | 2 |
| 9 | MOUSE | 1.241389 | 1 |
| 10 | 黑道律師文森佐 | 6.213932 | 4 |
| 11 | 朝鮮驅魔師 | 2.850963 | 1 |
| 12 | 愛的迫降 | 0.959717 | 3 |

(5) 視覺呈現：

```
import plotly.express as px

grp = WebCount.groupby(["Movie"])["Count"].sum().reset_index()
grp["Text"] = grp["Movie"] + " : "+ grp["Count"].astype(str)
display(grp)

barchart = px.bar(
    data_frame = grp,
    x='Movie',
    y='Count',
    title="上述主要媒體的聲量統計 (Count by Movie) ",
    orientation ="h",
    barmode="group",
    text="Text")
barchart.update_xaxes()
barchart.update_yaxes()
barchart.update_layout(title_x=0.5)
```

一目了然每部韓劇的知名度，行銷人員可根據本圖決定在那一部韓劇播出時投放廣告。

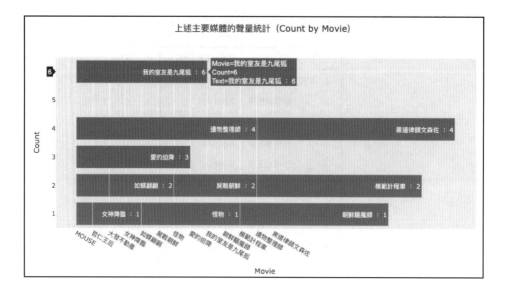

(6) 正能量（正聲量分析）如圖，這部分是 SnowNLP(sentence).sentiments 計算結果。

```
import plotly.express as px
fig = px.bar(WebCount, x='Movie', y='NLP',title="NLP正能量分析結果（by Accumulation）")
fig.show()
```

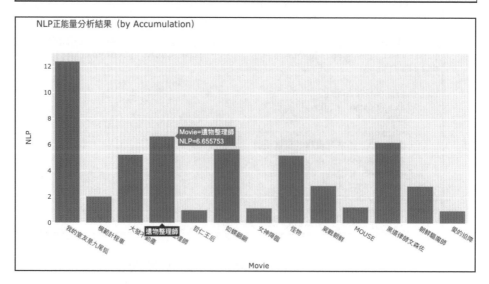

(7) 將聲量及正能量作成矩陣分析

```
import plotly.express as px
## trendline = 'ols' allow us to draw a trendline
fig = px.scatter(WebCount,x="Count", y = "NLP", trendline = 'ols',size='Count',
                 size_max=40,hover_name='Movie',
                 title="聲量矩陣分析")
#fig.write_image(path + "figscat.png")
fig.show()
```

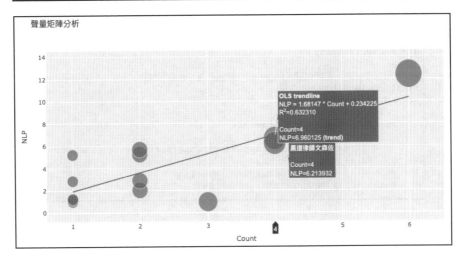

(8) 進階情緒分析:加入正聲量後,將所有韓劇組合成專業列表,並以視覺呈現。

① 情緒分析前,仍要先排除無意義字元(符號及無意詞)

```
import jieba.analyse
import pandas as pd
import jieba
import numpy as np
from snownlp import SnowNLP

jieba.set_dictionary('NLP_Chinese/traditional_Chinese.txt')

# 無意義字元列表,可以自行新增
removeword = ['Google','新聞搜尋','帳戶','搜尋','地圖','YouTube','Play','新聞','Gmail','Meet','聯絡人','雲端硬碟',
              '日曆','翻譯','相片','Duo','Chrome','文件','試算表','簡報','圖書','Blogger','Hangouts','Keep','Jamboard',
              'Ads','播客','旅遊','表單','登入','Android','應用程式','下載','iOS','隱私權政策','條款','App',
              '網頁','搜尋','首頁','本週','新片','上映中','即將上映','預告片','排行榜','情報站',
              'flag','台灣','public','國際','地方','business','商業','experiment','科學與科技','theaters','娛樂',
              'directions','bike','體育','fitness','center','健康','語言與地區','中文','設定','提供意見','說明','關於',
              'Chat','地球','最愛','藝文','更多','提供的','內容','headline','焦點','foryou','為你推薦','starborder','追蹤中',
              'search','已儲存的資訊','COVID19',
              'span','class','f3','https','imgur','h1','_','blank','href','rel',
              'nofollow','target','cdn','cgi','b4','jpg','h1','b1','f5','f4',
              'goo.gl','f2','email','map','f1','f6','cf___','data','bbs',
              'html','cf','f0','b2','b3','b5','b6','原文內容','原文連結','作者',
              '標題','時間','看板','<','>','.','·','?','-','開聊','、',
              '=','\n',')','(','「','」','『','』','|','|','T','l','丨','』','。',
              '|','+','+','+','*','_','-','○','''','~','@','+','\r',
              '_',')','(','-','-','?',',','』','『','│','.','=',
              '\l','\n\n\n\n\n\n\n','\n\n\n']

#設定你關心的影劇名稱
movie = ['我的室友是九尾狐','模範計程車','大發不動產','遺物整理師','哲仁王后','如蝶翩翩','女神降臨','怪物','屍戰朝鮮','MOUSE',
         '黑道律師文森佐','朝鮮驅魔師','愛的迫降','']
```

② 情緒分析程式如下：SnowNLP(sentence).sentiments

```python
KoreaDrama=pd.read_csv('CrawlNews/Korea.csv')  #開啟檔案

#所有文章和標題都串在一起
thearticle = KoreaDrama['Text']
#所有文章和標題都串在一起
theSTR =  KoreaDrama['Text'].sum()

#  移除無意義字元列
for word in removeword:
    theSTR = theSTR.replace(word,'')

s = SnowNLP(theSTR)

#搜尋每個句子中，有出現該品牌的名稱，就分析該句子的情緒
tatal_movie = []
for mov in movie:
    tatal_sentence = []
    for sentence in s.sentences:
        if mov in sentence:
            tatal_sentence.append(SnowNLP(sentence).sentiments)
        else:
            tatal_sentence.append(None)
    tatal_movie.append(tatal_sentence)
```

③ 存檔

```python
dic = {
        '報導內容': s.sentences,
        'Relativity': tatal_movie[0],
        '我的室友是九尾狐': tatal_movie[1],
        '模範計程車': tatal_movie[2],
        '大發不動產': tatal_movie[3],
        '遺物整理師': tatal_movie[4],
        '哲仁王后': tatal_movie[5],
        '如蝶翩翩': tatal_movie[6],
        '女神降臨': tatal_movie[7],
        '怪物': tatal_movie[8],
        '屍戰朝鮮': tatal_movie[9],
        'MOUSE': tatal_movie[10],
        '黑道律師文森佐': tatal_movie[11],
        '朝鮮驅魔師': tatal_movie[12],
        '愛的迫降':tatal_movie[13],
    }

movie_NLP = pd.DataFrame(dic)
movie_NLP.to_csv('CrawlNews/movie_NLP.csv')
movie_NLP
```

④ 列表如下：

| | 報導內容 | Relativity | 我的室友是九尾狐 | 模範計程車 | 大發不動產 | 遺物整理師 | 哲仁王后 | 如蝶翩翩 | 女神降臨 | 怪物 | 屍戰朝鮮 | MOUSE | 黑道律師文森佐 | 朝鮮驅魔師 | 愛的迫降 |
|---|---|---|---|---|---|---|---|---|---|---|---|---|---|---|---|
| 0 | foryoustarborderCOVID... | 0.000000 | 0.0 | 0.0 | 0.000000 | 0.0 | 0.0 | NaN | 0.0 | 0.0 | NaN | 0.000000 | NaN | NaN | 0.000000 |
| 1 | 睽違了6年皮克斯原班人馬回歸帶來了《Car... | NaN | NaN | NaN | NaN | NaN | NaN | NaN | NaN | NaN | NaN | NaN | NaN | NaN | 0.361316 |
| 2 | 但一切充滿了重重阻礙閃電麥坤是否能再次回到... | NaN | NaN | NaN | NaN | NaN | NaN | NaN | NaN | NaN | NaN | NaN | NaN | NaN | 0.000056 |
| 3 | 已經為《Cars》《Cars2》獻出4首作... | NaN | NaN | NaN | NaN | NaN | NaN | NaN | NaN | NaN | NaN | NaN | NaN | NaN | 0.922099 |
| 4 | 備受迪士尼推崇的創作女歌手ZZWard與葛... | NaN | NaN | NaN | NaN | NaN | NaN | NaN | NaN | NaN | NaN | NaN | NaN | NaN | 0.978130 |
| 5 | 除此之外亦收錄多首驚喜翻作StevieWo... | NaN | NaN | NaN | NaN | NaN | NaN | NaN | NaN | NaN | NaN | NaN | NaN | NaN | 0.999700 |
| 6 | 吉他小清新JamesBay翻唱美國草根天王... | NaN | NaN | NaN | NaN | NaN | NaN | NaN | NaN | NaN | NaN | NaN | NaN | NaN | 0.976005 |
| 7 | 另也收錄迪士尼墨西哥新秀JorgeBlan... | NaN | 1.0 | NaN | 1.000000 | NaN | NaN | NaN | NaN | NaN | 1.000000 | NaN | NaN | NaN | 1.000000 |
| 8 | 愛情劇女王徐玄振也讓粉絲等了3年治癒浪漫新... | NaN | NaN | NaN | NaN | NaN | NaN | NaN | NaN | NaN | NaN | NaN | NaN | NaN | 0.999521 |
| 9 | 還有淨化眼球的俊男美女CP安孝燮金裕貞的古... | 1.000000 | 1.0 | 1.0 | 1.000000 | NaN | 1.0 | 1.0 | NaN | NaN | 1.000000 | NaN | NaN | 1.000000 | 1.000000 |
| 10 | 如果你還沒開追拜託不管是什麼阻礙了你都請放... | 0.997938 | NaN | NaN | 0.997938 | NaN | NaN | NaN | NaN | NaN | 0.997938 | 0.997938 | 0.997938 | 0.997938 | 0.997938 |

將每一個關鍵字（韓劇名）對照正聲量統計結果。可一目了然每一文章對該關鍵字的正聲量統計。

⑤ 進階的正聲量表格呈現如下：

```
movie_NLP=pd.read_csv('CrawlNews/movie_NLP1.csv',encoding='utf-8',engine='python',error_bad_lines=False)  #開啟檔案
pd.set_option("display.max_colwidth",8)

# 一個典型 chain pandas 函式的例子
(movie_NLP.style
    .format('{:.40s}',subset='報導內容')
    # 設顯示小數位數，並將缺失值格式化為'-'
    .format('{:.3f}',na_rep="-",subset=['Relativity','我的室友是九尾狐','模範計程車','大發不動產',
                                         '遺物整理師','哲仁王后','如蝶翩翩','女神降臨','怪物',
                                         '屍戰朝鮮','MOUSE','黑道律師文森佐','朝鮮驅魔師','愛的迫降'])
    .set_caption('★ NLP 分析詳細結果 ☆')
    .hide_index()
    .highlight_max(color='lightgreen')
    .highlight_min(color='#cd4f39')
    .bar(subset=['Relativity'], color='#d65fff')
    #.background_gradient(cmap='Greens')
    #.highlight_null()
    .applymap(lambda x: f"color: {'blue' if isinstance(x,str) else 'black'}")
)
```

★ NLP 分析詳細結果 ☆

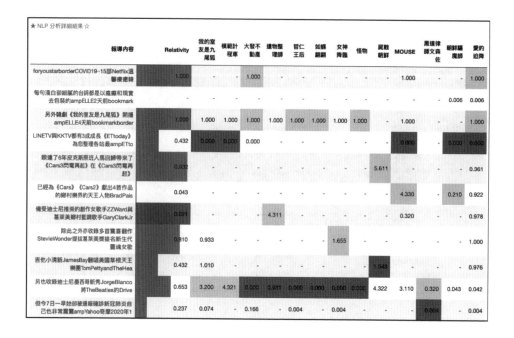

| 報導內容 | Relativity | 我的室友是九尾狐 | 模範計程車 | 大發不動產 | 遺物整理師 | 哲仁王后 | 如蝶翩翩 | 女神降臨 | 怪物 | 屍戰朝鮮 | MOUSE | 黑道律師文森佐 | 朝鮮驅魔師 | 愛的迫降 |
|---|---|---|---|---|---|---|---|---|---|---|---|---|---|---|
| foryoustarborderCOVID19~15部Netflix溫馨療癒篇 | 1.000 | - | - | 1.000 | | | | | | - | 1.000 | | - | 1.000 |
| 每句潔白卧細膩的台詞都是以鼠窩和現實去包裝的ampELLE2天前bookmark | | | | | | | | | | | | | 0.006 | 0.006 |
| 另外韓劇《我的室友是九尾狐》開播ampELLE4天前bookmarkborder | 1.000 | 1.000 | 1.000 | 1.000 | 1.000 | 1.000 | 1.000 | 1.000 | 1.000 | | 1.000 | | | 1.000 |
| LINETV與KKTV都有3成成長《ETtoday》為您整理各站ampETto | 0.432 | 0.000 | | 0.000 | | | | | | | 0.000 | | 0.000 | 0.000 |
| 跟遘了6年皮克斯原班人馬回歸帶來了《Cars3閃電再起》在《Cars3閃電再起》 | 0.932 | | | | | | | | | 5.611 | | | | 0.361 |
| 已經為《Cars》《Cars2》獻出4首作品的鄉村樂界的天王人物BradPais | 0.043 | | | | | | | | | | 4.330 | | 0.210 | 0.922 |
| 備受迪士尼推崇的創作女歌手ZZWard與葛萊美鄉村藍調歌手GaryClark.Jr | 0.021 | | | 4.311 | | | | | | | 0.320 | | | 0.978 |
| 除此之外亦收錄多首驚喜翻作StevieWonder提拔葛萊美獎提名新生代靈魂女歌 | 0.810 | 0.933 | | | | | | 1.655 | | | | | | 1.000 |
| 吉他小清新JamesBay翻唱美國草根天王樂團TomPettyandTheHea | 0.432 | 1.010 | | | | | | | | 1.543 | | | | 0.976 |
| 另也收錄迪士尼墨西哥新秀JorgeBlanco將TheBeatles的Drive | 0.653 | 3.200 | 4.321 | 0.000 | 0.931 | 0.000 | 0.000 | 0.000 | 0.000 | 4.322 | 3.110 | 0.320 | 0.043 | 0.042 |
| 但今7日一早她卻被通報確診新冠肺炎自己也非常震驚ampYahoo奇摩2020年1 | 0.237 | 0.074 | | 0.166 | | 0.004 | | 0.004 | | | | 0.004 | | 0.004 |

# A-2 從「夯話題」進行「流行趨勢分析」（Dedicated analytics）

（程式名：Dedicated_analytics.ipynb）

## 1. pytrends.build_payload 和 pytrends.suggestions 應用實例

找出台灣地區，2020-01-01 到 2021-01-15 期間，「面膜」一詞的建議關鍵字。

```
from pytrends.request import TrendReq
import pandas as pd
pytrends = TrendReq(hl='TW',tz=360)
keyword='面膜'
pytrends.build_payload(kw_list=keyword,cat=0,timeframe='2020-01-01 2021-01-15',
geo='TW',gprop='')
keywords = pytrends.suggestions(keyword)
df = pd.DataFrame(keywords)
df.drop(columns= 'mid')
```

| | title | type |
|---|---|---|
| 0 | Facial | Topic |
| 1 | Facial mask | Topic |
| 2 | LANEIGE Water Sleeping Mask | Topic |
| 3 | Sheet Mask | Topic |
| 4 | Facial Scrub | Topic |

## 2. pytrends.build_payload 和 pytrends.interest_over_time 應用實例：

找出台灣地區 2020-09-01 到 2021-01-15 期間，「五個美妝品牌」媒體露出比較。

```python
from pytrends.request import TrendReq
# Only need to run this once, the rest of requests will use the same session.
pytrends = TrendReq(hl='TW',tz=360)
kw_list = ['雅詩蘭黛','LANCOME','KATE','奇士美','YSL']
pytrends.build_payload(kw_list,cat=0,timeframe='2020-07-01 2020-12-24',geo='TW',
gprop='')
df = pytrends.interest_over_time()
df = df.drop('isPartial',axis=1)
df.to_csv('pytrend/pytrend_interest.csv', encoding='utf_8_sig')
df
```

| date | 雅詩蘭黛 | LANCOME | KATE | 奇士美 | YSL |
|---|---|---|---|---|---|
| 2020-07-01 | 33 | 5 | 9 | 0 | 19 |
| 2020-07-02 | 19 | 14 | 10 | 0 | 39 |
| 2020-07-03 | 24 | 0 | 19 | 0 | 29 |
| 2020-07-04 | 16 | 5 | 0 | 0 | 47 |
| 2020-07-05 | 26 | 10 | 16 | 0 | 37 |
| ... | ... | ... | ... | ... | ... |
| 2020-12-27 | 17 | 11 | 23 | 0 | 73 |
| 2020-12-28 | 27 | 11 | 16 | 0 | 55 |
| 2020-12-29 | 16 | 0 | 22 | 0 | 65 |
| 2020-12-30 | 0 | 6 | 11 | 6 | 68 |
| 2020-12-31 | 23 | 0 | 6 | 0 | 35 |

184 rows × 5 columns

視覺呈現：「五個美妝品牌」媒體搜尋量比較：

```
#視覺呈現：「五個美妝品牌」媒體搜尋量比較
import plotly.express as px
fig=px.line(df, x=df.index,y=df.columns,template="seaborn")
fig.update_layout(hovermode="x unified")

fig.update_layout(
    hoverlabel=dict(bgcolor="white", font_size=12,font_family="Arial" )
)

fig.update_layout(
    title="台灣地區 五大美妝品牌 媒體搜尋量比較",
    xaxis_title="日期",
    yaxis_title="Y Axis Title",
    legend_title="網路聲量數",
    font=dict(family="Arial",size=18, color="darkred")
)

fig.update_layout(
    title={
        'y':0.95,
        'x':0.5,
        'xanchor': 'center',
        'yanchor': 'top'}
)
```

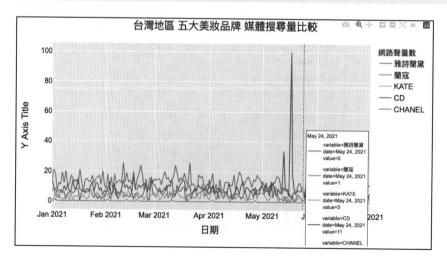

3. pytrends.get_historical_interest：按興趣搜尋。

4. pytrends.interest_by_region：按國家 / 地區搜尋。

(1) pytrends.get_historical_interest 和 pytrends.get_historical_interest 應用實例：按主要媒體內容之「關鍵字」來搜尋，然後選擇前 10 個「國家 / 地區」。可以看到每個「國家 / 地區」的搜索量。

全球美妝五大品牌，按「CD」排名前 40 名國家之搜尋量，按降序排序程式如下：

```
import pandas as pd
from pytrends.request import TrendReq
kw_list = ['LANCOME','KATE','YSL','CHANEL','CD']
pytrends = TrendReq()
pytrends.get_historical_interest(kw_list)
df4_ibr = pytrends.interest_by_region(resolution='COUNTRY') # CITY, COUNTRY or REGION
df4_ibr.sort_values('CD', ascending=False).head(50)
```

結果如下：

| geoName | LANCOME | KATE | YSL | CHANEL | CD | geoName | LANCOME | KATE | YSL | CHANEL | CD |
|---|---|---|---|---|---|---|---|---|---|---|---|
| Mexico | 1 | 9 | 0 | 6 | 84 | Bulgaria | 4 | 29 | 2 | 21 | 44 |
| Japan | 0 | 4 | 3 | 10 | 83 | Netherlands | 4 | 26 | 2 | 24 | 44 |
| Brazil | 1 | 8 | 0 | 12 | 79 | Finland | 6 | 33 | 4 | 14 | 43 |
| South Korea | 1 | 14 | 4 | 15 | 66 | Switzerland | 3 | 31 | 3 | 21 | 42 |
| Czechia | 4 | 24 | 1 | 12 | 59 | Pakistan | 1 | 32 | 2 | 23 | 42 |
| Argentina | 3 | 28 | 0 | 13 | 56 | Italy | 3 | 30 | 3 | 24 | 40 |
| Spain | 4 | 22 | 1 | 18 | 55 | France | 4 | 28 | 3 | 26 | 39 |
| Germany | 3 | 25 | 2 | 16 | 54 | Greece | 8 | 33 | 4 | 18 | 37 |
| Slovakia | 3 | 27 | 1 | 15 | 54 | Denmark | 5 | 28 | 5 | 26 | 36 |
| Hungary | 3 | 29 | 1 | 14 | 53 | Egypt | 3 | 33 | 3 | 25 | 36 |
| Indonesia | 1 | 18 | 2 | 27 | 52 | Ukraine | 9 | 26 | 4 | 25 | 36 |
| Turkey | 6 | 22 | 3 | 18 | 51 | South Africa | 1 | 46 | 1 | 17 | 35 |
| Romania | 6 | 18 | 2 | 24 | 50 | Croatia | 5 | 34 | 4 | 22 | 35 |
| Poland | 5 | 26 | 3 | 17 | 49 | Vietnam | 10 | 10 | 9 | 37 | 34 |
| Belgium | 2 | 27 | 2 | 21 | 48 | Iran | 6 | 32 | 2 | 27 | 33 |
| Serbia | 4 | 26 | 3 | 20 | 47 | Philippines | 1 | 42 | 4 | 22 | 31 |
| India | 0 | 35 | 1 | 18 | 46 | United Kingdom | 3 | 46 | 5 | 18 | 28 |
| Russia | 5 | 24 | 4 | 22 | 45 | Taiwan | 3 | 15 | 28 | 26 | 28 |
| Portugal | 3 | 29 | 2 | 21 | 45 | United States | 2 | 49 | 3 | 18 | 28 |
| Austria | 2 | 34 | 2 | 18 | 44 | Sweden | 5 | 45 | 5 | 20 | 25 |

圖形呈現如下：

```
import matplotlib
from matplotlib import pyplot as plt

df5 = df4_ibr.sort_values('CD', ascending=False).head(40)
df5.reset_index().plot(x='geoName', y=['LANCOME','KATE','YSL','CHANEL','CD'],
kind ='bar', stacked=True,title="Searches by Country")

plt.rcParams["figure.figsize"] = [18, 8]
plt.title("Searches by Country",fontsize = 40)
plt.legend(fontsize=16)
plt.xticks(fontsize=16, rotation=90)
plt.yticks(fontsize=16, rotation=0)
plt.xlabel("Country",fontsize=23)
plt.ylabel("Ranking",fontsize=20)
```

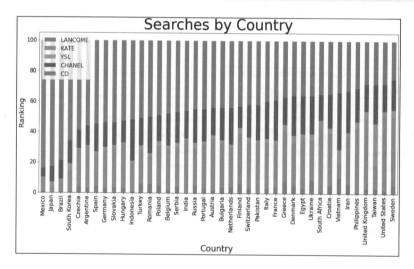

(2) Pytrends.interest_by_region 應用實例：按主要媒體內容之「關鍵字」來搜尋，
    然後選擇「國家 / 地區」＝美國，「關鍵字」＝全球美妝五大品牌。列出每個
    「地區」（REGION）的搜索量。

結果按「LANCOME」降序排序程式如下：

```
pytrend = TrendReq(hl='en-US',geo = 'US', tz=360)
pytrends.build_payload(kw_list, geo='US')
```

```
df6 = pytrends.interest_by_region(resolution='REGION', inc_low_vol=True)
df6.sort_values('LANCOME', ascending=False)

df6.reset_index().plot(x='geoName',y=['LANCOME','KATE','YSL','CHANEL','CD'],
kind='bar', stacked=True)

plt.rcParams["figure.figsize"] = [20, 8]
plt.title("Searches for USA",fontsize = 30)
plt.legend(fontsize=16)
plt.xticks(fontsize=16, rotation=90)
plt.yticks(fontsize=16, rotation=0)
plt.xlabel("Country",fontsize=23)
plt.ylabel("Ranking",fontsize=20)
```

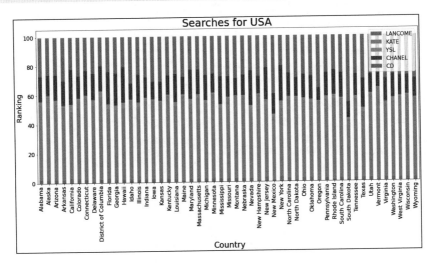

(3) pytrends.get_historical_interest 和 Pytrends.interest_by_region 應用實例：按主要媒體內容之「關鍵字」來搜尋，然後選擇「國家 / 地區」＝台灣，「關鍵字」＝全球美妝五大品牌。列出每個「都市」（'CITY'）的搜索量。

結果按「CHANEL」降序排序程式如下：

```
pytrends.build_payload(kw_list, geo='TW')
pytrends.get_historical_interest(kw_list)

df_ibr = pytrends.interest_by_region(resolution='CITY') # CITY, COUNTRY or REGION
df_ibr.sort_values('CHANEL', ascending=False).head(20)
```

| | LANCOME | KATE | YSL | CHANEL | CD |
|---|---|---|---|---|---|
| **geoName** | | | | | |
| **Taipei City** | 3 | 15 | 27 | 31 | 24 |
| **New Taipei City** | 3 | 15 | 29 | 27 | 26 |
| **Kaohsiung City** | 2 | 13 | 30 | 26 | 29 |
| **Taichung City** | 2 | 13 | 30 | 26 | 29 |
| **Taoyuan City** | 3 | 15 | 28 | 26 | 28 |
| **Tainan City** | 2 | 16 | 24 | 20 | 38 |

(4) pytrends.get_historical_interest 應用實例：

按主要媒體內容之「關鍵字」來搜尋，然後選擇「國家 / 地區」＝台灣，期間＝
2020/12/1 00:00 ～ 2021/1/15 00:00，「關鍵字」='covid-19'。可以看到每個「地區」的搜索量。 結果按時間（每小時）排序，程式如下：

```
import pandas as pd
from pytrends.request import TrendReq
pytrend = TrendReq(hl='en-US',geo = 'TW', tz=360)

df1=pytrends.get_historical_interest(['covid-19'], year_start=2020,
month_start=12, day_start=1, hour_start=0, year_end=2021, month_end=1, day_end=15,
hour_end=0, cat=0, geo='TW', gprop='', sleep=0)['covid-19']
df2=df1.to_frame()
df2
```

| | covid-19 |
|---|---|
| **date** | |
| **2020-12-01 00:00:00** | 44 |
| **2020-12-01 01:00:00** | 49 |
| **2020-12-01 02:00:00** | 40 |
| **2020-12-01 03:00:00** | 44 |
| **2020-12-01 04:00:00** | 26 |
| ... | ... |
| **2021-01-14 20:00:00** | 21 |
| **2021-01-14 21:00:00** | 50 |
| **2021-01-14 22:00:00** | 41 |
| **2021-01-14 23:00:00** | 39 |
| **2021-01-15 00:00:00** | 36 |

1087 rows × 1 columns

視覺互動圖程式如下：

```
mport plotly.express as px
fig=px.line(df2, x=df2.index,y=df2.columns,template="plotly_white")
fig.update_layout(
    hoverlabel=dict( bgcolor="white",font_size=16,font_family="Arial")
)
fig.update_layout(
    title="關鍵字「covid-19」：台灣地區網路搜尋量變化",
    xaxis_title= '日期以小時為單位',
    yaxis_title='每小時網路聲量數',
    showlegend=False,
    font=dict(family="Arial",size=18,color="darkblue" )
)

fig.update_layout(
    title={
        'y':0.9,
        'x':0.5,
        'xanchor': 'center',
        'yanchor': 'top'}
)
```

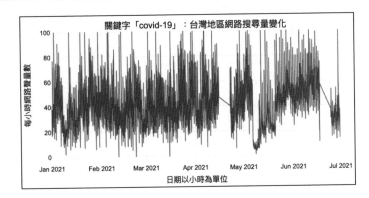

## 5. pytrends.top_charts：獲取 Google 熱門話題排行榜

(1) pytrends.top_charts 應用實例：2020 年，台灣的熱門話題排行

```
date = 2020
pytrends.top_charts(date, geo='TW')
```

| | title | exploreQuery |
|---|---|---|
| 0 | 美國總統大選 | 美國 總統 大選 |
| 1 | 武漢肺炎 | 武漢 肺炎 |
| 2 | 動滋券 | 動滋 券 |
| 3 | 劉真 | 劉真 |
| 4 | 小鬼 | |
| 5 | 藝FUN券 | 藝 FUN 券 |
| 6 | 愛的迫降 | 愛 的 迫降 |
| 7 | 以家人之名 | 以 家人 之 名 |
| 8 | 川普 | 川普 |
| 9 | 夫妻的世界 | 夫妻 的 世界 |

(2) pytrends.top_charts 應用實例：2020 年，美國的熱門話題排行

```
date = 2020
pytrends.top_charts(date, hl='en-US', tz=300, geo='US')
```

| | title | exploreQuery |
|---|---|---|
| 0 | Election results | |
| 1 | Coronavirus | |
| 2 | Kobe Bryant | |
| 3 | Coronavirus update | |
| 4 | Coronavirus symptoms | |
| 5 | Zoom | |
| 6 | Who is winning the election | |
| 7 | Naya Rivera | |
| 8 | Chadwick Boseman | |
| 9 | PlayStation 5 | PS5 |

## 6. suggestions：獲得 Google 的關鍵字建議。

目前只能顯示英文搜尋結果。

```
import pandas as pd
from pytrends.request import TrendReq
pytrend = TrendReq()
suggestions_dict = pytrend.suggestions(keyword='iPhone')
print(pd.DataFrame(suggestions_dict).drop('mid', axis=1))
```

```
              title              type
0             iPhone     Mobile phone
1             iPhone     Product line
2              Apple  Technology company
3     Apple iPhone 8     Mobile phone
4            iPhone 7     Mobile phone
```

## 7. trending_searches：今日 (2021.01.19) 即時「夯話題」搜尋

送回一個 pandas.DataFrame 格式文件（最多 20 個夯話題）

```
trending_searches_df = pytrend.trending_searches(pn='taiwan')
print(trending_searches_df.head(20))
```

| 0 | 天竺鼠車車 | 10 | CDC |
|---|---|---|---|
| 1 | 桃園南門市場 | 11 | 臘八粥 |
| 2 | 桃捷A7 | 12 | 南六口罩 |
| 3 | 台灣燈會 | 13 | 周玉蔻 |
| 4 | 海帝 | 14 | 桃園南門市場 |
| 5 | 維生素D | 15 | 鄭爽 |
| 6 | 小米手錶 | 16 | 唐吉軻德 |
| 7 | 案863 | 17 | 部立桃園醫院 |
| 8 | 張上淳 | 18 | 地震 |
| 9 | 京元電子 | 19 | 星巴克 |

## 8. pytrend.related_queries：返回「最夯搜尋字詞」及「上升中的搜尋字詞」。

在 pytrend.related_queries 前，要先進行二個工作：pytrend.interest_over_time()，
pytrend.interest_by_region()

```
pytrend.build_payload(kw_list=['面膜'])
related_queries_dict = pytrend.related_queries()
df7=related_queries_dict['面膜']['top']
df8=related_queries_dict['面膜']['rising']
display(df7)
display(df8)
```

① 第一、二行：有關「面膜」的「最夯搜尋字詞」。
③ 第三行為有關「面膜」的「上升中的搜尋字詞」。

| | Query | value |
|---|---|---|
| 0 | 面膜 推薦 | 100 |
| 1 | 保濕 面膜 | 94 |
| 2 | mask | 82 |
| 3 | 韓國 面膜 | 80 |
| 4 | 日本 面膜 | 75 |
| 5 | tt706tt 面膜 | 60 |
| 6 | 睡眠 面膜 | 59 |
| 7 | 美白 面膜 | 56 |
| 8 | innisfree | 48 |
| 9 | innisfree 面膜 | 48 |
| 10 | 台灣 面膜 | 41 |

| | Query | value |
|---|---|---|
| 0 | jm 面膜 | 77250 |
| 1 | 未來 美 面膜 | 48350 |
| 2 | 8 分鐘 面膜 | 37350 |
| 3 | jm solution 面膜 | 35800 |
| 4 | sabarino早 安 面膜 | 35300 |
| 5 | 美肌 app 面膜 | 32600 |
| 6 | jm solution | 32400 |
| 7 | 積雪 草 面膜 | 26200 |
| 8 | bp 面膜 | 18650 |
| 9 | aaron 面膜 | 18300 |
| 10 | 我 的心機 安瓶 面膜 | 9400 |

## 9. 實例 1：「台灣十大化妝品牌，最近三個月，流行度比較分析」

```
kw_list = ['ESTEE LAUDER','ELIZABETH','LANCOME','KATE','SHISEIDO','DIOR','CHANEL',
'SK-II','CLINIQUE','BIOTHERM','HR']
kw_group = list(zip(*[iter(kw_list)]*1))
kw_grplist = [list(x) for x in kw_group]
kw_grplist
```

[['ESTEE LAUDER'],['ELIZABETH'],['LANCOME'],

['KATE'],['SHISEIDO'],['DIOR'],['CHANEL'],

['SK-II'],['CLINIQUE'],['BIOTHERM'],['HR']]

```
from pytrends.request import TrendReq
import pytrends
import pandas as pd
trendshow = TrendReq(hl='en-US', tz=360)

dict = {}
i = 0
for kw in kw_grplist:
    trendshow.build_payload(kw, timeframe = 'today 3-m', geo='TW')
    dict[i] = trendshow.interest_over_time()
    i += 1

trendframe = pd.concat(dict, axis=1)
trendframe.columns = trendframe.columns.droplevel(0)
trendframe = trendframe.drop('isPartial', axis = 1)
trendframe
```

| | ESTEE LAUDER | ELIZABETH | LANCOME | KATE | SHISEIDO | DIOR | CHANEL | SK-II | CLINIQUE | BIOTHERM | HR |
|---|---|---|---|---|---|---|---|---|---|---|---|
| **date** | | | | | | | | | | | |
| **2020-10-24** | 31 | 83 | 29 | 65 | 0 | 59 | 45 | 100 | 100 | 0 | 38 |
| **2020-10-25** | 0 | 63 | 56 | 16 | 0 | 73 | 64 | 0 | 33 | 50 | 16 |
| **2020-10-26** | 42 | 25 | 52 | 24 | 0 | 72 | 69 | 0 | 46 | 0 | 74 |
| **2020-10-27** | 28 | 25 | 35 | 39 | 31 | 59 | 80 | 0 | 0 | 93 | 64 |
| **2020-10-28** | 0 | 25 | 43 | 19 | 30 | 53 | 51 | 0 | 30 | 0 | 49 |
| **...** | ... | ... | ... | ... | ... | ... | ... | ... | ... | ... | ... |
| **2021-01-12** | 29 | 53 | 18 | 57 | 65 | 57 | 66 | 0 | 32 | 0 | 63 |
| **2021-01-13** | 45 | 54 | 19 | 62 | 0 | 58 | 66 | 0 | 0 | 100 | 32 |
| **2021-01-14** | 30 | 63 | 0 | 42 | 65 | 46 | 44 | 0 | 33 | 0 | 32 |
| **2021-01-15** | 30 | 27 | 57 | 26 | 100 | 83 | 61 | 0 | 0 | 0 | 48 |
| **2021-01-16** | 32 | 0 | 39 | 22 | 0 | 46 | 71 | 0 | 0 | 0 | 34 |

85 rows × 11 columns

## 10. 實例 2：「美國十大化妝品牌，最近三個月，流行度比較分析」

```
for kw in kw_grplist:
    trendshow.build_payload(kw, timeframe = 'today 3-m', geo='US', cat=1180)
    dict[i] = trendshow.interest_over_time()
    i += 1
```

```
#畫出互動圖
import plotly
import plotly.graph_objects as go
from plotly.offline import download_plotlyjs, init_notebook_mode, iplot
import plotly.offline as pyo

init_notebook_mode(connected=True)
trace = [go.Scatter(
x = trendframe.index,
y = trendframe[col], name=col) for col in trendframe.columns]

data = trace
layout = go.Layout(title='「美國十大化妝品牌，最近三個月，流行度比較分析」',
showlegend=True)
fig = go.Figure(data=data, layout=layout)

iplot(fig)
```

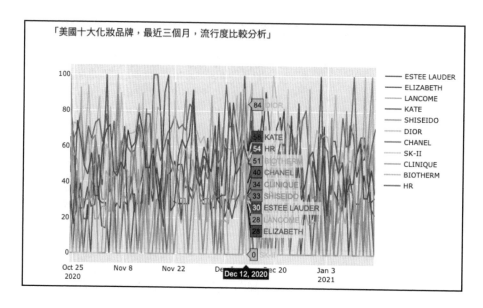

11. 實例 3：「關鍵字搜尋量比較」- 台灣

12. 實例 4：「關鍵字搜尋量比較」- 台灣分都市別

13. 實例 5：「關鍵字相關度搜尋量比較」- 現在排名及上排名

以上三個實例用一個程式完成：

```
from pytrends.request import TrendReq
pytrend = TrendReq()


kw_list2=['面膜','美妝','卸妝水','保養品']
pytrend.build_payload(kw_list=kw_list2,timeframe='2020-11-08 2021-01-19',geo='TW')


# Interest Over Time
interest_over_time_df = pytrend.interest_over_time()
display( "(1) 「關鍵字搜尋量比較」-台灣 ============================")
display("interest_over_time_df.tail()：")
display(interest_over_time_df.tail(10)   )


# Interest by Region
interest_by_region_df = pytrend.interest_by_region()
display( "(2) 「關鍵字搜尋量比較」-台灣分都市別 ==================")
display("interest_by_region_df.head()：")
```

```
display(interest_by_region_df.head(10)  )

# Related Queries, returns a dictionary of dataframes
related_queries_dict = pytrend.related_queries()
display("(3)  「關鍵字相關度搜尋量比較」-現在排名及上昇中排名=========")
display("related_queries_dict：")
display(related_queries_dict)

df8=pd.DataFrame.from_dict(related_queries_dict, orient='index')
display( "(4)  「關鍵字相關度搜尋量比較」-現在排名及上排名-所有關鍵字")
display(df8)

(pd.DataFrame.from_dict(data=related_queries_dict, orient='index').to_csv
('Pytrend/related_queries_dict.csv', header=True))

df7 = pd.concat({k: pd.Series(v) for k, v in related_queries_dict.items()}).reset_
index()
df7.columns = list('xyz')
df7.to_csv('Pytrend/rising.csv')
display( "(5)  「關鍵字相關度搜尋量比較」-現在排名及上排名-所有關鍵字")
display(df7)
```

(1)「關鍵字搜尋量比較」- 台灣

| date | 面膜 | 美妝 | 卸妝水 | 保養品 | isPartial |
|---|---|---|---|---|---|
| 2020-11-08 | 98 | 24 | 11 | 49 | False |
| 2020-11-15 | 73 | 13 | 5 | 51 | False |
| 2020-11-22 | 61 | 18 | 7 | 39 | False |
| 2020-11-29 | 67 | 18 | 8 | 45 | False |
| 2020-12-06 | 63 | 21 | 10 | 43 | False |
| 2020-12-13 | 71 | 22 | 4 | 52 | False |
| 2020-12-20 | 57 | 17 | 3 | 40 | False |
| 2020-12-27 | 58 | 17 | 7 | 34 | False |
| 2021-01-03 | 49 | 14 | 2 | 39 | False |
| 2021-01-10 | 47 | 15 | 4 | 35 | True |

(2)「關鍵字搜尋量比較」- 台灣分都市別

| geoName | 面膜 | 美妝 | 卸妝水 | 保養品 |
|---|---|---|---|---|
| Kaohsiung City | 54 | 13 | 4 | 29 |
| New Taipei City | 59 | 12 | 3 | 26 |
| Taichung City | 58 | 14 | 4 | 24 |
| Tainan City | 57 | 12 | 5 | 26 |
| Taipei City | 55 | 14 | 5 | 26 |
| Taoyuan City | 55 | 11 | 3 | 31 |

(3) 「關鍵字相關度搜尋量比較」- 現在排名及上昇中排名

| | 最具關聯性之關鍵字 | | 搜尋量上昇之關鍵字 | |
|---|---|---|---|---|
| | query | value | query | value |
| 0 | 面膜 推薦 | 100 | 水 楊 酸 冰淇淋 面膜 | 48750 |
| 1 | 保濕 面膜 | 89 | 灰 熊 厲害 瞬 白 泡 泡 面膜 | 35050 |
| 2 | 黃金 面膜 | 49 | 晚安 面膜 推薦 | 31980 |
| 3 | 韓國 面膜 | 45 | apivita | 29950 |
| 4 | 美白 面膜 | 40 | apivita 面膜 | 23450 |
| 5 | innisfree 面膜 | 36 | abib 面膜 | 20150 |
| 6 | tt 面膜 | 36 | aesop | 19750 |
| 7 | innisfree 面膜 | 35 | aesop 面膜 | 18600 |
| 8 | 火山 泥 面膜 | 35 | 聚光燈 面膜 | 17600 |
| 9 | 屈臣氏 面膜 | 25 | 御泥坊 面膜 | 17250 |
| 10 | 粉刺 面膜 | 24 | 仙人掌 面膜 | 17250 |
| 11 | 品 木 宣言 | 22 | 肌研 面膜 | 17200 |
| 12 | 日本 面膜 | 22 | 露得清 細 白 修 護 面膜 | 17100 |
| 13 | 晚安 面膜 | 21 | 老奶奶 面膜 | 14700 |
| 14 | 清潔 面膜 | 21 | 玩 美 日記 面膜 | 11500 |
| 15 | 品 木 宣言 面膜 | 19 | egf 面膜 | 10600 |
| 16 | 森田 面膜 | 18 | 黃金 面膜 | 10500 |
| 17 | Ahc 面膜 | 17 | 黃金 胜 肽 緊 緻 面膜 | 10500 |
| 18 | 未來美 面膜 | 16 | ahc 面膜 | 10300 |
| 19 | Innisfree 火山 泥 面膜 | 14 | 開架 面膜 推薦 | 9100 |
| 20 | 我 的 心機 面膜 | 14 | 金 盞 菊 撕 拉 面膜 ptt | 8300 |

(4) 「關鍵字相關度搜尋量比較」- 現在排名及上排名 - 所有關鍵字 (1)

| | top | rising |
|---|---|---|
| 面膜 | query value 0 面膜 推薦 10... | query value 0 婕 洛 妮 絲 黃... |
| 美妝 | query value 0 ... | query value 0 ... |
| 卸妝水 | query value 0 卸妝水 10... | query value 0 loreal 卸妝水 350 1 ... |
| 保養品 | query value 0 保養 品... | query value 0 愛 閃羅 保養品... |

(5) 「關鍵字相關度搜尋量比較」- 現在排名及上排名 - 所有關鍵字 (2)

| | x | y | z |
|---|---|---|---|
| 0 | 面膜 | top | query value 0 面膜 推薦 10... |
| 1 | 面膜 | rising | query value 0 婕 洛 妮 絲 黃... |
| 2 | 美妝 | top | query value 0 ... |
| 3 | 美妝 | rising | query value 0 ... |
| 4 | 卸妝水 | top | query value 0 卸妝 水 10... |
| 5 | 卸妝水 | rising | query value 0 loreal 卸妝 水 350 1 ... |
| 6 | 保養品 | top | query value 0 保養 品... |
| 7 | 保養品 | rising | query value 0 愛 閃耀 保養 品... |

## 14. 實例 6：「運動服潮牌最佳關鍵字聲量比較」

(1) 針對以下運動服潮牌：'Nike','Adidas','Under Armour','Zara','H&M','Louis Vuitton'

(2) 選定四個國家："US","TW"，在 2020 年第四季：'2020-10-01 2020-12-31'

① 找出上述網路搜尋最佳關鍵字。

② 找出這些品牌，在這四個國家之網路聲量。並用曲線圖呈現之。

程式如下：

```
import pandas as pd
import pytrends
from pytrends.request import TrendReq
pytrend = TrendReq()
KEYWORDS=['Nike','Adidas','Under Armour','Zara','H&M','Louis Vuitton']
KEYWORDS_CODES=[pytrend.suggestions(keyword=i)[0] for i in KEYWORDS]
df_CODES= pd.DataFrame(KEYWORDS_CODES)
```

設定 pytrend 參數：

```
EXACT_KEYWORDS=df_CODES['mid'].to_list()
DATE_INTERVAL='2021-01-01 2021-01-22'
COUNTRY=["US","TW"] #Use this link for iso country code
CATEGORY=0 # Use this link to select categories
SEARCH_TYPE=''
```

開始搜尋：

```
Individual_EXACT_KEYWORD = list(zip(*[iter(EXACT_KEYWORDS)]*1))
Individual_EXACT_KEYWORD = [list(x) for x in Individual_EXACT_KEYWORD]
dicti = {}
i = 1
```

```
for Country in COUNTRY:
    for keyword in Individual_EXACT_KEYWORD:
        pytrend.build_payload(kw_list=keyword,
                              timeframe = DATE_INTERVAL,
                              geo = Country,
                              cat=CATEGORY,
                              gprop=SEARCH_TYPE)
        dicti[i] = pytrend.interest_over_time()
        i+=1
df_trends = pd.concat(dicti, axis=1)
```

列出資料：

```
df_trends.columns = df_trends.columns.droplevel(0) #drop outside header
df_trends = df_trends.drop('isPartial', axis = 1) #drop "isPartial"
df_trends.reset_index(level=0,inplace=True) #reset_index
df_trends.columns=['date','Nike-US','Adidas-US','Under Armour-US','Zara-US',
'H&M-US','Louis Vuitton-US','Nike-Taiwan','Adidas-Taiwan','Under Armour-Taiwan',
'Zara-Taiwan','H&M-Taiwan','Louis Vuitton-Taiwan'] #change column names
df_trends
```

結果如下：

| | date | Nike-US | Adidas-US | Under Armour-US | Zara-US | H&M-US | Louis Vuitton-US | Nike-Taiwan | Adidas-Taiwan | Under Armour-Taiwan | Zara-Taiwan | H&M-Taiwan | Louis Vuitton-Taiwan |
|---|---|---|---|---|---|---|---|---|---|---|---|---|---|
| 0 | 2021-01-01 | 84 | 84 | 87 | 82 | 87 | 83 | 78 | 64.0 | 64 | 49 | 73.0 | 65 |
| 1 | 2021-01-02 | 95 | 100 | 97 | 96 | 89 | 100 | 96 | 92.0 | 67 | 73 | 73.0 | 62 |
| 2 | 2021-01-03 | 92 | 100 | 90 | 100 | 100 | 99 | 84 | 100.0 | 100 | 81 | 81.0 | 75 |
| 3 | 2021-01-04 | 83 | 80 | 81 | 75 | 87 | 82 | 84 | 69.0 | 45 | 83 | 49.0 | 82 |
| 4 | 2021-01-05 | 81 | 79 | 76 | 80 | 77 | 73 | 68 | 65.0 | 60 | 60 | 53.0 | 77 |
| 5 | 2021-01-06 | 73 | 73 | 65 | 74 | 67 | 73 | 66 | 72.0 | 56 | 56 | 37.0 | 62 |
| 6 | 2021-01-07 | 77 | 72 | 69 | 72 | 75 | 68 | 87 | 73.0 | 51 | 74 | 63.0 | 68 |
| 7 | 2021-01-08 | 86 | 79 | 77 | 81 | 80 | 74 | 90 | 67.0 | 26 | 77 | 63.0 | 77 |
| 8 | 2021-01-09 | 100 | 95 | 91 | 84 | 90 | 82 | 93 | 78.0 | 84 | 100 | 100.0 | 96 |
| 9 | 2021-01-10 | 95 | 97 | 100 | 90 | 88 | 81 | 79 | 81.0 | 67 | 96 | 95.0 | 100 |
| 10 | 2021-01-11 | 74 | 78 | 68 | 72 | 79 | 70 | 61 | 81.0 | 31 | 86 | 67.0 | 69 |
| 11 | 2021-01-12 | 74 | 70 | 66 | 84 | 66 | 67 | 80 | 49.0 | 72 | 84 | 72.0 | 65 |
| 12 | 2021-01-13 | 75 | 76 | 69 | 83 | 71 | 68 | 53 | 82.0 | 42 | 38 | 48.0 | 66 |
| 13 | 2021-01-14 | 78 | 80 | 71 | 74 | 74 | 68 | 45 | 54.0 | 58 | 69 | 35.0 | 56 |
| 14 | 2021-01-15 | 78 | 76 | 70 | 68 | 81 | 69 | 80 | 65.0 | 42 | 61 | 77.0 | 67 |
| 15 | 2021-01-16 | 87 | 97 | 72 | 76 | 91 | 83 | 100 | NaN | 77 | 93 | NaN | 89 |

畫出品牌「Louis Vuitton」的聲量趨勢：

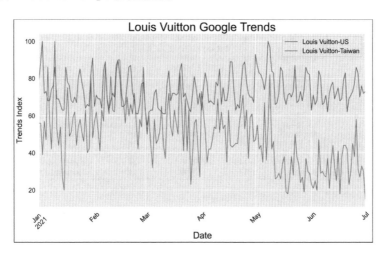

## 15. 實例 7：日本、韓國及美國「即時夯話題」

```
import pandas as pd #pandas 0.25
from pytrends.request import TrendReq
pytrend = TrendReq()

trending_searches_df = pytrend.trending_searches(pn='japan')
print(trending_searches_df.head(20))
```

```
import pandas as pd #pandas 0.25
from pytrends.request import TrendReq
pytrend = TrendReq()

trending_searches_df = pytrend.trending_searches(pn='south_korea')
print(trending_searches_df.head(20))
```

```
import pandas as pd #pandas 0.25
from pytrends.request import TrendReq
pytrend = TrendReq()

trending_searches_df = pytrend.trending_searches(pn='united_states')
print(trending_searches_df.head(20))
```

```
0    西野未姫                 0    UFC              0    Larry King
1    大栄翔                   1    래리킹            1    Matthew Stafford
2    東海ステークス            2    정인이 양부모      2    Salt-N-Pepa
3    フワちゃん                3    김새롬            3    Alexei Navalny
4    AJCC                    4    페인티드 베일      4    Jessica Eye
5    渋沢栄一                  5    아스날            5    Bills vs Chiefs
6    レッドアイズ              6    로또947회당첨번호   6    FA Cup
7    東京 天気                7    박은석            7    Abu Dhabi
8    原神                    8    결혼작사 이혼작곡   8    Real Madrid
9    摂津正                  9    유시민            9    Amanda Ribas
10   永瀬廉                  10   대림동            10   Suns
11   井上尚弥                 11   인텔             11   Duke basketball
12   バオバオチャンネル         12   리버풀            12   Eminem
13   高野山                  13   강원래            13   Arsenal
14   井岡一翔                 14   병무청            14   Alavés vs Real Madrid
15   俺の家の話               15   심석희            15   Marina Rodriguez
16   共通テスト得点調整         16   LG전자           16   Patrik Laine
17   ムーンライトながら         17   박지윤            17   Travis Barker
18   オリンピック中止          18   LG전자 주가       18   Conor McGregor
19   Apple Watch            19   핵가방            19   Mega Millions
```

## 16. 實例 8：Covid-19 台灣地區「關鍵字聲量」及區域別分析

```python
import pandas as pd #pandas 0.25
from pytrends.request import TrendReq
pytrend = TrendReq()
Keywords_List=['covid-19','coronavirus','肺炎','疫苗','基因']
```

```
              covid-19   coronavirus   肺炎   疫苗   基因
date
2021-01-18       2            5        62    22     4
2021-01-19       4            4        72    15     4
2021-01-20       6            4        85    15     2
2021-01-21       2            3        77    20     4
2021-01-22       2            3        68    15     2
```

```python
pytrend.build_payload(kw_list=Keywords_List,geo = 'TW',timeframe = 'today 1-m',
cat=0,gprop='')

# Interest Over Time
interest_over_time_df = pytrend.interest_over_time()
interest_over_time_df = interest_over_time_df.drop('isPartial',axis=1)
print(interest_over_time_df.tail(5))
```

```
                  covid-19   coronavirus   肺炎   疫苗   基因
geoName
Taipei City          4            6        60    24     6
Taichung City        3            4        64    24     5
Kaohsiung City       3            3        66    24     4
New Taipei City      4            3        66    23     4
Taoyuan City         3            3        66    24     4
Tainan City          1            1        63    25    10
```

```
import plotly.express as px
fig = px.bar(df9, x=df9.index, y='coronavirus',color='coronavirus', height=600)
fig.show()
```

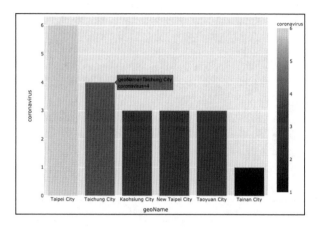

```
related_queries_dict = pytrend.related_queries()
print(related_queries_dict['肺炎']['top'].head(20))
print(related_queries_dict['肺炎']['rising'])
```

|    | query | value |
|----|-------|-------|
| 0  | 武漢 肺炎 | 100 |
| 1  | 新冠 肺炎 | 93 |
| 2  | 肺炎 症狀 | 40 |
| 3  | 肺炎 疫情 | 26 |
| 4  | 武漢 肺炎 症狀 | 20 |
| 5  | 新冠 肺炎 症狀 | 17 |
| 6  | 武漢 肺炎 疫情 | 15 |
| 7  | 台灣 武漢 肺炎 | 13 |
| 8  | 新冠 肺炎 疫情 | 8 |
| 9  | 肺炎 疫苗 | 7 |
| 10 | 台灣 新冠 肺炎 | 7 |
| 11 | 武漢 肺炎 疫苗 | 4 |
| 12 | 新冠 肺炎 統計 | 3 |
| 13 | 武漢 肺炎 人數 | 3 |
| 14 | 新冠 肺炎 死亡 人數 | 2 |
| 15 | 肺炎 鏈 球菌 | 2 |
| 16 | 武漢 肺炎 最新 疫情 | 2 |
| 17 | 心 冠狀 肺炎 | 1 |
| 18 | 武漢 肺炎 死亡 人數 | 1 |
| 19 | 嚴重 特殊 傳染 性 肺炎 防治 及 紓 困 振興 特別 條例 | 1 |

|   | query | value |
|---|-------|-------|
| 0 | 心 冠狀 肺炎 | 24600 |
| 1 | 嚴重 特殊 傳染 性 肺炎 防治 及 紓 困 振興 特別 條例 | 16350 |
| 2 | 新 冠狀 肺炎 | 8100 |
| 3 | 新冠 肺炎 症狀 | 300 |
| 4 | 武漢 肺炎 症狀 | 140 |
| 5 | 肺炎 症狀 | 120 |
| 6 | 新冠 肺炎 死亡 人數 | 60 |
| 7 | 新冠 肺炎 統計 | 60 |
| 8 | 台灣 新冠 肺炎 | 40 |

## 17. 實例 9：品牌、產品或關鍵字的靈活運用策略

```
import pandas as pd #pandas 0.25
from pytrends.request import TrendReq
pytrend = TrendReq()

DATE_INTERVAL='2019-01-01 2021-01-22'
CATEGORY=0          # Use this link to select categories
SEARCH_TYPE=''
Keywords_List=['nike']
pytrend.build_payload(kw_list=Keywords_List,geo = 'TW',timeframe = 'today 1-m',
cat=CATEGORY,gprop=SEARCH_TYPE)
related_topic = pytrend.related_topics()
related_topic['nike']['rising'].drop(['link','topic_mid'], axis=1).head(20)
```

| | value | formattedValue | topic_title | topic_type |
|---|---|---|---|---|
| 0 | 43550 | Breakout | Nike Metcon | Shoe |
| 1 | 21900 | Breakout | Skate shoe | Shoe |
| 2 | 21850 | Breakout | Nike React | Topic |
| 3 | 21750 | Breakout | Cargo pants | Topic |
| 4 | 10800 | Breakout | Nike Women's Air Force 1 '07 | Topic |
| 5 | 10800 | Breakout | Vans | Shoe manufacturing company |
| 6 | 10800 | Breakout | Pixel | Unit of digital image length |
| 7 | 10750 | Breakout | Nickelodeon | Television channel |
| 8 | 10750 | Breakout | Color scheme | Topic |
| 9 | 10750 | Breakout | Mandarin duck | Birds |
| 10 | 10750 | Breakout | Sweatpants | Topic |
| 11 | 10700 | Breakout | Long-sleeved T-shirt | Topic |
| 12 | 750 | +750% | Nike Dunk | Shoe |
| 13 | 350 | +350% | Down feather | Topic |
| 14 | 300 | +300% | Trousers | Clothing |
| 15 | 170 | +170% | Coat | Garment |
| 16 | 140 | +140% | Black | Color |
| 17 | 90 | +90% | Women's Shoe | Topic |
| 18 | 80 | +80% | Puma | Design company |
| 19 | 50 | +50% | Size | Topic |

```
df9=related_topic['nike']['top'].drop(['link','topic_mid'], axis=1)
df9.head(20
```

| | value | formattedValue | hasData | topic_title | topic_type |
|---|---|---|---|---|---|
| 0 | 100 | 100 | True | Nike | Footwear manufacturing company |
| 1 | 38 | 38 | True | Nike | Topic |
| 2 | 23 | 23 | True | Shoe | Shoe |
| 3 | 6 | 6 | True | Sneakers | Shoe |
| 4 | 6 | 6 | True | Nike Air Max | Shoe |
| 5 | 5 | 5 | True | Nike Air Force 1 | Shoe |
| 6 | 5 | 5 | True | Outerwear | Topic |
| 7 | 5 | 5 | True | Adidas | Design company |
| 8 | 3 | 3 | True | Nike Factory Store | Topic |
| 9 | 3 | 3 | True | Nike Dunk | Shoe |
| 10 | 3 | 3 | True | Sacai | Fashion label |
| 11 | 2 | 2 | True | White | Color |
| 12 | 2 | 2 | True | Puma | Design company |
| 13 | 2 | 2 | True | Women's Shoe | Topic |
| 14 | 2 | 2 | True | Sacai | Topic |
| 15 | 2 | 2 | True | Nike Air Max 270 | Topic |
| 16 | 2 | 2 | True | Coat | Garment |
| 17 | 2 | 2 | True | Nike Air Force | Shoe |
| 18 | 2 | 2 | True | Nike Women's RYZ 365 | Topic |
| 19 | 1 | 1 | True | New Balance | Footwear manufacturing company |

# A-3 用「交叉銷售」找出「潛在客戶」 （Cross Sell）

（程式名：cross_sell.ipynb）

- 這是 USH 保險公司的 AI Marketing 專案，該公司有「健康保險」客戶數十萬人，這是該戈司 AI 人員專案實例，目標是：

**『構建模型，預測過去一年的保單持有人是否也會對「汽車保險」感興趣』**。

- 保險單是保險公司承諾當客戶發生特定的損失、損害、疾病或死亡提供賠償保證的一種合約，客戶發生以上損失時，可換取保險合約約定的保險費。而「保費」是客戶需要定期向保險公司支付此的金額。
- 建立一個 AI 模型來預測原來「健康保險」客戶是否會對「車輛保險」感興趣，這是交叉銷售（Cross-Sell）的行銷技術；這個 AI 模型對公司非常有幫助，

可以根據模型來計劃一套「客戶溝通策略」，以服務這些客戶，並優化「業務模型」和增加收入。

■ 為了預測客戶是否會對車輛保險感興趣，客戶資料中的許多欄位（資料科學家稱「資料特徵」）是重要的演算依據；資料庫中的人口資訊（性別、年齡、區域代碼類型）、車輛（車輛年齡、損壞）、保單（保險費、採購管道）等欄位都將一一派上用場。

## 1. 引入程式庫

```
import pandas as pd
import numpy as np
from sklearn.metrics import roc_auc_score
from sklearn.model_selection import KFold, RandomizedSearchCV, train_test_split
from sklearn.preprocessing import MinMaxScaler, StandardScaler
import lightgbm as lgb
%matplotlib inline
import seaborn as sns
import matplotlib.pyplot as plt
import plotly.express as px
import plotly.graph_objects as go
```

## 2. 讀取資料：輸入資料檔

```
train = pd.read_csv('crosssell/train.csv')
#特徵編碼
va = {'> 2 Years': 2, '1-2 Year': 1, '< 1 Year': 0}
gen = {'Male' : 0, 'Female' : 1}
vg = {'Yes' : 1, 'No' : 0}
train['Vehicle_Age'] = train['Vehicle_Age'].map(va)
train['Gender'] = train['Gender'].map(gen)
train['Vehicle_Damage'] = train['Vehicle_Damage'].map(vg)
train.tail()
```

| id | Gender | Age | Driving_License | Region_Code | Previously_Insured | Vehicle_Age | Vehicle_Damage | Annual_Premium | Policy_Sales_Channel | Vintage | Response |
|---|---|---|---|---|---|---|---|---|---|---|---|
| 381105 | 0 | 74 | 1 | 26.0 | 1 | 1 | 0 | 30170.0 | 26.0 | 88 | 0 |
| 381106 | 0 | 30 | 1 | 37.0 | 1 | 0 | 0 | 40016.0 | 152.0 | 131 | 0 |
| 381107 | 0 | 21 | 1 | 30.0 | 1 | 0 | 0 | 35118.0 | 160.0 | 161 | 0 |
| 381108 | 1 | 68 | 1 | 14.0 | 0 | 2 | 1 | 44617.0 | 124.0 | 74 | 0 |
| 381109 | 0 | 46 | 1 | 29.0 | 0 | 1 | 0 | 41777.0 | 26.0 | 237 | 0 |

## 3. 資料探索及分析 (EDA)

(1) 描述性分析：

```
describe_table = train.drop(['id'],axis=1).describe().T
describe_table
```

① 年齡：20 ～ 85 歲間，平均年齡是 38 歲，青年居多。

② 是否有駕照：99.89% 客戶持有駕照。

③ 之前是否投保：45.82% 的客戶已買了車險。

④ 年保費：2635 ～ 540168 之間，平均保費是 30564（美元）。

⑤ 保單持有時間：根據過去一年的數據，客戶的保單持有時間在 10 ～ 299
   天之間，平均保單持有時間為 154 天。

⑥ 對新推薦保單是否感興趣：對車險感興趣的機率為 12.25%。

(2) 年齡分佈：

```
fig = go.Figure()
fig.add_trace(go.Histogram(x = train['Age'],
    marker_color='#abfafd',
    opacity=0.9))

fig.update_layout(
    title_text='年齡分佈（age distribution）',
    xaxis_title_text='AGE',
    yaxis_title_text='COUNT',
    bargap=0.05,
    xaxis =  {'showgrid': False },
    yaxis = {'showgrid': True },
    template = 'plotly_dark')
fig.show()
```

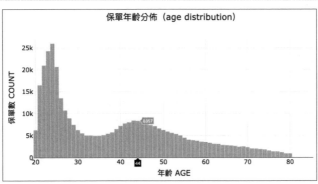

(3) 年保單價值分佈：

```
fig = go.Figure()
fig.add_trace(
    go.Histogram(
    x = train['Annual_Premium'],
    marker_color='#ab1a5d',
    opacity=1))
fig.update_layout(
    title_text='年保單價值分佈 (distribution)',
    xaxis_title_text='年繳保費Annual_Premium',
    yaxis_title_text='count',
    bargap=0.5,
    xaxis =  {'showgrid': False },
    yaxis = {'showgrid': True },
    template = 'plotly_dark')

fig.update_yaxes(range=[0, 8000])
fig.show()
```

「保費超過 100k」以上人數非常少，為了節省演算時間及防計算結果偏誤；建議將「保費超過 100k 以上」者視為離群值，並捨去。

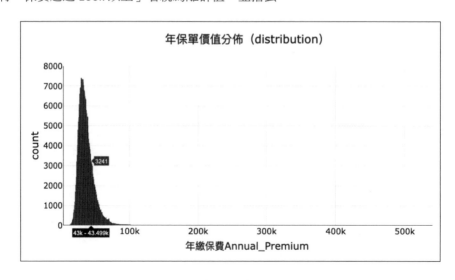

## 4. 保費級距分佈圖

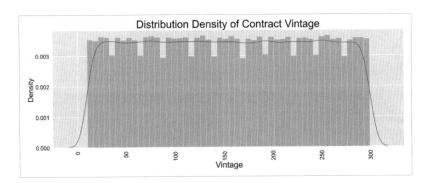

## 5. 資料整理

(1) 移除離群值（outliers）：

```
train = train.query('Annual_Premium <= 100000')
```

(2) 將數字欄位進行「平均標準化」（StandardScaler）處理：

```
num_feat = ['Age', 'Vintage', 'Annual_Premium']
cat_feat = ['Gender', 'Previously_Insured', 'Vehicle_Age', 'Vehicle_Damage',
'Driving_License', 'Policy_Sales_Channel', 'Region_Code']
#標準化數字欄位num_cols
scl = StandardScaler()
num_scl = pd.DataFrame(scl.fit_transform(train[num_feat]))
num_scl.index = train[num_feat].index
num_scl.columns = train[num_feat].columns

#數字欄位標準化後再將「特徵欄位」接在後面
X_ =pd.concat([num_scl,train[cat_feat]],axis=1)
X_.head()
```

要進行人工智慧演算的訓練集（X）準備好了！

| id | Age | Vintage | Annual_Premium | Gender | Previously_Insured | Vehicle_Age | Vehicle_Damage | Driving_License | Policy_Sales_Channel | Region_Code |
|----|-----|---------|----------------|--------|--------------------|-------------|----------------|-----------------|----------------------|-------------|
| 1 | 0.333777 | 0.748795 | 0.574539 | 0 | 0 | 2 | 1 | 1 | 26.0 | 28.0 |
| 2 | 2.396751 | 0.342443 | 0.172636 | 0 | 0 | 1 | 0 | 1 | 26.0 | 3.0 |
| 3 | 0.527181 | -1.521998 | 0.449053 | 0 | 0 | 2 | 1 | 1 | 26.0 | 28.0 |
| 4 | -1.148985 | 0.581474 | -0.113018 | 0 | 1 | 0 | 0 | 1 | 152.0 | 11.0 |
| 5 | -0.633242 | -1.378580 | -0.178259 | 1 | 1 | 0 | 0 | 1 | 152.0 | 41.0 |

```
y = train.Response
X_.shape, y.shape
```

訓練集 X，測試集 y 均預處理好了，筆數及欄位數如下：

```
((381109, 10), (381109,))
```

LightGBM 是 Light Gradient Boosting Machine 的縮寫，由 Microsoft 開發的機器學習的免費開源分佈式梯度提升框架。它基於「決策樹」演算法，用於排名，分類和其他機器學習任務。特點是性能和可伸縮性。

## 6. 人工智慧演算

(1) LightGBM 演算法 + 超參數調整 RandomizedSearchCV+kfold 作交叉驗證：

```
model = lgb.LGBMClassifier(random_state=22) #指定使用 lightgbm演算法模型
grid_fold = KFold(n_splits=5, shuffle=True, random_state=12)
# 預設lightgbm分類器之參數
grid_param = {
    'num_leaves': [60, 70, 80],
    'min_child_weight': [0.1, 0.5, 1, 1.5, 2],
    'feature_fraction': [0.1, 0.5, 1, 1.5, 2],
    'bagging_fraction': [0.1, 0.5, 1, 1.5, 2],
    'max_depth': [6, 7, 8],
    'learning_rate': [0.9, 0.1, 0.12, 0.15],
    'reg_alpha': [0.5, 0.9, 1.2, 1.8],
    'reg_lambda': [0.5, 0.9, 1.2, 1.8,],
    'num_iterations': [90, 100, 110]}
#用RandomizedSearchCV最佳化參數
grid_search = RandomizedSearchCV(model,
                param_distributions=grid_param,
                scoring='roc_auc',
                cv=grid_fold,
                n_jobs=-1,
                verbose=1,
                random_state=112)
grid_result = grid_search.fit(X_, y)    #開始演算
#最佳準確率及最佳參數
print(grid_result.best_score_, grid_result.best_params_)
```

① 得到一個準確率 **85.83%** 的結果。亦即以後放入任何客戶資料來進行演算,可以預測該客戶是否也會對「汽車保險」感興趣。且準確率可達 **85.83%**。

② 而使用的人工智慧模型為 LightGBM,其最佳演算參數為:

```
0.8583047606044254
{'reg_lambda': 1.8, 'reg_alpha': 0.9, 'num_leaves': 80, 'num_iterations': 90,
'min_child_weight': 1, 'max_depth': 6, 'learning_rate': 0.12, 'feature_fraction':
0.5, 'bagging_fraction': 0.5}
```

③ 將超參數(Hyperparameter)」調整後最佳參數放入:

```
params = {
    'reg_lambda': 1.8,
    'reg_alpha': 0.9,
    'num_leaves': 80,
    'min_child_weight': 1,
    'max_depth': 6,
    'learning_rate': 0.12,
    'feature_fraction': 0.5,
    'bagging_fraction': 0.5,
    'objective': 'binary',
    "boosting_type": "gbdt",
    "bagging_seed": 23,
    "metric": 'auc',
    "verbosity": -1
}
```

④ k-fold cross validation(k- 摺疊交叉驗證):

前面超參數結果如下:

- 交叉驗證的目的:在實際訓練中,模型通常對訓練資料好,但是對訓練資料之外的資料擬合程度差。 用於評價模型的泛化(廣泛使用)能力,從而進行模型選擇。
- k 折交叉驗證,將訓練集分割成 k 個子樣本,一個單獨的子樣本被保留作為驗證模型的數據,其他 k-1 個樣本用來訓練。交叉驗證重複 k 次,每個子樣本驗證一次,平均 k 次的結果或者使用其它結合方式,最終得到一個單一估測。

- k-fold CV 方法的優勢在，同時重複運用隨機產生的子樣本進行訓練和驗證，每次的結果驗證一次，10 次交叉驗證是最常用的。

⑤ 其他驗證法：

- Holdout 驗證：Holdout 驗證並非交叉驗證，因為數據並沒有交叉使用。隨機從最初的樣本中選出部分，形成交叉驗證數據，而剩餘的就當做訓練數據。一般來說，少於原本樣本三分之一的數據被選做驗證數據。

- 留一驗證：留一驗證（leave-one-out cross-validation，LOOCV）意指只使用原本樣本中的一項來當做驗證資料，而剩餘的則留下來當做訓練資料。這個步驟一直持續到每個樣本都被當做一次驗證資料。事實上，這等同於 k 折交叉驗證，其中 k 為原本樣本個數。在某些情況下是存在有效率的演算法，如使用 kernel regression 和吉洪諾夫正則化。

k-fold cross validation（k- 摺疊交叉驗證）：參數設定如下。

```
#split to folds and training lightgbm
n_folds = 5
fold = KFold()
splits = fold.split(X_, y)
columns = X_.columns
oof = np.zeros(X_.shape[0])
score = 0
y_oof = np.zeros(X_.shape[0])
feature_importances = pd.DataFrame()
feature_importances['feature'] = columns
```

程式如下：

```
for fold_n, (train_index, valid_index) in enumerate(splits):
    X_train, X_valid = X_[columns].iloc[train_index], X_[columns].iloc[valid_index]
    y_train, y_valid = y.iloc[train_index], y.iloc[valid_index]
    dtrain = lgb.Dataset(X_train, label = y_train)
    dvalid = lgb.Dataset(X_valid, label = y_valid)
    clf = lgb.train(params, dtrain, valid_sets=[dtrain, dvalid],verbose_eval=100)
    feature_importances[f'fold_{fold_n + 1}'] = clf.feature_importance()
    y_pred_valid = clf.predict(X_valid)
    y_oof[valid_index] = y_pred_valid
```

```
# 計算準確率：AUC
    print(f"Fold {fold_n + 1} | AUC: {roc_auc_score(y_valid, y_pred_valid)}")
    score += roc_auc_score(y_valid, y_pred_valid) / n_folds
print(f"\nMean AUC = {score}")
print(f"Out of folds AUC = {roc_auc_score(y, y_oof)}")
```

結果如下：

```
[100] training's auc: 0.86446      valid_1's auc: 0.859202
Fold 1 | AUC: 0.8592024746601387
[100] training's auc: 0.864719     valid_1's auc: 0.858964
Fold 2 | AUC: 0.8589643168922247
[100] training's auc: 0.86519      valid_1's auc: 0.857559
Fold 3 | AUC: 0.8575589237548101
[100] training's auc: 0.864875     valid_1's auc: 0.858417
Fold 4 | AUC: 0.8584167068255114
[100] training's auc: 0.864701     valid_1's auc: 0.856876
Fold 5 | AUC: 0.8568757955772006
Mean AUC = 0.4291018217709885
Out of folds AUC = 0.858170592352985
```

⑥  找出特徵重要性：

```
feature_importances['average'] = feature_importances[[
    f'fold_{fold_n + 1}' for fold_n in range(fold.n_splits)
]].mean(axis=1)


sns.barplot(data=feature_importances.sort_values(by='average',
ascending=False).head(10)  , x='average', y='feature');
plt.title('TOP feature importance over'.format(fold.n_splits),fontsize = 30)

plt.rcParams["figure.figsize"] = [18, 12]
plt.xticks(fontsize=20, rotation=90)
plt.yticks(fontsize=20, rotation=0)
plt.xlabel("Average",fontsize=25)
plt.ylabel("Feature",fontsize=30)
```

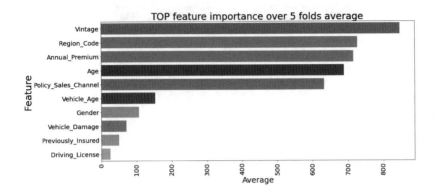

- 從「超參數調整後」的模型，發現準確度下降（偏誤提高）差距減少（變異縮小），並且驗證集沒有因為樣本數的提升而下降準確度，這個「超參數調整後」的模型表現的比未調整前的模型要好的多，但要再度提升準確度則應該從資料處理下手。

- 分析前面用「超參數（Hyperparameter）」來調整，但是由於模型沒有標準答案，每一資料都有自己的答案，這個部分需要透過窮舉法來最佳化模型，通常要花費較久的時間，這裡使用已經調整好的參數進行較好模型的示範。

⑦ 學習曲線分析：plot_learning_curve

要判斷訓練模型的一種方法，可用學習曲線圖，可直觀了解模型是過擬合（overfitting）或欠擬合（underfitting）。

設定 plot_learning_curve 函數：

```
from sklearn.model_selection import learning_curve
def plot_learning_curve(estimator, title, X, y, ylim=None, cv=None,
                        n_jobs=1, train_sizes=np.linspace(.1, 1.0, 5)):

    plt.rcParams["figure.figsize"] = [18,8]
    plt.title("Searches by Country",fontsize = 30)
    plt.legend(prop={'size':26}, loc='Cross-validation score')
    plt.rc('legend', fontsize=26,loc='best')
    plt.xticks(fontsize=16, rotation=90)
    plt.yticks(fontsize=16, rotation=0)
    plt.xlabel("average",fontsize=23)
```

```
    plt.ylabel("feature",fontsize=20)

    if ylim is not None:plt.ylim(*ylim)
    plt.xlabel("Training examples")
    plt.ylabel("Score")
    train_sizes, train_scores, test_scores = learning_curve(estimator, X, y,
cv=cv, n_jobs=n_jobs, train_sizes=train_sizes)
    train_scores_mean = np.mean(train_scores, axis=1)
    train_scores_std = np.std(train_scores, axis=1)
    test_scores_mean = np.mean(test_scores, axis=1)
    test_scores_std = np.std(test_scores, axis=1)
    plt.grid()

    plt.fill_between(train_sizes, train_scores_mean - train_scores_std,
                     train_scores_mean + train_scores_std, alpha=0.1,color="r")
    plt.fill_between(train_sizes, test_scores_mean - test_scores_std,
                     test_scores_mean + test_scores_std, alpha=0.1, color="g")
    plt.plot(train_sizes, train_scores_mean, 'o-', color="r",label="Training score")
    plt.plot(train_sizes, test_scores_mean, 'o-', color="g",label="Cross-
validation score")

    plt.legend(loc="best")
    return plt
```

np.linspace(.2, 1.0, 5) 表示把訓練樣本數量從 0.1 ～ 1 分成 10 等分。

在畫訓練集的曲線時：橫軸為 train_sizes，縱軸為 train_scores_mean。

在畫測試集的曲線時：橫軸為 train_sizes，縱軸為 test_scores_mean。

繪出學習曲線：

```
feature_importances['average'] = feature_importances[[
    f'fold_{fold_n + 1}' for fold_n in range(fold.n_splits)]].mean(axis=1)

sns.barplot(data=feature_importances.sort_values(by='average',
ascending=False).head(10)  , x='average', y='feature');
plt.title('TOP feature importance over'.format(fold.n_splits),fontsize = 30)

plt.rcParams["figure.figsize"] = [18, 12]
plt.xticks(fontsize=20, rotation=90)
plt.yticks(fontsize=20, rotation=0)
```

```
plt.xlabel("Average",fontsize=25)
plt.ylabel("Feature",fontsize=30)
```

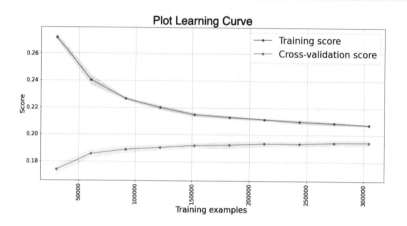

- 從調整後的模型發現，準確度下降（偏誤提高）差距減少（變異縮小），並且驗證集沒有因為樣本數的提升而下降準確度。
- 由上圖可知：訓練集準確率與驗證集準確率收斂，但是兩者收斂後的準確率遠小於期望準確率（**90%**），所以得知該模型屬於欠擬合（**underfitting**）問 。由於欠擬合，所以需要增加模型的複雜度，例如，增加特徵、增加樹的深度、減小正則項等等，此時再增加資料量是沒有作用的。
- 這個模型表現要好的多，要再提升準確度則應該從資料處理下手 .... 以下用資料調整來嘗試找出更佳模型（準確率更高）。

(2) 重組特徵＋獨熱編碼＋（**Logistik Regression**、**Decision Tree**、**Random Forest**、**XGBOOTS** 演算法）：

看看是否準確率更佳，步驟如下：

① 重組特徵：將 **"Age"** 特徵重組，成為 6 個群組，並以新特徵：**"Group_Age"** 呈現。

```
# 重組特徵：將" Age" 特徵進行重組，成為6個群組，並以新特徵:" Group_Age" 呈現。
gr_age = []
for i, kolom in df_feat.iterrows():
    if kolom['Age'] >= 20 and kolom['Age'] <= 29:segment = 1
    elif kolom['Age'] >= 30 and kolom['Age'] <= 39:segment = 2
```

```
    elif kolom['Age'] >= 40 and kolom['Age'] <= 49:segment = 3
    elif kolom['Age'] >= 50 and kolom['Age'] <= 59:segment = 4
    elif kolom['Age'] >= 60 and kolom['Age'] <= 69:segment = 5
    elif kolom['Age'] >= 70 and kolom['Age'] <= 79:egment = 6
    else:segment = 7
    gr_age.append(segment)
df_feat['Group_Age'] = gr_age
```

```
x = df_feat.drop(['Response'],axis=1)
y = df_feat['Response']
from sklearn.preprocessing import StandardScaler
scaler = StandardScaler()
df_scaled = scaler.fit_transform(df_feat.drop('Response', axis=1))
X = df_scaled
y = df_feat['Response']
```

② 獨熱編碼（One Hot Encoding）：將 "Gender"、"Vehicle_Damage"、"Vehicle_
Age" 三個特徵欄位進行獨熱編碼（One Hot Encoding）。

```
df_feat = pd.get_dummies(df_feat, columns=['Gender'], drop_first=True)
df_feat = pd.get_dummies(df_feat, columns=['Vehicle_Damage'], drop_first=True)
df_feat = pd.get_dummies(df_feat, columns=['Vehicle_Age'], drop_first=True)
```

③ 捨棄無用的特徵："ID","Age"。

```
df_feat = df_feat.drop(['Age'], axis=1)
```

④ 將以上所有特徵進行「常態化」（Standard Scaler）。

⑤ 用 Logistik Regression、Decision Tree、Random Forest、XGBOOTS 演算法。

分別用四個 Logistik Regression、Decision Tree、Random Forest、XGBOOTS 模型演算
法。

```
#分割訓練集，測試集（Train Test Split）
X_train, X_test, y_train, y_test = train_test_split (X, y, test_size=0.3,
random_state=101)
```

```
from sklearn.model_selection import RandomizedSearchCV
from sklearn.model_selection import cross_val_score
from sklearn.model_selection import train_test_split, RandomizedSearchCV,
```

```
StratifiedKFold, KFold, GridSearchCV
from sklearn.metrics import f1_score, roc_auc_score,accuracy_score,
confusion_matrix, precision_recall_curve, auc, roc_curve, recall_score,
classification_report, plot_confusion_matrix,precision_score
```

```
def plot_ROC(fpr, tpr, m_name):#計算模型的準確率:
    roc_auc = auc(fpr, tpr)
    plt.figure(figsize=(10, 10))
    lw = 2
    plt.plot(fpr,tpr,color='darkorange',lw=lw,label='ROC curve(area=%0.6f)' %
roc_auc, alpha=0.5)
    plt.plot([0, 1], [0, 1], color='navy', lw=lw, linestyle='--', alpha=0.5)
    plt.xlim([-0.1, 1.0])
    plt.ylim([0.0, 1.05])
    plt.xticks(fontsize=20)
    plt.yticks(fontsize=20)
    plt.grid(True)
    plt.xlabel('False Positive Rate', fontsize=26)
    plt.ylabel('True Positive Rate', fontsize=26)
    plt.title('Receiver operating characteristic for %s'%m_name, fontsize=30)
    plt.legend(loc="lower right", fontsize=26)
    plt.show()
```

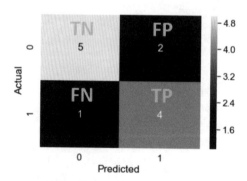

| 指標 | 公式 | 說明 | 實例 |
|------|------|------|------|
| 精確率<br>（Precision） | $\dfrac{TP}{TP+FP}$ | 即陽性的樣本中有幾個是預測正確的。 | |

| 指標 | 公式 | 說明 | 實例 |
|---|---|---|---|
| 靈敏度（Sensitivity，也稱真陽性）召回率（Recall） | $\dfrac{TP}{TP+FN}$ | 即事實為真的樣本中有幾個是預測正確的。 | 實際為陽性的樣本中，判斷為陽性的比例。（有生病的人，被判斷為有生病者的比例） |
| F1 Score | $\dfrac{2TP}{2TP+FP+FN}$ | 精確率與召回率的調和平均數，對不平衡類別特別有效。 | |
| 準確率（Accuracy） | $\dfrac{TP+TN}{TP+FN+FP+FP}$ | 模型整體性能評估。 | |
| 特異度（Specificity，也稱為真陰性率） | $\dfrac{TN}{TN+FP}$ | | 實際為陰性的樣本中，判斷為陰性的比例。（未生病的人中，被判為未生病者的比例） |

Logistik Regression:

```
from sklearn.linear_model import LogisticRegression
logmodel = LogisticRegression()
logmodel.fit(X_train,y_train)                           #演算
LogPred = logmodel.predict(X_test)                      #進行預測
LogPredProb = logmodel.predict_proba(X_test)[:,1]
(fpr, tpr, thresholds) = roc_curve(y_test, LogPredProb)   #計算ROC值
plot_ROC(fpr, tpr,'Logistic Regression')                #繪出ROC圖
```

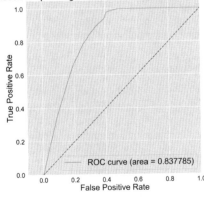

Receiver operating characteristic for Logistic Regression

ROC curve (area = 0.837785)

```
fig, ax = plt.subplots(figsize=(10, 10))#混淆矩陣
sns.set(font_scale=2.0) #edited as suggested
plot_confusion_matrix(logmodel,X_test,y_test,cmap=plt.cm.Blues,ax=ax,
values_format='.0f')
plt.grid(False)
plt.show()
```

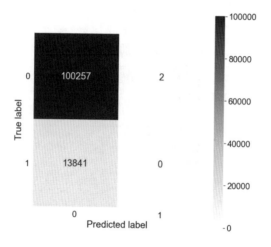

```
#計算準確率
print(classification_report(y_test,LogPred))
```

|          | precision | recall | f1-score | support |
|----------|-----------|--------|----------|---------|
| 0        | 0.88      | 1.00   | 0.94     | 100259  |
| 1        | 0.00      | 0.00   | 0.00     | 13841   |
| accuracy |           |        | 0.88     | 114100  |
| macro avg | 0.44     | 0.50   | 0.47     | 114100  |
| weighted avg | 0.77  | 0.88   | 0.82     | 114100  |

```
#交叉驗證(CV Logistik Regression)
scores = cross_val_score(logmodel, X_train, y_train, scoring='roc_auc', cv=10)
print('Cross-Validation ROC_AUC Scores', scores)
```

```
Cross-Validation ROC_AUC Scores [0.83606924 0.83759223 0.83280128 0.84025896
 0.83316555 0.8339066  0.83673905 0.84093824 0.83777833 0.83639863]
```

```
#列出交叉驗證最高，平均，最低分數
scores = pd.Series(scores)
scores.min(), scores.mean(), scores.max()
```

```
(0.8328012815446307, 0.836564810528485, 0.8409382368596229)
```

Logistik Regression 結果：**83.65%** 的準確率尚可（每次計算結果略有出入）。

Decision Tree:

```
from sklearn.tree import DecisionTreeClassifier
dtree = DecisionTreeClassifier()
dtree.fit(X_train, y_train)
dtreePred = dtree.predict(X_test)          #進行預測
dtreePredProb = dtree.predict_proba(X_test)[:,1]
(fpr, tpr, thresholds) = roc_curve(y_test, dtreePredProb)   #計算ROC值
plot_ROC(fpr, tpr,'Decision Tree')              #繪出ROC圖
```

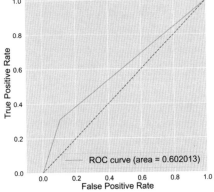

Receiver operating characteristic for Decision Tree

ROC curve (area = 0.602013)

```
#混淆矩陣
fig, ax = plt.subplots(figsize=(10, 10))
sns.set(font_scale=2.0) #edited as suggested
plot_confusion_matrix(dtree,X_test,y_test,cmap=plt.cm.Blues,ax=ax,values_format
='.0f')
plt.grid(False)
plt.show()
```

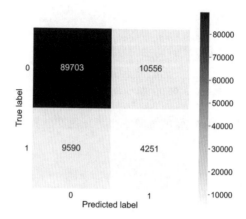

```
#計算準確率
print(classification_report(y_test,LogPred))
```

```
              precision    recall  f1-score   support

           0       0.88      1.00      0.94    100259
           1       0.00      0.00      0.00     13841

    accuracy                           0.88    114100
   macro avg       0.44      0.50      0.47    114100
weighted avg       0.77      0.88      0.82    114100
```

```
#交叉驗證(CV Logistik Regression)
scores = cross_val_score(logmodel, X_train, y_train, scoring='roc_auc', cv=10)
print('Cross-Validation ROC_AUC Scores', scores)
```

```
Cross-Validation ROC_AUC Scores [0.60338166 0.59647545 0.59843786 0.59398849
 0.59183308 0.58965301 0.60462573 0.60094044 0.60475619 0.5940907 ]
```

```
#列出交叉驗證最高，平均，最低分數
scores = pd.Series(scores)
scores.min(), scores.mean(), scores.max()
```

```
(0.5896530098202177, 0.5978182622792343, 0.6047561946885294)
```

Decision Tree 結果：**59.78%** 的準確率不佳。(每次計算結果略有出入)

Random Forest:

```
from sklearn.ensemble import RandomForestClassifier
RForest = RandomForestClassifier(n_estimators=300)
RForest.fit(X_train, y_train)          #演算
RForestpred = RForest.predict(X_test)     #進行預測
RForestpredProb =  RForest.predict_proba(X_test)[:,1]
(fpr,tpr,thresholds)=roc_curve(y_test,RForestpredProb)     #計算ROC值
plot_ROC(fpr, tpr,'Random Forest')               #繪出ROC圖
```

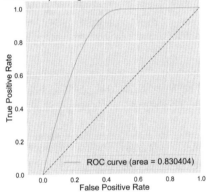

Receiver operating characteristic for Random Forest

```
#混淆矩陣
fig, ax = plt.subplots(figsize=(10, 10))
sns.set(font_scale=2.0) #edited as suggested
plot_confusion_matrix(dForest,X_test,y_test,cmap=plt.cm.Blues,ax=ax,values_format=
'.0f')
plt.grid(False)
plt.show()
```

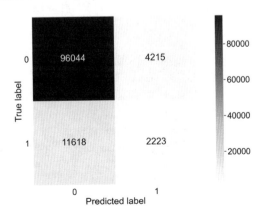

```
#計算準確率
print(classification_report(y_test,LogPred))
```

|              | precision | recall | f1-score | support |
|--------------|-----------|--------|----------|---------|
| 0            | 0.89      | 0.96   | 0.92     | 100259  |
| 1            | 0.34      | 0.16   | 0.22     | 13841   |
|              |           |        |          |         |
| accuracy     |           |        | 0.86     | 114100  |
| macro avg    | 0.62      | 0.56   | 0.57     | 114100  |
| weighted avg | 0.83      | 0.86   | 0.84     | 114100  |

```
#交叉驗證(CV Logistik Regression)
scores = cross_val_score(logmodel, X_train, y_train, scoring='roc_auc', cv=10)
print('Cross-Validation ROC_AUC Scores', scores)
```

```
Cross-Validation ROC_AUC Scores [0.82577077 0.82789652 0.82322555 0.82822692
 0.82531909 0.82639613 0.8247359  0.82959335 0.82534749 0.82905512]
```

```
#列出交叉驗證最高，平均，最低分數
scores = pd.Series(scores)
scores.min(), scores.mean(), scores.max()
```

```
(0.8232255462928159, 0.8265566849901423, 0.8295933548421691)
```

Random Forest 結果：**82.66%** 的準確率尚可。（每次計算結果略有出入）

XGBOOTS:

```
from sklearn.ensemble import RandomForestClassifier
RForest = RandomForestClassifier(n_estimators=300)
RForest.fit(X_train, y_train)                          #演算
RForestpred = RForest.predict(X_test)                  #進行預測
RForestpredProb =  RForest.predict_proba(X_test)[:,1]
(fpr,tpr,thresholds)=roc_curve(y_test,RForestpredProb) #計算ROC值
plot_ROC(fpr, tpr,'Random Forest')                     #繪出ROC圖
```

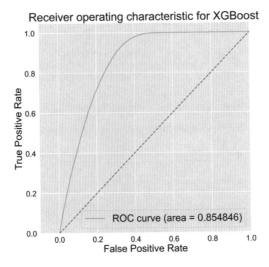

```
#混淆矩陣
fig, ax = plt.subplots(figsize=(10, 10))
sns.set(font_scale=2.0) #edited as suggested
plot_confusion_matrix(xgb_model,X_test,y_test,cmap=plt.cm.Blues,ax=ax,
values_format='.0f')
plt.grid(False)
plt.show()
```

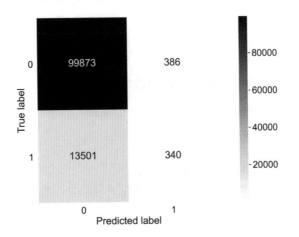

```
#計算準確率
print(classification_report(y_test,XGBpred>0.5))
```

```
           precision  recall  f1-score  support

      0      0.88      1.00     0.94     100259
      1      0.00      0.00     0.00      13841


  accuracy                      0.88     114100
macro avg    0.44      0.50     0.47     114100
weighted avg0.77       0.88     0.82     114100
```

```
#交叉驗證(CV Logistik Regression)
scores = cross_val_score(logmodel, X_train, y_train, scoring='roc_auc', cv=10)
print('Cross-Validation ROC_AUC Scores', scores)
```

```
Cross-Validation ROC_AUC Scores [0.85362969 0.85263778 0.85044514 0.85535929
 0.85162922 0.85310916 0.8511682  0.85495432 0.85261899 0.85400871]
```

```
#列出交叉驗證最高,平均,最低分數
scores = pd.Series(scores)
scores.min(), scores.mean(), scores.max()
```

XGBOOTS 結果：**85.30%** 的準確率尚可。（每次計算結果略有出入）

```
(0.8504451378962858, 0.8529560504870467, 0.855359289742617)
```

## 7. 超參數調整後重新進行人工智慧演算：

因 XGBOOTS 的準確率（**85.30%**）最佳，故針對 XGBOOTS 進行超參數調整：

```
from hyperopt import STATUS_OK, Trials, fmin, hp, tpe
space={ 'max_depth': hp.quniform("max_depth", 3,18,1),
        'gamma': hp.uniform ('gamma', 1,9),
        'reg_alpha' : hp.quniform('reg_alpha', 40,180,1),
        'reg_lambda' : hp.uniform('reg_lambda', 0,1),
        'colsample_bytree' : hp.uniform('colsample_bytree', 0.5,1),
        'min_child_weight' : hp.quniform('min_child_weight', 0, 10, 1),
        'n_estimators': 300,'seed': 0}
```

```
def objective(space):
    clf=xgb.XGBClassifier(
      n_estimators =space['n_estimators'],
      max_depth = int(space['max_depth']),
      gamma = space['gamma'],
      reg_alpha = int(space['reg_alpha']),
      min_child_weight=int(space['min_child_weight']),
      colsample_bytree=int(space['colsample_bytree']))
      evaluation = [( X_train, y_train), ( X_test, y_test)]

      clf.fit(X_train,y_train,eval_set=evaluation,eval_metric="auc",
            early_stopping_rounds=10,verbose=False)
      pred = clf.predict(X_test)
      y_score = clf.predict_proba(X_test)[:,1]
      accuracy = accuracy_score(y_test, pred>0.5)
      Roc_Auc_Score = roc_auc_score(y_test, y_score)
      print ("ROC-AUC Score:",Roc_Auc_Score)
      print ("SCORE:", accuracy)
```

```
trials = Trials()
xgb_model=xgb.XGBClassifier(n_estimators = space['n_estimators'],
max_depth = 9, gamma = 1.6331807156755782,
reg_lambda = 0.46569712565971155,reg_alpha = 40.0,
min_child_weight=2.0, colsample_bytree = 0.8255017098966712)
xgb_model.fit(X_train,y_train)
XGBpred = xgb_model.predict_proba(X_test)[:,1]
(fpr, tpr, thresholds) = roc_curve(y_test, XGBpred)
plot_ROC(fpr, tpr,'XGBoost')
```

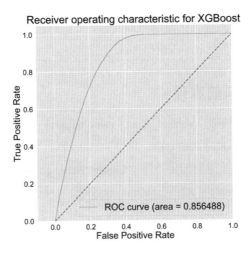

Receiver operating characteristic for XGBoost

ROC curve (area = 0.856488)

```
plot_confusion_matrix(xgb_model, X_test, y_test, cmap=plt.cm.Blues,values_format=
'.0f')
plt.grid(False)
plt.show()
```

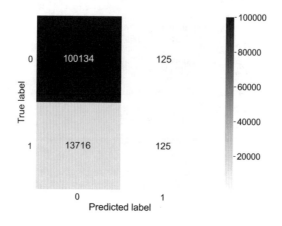

```
#計算準確率
print(classification_report(y_test,XGBpred>0.5))
```

XGBOOTS 進行超參數調整後，**85.65%** 的準確率尚可。（每次計算結果略有出入）

|  | precision | recall | f1-score | support |
|---|---|---|---|---|
| 0 | 0.88 | 1.00 | 0.94 | 100259 |
| 1 | 0.51 | 0.01 | 0.01 | 13841 |
| accuracy |  |  | 0.88 | 114100 |
| macro avg | 0.70 | 0.50 | 0.47 | 114100 |
| weighted avg | 0.83 | 0.88 | 0.82 | 114100 |

## 8. 做更細緻的資料前處理

(1) 獨熱編碼並產生新特徵：Vehicle_Age (3 value counts)、Gender (2 value counts)、Vehicle_Damage (2 value counts)。

(2) 將已獨熱編之特徵及捨棄無用特徵：Gender (label encoded)、'Vehicle_Damage' (label encoded)、'Vehicle_Age' (one hot encoded)。

(3) 刪去離群值：對 Annual Premium 欄位，用 IQR 法定義離群值範圍並刪除離群值。

(4) 標準化：針對 Annual Premium 欄位，進行常態分配的標準化工作。

(5) 平衡極端的特徵欄位：針對 Annual Premium 欄位，用 oversampling 增加樣本來平衡資料。

```
df = pd.read_csv('crosssell/train.csv', index_col=['id'])
#獨熱編碼並產生新特徵：'Gender' 'Vehicle_Damage' 'Vehicle_Age'
onehots = pd.get_dummies(df['Vehicle_Age'], prefix='Vehicle_Age')
df = df.join(onehots)
onehots2 = pd.get_dummies(df['Gender'], prefix='Gender')
df = df.join(onehots2)
onehots3 = pd.get_dummies(df['Vehicle_Damage'], prefix='Vehicle_Damage')
df = df.join(onehots3)
#捨棄已做過獨熱編碼之特徵
df = df.drop(['Gender', 'Vehicle_Damage', 'Vehicle_Age'], axis=1)
```

```
#捨棄離群值：對Annual Premium欄位，用IQR法定義離群值範圍並刪除離群值
print(f'Count of rows before filtering outlier: {len(df)}')
filtered_entries = np.array([True] * len(df))
for col in ['Annual_Premium']:
    Q1 = df[col].quantile(0.25)
    Q3 = df[col].quantile(0.75)
    IQR = Q3 - Q1
    low_limit = Q1 - (IQR * 1.5)
    high_limit = Q3 + (IQR * 1.5)
    filtered_entries = ((df[col] >= low_limit) & (df[col] <= high_limit)) &
filtered_entries
df = df[filtered_entries]
print(f'Count of rows after filtering outlier: {len(df)}')
```

```
#標準化：針對Annual Premium欄位，進行常態分配的標準化工作
df['Annual_Premium_std'] = StandardScaler().fit_transform(df['Annual_Premium'].
values.reshape(len(df), 1))
std = ['Annual_Premium_std']
print(f'Count of rows after filtering outlier: {len(df)}')
df = df.drop(['Annual_Premium'], axis=1) #捨棄Annual_Premium'
```

```
#平衡極端的特徵欄位：針對Annual Premium欄位，用oversampling增加樣本來平衡資料
print(df['Response'].value_counts())
X =df[[col for col in df.columns if (str(df[col].dtype)!='object') and col not in
['Response']]]
y =df['Response'].values
from imblearn import over_sampling
X_over, y_over = over_sampling.RandomOverSampler().fit_resample(X, y)
df_y_over = pd.Series(y_over).value_counts()
```

## 資料平衡前：

```
0    325634
1     45155
```

```
0    325634
1    325634
```

## 資料平衡後：

```
#將前處理好的資料存檔：Save the BALANCED dataset
df=pd.concat([X_over,pd.DataFrame(y_over).rename(columns={0:'Response'})],axis=1)
df.to_csv('train_pre_processed.csv')
```

## Random Forest:

```
from sklearn.ensemble import RandomForestClassifier
X = df.drop(['Response'], axis = 1)
y = df['Response']
#分割訓練集，測試集
from sklearn.model_selection import train_test_split
X_train, X_test,y_train,y_test = train_test_split(X,y,test_size = 0.3,random_state = 789)
rf = RandomForestClassifier(n_estimators= 400, max_depth=110, random_state=0)
rf.fit(X_train, y_train)  #演算
y_predicted = rf.predict(X_test)
```

## 繪出 ROC 圖：

```
(fpr, tpr, thresholds) = roc_curve(y_test, y_predicted)    #計算ROC值
plot_ROC(fpr,tpr,'Random Forest')     #ROC圖
```

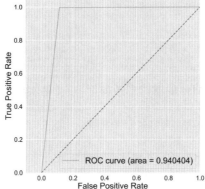

繪出「混淆矩陣」（Confusion Matrix）圖：

```
plot_confusion_matrix(rf, X_test, y_test, cmap=plt.cm.Blues,values_format='.0f')
plt.grid(False)
plt.show()
```

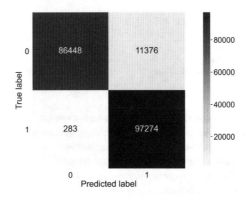

計算準確率（Accuracy）：

```
from sklearn.metrics import classification_report,confusion_matrix,accuracy_score,
precision_score
print('\naccuracy')
print(accuracy_score(y_test, y_predicted))
print('\nprecision')
print(precision_score(y_test, y_predicted))
print('\nclassification report')
print(classification_report(y_test, y_predicted)) #計算準確率
```

```
accuracy
0.9459568740051489
precision
0.9024257114310033
```

Random Forest 結果：**94.01%** 的準確率改善很多。（每次計算結果略有出入）

|  | precision | recall | f1-score | support |
|---|---|---|---|---|
| 0 | 1.00 | 0.89 | 0.94 | 97824 |
| 1 | 0.90 | 1.00 | 0.95 | 97557 |
| accuracy |  |  | 0.95 | 195381 |
| macro avg | 0.95 | 0.95 | 0.95 | 195381 |
| weighted avg | 0.95 | 0.95 | 0.95 | 195381 |

特徵「重要性」分析：

```
feat_importances = pd.Series(rf.feature_importances_, index=X.columns)
ax = feat_importances.nlargest(10).plot(kind='barh')
ax.invert_yaxis()
plt.rcParams['figure.dpi'] = 300 #解析度
plt.xlabel('score')
plt.ylabel('feature')
plt.title('feature importance score')
```

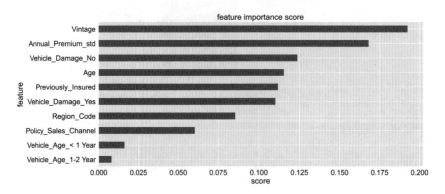

進行「更細緻的資料前處理」，Random Forest 的處理重點：

- 特徵選取：所有特徵都選取。其中三個特徵（Gender、Vehicle_Damage、Vehicle_Age）做「獨熱編碼」。

- 離群值（Outliers）：對 Annual Premium 欄位，用 IQR 法定義離群值範圍並刪除離群值。
- 常態化（Standardized）：在年收入欄位「Annual_Premium」進行常態化。
- 不 平 衡 二 元 分 類 的 再 平 衡（Class balancing）：針對 Response = 1，進行 Random Oversampling。
- Best n_estimators: 400
- Best max_depth: 110

kNN：

```
from sklearn.neighbors import KNeighborsClassifier
X = df.drop(['Response'], axis = 1)
y = df['Response'] # target / label
#分割訓練集，測試集
from sklearn.model_selection import train_test_split
X_train, X_test,y_train,y_test = train_test_split(X,y,test_size = 0.3,random_state
= 789)
neigh = KNeighborsClassifier(n_neighbors = 3)
neigh.fit(X,y)
y_predicted = neigh.predict(X_test)
```

繪出 ROC 圖：

```
(fpr, tpr, thresholds) = roc_curve(y_test, y_predicted)      #計算ROC值
plt.rcParams['figure.dpi'] = 300                             #解析度
plot_ROC(fpr, tpr,'kNN (k-Nearest Neighbors)')              #繪出ROC圖
```

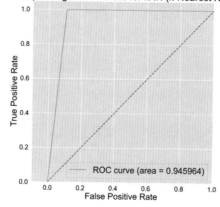

Receiver operating characteristic for kNN (k-Nearest Neighbors)

繪出「混淆矩陣」（Confusion Matrix）圖：

```
plot_confusion_matrix(rf, X_test, y_test, cmap=plt.cm.Blues,values_format='.0f')
plt.grid(False)
plt.show()
```

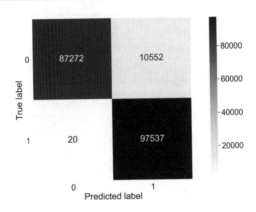

計算準確率（Accuracy）：

```
from sklearn.metrics import classification_report,confusion_matrix,accuracy_score,
precision_score
print('\naccuracy')
print(accuracy_score(y_test, y_predicted))
print('\nprecision')
print(precision_score(y_test, y_predicted))
print('\nclassification report')
print(classification_report(y_test, y_predicted)) #計算準確率
```

```
accuracy
0.9401170021650007
precision
0.8951408768328716
```

|  | precision | recall | f1-score | support |
|---|---|---|---|---|
| 0 | 1.00 | 0.88 | 0.94 | 97824 |
| 1 | 0.90 | 1.00 | 0.94 | 97557 |
| accuracy |  |  | 0.94 | 195381 |
| macro avg | 0.95 | 0.94 | 0.94 | 195381 |
| weighted avg | 0.95 | 0.94 | 0.94 | 195381 |

kNN 結果：**94.60%** 的準確率最佳。

用準確率最佳的 kNN 模型，來預測未知的資料（test）：

① test 資料前處理：

- 獨熱編碼並產生新特徵：Vehicle_Age (3 value counts)、Gender (2 value counts)、Vehicle_Damage (2 value counts)。
- 將已獨熱編之特徵及捨棄無用特徵：Gender (label encoded)、'Vehicle_Damage' (label encoded)、'Vehicle_Age' (one hot encoded)。
- 刪去離群值：對 Annual Premium 欄位，用 IQR 法定義離群值範圍並刪除離群值。
- 標準化：針對 Annual Premium 欄位，進行常態分配的標準化工作。

```
PredictionKNN = pd.read_csv('crosssell/test.csv') #讀取檔案
#資料前處理：獨熱編碼並產生新特徵：
onehots = pd.get_dummies(PredictionKNN['Vehicle_Age'], prefix='Vehicle_Age')
PredictionKNN = PredictionKNN.join(onehots)
onehots2 = pd.get_dummies(PredictionKNN['Gender'], prefix='Gender')
PredictionKNN = PredictionKNN.join(onehots2)
onehots3 = pd.get_dummies(PredictionKNN['Vehicle_Damage'], prefix='Vehicle_Damage')
PredictionKNN = PredictionKNN.join(onehots3)
#將已獨熱編之特徵及捨棄無用特徵
PredictionKNN = PredictionKNN.drop(['id', 'Gender', 'Vehicle_Damage', 'Vehicle_
Age'], axis=1)
#刪去離群值：對Annual Premium欄位，用IQR法定義離群值範圍並刪除離群值
filtered_entries = np.array([True] * len(PredictionKNN))
for col in ['Annual_Premium']:
    Q1 = PredictionKNN[col].quantile(0.25)
    Q3 = PredictionKNN[col].quantile(0.75)
    IQR = Q3 - Q1
    low_limit = Q1 - (IQR * 1.5)
    high_limit = Q3 + (IQR * 1.5)
    for i in PredictionKNN[col]:
        if i > high_limit :
            PredictionKNN[col]=np.where(PredictionKNN[col]>high_limit,high_limit,
PredictionKNN[col])
        else:
            i = i
PredictionKNN = PredictionKNN
```

```
#標準化：針對Annual Premium欄位，進行常態分配的標準化工作
PredictionKNN['Annual_Premium_std'] = StandardScaler().fit_transform(PredictionKNN
['Annual_Premium'].values.reshape(len(PredictionKNN), 1))
std = ['Annual_Premium_std']
PredictionKNN = PredictionKNN.drop(['Annual_Premium'], axis=1)
```

② 對 test 進行預測並存檔：

用準確率最佳的 kNN 模型，來預測近二十萬筆新資料（test），得到了一個總表，
儲存於 KNNsubmission.csv 中；其中 Response ＝ 1 者佔比率頗高。

```
y_predicted = neigh.predict(PredictionKNN) #進行預測
```

```
KNNsubmission = pd.read_csv('crosssell/test.csv')
dfid = KNNsubmission[['id']]
KNNsubmission = pd.concat([dfid, pd.DataFrame(y_predicted).rename(columns = {0 :
'Response'})], axis=1)
KNNsubmission.to_csv('crosssell/FineATuneKNNPrediction.csv')
KNNsubmission
```

| | id | Response |
|---|---|---|
| 0 | 381110.0 | 1 |
| 1 | 381111.0 | 1 |
| 2 | 381112.0 | 0 |
| 3 | 381113.0 | 1 |
| 4 | 381114.0 | 1 |
| ... | ... | ... |
| 195376 | NaN | 1 |
| 195377 | NaN | 1 |
| 195378 | NaN | 1 |
| 195379 | NaN | 0 |
| 195380 | NaN | 1 |

195381 rows × 2 columns

若用成功機率（推銷新保單的成功機率），結果如下：

```
test1 = PredictionKNN.drop(['Age'], axis=1)
test1_scaled = scaler.fit_transform(PredictionKNN)
test_KNN_proba = [pred[1] for pred in neigh.predict_proba(test1_scaled)]
submission_KNN = pd.DataFrame(data = {'id': test_id, 'Response': test_KNN_proba})
submission_KNN.to_csv('crosssell/KNNFineTuneSubmission.csv', index = False)
submission_KNN.tail5(10)
```

|   | id | Response |
|---|---|---|
| 0 | 381110 | 0.000000 |
| 1 | 381111 | 0.000000 |
| 2 | 381112 | 0.333333 |
| 3 | 381113 | 0.000000 |
| 4 | 381114 | 0.000000 |
| 5 | 381115 | 0.000000 |
| 6 | 381116 | 0.000000 |
| 7 | 381117 | 0.000000 |
| 8 | 381118 | 0.000000 |
| 9 | 381119 | 0.333333 |

# A-4 用 AI「顧客分眾」法進行「精準行銷」（Customer Focus）

（程式名：Customer_Targeting.ipynb）

- 這是一個橫跨五洲的生活用品連鎖店，也是本書作者 Gavin Yang 在 2020 年于歐洲的一個專案。資料庫是該賣場的客戶交易資料，進行資料工程後，作為該公司人工智慧（AI Marketing）分析用。

- AI 用在電子商務是最有效且及時的工具，AI Marketing 的基本優勢就在線上消費及巨量規律；所以這個系統（Customer_Targeting.ipynb）可及時進行預測，判斷客戶即將發生的購買行為。

## 1. 引入程式庫

```
import pandas as pd
import numpy as np
import matplotlib.pyplot as plt
from math import ceil

from sklearn.cluster import KMeans
import plotly.express as px
import plotly.graph_objects as go
from plotly.subplots import make_subplots
from sklearn.metrics import silhouette_samples, silhouette_score
from sklearn.manifold import TSNE
import plotly
plotly.offline.init_notebook_mode(connected=True)

from ipywidgets import interact, interactive, fixed, interact_manual,VBox,HBox,Layout
import ipywidgets as widgets
```

## 2. 讀取資料

```
data= pd.read_csv('CustomerTargeting/CustomerTargeting.csv',header=0,encoding=
"ISO-8859-1",engine='c')
print('Number of rows={0:.0f} and columns={1:.0f} \n'.format(data.shape[0],
data.shape[1]))
data.head()
```

|   | InvoiceNo | StockCode | Description | Quantity | InvoiceDate | UnitPrice | CustomerID | Country |
|---|-----------|-----------|-------------|----------|-------------|-----------|------------|---------|
| 0 | 425359 | 21913 | VINTAGE SEASIDE JIGSAW PUZZLES | 12 | 2019-12-01 08:45:00 | 3.75 | 12586 | France |
| 1 | 425360 | 22540 | MINI JIGSAW CIRCUS PARADE | 24 | 2019-12-01 08:45:00 | 0.42 | 12586 | France |
| 2 | 425360 | 22544 | MINI JIGSAW SPACEBOY | 24 | 2019-12-01 08:45:00 | 0.42 | 12586 | France |
| 3 | 425360 | 22492 | MINI PAINT SET VINTAGE | 36 | 2019-12-01 08:45:00 | 0.65 | 12586 | France |
| 4 | 425361 | POST | POSTAGE | 3 | 2019-12-01 08:45:00 | 18.00 | 12586 | France |

## 3. 特徵工程：將其轉換為日期時間格式，並在時間維度上創建新欄位

```
data['InvoiceDate']=pd.to_datetime(data['InvoiceDate'])
data['Sales'] = data.Quantity*data.UnitPrice
data['Year']=data.InvoiceDate.dt.year
data['Month']=data.InvoiceDate.dt.month
data['Week']=data.InvoiceDate.dt.isocalendar().week
```

```python
data['Year_Month']=data.InvoiceDate.dt.to_period('M')
data['Hour']=data.InvoiceDate.dt.hour
data['Day']=data.InvoiceDate.dt.day
data['weekday'] = data.InvoiceDate.dt.day_name()
data['Quarter'] = data.Month.apply(lambda m:'Q'+str(ceil(m/4)))
data['Date']=pd.to_datetime(data[['Year','Month','Day']])
data.head()
```

為了按年、月、日、時間分析消費額,進行特徵工程之結果:

| | InvoiceNo | StockCode | Description | Quantity | InvoiceDate | UnitPrice | CustomerID | Country | Sales | Year | Month | Week | Year_Month | Hour | Day | weekday | Quarter | Date |
|---|---|---|---|---|---|---|---|---|---|---|---|---|---|---|---|---|---|---|
| 0 | 425359 | 21913 | VINTAGE SEASIDE JIGSAW PUZZLES | 12 | 2019-12-01 08:45:00 | 3.75 | 12586 | France | 45.00 | 2019 | 12 | 48 | 2019-12 | 8 | 1 | Sunday | Q3 | 2019-12-01 |
| 1 | 425360 | 22540 | MINI JIGSAW CIRCUS PARADE | 24 | 2019-12-01 08:45:00 | 0.42 | 12586 | France | 10.08 | 2019 | 12 | 48 | 2019-12 | 8 | 1 | Sunday | Q3 | 2019-12-01 |
| 2 | 425360 | 22544 | MINI JIGSAW SPACEBOY | 24 | 2019-12-01 08:45:00 | 0.42 | 12586 | France | 10.08 | 2019 | 12 | 48 | 2019-12 | 8 | 1 | Sunday | Q3 | 2019-12-01 |
| 3 | 425360 | 22492 | MINI PAINT SET VINTAGE | 36 | 2019-12-01 08:45:00 | 0.65 | 12586 | France | 23.40 | 2019 | 12 | 48 | 2019-12 | 8 | 1 | Sunday | Q3 | 2019-12-01 |
| 4 | 425361 | POST | POSTAGE | 3 | 2019-12-01 08:45:00 | 18.00 | 12586 | France | 54.00 | 2019 | 12 | 48 | 2019-12 | 8 | 1 | Sunday | Q3 | 2019-12-01 |

刪除「InvoiceNo」、「CustomerID」二個欄為空值的資料。

```python
data.dropna(axis=0,subset = ["InvoiceNo", "CustomerID"], inplace=True)
```

刪除購買數量負值之資料。

```python
data =data[data['Quantity']>0]
```

## 4. 探索性資料分析(EDA)

```python
df = px.data.gapminder()
df = df [['country','iso_alpha']]
data = pd.merge(data,df[['country','iso_alpha']],left_on='Country',right_on=
'country',how='left').drop(columns=['country'])
del df
```

(1) 用互動圖呈現該公司「全球客戶分佈」:

```python
grp_data = data.groupby(by='Country')
['Sales'].sum().sort_values(ascending=False).reset_index()
fig = go.Figure(data=go.Choropleth(
    locations = grp_data['Country'],z = grp_data['Sales'],text = grp_data['Country'],
    colorscale = 'earth',locationmode = 'country names',
```

```
    autocolorscale=False,reversescale=False,
    marker_line_color='darkgray',marker_line_width=0.5,colorbar_title = 'Sales'))
fig.update_layout(title_text='Sales by country',
    geo=dict(showframe=False,showcoastlines=False,projection_type='equirectangular'),
    annotations = [dict(x=0.55,y=0.1,xref='paper',yref='paper',showarrow = False)])
fig.show()
del grp_data,del data
```

### 全球營收分佈

(2)　日營收分析：

```
sales_by_date = data_.groupby(by='Date')['Sales'].sum().reset_index()
fig = go.Figure(data=go.Scatter(x=sales_by_date.Date,y=sales_by_date.Sales
                                ,line = dict(color='black', width=1.5)))
fig.update_layout(xaxis_title="Date",yaxis_title="Sales",title='日營收分析
(Daily Sales)', template='ggplot2')
fig.show()
```

### 日營收分析(Daily Sales)

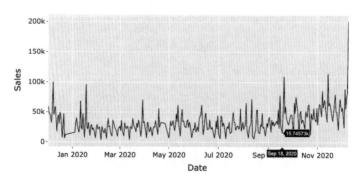

(3) 日成交訂單統計分析營收分析：

```
df = pd.read_csv('CustomerTargeting/CustomerTargeting.csv', header= 0, encoding=
'unicode_escape')
# 日成交訂單統計分析
world_map = df[['CustomerID', 'InvoiceNo', 'Country']].groupby(['CustomerID',
'InvoiceNo', 'Country']).count()
world_map = world_map.reset_index(drop = False)
countries = world_map['Country'].value_counts()
data = dict(type='choropleth',locations = countries.index,locationmode =
  'country names',
  z = countries,text = countries.index,
  colorbar = {'title':'訂單數 (Orders)'},colorscale='Plasma',reversescale = False)

layout = dict(title={'text': "日成交訂單統計分析 Daily Orders by Countries",
                    'font':dict(size=30,color='#000000'),'y':0.9,'x':0.5,
                    'xanchor': 'center','yanchor': 'top'},
        geo = dict(resolution=50,showocean=True, oceancolor="LightBlue",
                    showland=True, landcolor="Gray",showframe = True),template=
                plotly_white')

choromap = go.Figure(data = [data], layout = layout)
iplot(choromap, validate=False)
```

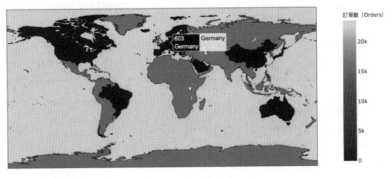

日成交訂單統計分析 Daily Orders by Countries

(4) 可統計（數字欄位）基本分析

```
desc = df.describe().T
df1 = pd.DataFrame(index= [col for col in df.columns if df[col].dtype != 'O'],
```

```
        columns= ["count","mean","std","min","25%","50%","75%","max"],data= desc )
# 標準 sns 圖形設計
f,ax = plt.subplots(figsize=(18,6),dpi=500)
sns.heatmap(df1, annot=True,cmap = "Wistia", fmt= '.0f', # '{:,}':.2%
            ax=ax,linewidths = 5, cbar = False,
            annot_kws={'weight':'bold', 'color':'darkblue',"size": 24})
plt.xticks(size = 25)
plt.yticks(size =28, rotation = 0)
plt.title("Descriptive Statistics", size = 40)
plt.show()
```

## Descriptive Statistics

| | count | mean | std | min | 25% | 50% | 75% | max |
|---|---|---|---|---|---|---|---|---|
| Quantity | 542007 | 10 | 218 | -80995 | 1 | 3 | 10 | 80995 |
| UnitPrice | 542007 | 5 | 97 | -11062 | 1 | 2 | 4 | 38970 |
| CustomerID | 541775 | 16028 | 1970 | 12346 | 14367 | 16241 | 18245 | 18291 |

(5) 分時營收分析（Hourly Sales）、週營收分析（Sales by Weekday）

```
sales_by_hour = data_.groupby(by='Hour')['Sales'].sum().reset_index()
sales_by_weekday = data_.groupby(by='weekday')['Sales'].sum().reset_index()
fig = make_subplots(rows=1, cols=2,subplot_titles=("分時營收分析(Hourly Sales)",
"週營收分析(Sales by Weekday)"))
fig.add_trace(go.Bar(y=sales_by_hour.Hour, x=sales_by_hour.Sales,orientation=
'h'),row=1, col=1)
fig.add_trace(go.Bar(x=sales_by_weekday.weekday, y=sales_by_weekday.Sales),row=1,
col=2)
fig.update_layout(height=700, width=1000,template='ggplot2')
fig.update_xaxes(title_text="Sales", row=1, col=1)
fig.update_xaxes(title_text="Weekday", row=1, col=2)
fig.update_yaxes(title_text="Hours", row=1, col=1)
fig.update_yaxes(title_text="Sales", row=1, col=2)
fig.show()
del [sales_by_hour,sales_by_weekday]
```

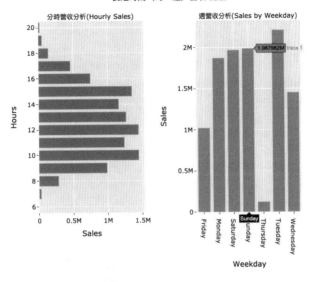

## (6) 季度營收分析（Quartly Sales）

```
customer_sales = data_.groupby(by = ['CustomerID','Year','Quarter'])['Sales'].
sum().reset_index()
customer_sales = customer_sales.merge(customer_by_month1[['CustomerID',
'Quarter_acquisition','Year_acquisition']]on ='CustomerID',how='inner')
customer_sales_acquisition = customer_sales.groupby(by=['Year','Quarter',
'Year_acquisition','Quarter_acquisition'])['Sales'].sum().reset_index()
customer_sales_acquisition['Sales_Year_quarter'] =customer_sales_acquisition
[['Year','Quarter']].apply(lambda row:str(row.Year)+'-'+row.Quarter,axis=1)
customer_sales_acquisition['Acquisition_Year_quarter'] =customer_sales_acquisition
[['Year_acquisition','Quarter_acquisition']].apply(lambda row:str(row.Year_
acquisition)+'-'+row.Quarter_acquisition,axis=1)
customer_sales_acquisition.drop(columns =['Year','Quarter','Year_acquisition',
'Quarter_acquisition'],inplace=True)
df = customer_sales_acquisition.pivot(index='Sales_Year_quarter',columns
=['Acquisition_Year_quarter']).fillna(0).reset_index()


fig = go.Figure(data=[
    go.Bar(name='First Order 2019-Q4', x=df.Sales_Year_quarter,
y=df.iloc[:,1],marker_color='lightslategrey'),
    go.Bar(name='First Order 2020-Q1', x=df.Sales_Year_quarter,
y=df.iloc[:,2],marker_color='lightblue'),
```

```
    go.Bar(name='First Order 2020-Q2', x=df.Sales_Year_quarter,
y=df.iloc[:,3],marker_color='seagreen'),
    go.Bar(name='First Order 2020-Q3', x=df.Sales_Year_quarter,
y=df.iloc[:,4],marker_color='orange'),
    go.Bar(name='First Order 2020-Q4', x=df.Sales_Year_quarter,
y=df.iloc[:,5],marker_color='red'),])
fig.update_layout(barmode='stack',template='ggplot2',
                xaxis_title="營收(Revenue)",yaxis_title="季度（Quarterly）",
                title='季營收分析(Quarterly Sales)',titlefont=dict(size=40),
                title_x=0.5,title_y=0.9,
                font=dict(size=20),hovermode="x") # 'closest','x unified','x'
fig.show()
del [customer_sales_acquisition, df,customer_sales]
```

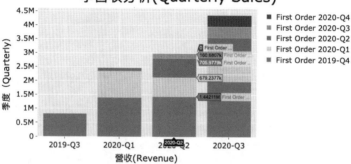

(7) 客戶數分析：

```
customer_by_month1 = data_.groupby('CustomerID')['Date'].min().reset_index()
customer_by_month1['days'] = pd.TimedeltaIndex(customer_by_month1.Date.dt.day,
unit="D")
customer_by_month1['Month'] = customer_by_month1.Date- customer_by_month1.days+pd.
DateOffset(days=1)
customer_by_month1['Quarter_acquisition'] = customer_by_month1['Month'].
dt.quarter.apply(lambda x:'Q'+str(x))
customer_by_month1['Year_acquisition'] = customer_by_month1['Month'].dt.year
customer_by_month = data_.groupby(by = customer_by_month1.Month)['CustomerID'].
size().reset_index()
customer_by_month.sort_values(by ='Month',ascending=True,inplace=True)
customer_by_month['cum_customer'] = np.cumsum(customer_by_month.CustomerID)
customer_by_month['Month_1'] = customer_by_month['Month'].dt.strftime('%b-%y')
```

```
plt.plot(customer_by_month.Month_1,customer_by_month.cum_customer,'bo-',color=
'black')
# zip joins x and y coordinates in pairs
for d,c in zip(customer_by_month['Month_1'],customer_by_month['cum_customer']):
    label = "{:.0f}".format(c)
    plt.annotate(label,(d,c),textcoords="offset points"
                , bbox=dict(boxstyle="round", fc="none", ec="gray")
                ,xytext=(0,10),fontsize=20,ha='center')
plt.show()
del customer_by_month
```

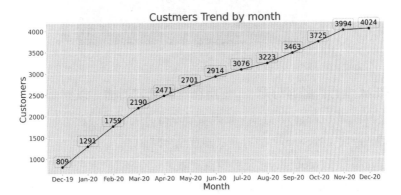

(8) 重購分析：Repeat Purchase

```
sales_by_hour = data_.groupby(by='Hour')['Sales'].sum().reset_index()
sales_by_weekday = data_.groupby(by='weekday')['Sales'].sum().reset_index()
fig = make_subplots(rows=1, cols=2,subplot_titles=("分時營收分析(Hourly Sales)",
"週營收分析(Sales by Weekday)"))
fig.add_trace(go.Bar(y=sales_by_hour.Hour, x=sales_by_hour.Sales,orientation=
'h'),row=1, col=1)
fig.add_trace(go.Bar(x=sales_by_weekday.weekday, y=sales_by_weekday.Sales),row=1,
col=2)
fig.update_layout(height=700, width=1000,template='ggplot2')
fig.update_xaxes(title_text="Sales", row=1, col=1)
fig.update_xaxes(title_text="Weekday", row=1, col=2)
fig.update_yaxes(title_text="Hours", row=1, col=1)
fig.update_yaxes(title_text="Sales", row=1, col=2)
fig.show()
del [sales_by_hour,sales_by_weekday]
```

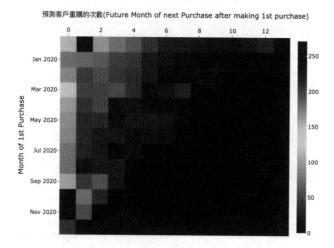

預測客戶重購的次數(Future Month of next Purchase after making 1st purchase)

## 5. 用 LRFM 進行「顧客分眾」：使用創建新資料特徵，以利 LRFM 分析。

- 交易期間（Length，最早一次購買間至今時間）
- 最新近度（Recency，最近一次購買至今時間）
- 購買頻率（Frequency，至今購買次數）
- 購買金額（Monitory，購買總金額）

```python
import datetime as dt
data_['InvoiceDate'] = pd.to_datetime(data_['InvoiceDate']) # 改為日期格式
today = dt.datetime(2021,7,1) # 設定「今日」
# Recency
data_x=data_.groupby('CustomerID').agg({'InvoiceDate':lambda x:(today-x.max()).days})
data_x.rename(columns= {'InvoiceDate': 'Recency'}, inplace= True) #更改欄位名稱
# Monetary、Frequency
LRFM = data_.groupby('CustomerID').agg(Frequency=pd.NamedAgg(column="InvoiceNo",
aggfunc="nunique"),Monetary=pd.NamedAgg(column="Sales", aggfunc="sum")).reset_index()
# Length
length = data_.groupby('CustomerID')['Date'].max() - data_.groupby('CustomerID')
['Date'].min()
length =  (length/np.timedelta64(1, 'D')).reset_index()
length.columns = ['CustomerID','Length']
LRFM = LRFM.merge(length,on='CustomerID',how='inner')
LRFM = LRFM.merge(data_x,on='CustomerID',how='inner')
del length
```

```
del data_x
LRFM
```

| | CustomerID | Frequency | Monetary | Length | Recency |
|---|---|---|---|---|---|
| 0 | 12347 | 6 | 3598.21 | 316.0 | 24 |
| 1 | 12348 | 3 | 904.44 | 244.0 | 97 |
| 2 | 12349 | 1 | 1757.55 | 0.0 | 40 |
| 3 | 12350 | 1 | 334.40 | 0.0 | 333 |
| 4 | 12352 | 8 | 2506.04 | 261.0 | 58 |
| ... | ... | ... | ... | ... | ... |
| 5303 | 18245 | 1 | 365.73 | 0.0 | 378 |
| 5304 | 18259 | 1 | 376.30 | 0.0 | 389 |
| 5305 | 18260 | 2 | 787.77 | 24.0 | 357 |
| 5306 | 18269 | 1 | 168.60 | 0.0 | 389 |
| 5307 | 18283 | 1 | 108.45 | 0.0 | 360 |

5308 rows × 5 columns

（執行結果隨「日期」設定不同而不同，本例是以「021/07/01」為例）

Length、Recency、Frequency、Monitory 四者間互動關係，用 3D 圖呈現：

```
import plotly.express as px
fig = px.scatter_3d(LRFM, x='Length', y='Recency', z='Frequency',
            color='Monetary', size='Frequency', size_max=60, opacity=0.7)
fig.update_layout(margin=dict(l=1, r=2, b=1, t=1))  #邊緣空間
```

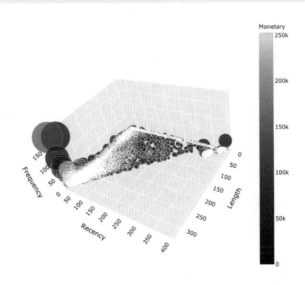

## 6. 用「權重方式」進行「顧客分眾」：用 RFM、LRFM、RFM_SUM 指標

LRFM/RFM 指標計算：以最低 recency、最高 frequency、最多 monetary 為「最頂級客戶」。

```
New_LRFM=LRFM.copy()
#Frequency
def FScore(x,p,d):
    if x <= d[p][0.20]:return 0
    elif x <= d[p][0.40]:return 1
    elif x <= d[p][0.60]:return 2
    elif x <= d[p][0.80]:return 3
    else:return 4

quantiles = New_LRFM.quantile(q=[0.20,0.40,0.60,0.80])
quantiles = quantiles.to_dict()
New_LRFM['Freq_Tile'] = New_LRFM['Frequency'].apply(FScore, args=('Frequency',
quantiles,))
#Recency
New_LRFM = New_LRFM.sort_values('Recency',ascending=True)
New_LRFM['Rec_Tile'] = pd.qcut(New_LRFM['Recency'],5,labels=False)
#Monetary
New_LRFM['Mone_Tile'] = pd.qcut(New_LRFM['Monetary'],5,labels=False)
#Length
New_LRFM['Length_Tile'] = pd.qcut(New_LRFM['Length'],8,labels=False,duplicates='drop')
# instead of zero, plus 1
New_LRFM['Length_Tile'] = New_LRFM['Length_Tile'] + 1
New_LRFM['Rec_Tile'] = New_LRFM['Rec_Tile'] + 1
New_LRFM['Rec_Tile'] = 6-New_LRFM['Rec_Tile']
New_LRFM['Freq_Tile'] = New_LRFM['Freq_Tile'] + 1
New_LRFM['Mone_Tile'] = New_LRFM['Mone_Tile'] + 1
# Add to dataframe
New_LRFM['RFM Score'] = New_LRFM['Rec_Tile'].map(str) + New_LRFM['Freq_Tile'].
map(str) + New_LRFM['Mone_Tile'].map(str)
New_LRFM['LRFM Score'] = New_LRFM['Length_Tile'].map(str) +New_LRFM['Rec_Tile'].
map(str) + New_LRFM['Freq_Tile'].map(str) + New_LRFM['Mone_Tile'].map(str)
New_LRFM.head(15)
```

LRFM、RFM 指標計算結果：

| | CustomerID | Frequency | Monetary | Length | Recency | Freq_Tile | Rec_Tile | Mone_Tile | Length_Tile | RFM Score | LRFM Score |
|---|---|---|---|---|---|---|---|---|---|---|---|
| **1211** | 14051 | 20 | 13782.23 | 316.0 | 22 | 5 | 5 | 5 | 5 | 555 | 5555 |
| **3576** | 17428 | 24 | 15369.06 | 305.0 | 22 | 5 | 5 | 5 | 5 | 555 | 5555 |
| **2973** | 16558 | 18 | 7457.94 | 320.0 | 22 | 5 | 5 | 5 | 5 | 555 | 5555 |
| **3616** | 17490 | 7 | 2092.32 | 176.0 | 22 | 5 | 5 | 5 | 3 | 555 | 3555 |
| **3282** | 17001 | 10 | 3591.61 | 320.0 | 22 | 5 | 5 | 5 | 5 | 555 | 5555 |
| **464** | 12985 | 2 | 1239.38 | 28.0 | 22 | 3 | 5 | 4 | 2 | 534 | 2534 |
| **551** | 13113 | 22 | 11196.39 | 318.0 | 22 | 5 | 5 | 5 | 5 | 555 | 5555 |
| **58** | 12423 | 7 | 1621.38 | 292.0 | 22 | 5 | 5 | 4 | 5 | 554 | 5554 |
| **68** | 12433 | 5 | 9588.75 | 91.0 | 22 | 5 | 5 | 5 | 3 | 555 | 3555 |
| **2445** | 15804 | 13 | 4206.39 | 198.0 | 22 | 5 | 5 | 5 | 4 | 555 | 4555 |
| **3019** | 16626 | 17 | 4413.10 | 266.0 | 22 | 5 | 5 | 5 | 5 | 555 | 5555 |
| **2895** | 16446 | 2 | 168472.50 | 205.0 | 22 | 3 | 5 | 5 | 4 | 535 | 4535 |
| **259** | 12680 | 4 | 862.81 | 113.0 | 22 | 4 | 5 | 4 | 3 | 544 | 3544 |
| **248** | 12662 | 10 | 3588.30 | 310.0 | 22 | 5 | 5 | 5 | 5 | 555 | 5555 |
| **3681** | 17581 | 22 | 9809.31 | 280.0 | 22 | 5 | 5 | 5 | 5 | 555 | 5555 |

檢查 Monetary、Recency、Frequency 分段後的內容值：

```
New_LRFM.groupby('RFM Score').agg({
'Length': ['mean','min','max','count'], 'Recency': ['mean','min','max','count'],
'Frequency': ['mean','min','max','count'],'Monetary':['mean','min','max','count']
}).round(1)
```

| | Length | | | | Recency | | | | Frequency | | | | Monetary | | | |
|---|---|---|---|---|---|---|---|---|---|---|---|---|---|---|---|---|
| | mean | min | max | count | mean | min | max | count | mean | min | max | count | mean | min | max | count |
| **RFM Score** | | | | | | | | | | | | | | | | |
| **111** | 0.0 | 0.0 | 0.0 | 277 | 379.9 | 349 | 396 | 277 | 1.0 | 1 | 1 | 277 | 140.3 | 0.8 | 218.1 | 277 |
| **112** | 0.0 | 0.0 | 0.0 | 260 | 379.5 | 349 | 396 | 260 | 1.0 | 1 | 1 | 260 | 307.9 | 220.8 | 405.2 | 260 |
| **113** | 0.0 | 0.0 | 0.0 | 111 | 375.5 | 349 | 396 | 111 | 1.0 | 1 | 1 | 111 | 519.5 | 406.6 | 759.1 | 111 |
| **114** | 0.0 | 0.0 | 0.0 | 41 | 372.0 | 349 | 396 | 41 | 1.0 | 1 | 1 | 41 | 1065.1 | 767.4 | 1631.3 | 41 |
| **115** | 0.0 | 0.0 | 0.0 | 9 | 372.0 | 356 | 395 | 9 | 1.0 | 1 | 1 | 9 | 2488.2 | 1715.9 | 3794.4 | 9 |
| **...** | ... | ... | ... | ... | ... | ... | ... | ... | ... | ... | ... | ... | ... | ... | ... | ... |
| **551** | 143.0 | 136.0 | 150.0 | 2 | 29.5 | 26 | 33 | 2 | 5.5 | 5 | 6 | 2 | 178.1 | 136.1 | 220.1 | 2 |
| **552** | 151.0 | 32.0 | 270.0 | 2 | 31.5 | 26 | 37 | 2 | 5.5 | 5 | 6 | 2 | 271.3 | 235.9 | 306.7 | 2 |
| **553** | 222.8 | 62.0 | 293.0 | 10 | 28.5 | 23 | 37 | 10 | 5.5 | 5 | 7 | 10 | 638.8 | 525.5 | 725.1 | 10 |
| **554** | 218.9 | 34.0 | 320.0 | 119 | 30.0 | 22 | 39 | 119 | 6.3 | 5 | 12 | 119 | 1274.4 | 768.1 | 1701.9 | 119 |
| **555** | 261.7 | 1.0 | 323.0 | 447 | 28.7 | 22 | 39 | 447 | 14.5 | 5 | 185 | 447 | 8664.0 | 1709.2 | 253197.8 | 447 |

94 rows × 16 columns

經 RFM 分眾後，結果如圖所示。例如，解釋 RFM Score ＝ 111 這個族群：

(1) 此族群中有 277 個人。

(2) 平均而言，他們最近一次購買是在 379.9 天前。

(3) 他們第一次購物到今天的購物次數是 1 次。也就是說只有一次購物。

(4) 他們平均的總購物金額花了 140.3 美元。

RFM Score 是加權計算而來：對於該公司而言，Monetary 可能較重要，例如：60％ Monetary 價值，20％ Recency 值，20％ Frequency 來獲得共同得分。或利用這些分數，可以改用 kmeans 來進行客戶分眾，可獲得更智慧型的細分。Length、Monetary、Recency、Frequency 分段後的內容值：

```
New_LRFM.groupby('LRFM Score').agg({
'Length': ['mean','min','max','count'],
'Recency': ['mean','min','max','count'],
'Frequency': ['mean','min','max','count'],
'Monetary': ['mean','min','max','count'] }).round(1)
```

| LRFM Score | Length mean | min | max | count | Recency mean | min | max | count | Frequency mean | min | max | count | Monetary mean | min | max | count |
|---|---|---|---|---|---|---|---|---|---|---|---|---|---|---|---|---|
| 1111 | 0.0 | 0.0 | 0.0 | 277 | 379.9 | 349 | 396 | 277 | 1.0 | 1 | 1 | 277 | 140.3 | 0.8 | 218.1 | 277 |
| 1112 | 0.0 | 0.0 | 0.0 | 260 | 379.5 | 349 | 396 | 260 | 1.0 | 1 | 1 | 260 | 307.9 | 220.8 | 405.2 | 260 |
| 1113 | 0.0 | 0.0 | 0.0 | 111 | 375.5 | 349 | 396 | 111 | 1.0 | 1 | 1 | 111 | 519.5 | 406.6 | 759.1 | 111 |
| 1114 | 0.0 | 0.0 | 0.0 | 41 | 372.0 | 349 | 396 | 41 | 1.0 | 1 | 1 | 41 | 1065.1 | 767.4 | 1631.3 | 41 |
| 1115 | 0.0 | 0.0 | 0.0 | 9 | 372.0 | 356 | 395 | 9 | 1.0 | 1 | 1 | 9 | 2488.2 | 1715.9 | 3794.4 | 9 |
| ... | ... | ... | ... | ... | ... | ... | ... | ... | ... | ... | ... | ... | ... | ... | ... | ... |
| 5545 | 287.7 | 255.0 | 314.0 | 12 | 32.7 | 22 | 39 | 12 | 3.8 | 3 | 4 | 12 | 2666.6 | 1712.9 | 5681.7 | 12 |
| 5552 | 270.0 | 270.0 | 270.0 | 1 | 37.0 | 37 | 37 | 1 | 6.0 | 6 | 6 | 1 | 306.7 | 306.7 | 306.7 | 1 |
| 5553 | 280.0 | 269.0 | 293.0 | 5 | 30.6 | 26 | 37 | 5 | 5.8 | 5 | 7 | 5 | 612.6 | 558.5 | 666.4 | 5 |
| 5554 | 286.6 | 257.0 | 320.0 | 52 | 30.3 | 22 | 39 | 52 | 6.5 | 5 | 12 | 52 | 1253.1 | 768.1 | 1701.9 | 52 |
| 5555 | 296.3 | 255.0 | 323.0 | 313 | 28.2 | 22 | 39 | 313 | 17.2 | 5 | 185 | 313 | 10695.5 | 1714.5 | 253197.8 | 313 |

264 rows × 16 columns

經 LRFM 分眾後，結果如圖所示。例如，解釋 RFM Score ＝ 5555 這個族群而言，

(1) 此族群中有 313 個人。

(2) 平均而言，他們最近一次購買是在 28.2 天前。

(3) 他們第一次購物到今天的購物次數是 17.2 次。

(4) 他們平均的總購物金額花了 10695.5 美元。

## 7. LRFM/RFM 進行顧客分眾後，可以進行下列問題

(1)　誰是最佳客戶（Who are my best customers）？找出共 313 人是最佳客戶。

```
New_LRFM[New_LRFM['LRFM Score'] == '5555'].sort_values('Monetary', ascending=False)
```

| | CustomerID | Frequency | Monetary | Length | Recency | Freq_Tile | Rec_Tile | Mone_Tile | Length_Tile | RFM Score | LRFM Score |
|---|---|---|---|---|---|---|---|---|---|---|---|
| **1630** | 14646 | 69 | 253197.76 | 322.0 | 23 | 5 | 5 | 5 | 5 | 555 | 5555 |
| **4038** | 18102 | 56 | 231822.69 | 306.0 | 22 | 5 | 5 | 5 | 5 | 555 | 5555 |
| **3592** | 17450 | 41 | 173901.75 | 267.0 | 30 | 5 | 5 | 5 | 5 | 555 | 5555 |
| **1816** | 14911 | 185 | 132606.70 | 319.0 | 23 | 5 | 5 | 5 | 5 | 555 | 5555 |
| **1284** | 14156 | 53 | 100282.71 | 301.0 | 31 | 5 | 5 | 5 | 5 | 555 | 5555 |
| **...** | ... | ... | ... | ... | ... | ... | ... | ... | ... | ... | ... |
| **3774** | 17705 | 9 | 1823.52 | 299.0 | 25 | 5 | 5 | 5 | 5 | 555 | 5555 |
| **3808** | 17754 | 5 | 1772.26 | 260.0 | 22 | 5 | 5 | 5 | 5 | 555 | 5555 |
| **3269** | 16983 | 6 | 1767.76 | 309.0 | 34 | 5 | 5 | 5 | 5 | 555 | 5555 |
| **3250** | 16954 | 8 | 1738.28 | 270.0 | 22 | 5 | 5 | 5 | 5 | 555 | 5555 |
| **1325** | 14217 | 14 | 1714.48 | 311.0 | 23 | 5 | 5 | 5 | 5 | 555 | 5555 |

313 rows × 11 columns

(2)　哪些客戶處於邊緣（at the verge of churning）？

直覺上以最新近度（Recency）指標值（Rec_Tile）很低者（1 或 2），列為處於邊緣的客戶。共 2120 個客戶是處於邊緣的客戶。

```
New_LRFM[New_LRFM['Rec_Tile'] <= 2 ].sort_values('Monetary', ascending=False)
```

| | CustomerID | Frequency | Monetary | Length | Recency | Freq_Tile | Rec_Tile | Mone_Tile | Length_Tile | RFM Score | LRFM Score |
|---|---|---|---|---|---|---|---|---|---|---|---|
| **4168** | 12346 | 1 | 77183.60 | 0.0 | 348 | 1 | 2 | 5 | 1 | 215 | 1215 |
| **1946** | 15098 | 3 | 39916.50 | 0.0 | 204 | 4 | 2 | 5 | 1 | 245 | 1245 |
| **5280** | 18102 | 4 | 27834.61 | 2.0 | 388 | 4 | 1 | 5 | 1 | 145 | 1145 |
| **4591** | 14646 | 5 | 27008.26 | 31.0 | 346 | 5 | 2 | 5 | 2 | 255 | 2255 |
| **4807** | 15749 | 2 | 22998.40 | 0.0 | 355 | 3 | 1 | 5 | 1 | 135 | 1135 |
| **...** | ... | ... | ... | ... | ... | ... | ... | ... | ... | ... | ... |
| **3945** | 17956 | 1 | 12.75 | 0.0 | 271 | 1 | 2 | 1 | 1 | 211 | 1211 |
| **4196** | 12476 | 1 | 12.45 | 0.0 | 384 | 1 | 1 | 1 | 1 | 111 | 1111 |
| **3415** | 17194 | 1 | 10.00 | 0.0 | 295 | 1 | 2 | 1 | 1 | 211 | 1211 |
| **3095** | 16738 | 1 | 3.75 | 0.0 | 320 | 1 | 2 | 1 | 1 | 211 | 1211 |
| **4953** | 16554 | 1 | 0.85 | 0.0 | 354 | 1 | 1 | 1 | 1 | 111 | 1111 |

2120 rows × 11 columns

這種分析有個巨大的錯誤：有一種大客戶，他們不常購物，但一出手就是大金額買家，這種客戶的購買能力表現在大宗購物（貴重服飾）和節慶購物（只有在聖

誕節才或生日趴才會出手大採購）者。這種消費行為通常是可怕的大買家，當然不能視為「邊緣的客戶」來經營，反而應該全力維持客戶關係。

在分析邊緣客戶時，應排除只在節慶及重要時日大採購者。精準的分析如下：

```
Lost_Customers=New_LRFM[(New_LRFM['Rec_Tile'] <= 2) & (New_LRFM['Mone_Tile']<= 2)]
Lost_Customers.sort_values('Recency',ascending=False)
```

| | CustomerID | Frequency | Monetary | Length | Recency | Freq_Tile | Rec_Tile | Mone_Tile | Length_Tile | RFM Score | LRFM Score |
|---|---|---|---|---|---|---|---|---|---|---|---|
| 4900 | 16250 | 1 | 226.14 | 0.0 | 396 | 1 | 1 | 2 | 1 | 112 | 1112 |
| 5072 | 17181 | 1 | 155.52 | 0.0 | 396 | 1 | 1 | 1 | 1 | 111 | 1111 |
| 4583 | 14594 | 1 | 255.00 | 0.0 | 396 | 1 | 1 | 2 | 1 | 112 | 1112 |
| 5169 | 17643 | 1 | 101.55 | 0.0 | 396 | 1 | 1 | 1 | 1 | 111 | 1111 |
| 4267 | 12791 | 1 | 192.60 | 0.0 | 396 | 1 | 1 | 1 | 1 | 111 | 1111 |
| ... | ... | ... | ... | ... | ... | ... | ... | ... | ... | ... | ... |
| 2682 | 16147 | 1 | 375.00 | 0.0 | 155 | 1 | 2 | 2 | 1 | 212 | 1212 |
| 3923 | 17926 | 2 | 397.29 | 70.0 | 155 | 3 | 2 | 2 | 2 | 232 | 2232 |
| 547 | 13106 | 1 | 76.50 | 0.0 | 155 | 1 | 2 | 1 | 1 | 211 | 1211 |
| 2537 | 15942 | 1 | 337.44 | 0.0 | 155 | 1 | 2 | 2 | 1 | 212 | 1212 |
| 2184 | 15438 | 1 | 156.58 | 0.0 | 153 | 1 | 2 | 1 | 1 | 211 | 1211 |

1286 rows × 11 columns

(3) 誰是失去的客戶（Who are the lost customers）？

recency、frequency、monetary 值都低的客戶，直覺判斷應是屬於「失去的客戶」或是「搖擺客戶」，以上三指標都在 1 或 2 者就算是這類的客戶了。共有 1763 個失去的客戶。

```
New_LRFM[New_LRFM['RFM Score'] <=
'222'].sort_values('Recency',ascending=False).head(10)
```

| | CustomerID | Frequency | Monetary | Length | Recency | Freq_Tile | Rec_Tile | Mone_Tile | Length_Tile | RFM Score | LRFM Score |
|---|---|---|---|---|---|---|---|---|---|---|---|
| 4900 | 16250 | 1 | 226.14 | 0.0 | 396 | 1 | 1 | 2 | 1 | 112 | 1112 |
| 4725 | 15350 | 1 | 115.65 | 0.0 | 396 | 1 | 1 | 1 | 1 | 111 | 1111 |
| 5072 | 17181 | 1 | 155.52 | 0.0 | 396 | 1 | 1 | 1 | 1 | 111 | 1111 |
| 4274 | 12838 | 1 | 390.79 | 0.0 | 396 | 1 | 1 | 2 | 1 | 112 | 1112 |
| 4583 | 14594 | 1 | 255.00 | 0.0 | 396 | 1 | 1 | 2 | 1 | 112 | 1112 |
| ... | ... | ... | ... | ... | ... | ... | ... | ... | ... | ... | ... |
| 1989 | 15149 | 1 | 520.80 | 0.0 | 155 | 1 | 2 | 3 | 1 | 213 | 1213 |
| 2537 | 15942 | 1 | 337.44 | 0.0 | 155 | 1 | 2 | 2 | 1 | 212 | 1212 |
| 2425 | 15776 | 1 | 241.62 | 0.0 | 155 | 1 | 2 | 2 | 1 | 212 | 1212 |
| 2184 | 15438 | 1 | 156.58 | 0.0 | 153 | 1 | 2 | 1 | 1 | 211 | 1211 |
| 1796 | 14885 | 1 | 765.32 | 0.0 | 153 | 1 | 2 | 3 | 1 | 213 | 1213 |

1763 rows × 11 columns

① 因 Length 短（剛加入的客戶）並不能算是失去的客戶，因為他們才剛成為新客戶，尚須時間來「培養」；「培養中客戶」所採取的行銷活動和「失去的客戶」所採取的行動是完全不同的。建議在做進一步分析時要善用資料庫做更精準的分析。

② 精準分析後，只有 162 個失去的客戶，減少了 91%；所以在分析中一定要瞭解特徵意義。

```
Lost_Customers=New_LRFM[(New_LRFM['RFM Score']<='222') & (New_LRFM['Length_Tile'] >=2)]
Lost_Customers.sort_values('Recency',ascending=False)
```

| | CustomerID | Frequency | Monetary | Length | Recency | Freq_Tile | Rec_Tile | Mone_Tile | Length_Tile | RFM Score | LRFM Score |
|---|---|---|---|---|---|---|---|---|---|---|---|
| 4463 | 13963 | 2 | 366.71 | 28.0 | 362 | 3 | 1 | 2 | 2 | 132 | 2132 |
| 4817 | 15808 | 3 | 2983.77 | 30.0 | 362 | 4 | 1 | 5 | 2 | 145 | 2145 |
| 5251 | 17975 | 3 | 1053.37 | 27.0 | 362 | 4 | 1 | 4 | 2 | 144 | 2144 |
| 4898 | 16241 | 2 | 438.03 | 30.0 | 362 | 3 | 1 | 3 | 2 | 133 | 2133 |
| 4510 | 14210 | 2 | 668.61 | 32.0 | 362 | 3 | 1 | 3 | 2 | 133 | 2133 |
| ... | ... | ... | ... | ... | ... | ... | ... | ... | ... | ... | ... |
| 4240 | 12683 | 3 | 1795.22 | 39.0 | 349 | 4 | 1 | 5 | 2 | 145 | 2145 |
| 4594 | 14667 | 6 | 2303.91 | 42.0 | 349 | 5 | 1 | 5 | 2 | 155 | 2155 |
| 5298 | 18223 | 2 | 1137.49 | 32.0 | 349 | 3 | 1 | 4 | 2 | 134 | 2134 |
| 4504 | 14176 | 2 | 280.75 | 41.0 | 349 | 3 | 1 | 2 | 2 | 132 | 2132 |
| 4864 | 16033 | 4 | 1053.79 | 43.0 | 349 | 4 | 1 | 4 | 2 | 144 | 2144 |

162 rows × 11 columns

(4) 誰是忠誠客戶（Who are the loyal customers）？

直覺是高購物頻率（frequency）的客戶是忠誠客戶，以購物頻率 Top20%(Freq_Tile=5) 來區分，有 1033 個客戶是忠誠客戶。

```
New_LRFM[New_LRFM['RFM Score'] <=
'222'].sort_values('Recency',ascending=False).head(10)
```

| | CustomerID | Frequency | Monetary | Length | Recency | Freq_Tile | Rec_Tile | Mone_Tile | Length_Tile | RFM Score | LRFM Score |
|---|---|---|---|---|---|---|---|---|---|---|---|
| 1630 | 14646 | 69 | 253197.76 | 322.0 | 23 | 5 | 5 | 5 | 5 | 555 | 5555 |
| 4038 | 18102 | 56 | 231822.69 | 306.0 | 22 | 5 | 5 | 5 | 5 | 555 | 5555 |
| 3592 | 17450 | 41 | 173901.75 | 267.0 | 30 | 5 | 5 | 5 | 5 | 555 | 5555 |
| 1816 | 14911 | 185 | 132606.70 | 319.0 | 23 | 5 | 5 | 5 | 5 | 555 | 5555 |
| 52 | 12415 | 19 | 117821.55 | 274.0 | 46 | 5 | 4 | 5 | 5 | 455 | 5455 |
| ... | ... | ... | ... | ... | ... | ... | ... | ... | ... | ... | ... |
| 4682 | 15107 | 5 | 278.70 | 42.0 | 353 | 5 | 1 | 2 | 2 | 152 | 2152 |
| 2935 | 16500 | 5 | 235.86 | 32.0 | 26 | 5 | 5 | 2 | 2 | 552 | 2552 |
| 527 | 13079 | 5 | 220.10 | 136.0 | 26 | 5 | 5 | 1 | 3 | 551 | 3551 |
| 3967 | 17988 | 6 | 136.13 | 150.0 | 33 | 5 | 5 | 1 | 3 | 551 | 3551 |
| 3995 | 18037 | 5 | 38.72 | 169.0 | 176 | 5 | 2 | 1 | 3 | 251 | 3251 |

1033 rows × 11 columns

(5) 誰是大採購者（Who are the Big Buyers）？

高消費金額（Monetary）的客戶是大採購者，以購物金額 Top20%(Mone_Tile=5) 來
區分，有 1062 個客戶是忠誠客戶。

```
New_LRFM[New_LRFM['Mone_Tile'] >= 5 ].sort_values('Monetary', ascending=False)
```

| | CustomerID | Frequency | Monetary | Length | Recency | Freq_Tile | Rec_Tile | Mone_Tile | Length_Tile | RFM Score | LRFM Score |
|---|---|---|---|---|---|---|---|---|---|---|---|
| 1630 | 14646 | 69 | 253197.76 | 322.0 | 23 | 5 | 5 | 5 | 5 | 555 | 5555 |
| 4038 | 18102 | 56 | 231822.69 | 306.0 | 22 | 5 | 5 | 5 | 5 | 555 | 5555 |
| 3592 | 17450 | 41 | 173901.75 | 267.0 | 30 | 5 | 5 | 5 | 5 | 555 | 5555 |
| 2895 | 16446 | 2 | 168472.50 | 205.0 | 22 | 3 | 5 | 5 | 4 | 535 | 4535 |
| 1816 | 14911 | 185 | 132606.70 | 319.0 | 23 | 5 | 5 | 5 | 5 | 555 | 5555 |
| ... | ... | ... | ... | ... | ... | ... | ... | ... | ... | ... | ... |
| 43 | 12405 | 1 | 1710.39 | 0.0 | 170 | 1 | 2 | 5 | 1 | 215 | 1215 |
| 1884 | 15021 | 8 | 1709.18 | 253.0 | 30 | 5 | 5 | 5 | 4 | 555 | 4555 |
| 2539 | 15947 | 1 | 1708.24 | 0.0 | 104 | 1 | 3 | 5 | 1 | 315 | 1315 |
| 45 | 12407 | 5 | 1708.12 | 215.0 | 71 | 5 | 4 | 5 | 4 | 455 | 4455 |
| 3210 | 16902 | 1 | 1706.88 | 0.0 | 138 | 1 | 3 | 5 | 1 | 315 | 1315 |

1062 rows × 11 columns

## 8. 綜合指標計算：RFM_Sum、LRFM_Sum

直接將 LRFM 四個或 RFM 三個指標值加總，亦可作為一種行銷學的判斷指標，用
來表示「客戶關係水準」。

```
New_LRFM['RFM_Sum'] = New_LRFM[['Freq_Tile','Rec_Tile','Mone_Tile']].sum(axis=1)
New_LRFM['LRFM_Sum'] = New_LRFM[['Length_Tile','Freq_Tile','Rec_Tile','
Mone_Tile']].sum(axis=1)
New_LRFM.head()
```

| | CustomerID | Frequency | Monetary | Length | Recency | Freq_Tile | Rec_Tile | Mone_Tile | Length_Tile | RFM Score | LRFM Score | RFM_Sum | LRFM_Sum |
|---|---|---|---|---|---|---|---|---|---|---|---|---|---|
| 1211 | 14051 | 20 | 13782.23 | 316.0 | 22 | 5 | 5 | 5 | 5 | 555 | 5555 | 15 | 20 |
| 3576 | 17428 | 24 | 15369.06 | 305.0 | 22 | 5 | 5 | 5 | 5 | 555 | 5555 | 15 | 20 |
| 2973 | 16558 | 18 | 7457.94 | 320.0 | 22 | 5 | 5 | 5 | 5 | 555 | 5555 | 15 | 20 |
| 3616 | 17490 | 7 | 2092.32 | 176.0 | 22 | 5 | 5 | 5 | 3 | 555 | 3555 | 15 | 18 |
| 3282 | 17001 | 10 | 3591.61 | 320.0 | 22 | 5 | 5 | 5 | 5 | 555 | 5555 | 15 | 20 |

## 9. 用 LRFM_Sum 進行「顧客分眾」:

最簡單的方法是將每個指標視為一樣的重要,就是將四個指標直接加總成為
LRFM_Sum 指標;在大部分的情境,應該調整每個指標的「加成數」:

① Length 只有一年期間,將客戶依 Length 分級並沒有多大意義。所以 Length_
Tile 維持一倍權重。

② Recency 因今日(2020.01.01)逢聖誕節剛過,在近期購買者表示有在注意聖
誕節的行銷活動,故 Rec_Tile 變得重要的客戶關係判斷依據,配二倍權重。

③ Frquency 在此本店非常重要,是判斷客戶關係的重要依據,故 Freq_Tile 配三
倍權重。

④ Monetary 是判斷客戶重量的依據,故 Mone_Tile 配二倍權重。

```
New_LRFM['LRFM_Sum'] = New_LRFM['Length_Tile']+New_LRFM['Rec_Tile']*2+
New_LRFM['Freq_Tile']*3+New_LRFM['Mone_Tile']*2
New_LRFM.head(10)
```

| | CustomerID | Frequency | Monetary | Length | Recency | Freq_Tile | Rec_Tile | Mone_Tile | Length_Tile | RFM Score | LRFM Score | RFM_Sum | LRFM_Sum |
|---|---|---|---|---|---|---|---|---|---|---|---|---|---|
| 1211 | 14051 | 20 | 13782.23 | 316.0 | 22 | 5 | 5 | 5 | 5 | 555 | 5555 | 15 | 40 |
| 3576 | 17428 | 24 | 15369.06 | 305.0 | 22 | 5 | 5 | 5 | 5 | 555 | 5555 | 15 | 40 |
| 2973 | 16558 | 18 | 7457.94 | 320.0 | 22 | 5 | 5 | 5 | 5 | 555 | 5555 | 15 | 40 |
| 3616 | 17490 | 7 | 2092.32 | 176.0 | 22 | 5 | 5 | 5 | 3 | 555 | 3555 | 15 | 38 |
| 3282 | 17001 | 10 | 3591.61 | 320.0 | 22 | 5 | 5 | 5 | 5 | 555 | 5555 | 15 | 40 |
| 464 | 12985 | 2 | 1239.38 | 28.0 | 22 | 3 | 5 | 4 | 2 | 534 | 2534 | 12 | 29 |
| 551 | 13113 | 22 | 11196.39 | 318.0 | 22 | 5 | 5 | 5 | 5 | 555 | 5555 | 15 | 40 |
| 58 | 12423 | 7 | 1621.38 | 292.0 | 22 | 5 | 5 | 4 | 5 | 554 | 5554 | 14 | 38 |
| 68 | 12433 | 5 | 9588.75 | 91.0 | 22 | 5 | 5 | 5 | 3 | 555 | 3555 | 15 | 38 |
| 2445 | 15804 | 13 | 4206.39 | 198.0 | 22 | 5 | 5 | 5 | 4 | 555 | 4555 | 15 | 39 |

## 用 LRFM_Sum 將客戶區分為七大類:(創建新特徵 RFM_Level)

```
def lrfm_level(df):
    if df['LRFM_Sum'] >= 30:
        return '頂級客戶(Cutting-Edge)'
    elif ((df['LRFM_Sum'] >= 25) and (df['LRFM_Sum'] < 30)):
        return '重要客戶(VIP)'
    elif ((df['LRFM_Sum'] >= 22) and (df['LRFM_Sum'] < 25)):
        return '忠誠客戶(Loyal)'
    elif ((df['LRFM_Sum'] >= 19) and (df['LRFM_Sum'] < 22)):
        return '潛力客戶(Potential)'
    elif ((df['LRFM_Sum'] >= 16) and (df['LRFM_Sum'] < 19)):
        return '培養客戶(Promising)'
    elif ((df['LRFM_Sum'] >= 12) and (df['LRFM_Sum'] < 16)):
        return '邊緣客戶(Attention)'
    else:
        return '流失客戶(Activating)'
New_LRFM['LRFM_Level'] = New_LRFM.apply(lrfm_level, axis=1)  # 創建新特徵RFM_Level


New_LRFM
```

| | CustomerID | Frequency | Monetary | Length | Recency | Freq_Tile | Rec_Tile | Mone_Tile | Length_Tile | RFM Score | LRFM Score | RFM_Sum | LRFM_Sum | LRFM_Level |
|---|---|---|---|---|---|---|---|---|---|---|---|---|---|---|
| 1211 | 14051 | 20 | 13782.23 | 316.0 | 22 | 5 | 5 | 5 | 5 | 555 | 5555 | 15 | 40 | 頂級客戶 (Cutting-Edge) |
| 3576 | 17428 | 24 | 15369.06 | 305.0 | 22 | 5 | 5 | 5 | 5 | 555 | 5555 | 15 | 40 | 頂級客戶 (Cutting-Edge) |
| 2973 | 16558 | 18 | 7457.94 | 320.0 | 22 | 5 | 5 | 5 | 5 | 555 | 5555 | 15 | 40 | 頂級客戶 (Cutting-Edge) |
| 3616 | 17490 | 7 | 2092.32 | 176.0 | 22 | 5 | 5 | 5 | 3 | 555 | 3555 | 15 | 38 | 頂級客戶 (Cutting-Edge) |
| 3282 | 17001 | 10 | 3591.61 | 320.0 | 22 | 5 | 5 | 5 | 5 | 555 | 5555 | 15 | 40 | 頂級客戶 (Cutting-Edge) |
| ... | ... | ... | ... | ... | ... | ... | ... | ... | ... | ... | ... | ... | ... | ... |
| 4470 | 14001 | 1 | 301.24 | 0.0 | 396 | 1 | 1 | 2 | 1 | 112 | 1112 | 4 | 10 | 流失客戶 (Activating) |
| 4759 | 15525 | 1 | 313.93 | 0.0 | 396 | 1 | 1 | 2 | 1 | 112 | 1112 | 4 | 10 | 流失客戶 (Activating) |
| 4483 | 14078 | 1 | 136.24 | 0.0 | 396 | 1 | 1 | 1 | 1 | 111 | 1111 | 3 | 8 | 流失客戶 (Activating) |
| 4496 | 14142 | 1 | 311.81 | 0.0 | 396 | 1 | 1 | 2 | 1 | 112 | 1112 | 4 | 10 | 流失客戶 (Activating) |
| 4900 | 16250 | 1 | 226.14 | 0.0 | 396 | 1 | 1 | 2 | 1 | 112 | 1112 | 4 | 10 | 流失客戶 (Activating) |

5309 rows × 14 columns

統計「顧客分眾」結果：

```
New_LRFM["LRFM_Level"].value_counts()
```

| | |
|---|---|
| 頂級客戶(Cutting-Edge) | 1581 |
| 邊緣客戶(Attention) | 889 |
| 流失客戶(Activating) | 878 |
| 重要客戶(VIP) | 695 |
| 培養客戶(Promising) | 595 |
| 忠誠客戶(Loyal) | 391 |
| 潛力客戶(Potential) | 280 |

「顧客分眾」後的統計表：

```
# 統計「顧客分眾」結果：
lrfm_level_agg = New_LRFM.groupby('LRFM_Level').agg({'Length': 'mean','Recency':
'mean','Frequency': 'mean','Monetary': ['mean', 'count']}).round(1)
lrfm_level_agg
```

| | Length | Recency | Frequency | Monetary | |
|---|---|---|---|---|---|
| | mean | mean | mean | mean | count |
| **LRFM_Level** | | | | | |
| 培養客戶(Promising) | 4.7 | 157.0 | 1.3 | 692.7 | 595 |
| 忠誠客戶(Loyal) | 70.0 | 175.2 | 2.3 | 907.6 | 391 |
| 流失客戶(Activating) | 0.0 | 333.2 | 1.0 | 186.8 | 878 |
| 潛力客戶(Potential) | 35.4 | 232.7 | 2.0 | 682.3 | 280 |
| 邊緣客戶(Attention) | 0.0 | 202.9 | 1.0 | 345.2 | 889 |
| 重要客戶(VIP) | 116.5 | 111.5 | 2.9 | 1187.2 | 695 |
| 頂級客戶(Cutting-Edge) | 218.5 | 49.4 | 7.9 | 4211.2 | 1581 |

「顧客分眾」後的統計互動分佈圖（TreeMap）：

```
import plotly.express as px
fig = px.treemap(New_LRFM,
                 path=['LRFM_Level', 'Mone_Tile'], # 分二個層級呈現
                 values='Monetary',
                 color='Frequency'
                 )
fig.show()
```

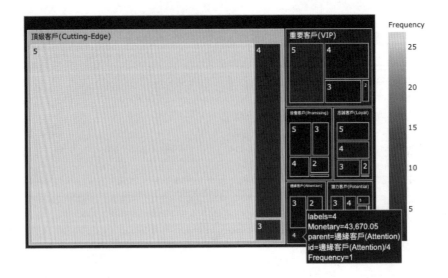

①　頂級客戶佔銷售額超過 70%，其中又以 Mone_Tile=5 者最絕大部分。而頂級客戶佔總客戶數 30%，表示這公司的客戶結構是健康的。

②　邊緣客戶及流失客戶佔銷售額很少，但如果該公司急欲開拓新客戶，這是重點經營區。

## 10. 用 AI 進行「顧客分眾」：

用三變數 Recency、Monitory、Length of stay。

(1)　用迭代找出 K-Mean 分群的最佳群組：Run iteration for number of clusters to select optimal clusters

(2)　算出統計誤差和輪廓距離：Get Error and Silhouette Distance and plot

(3)　選定最佳群組：Select optimal number of cluster and create group

(4)　畫出輪廓值代表的樣本差異值：Plot Silhouette values with respect to different sample size

(5)　創建客戶群組之 Profile：Create Profile of customers by group

(6)　創建各群組之特徵（3D 圖）：Create 3D view of features divided by group

(7)　創建各群組之二元變動散點圖：Create bi variate scatter plot coloured by group

(8)　創建 t-SNE 之 2D 視圖：Create two-dimensional view of points by t-SEN

引入 AI 程式庫：

```
from sklearn.cluster import KMeans
from sklearn.metrics import silhouette_samples, silhouette_score
from sklearn.manifold import TSNE
```

(1) 用迭代找出 K-Mean 分群的最佳群組：

```
#Iteration for Kmeans：用迭代找出K-Mean分群的最佳群組
X=LRFM.drop(columns = 'CustomerID')
error = []
silhouette = []
np.random.seed(12)
rng = range(2,20)
for i in rng:
    km = KMeans(n_clusters=i, init='random',n_init=20, max_iter=200,tol=.0001,
random_state=12)
    km.fit(X)
    error.append(km.inertia_)
    lbls = km.fit_predict(X)
    silhouette.append(silhouette_score(X, lbls))

fig = make_subplots(rows=1, cols=2,subplot_titles=("分群數量(Number of Cluster) vs
歸類錯誤數(Errors)", "分群數量(Number of Cluster) vs 輪廓值(Silhouette)"))
fig.add_trace(go.Scatter(x=list(rng), y=error),row=1, col=1)
fig.add_trace(go.Scatter(x=list(rng), y=silhouette),row=1, col=2)
fig.update_layout(height=500, width=1000,template='ggplot2')
fig.update_xaxes(title_text="分群數量(Number of Clusters)", row=1, col=1)
fig.update_xaxes(title_text="分群數量(Number of Clusters)", row=1, col=2)
fig.update_yaxes(title_text="歸類錯誤數(Errors)", row=1, col=1)
fig.update_yaxes(title_text="輪廓值距離(Silhouette Distance)", row=1, col=2)
fig.show()
del [error,silhouette,rng,km,lbls,X]
```

分群數量的細節追蹤

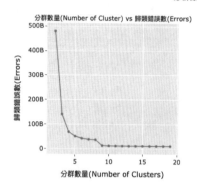

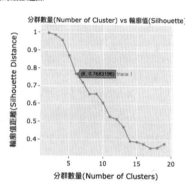

(2) 算出統計誤差和輪廓距離：

```
#Create Cluster：用KMeans測試以獲得最佳群組大小。
X=LRFM.drop(columns = 'CustomerID')
cluster_lbls = KMeans(n_clusters=10, random_state=12).fit_predict(X)
X['cluster'] = cluster_lbls
X['sample_silhouette_values'] = silhouette_samples(X, cluster_lbls)
X['txt']=X.cluster.apply(lambda x:'Cluster '+str(x))
```

畫出輪廓值代表的樣本差異值：

輪廓值（Silhouette）vs 樣本（Sample）：數據中存在的異常值，可以看到輪廓值。

① 輪廓值是解釋和驗證「資料群組」之一致性的方法，提供了每個群組的簡要輪廓。

② 輪廓值是衡量對象與其他群集（分隔）相比其自身群集（內聚力）的相似程度的度量。輪廓值的範圍從 -1 到 +1，其中較高的值表示對象與其自身的群集匹配良好，而與相鄰群集的匹配較差。如果大多數對象都具有較高的值，那麼群組配置是合適的。如果許多點的值較低或為負，則群集配置可能包含太多或太少的群集。

③ 可以使用任何距離度量來計算輪廓值，例如歐幾里得距離或曼哈頓距離。

(3) 選定最佳群組並 (4) 畫出輪廓值代表的樣本差異值：

```
fig = go.Figure(data=go.Scatter(x=X.Monetary,
            y=X.sample_silhouette_values,mode='markers',
            marker_color=X.cluster,showlegend=False,marker=dict(showscale=True),
```

```
                  text = X.txt))
fig.update_layout(xaxis_title="Sales",yaxis_title="Silhouette"
                  ,title='Sample Size vs Silhoutte Values')
fig.show()
```

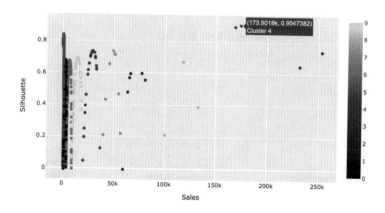

Sample Size vs Silhoutte Values

根據這些圖表，k=10 是最適當的群組。

(4) 創建客戶群組之 Profile：依 K=10，進行「顧客分眾」結果如下：

```
df = X.groupby('cluster').agg({'cluster':'size', 'Monetary':'mean','Frequency':
'mean','Length':'mean'}) \
        .rename(columns={'cluster':'Size','Monetary':'Avg Sales','Frequency':'Avg
Recency','Length':'Avg Length'}).reset_index().sort_values(by = 'Avg Sales')

cluster_map ={'Cluster 4':'lightskyblue','Cluster 0':'lightskyblue','Cluster 8':
   'lightskyblue'
   ,'Cluster 6':'lightskyblue','Cluster 2':'lightskyblue','Cluster 3':'orange'
   ,'Cluster 7':'orange','Cluster 9':'orange','Cluster 1':'olive','Cluster 5':
   'olive'}
txt =['Size = {0:.0f}'.format(i) for i in df.Size]
df['cluster']=df.cluster.apply(lambda x:'Cluster '+str(x))
df['Group']=df.cluster.map(cluster_map)
fig = make_subplots(rows=1, cols=3,subplot_titles=("平均消費金額(Avg Monetary)",
                "平均最新近度(Avg Recency)","平均交易期間(Avg Length)"))

fig.add_trace(go.Bar(y=df.cluster, x=df['Avg Sales'],hovertext=txt
```

```
,text=txt,textposition='auto',marker_color=df.Group,orientation='h'),row=1, col=1)
fig.add_trace(go.Bar(y=df.cluster, x=df['Avg Recency'],hovertext=txt
,text=txt,textposition='auto',marker_color=df.Group,orientation='h'),row=1, col=2)
fig.add_trace(go.Bar(y=df.cluster, x=df['Avg Length'],hovertext=txt
,text=txt,textposition='auto',marker_color=df.Group,orientation='h'),row=1, col=3)

fig.update_traces(marker_line_color='rgb(8,48,107)', marker_line_width=1.5,
opacity=0.8)
fig.update_layout(title_text='「顧客分眾」結果（by Cluster Size）',width = 900,
height=600,template='ggplot2',font=dict(family="Arial, monospace",size=12,color=
"RebeccaPurple"),showlegend=False)
fig.update_layout(margin=dict(l=0, r=0, b=0, t=80)) # tight layout
fig.show()
```

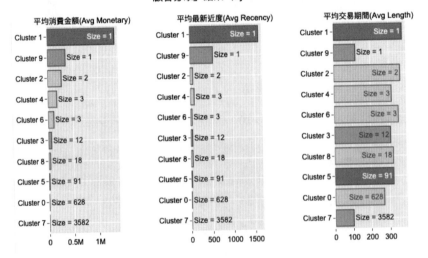

分群結果圖顯示了該群組 vs 平均銷售額，以及屬於該群組的客戶數量；將十群顧客分成三類：核心顧客群、流失顧客群與未來顧客群。

① 核心顧客群（群組 1,3）：對核心顧客群的行銷方式，可提供一些促銷，以便他們可以繼續與業務聯繫。

② 中型顧客群（群組 6,8）：中型顧客群的消費金額適中，頻率不算高，但成為註冊客戶時間長；是實用型客戶，不買奢侈品；但卻是週年慶或節日的忠實客戶。

③ 流失顧客群（群組 9,2）：對流失顧客群的行銷方式，我們可以了解他們的購買方式並相應地提供一些促銷。

④ 未來顧客群（群組 0,4,5,7,10）：即新顧客群，這些客戶放在中型客戶可能更好，至少可以收到一些促銷資訊。但是這些客戶的訂購金額和訂購頻率非常低。因此，可了解他們的購買方式，或他們選擇的產品類型，再提供折扣或優惠券，與他們進行交叉銷售。

(5) 創建各群組之特徵（3D 圖）：

```python
import plotly.express as px
fig = px.scatter_3d(X, x='Monetary', y='Length', z='Frequency',
            color='cluster', size='Monetary', size_max=60, opacity=0.6)
fig.update_layout(margin=dict(l=1, r=2, b=1, t=10)) # tight layout
```

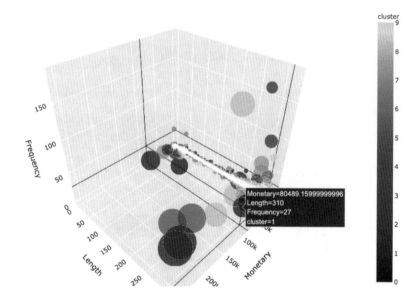

(6) 創建各群組之二元變動散點圖：Bivariate View of by Customers' Segmentation

```python
fig = go.Figure(data=go.Scatter(x=X.Monetary,y=X.Length, mode='markers',
            marker_color=X.cluster, text=X.txt,marker=dict(showscale=True)), )
fig.update_layout(xaxis_title="Sales",yaxis_title="Length",title='Monetary vs Length'
            ,width=800,height=500)
fig.show()
```

Monetary vs Length

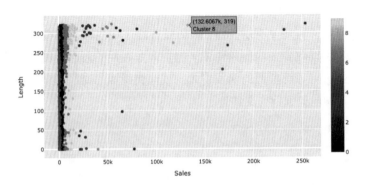

```python
fig = go.Figure(data=go.Scatter(x=X.Monetary,y=X.Frequency, mode='markers',
            marker_color=X.cluster,text=X.txt,marker=dict(showscale=True)),)
fig.update_layout(xaxis_title="Sales",yaxis_title="Frequency",title='Monetary vs
  Frequency',width=800,height=500)
fig.show()
```

Monetary vs Frequency

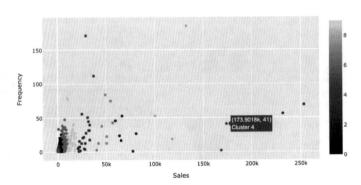

(7) 創建 t-SNE 之 2D 視圖：

將資料視覺化或降維的方法，最常用的是 PCA，但近年來 AI Marketing 開始以「t-SNE」方法做降維視覺化，效果好非常多。

t-SNE（t-distributed stochastic neighbor embedding，t- 隨機鄰近嵌入法）是一種非線性的機器學習降維方法，由 Laurens van der Maaten 和 Geoffrey Hinton 於 2008 年提出，t-SNE 演算法有以下幾個特色：

① t-SNE 降維時保持局部結構的能力十分傑出，因此為資料視覺化的常客。

② 應用上，t-SNE 常用來將資料投影到 2 維或 3 維的空間作定性的視覺化觀察，通過視覺化直觀的驗證某資料集或演算法的有效性。

③ SNE 使用條件機率和高斯分佈來定義高維和低維中樣本點之間的相似度，用 KL 散度來衡量兩條件機率分佈總和之間的相似度，並將其作為價值函數以梯度下降法求解。

④ t-SNE 使用 t 分佈定義低維時的機率分佈來減緩維數災難（Curse of dimensionality）造成的擁擠問題（Crowding problem）。

⑤ 由於 t-SNE 的演算法優化是基於機率的方法，在判讀圖像時有許多要注意的地方。

⑥ 各種降維方法，比較如下：

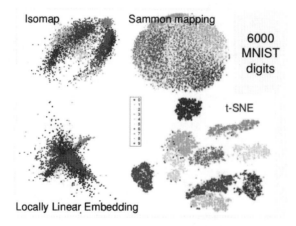

根據 t-SNE 的理論，以本例 LRFM 的指標，進行 t-SNE 分群，用 2D 視圖呈現，程式如下：

```
prpxlt = [10,15,30,40]
fig = make_subplots(rows=2, cols=2,subplot_titles=['perplexity = %s'%i for i in
prpxlt])

for i, prpxlt_ in enumerate(prpxlt):
    X_tsne = TSNE(n_components=2, init='random',
            random_state=0, perplexity=prpxlt_).fit_transform(X[['Frequency',
'Monetary', 'Length']]))
    if i%2==0:
```

```
        c=2
    else:
        c=1
    r = (i)//2+1
    fig.add_trace(go.Scatter(x=X_tsne[:,0],y=X_tsne[:,1]
                    , mode='markers',marker=dict(size=4,color=X.cluster
                    ,colorscale='Viridis',opacity=0.8),text=X.txt),row=r, col=c)
    fig.update_xaxes(title_text="Component 1", row=r, col=c)
    fig.update_yaxes(title_text="Component 2", row=r, col=c)
fig.update_layout(height=600, width=800,showlegend=False)
fig.show()
del [X_tsne,fig]
```

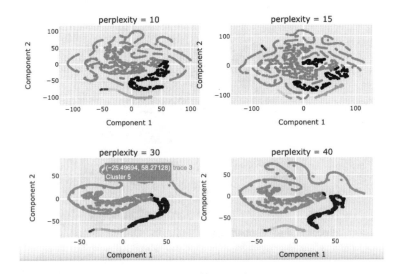

## 11. 根據 AI 分析結果，進行預測：週營收預測 / 日營收預測

本例使用的統計驗證方法和預測（Forecasting）模型：

- 確認資料是否可信：使用 adfuller() 函式。
- 確認資料「穩定性和差異」：使用 diff() 函式。

  在非平穩時間序列資料，使用一種平穩資料的方法稱為差異（Differencing）。即計算連續觀測值之間的差異後，進行 Lay 計算後，容許在某幾個 Lag 後發生一些不平穩情況。

- PACF/ACF：自相關描述。
- ARIMA Model 預測模型。
- SARIMAX Model 預測模型。
- Dynamic regression models 預測模型。

```
from statsmodels.tsa.stattools import adfuller
from statsmodels.graphics.tsaplots import plot_pacf,plot_acf

ds_weekly = data_.groupby(by=['Year','Week'])['Sales'].sum().reset_index()
ds_weekly['Date'] = ds_weekly['Year'].map(str)+" Week "+ds_weekly['Week'].map(str)
ds_daily = data_.groupby(by=['Date'])['Sales'].sum().reset_index()

def plot_(t_train,t_test,x_train,x_test,x_train_pred,x_test_pred,forecast,
title='Weekly'):
    xt = (max(t_test)+np.arange(len(forecast)))+1

    fig_train=go.Scatter(name='Train : Actual ',x=t_train,y=x_train,showlegend=True)
    fig_trian_pred=go.Scatter(name='Train : Predict',x=t_train,y=x_train_pred,
showlegend=True)
    fig_test=go.Scatter(name='Test : Actual',x=t_test,y=x_test,showlegend=True)
    fig_test_pred=go.Scatter(name='Test : Predict',x=t_test,y=x_test_pred,
showlegend=True)
    fig_forecast=go.Scatter(name='Forecast',x=xt,y=forecast,showlegend=True,
hovermode='x')

    fig = go.Figure([fig_train,fig_trian_pred,fig_test,fig_test_pred,fig_forecast])
    fig.update_layout(xaxis_title=title,yaxis_title="Sales",title=title +
'Trend'height=400,
    legend=dict(yanchor="top", y=0.99, xanchor="left",x=0.01),
    hovermode= "x", template='ggplot2')
    fig.show()
```

## (1) 週營收預測

```
# 週營收：趨勢分析
fig = go.Figure(data=[go.Scatter(x=ds_weekly.Date,y=ds_weekly.Sales)])
fig.update_layout(xaxis_title="Date",yaxis_title="Sales",title='週營收趨勢分析：
(Weekly Trend)',height=600,template='ggplot2',showlegend=False,hovermode='x')
fig.show()
```

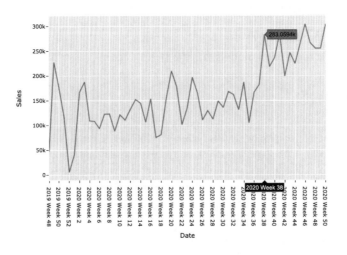

週營收趨勢分析：(Weekly Trend)

```
# 確認資料是否可信：使用adfuller()函式。
output = adfuller(ds_weekly.Sales)
print('***************************Week***********************************')
print('ADF Statistic: {0:.2f} and P value:{1:.5f}'.format(*output))
print("p值極高，無法拒絕原假設。結論：資料不穩定，不足以證實趨勢結論是成立的。　")
```

```
***************************Week***********************************
ADF Statistic: 0.30 and P value:0.97714
p值極高，無法拒絕原假設。結論：資料不穩定，不足以證實趨勢結論是成立的。
```

```
# 確認資料「穩定性和差異」:使用diff()函式。
d=1
print('***************************Week***********************************')
series = ds_weekly.Sales.diff(d)# - ds.Sales.rolling(window=12).mean()
series = series.dropna()
output = adfuller(series)
print('ADF Statistic: {0:.2f} and P value:{1:.5f}'.format(*output))
print("p值接近零且小於0.05，拒絕原假設。結論：資料穩定，滾動平均差(lag)為12週。")
```

```
***************************Week***********************************
ADF Statistic: -7.73 and P value:0.00000
p值接近零且小於0.05，拒絕原假設。結論：資料穩定，滾動平均差(lag)為12週。
```

```
# Weekly:PACF/ACF:自相關描述。
fig, ax = plt.subplots(1,2,figsize=(18,5))
plot_acf(series, ax=ax[0])
plot_pacf(series, ax=ax[1])
plt.show()
```

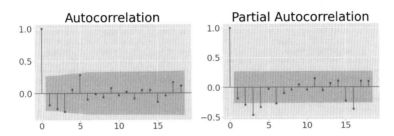

在 95％的限制範圍內沒有自相關，並且統計信息的 p 值為 0.00（對於 H=10）。這表明每週變化本質上是隨機數，與前幾週無關。

```
# Weekly:資料分割：訓練集，測試集（Train & Test Split）
series=ds_weekly.Sales
split_time = 45
time=np.arange(len(ds_weekly))
xtrain=series[:split_time]
xtest=series[split_time:]
timeTrain = time[:split_time]
timeTest = time[split_time:]
print('Full Set Size ',series.shape)
print('Training Set Size ',xtrain.shape)
print('Testing Set Size ',xtest.shape)
```

```
Full Set Size  (55,)
Training Set Size  (45,)
Testing Set Size  (10,)
```

**Weekly:ARIMA Model** 預測模型：（每次執行結果略有不同）

```
from statsmodels.tsa.arima.model import ARIMA
model = ARIMA(xtrain, order=(1,1,2))
model_fit = model.fit()
print(model_fit.summary())
```

```
                          SARIMAX Results
==============================================================================
Dep. Variable:                  Sales   No. Observations:                   45
Model:                 ARIMA(1, 1, 2)   Log Likelihood                -540.381
Date:                Sun, 17 Jan 2021   AIC                           1088.762
Time:                        20:42:29   BIC                           1095.898
Sample:                             0   HQIC                          1091.408
                                - 45
Covariance Type:                  opg
==============================================================================
                 coef    std err          z      P>|z|      [0.025      0.975]
------------------------------------------------------------------------------
ar.L1          0.0624      0.306      0.204      0.838      -0.537       0.662
ma.L1         -0.5022      0.291     -1.723      0.085      -1.073       0.069
ma.L2         -0.3364      0.174     -1.938      0.053      -0.677       0.004
sigma2      1.638e+09   2.22e-10   7.37e+18      0.000    1.64e+09    1.64e+09
===================================================================================
Ljung-Box (L1) (Q):                   0.27   Jarque-Bera (JB):                 8.81
Prob(Q):                              0.60   Prob(JB):                         0.01
Heteroskedasticity (H):               0.65   Skew:                             0.63
Prob(H) (two-sided):                  0.41   Kurtosis:                         4.79
===================================================================================

Warnings:
[1] Covariance matrix calculated using the outer product of gradients (complex-step).
[2] Covariance matrix is singular or near-singular, with condition number    inf. Standard er
rors may be unstable.
```

```
ytrain_pred = model_fit.predict()
ytest_pred = model_fit.predict(start=min(timeTest),end=max(timeTest),dynamic=True)
print('MSE Train :',np.sqrt(np.mean((ytrain_pred - xtrain)**2)))
print('MSE Test :',np.sqrt(np.mean((ytest_pred - xtest)**2)))
forecast = model_fit.forecast(20, alpha=0.05)
plot_(t_train = timeTrain,t_test = timeTest,x_train = xtrain,x_test = xtest,
      x_train_pred = ytrain_pred,x_test_pred = ytest_pred,forecast =
forecast,title = "Weekly")
```

```
MSE Train : 51316.74651122121
MSE Test : 82024.6173756504
```

Weekly 趨勢分析與預測

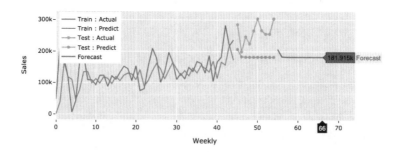

Weekly:SARIMAX Model 預測模型。（每次執行結果略有不同）

```
from statsmodels.tsa.statespace.sarimax import SARIMAX
s_model = SARIMAX(endog=xtrain , order=(1, 1, 2), seasonal_order=(1, 1, 1, 3),
trend='c')
s_model_fit=s_model.fit()
print(s_model_fit.summary())
```

```
                               SARIMAX Results
==============================================================================
Dep. Variable:                      Sales   No. Observations:                 45
Model:             SARIMAX(1, 1, 2)x(1, 1, [1], 3)   Log Likelihood        -506.241
Date:                    Mon, 18 Jan 2021   AIC                      1026.483
Time:                            13:57:43   BIC                      1038.478
Sample:                                 0   HQIC                     1030.851
                                   - 45
Covariance Type:                      opg
==============================================================================
                 coef    std err          z      P>|z|      [0.025      0.975]
------------------------------------------------------------------------------
intercept    5020.4464   6809.327      0.737      0.461   -8325.590    1.84e+04
ar.L1          -0.8043      0.338     -2.377      0.017      -1.467      -0.141
ma.L1           0.4817      0.583      0.826      0.409      -0.661       1.624
ma.L2          -0.4783      0.396     -1.208      0.227      -1.254       0.298
ar.S.L3        -0.5327      0.241     -2.214      0.027      -1.004      -0.061
ma.S.L3        -0.6503      0.289     -2.252      0.024      -1.216      -0.084
sigma2       4.067e+09      0.010   4.17e+11      0.000    4.07e+09    4.07e+09
===================================================================================
Ljung-Box (L1) (Q):                0.98   Jarque-Bera (JB):              1.31
Prob(Q):                           0.32   Prob(JB):                      0.52
Heteroskedasticity (H):            0.50   Skew:                         -0.36
Prob(H) (two-sided):               0.20   Kurtosis:                      3.49
===================================================================================

Warnings:
[1] Covariance matrix calculated using the outer product of gradients (complex-step).
[2] Covariance matrix is singular or near-singular, with condition number 7.4e+27. Standard e
rrors may be unstable.
```

```
ytrain_pred = s_model_fit.predict()
ytest_pred = s_model_fit.predict(start=min(timeTest),end=max(timeTest),dynamic=True)
print('RMSE Train :',np.sqrt(np.mean((ytrain_pred - xtrain)**2)))
print('RMSE Test :',np.sqrt(np.mean((ytest_pred - xtest)**2)))
forecast = s_model_fit.forecast(20, alpha=0.05)
plot_(t_train = timeTrain,t_test = timeTest,x_train = xtrain,x_test = xtest,
     x_train_pred = ytrain_pred,x_test_pred = ytest_pred,forecast = forecast,
title='Weekly')
```

```
MSE Train : 51316.74651122121
MSE Test : 82024.6173756504
```

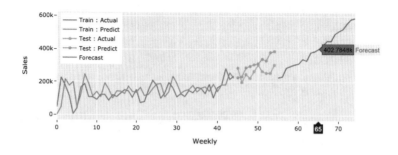

**(2) 日營收預測（每次執行結果略有不同）**

```
# 日營收：趨勢分析
fig = go.Figure(data=[go.Scatter(x=ds_daily.Date,y=ds_daily.Sales)])
fig.update_layout(xaxis_title="Date",yaxis_title="Sales",title='日營收趨勢分析：
(daily Trend)',height=600,template='ggplot2',showlegend=False, hovermode='x')
fig.show()
```

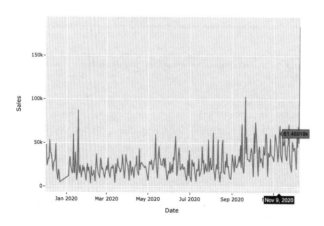

```
# 確認資料是否可信：使用adfuller()函式。
output = adfuller(ds_daily.Sales)
print('\n*************************Daily*************************')
print('ADF Statistic: {0:.2f} and P value:{1:.5f}'.format(*output))
print("p值極高，無法拒絕原假設。結論：資料不穩定，不足以證實趨勢結論是成立的。")
```

```
***************************Daily*********************************
ADF Statistic: -0.37 and P value:0.91553
p值極高，無法拒絕原假設。結論：資料不穩定，不足以證實趨勢結論是成立的。
```

```
# 日營收：確認資料「穩定性和差異」：使用diff()函式。
# 統計檢驗（從一個差異來測試這個時間序列的資料之穩定性-Test of Stationarity with 1
differencing of series）
print('***************************Daily*********************************')
series_date = ds_daily.Sales.diff(d)
series_date = series_date.dropna()
output = adfuller(series_date)
print('ADF Statistic: {0:.2f} and P value:{1:.5f}'.format(*output))
print("p值接近零且小於0.05，拒絕原假設。結論：資料穩定，滾動平均差(lag)為12週。")
```

```
***************************Daily*********************************
ADF Statistic: -6.33 and P value:0.00000
p值接近零且小於0.05，拒絕原假設。結論：資料穩定，滾動平均差(lag)為12週。
```

```
# Daily:ACF/ACF:自相關描述。
fig, ax = plt.subplots(1,2,figsize=(18,5))
plot_acf(series_date, ax=ax[0])
plot_pacf(series_date, ax=ax[1])
plt.show()
```

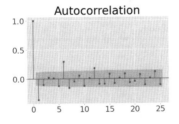
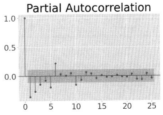

```
# Daily:資料分割：訓練集，測試集
series_date=ds_daily.Sales
split_time = 250
time_d=np.arange(len(ds_daily))
xtrain_d=series_date[:split_time]
xtest_d=series_date[split_time:]
```

```
timeTrain_d = time_d[:split_time]
timeTest_d = time_d[split_time:]
print('Full Set Size ',series_date.shape)
print('Training Set Size ',xtrain_d.shape)
print('Testing Set Size ',xtest_d.shape)
```

```
Full Set Size   (305,)
Training Set Size  (250,)
Testing Set Size  (55,)
```

Daily:ARIMA Model 預測模型。（每次執行結果略有不同）

```
s_model = ARIMA(endog=xtrain_d , order=(1, 1, 1))
s_model_fit=s_model.fit()
print(s_model_fit.summary())
```

```
                              SARIMAX Results
==============================================================================
Dep. Variable:                  Sales   No. Observations:             250
Model:                  ARIMA(1, 1, 1)   Log Likelihood          -2722.960
Date:                Mon, 18 Jan 2021   AIC                      5451.919
Time:                        18:29:25   BIC                      5462.471
Sample:                             0   HQIC                     5456.167
                                - 250
Covariance Type:                  opg
==============================================================================
                 coef    std err          z      P>|z|      [0.025      0.975]
------------------------------------------------------------------------------
ar.L1          0.0592      0.091      0.651      0.515      -0.119       0.237
ma.L1         -0.9158      0.037    -24.670      0.000      -0.989      -0.843
sigma2      2.151e+08   6.28e-11   3.42e+18      0.000    2.15e+08    2.15e+08
===================================================================================
Ljung-Box (L1) (Q):                0.01   Jarque-Bera (JB):           343.95
Prob(Q):                           0.93   Prob(JB):                     0.00
Heteroskedasticity (H):            1.58   Skew:                         1.58
Prob(H) (two-sided):               0.04   Kurtosis:                     7.82
===================================================================================

Warnings:
[1] Covariance matrix calculated using the outer product of gradients (complex-step).
[2] Covariance matrix is singular or near-singular, with condition number 4.62e+34. Standard
errors may be unstable.
```

```
ytrain_pred = model_fit.predict()
ytest_pred = model_fit.predict(start=min(timeTest),end=max(timeTest),dynamic=True)
print('MSE Train :',np.sqrt(np.mean((ytrain_pred - xtrain)**2)))
print('MSE Test :',np.sqrt(np.mean((ytest_pred - xtest)**2)))
forecast = model_fit.forecast(20, alpha=0.05)
plot_(t_train = timeTrain,t_test = timeTest,x_train = xtrain,x_test = xtest,
      x_train_pred =ytrain_pred, x_test_pred = ytest_pred,forecast = forecast,
title = "Weekly")
```

```
MSE Train :13787.665026790673
MSE Test : 23556.21849090428
```

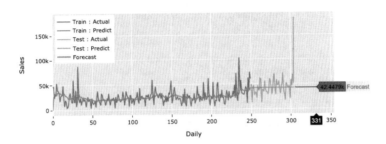

**Daily:SARIMAX Model** 預測模型。（每次執行結果略有不同）

```
from statsmodels.tsa.statespace.sarimax import SARIMAX
s_model = SARIMAX(endog=xtrain_d , order=(1, 1, 1), seasonal_order=(1, 1, 2, 12),
trend='t')
s_model_fit=s_model.fit()
print(s_model_fit.summary())
```

```
                                SARIMAX Results
==============================================================================
Dep. Variable:                      Sales   No. Observations:              250
Model:          SARIMAX(1, 1, 1)x(1, 1, [1, 2], 12)   Log Likelihood    -2634.392
Date:                    Tue, 13 Jul 2021   AIC                       5282.784
Time:                            18:25:23   BIC                       5307.060
Sample:                                 0   HQIC                      5292.569
                                    - 250
Covariance Type:                      opg
==============================================================================
                 coef    std err          z      P>|z|      [0.025      0.975]
------------------------------------------------------------------------------
drift          0.3168      1.144      0.277      0.782      -1.926       2.559
ar.L1          0.0595      0.134      0.443      0.658      -0.204       0.323
ma.L1         -0.8065      0.069    -11.627      0.000      -0.942      -0.671
ar.S.L12      -0.6098      1.208     -0.505      0.614      -2.978       1.758
ma.S.L12      -0.1451      1.232     -0.118      0.906      -2.561       2.270
ma.S.L24      -0.3990      0.934     -0.427      0.669      -2.230       1.432
sigma2      3.743e+08   1.83e-08   2.04e+16      0.000    3.74e+08    3.74e+08
==============================================================================
Ljung-Box (L1) (Q):                   0.10   Jarque-Bera (JB):           106.26
Prob(Q):                              0.75   Prob(JB):                     0.00
Heteroskedasticity (H):               1.30   Skew:                         0.89
Prob(H) (two-sided):                  0.25   Kurtosis:                     5.75
==============================================================================

Warnings:
[1] Covariance matrix calculated using the outer product of gradients (complex-step).
[2] Covariance matrix is singular or near-singular, with condition number 1.45e+32. Standard errors may be unstable.
```

```
ytrain_pred = s_model_fit.predict()
ytest_pred = s_model_fit.predict(start=min(timeTest_d),end=max(timeTest_d),
```

```
dynamic=True)
print('MSE Train :',np.sqrt(np.mean((ytrain_pred - xtrain_d)**2)))
print('MSE Test :',np.sqrt(np.mean((ytest_pred - xtest_d)**2)))
forecast = s_model_fit.forecast(30, alpha=0.05)
xt = max(timeTest_d)+np.arange(len(forecast))
plot_(t_train = timeTrain_d,t_test = timeTest_d,x_train = xtrain_d,x_test =
xtest_d,x_train_pred = ytrain_pred,x_test_pred=ytest_pred,forecast= forecast,
title='Daily')
```

```
MSE Train :14523.793571302504
MSE Test :31311.826214722536
```

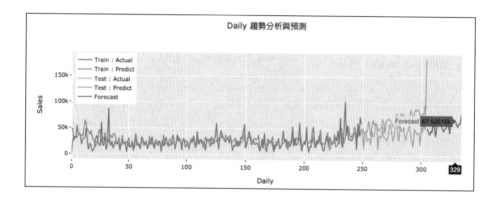

# A-5 用 AI 進行「產品及客戶類型分析」（Featuring Modeling）

（程式名：Feature_Modeling.ipynb）

## 1. 賣場巨量資料準備（Data Preparation）

```
# 資料結構及分析套件
import pandas as pd
import numpy as np
import matplotlib as mpl
import matplotlib.pyplot as plt
import seaborn as sns
import datetime, nltk, warnings
```

```
import matplotlib.cm as cm
import itertools
# 演算法套件
from pathlib import Path
from sklearn.preprocessing import StandardScaler
from sklearn.cluster import KMeans
from sklearn.metrics import silhouette_samples, silhouette_score
from sklearn import preprocessing, model_selection, metrics, feature_selection
from sklearn.model_selection import GridSearchCV, learning_curve
from sklearn.svm import SVC
from sklearn.metrics import confusion_matrix
from sklearn import neighbors, linear_model, svm, tree, ensemble
# 視覺化套件
from wordcloud import WordCloud, STOPWORDS
from sklearn.ensemble import AdaBoostClassifier
from sklearn.decomposition import PCA
from IPython.display import display, HTML
import plotly.graph_objs as go
from plotly.offline import init_notebook_mode,iplot
init_notebook_mode(connected=True)
warnings.filterwarnings("ignore")
# 圖形設定
plt.rcParams["patch.force_edgecolor"] = True
plt.style.use('fivethirtyeight')
mpl.rc('patch', edgecolor = 'dimgray', linewidth=1)


import time # 引入 time 模組%matplotlib inline

# 資料簡介
df_initial = pd.read_csv('CustomerTargeting/CustomerTargeting.csv',encoding=
                    "ISO-8859-1",
                    dtype={'CustomerID': str,'InvoiceID': str})
print('巨量資料結構（Dataframe dimensions）:', df_initial.shape)
df_initial['InvoiceDate'] = pd.to_datetime(df_initial['InvoiceDate'])

# 資料初步整理
tab_info=pd.DataFrame(df_initial.dtypes).T.rename(index={0:'column type'})
tab_info=tab_info.append(pd.DataFrame(df_initial.isnull().sum()).T.rename
(index={0:'null values (nb)'}))
tab_info=tab_info.append(pd.DataFrame(df_initial.isnull().sum()/df_initial.
```

```
                              shape[0]*100).T.
                              rename(index={0:'null values (%)'}))
print('資料狀態：')
display(tab_info)

print('資料列表（前五）：')
display(df_initial[:5])
plt.rcParams["patch.force_edgecolor"] = True
plt.style.use('fivethirtyeight')
mpl.rc('patch', edgecolor = 'dimgray', linewidth=1)
%matplotlib inline
```

巨量資料結構 (Dataframe dimensions) : (542007, 8)
資料狀態：

|  | InvoiceNo | StockCode | Description | Quantity | InvoiceDate | UnitPrice | CustomerID | Country |
|---|---|---|---|---|---|---|---|---|
| column type | object | object | object | int64 | datetime64[ns] | float64 | object | object |
| null values (nb) | 0 | 0 | 1454 | 0 | 0 | 0 | 232 | 0 |
| null values (%) | 0 | 0 | 0.268262 | 0 | 0 | 0 | 0.0428039 | 0 |

資料列表（前五）：

|  | InvoiceNo | StockCode | Description | Quantity | InvoiceDate | UnitPrice | CustomerID | Country |
|---|---|---|---|---|---|---|---|---|
| 0 | 541431 | 23166 | MEDIUM CERAMIC TOP STORAGE JAR | 74215 | 2020-01-18 10:01:00 | 1.04 | 12346 | United Kingdom |
| 1 | C541433 | 23166 | MEDIUM CERAMIC TOP STORAGE JAR | -74215 | 2020-01-18 10:17:00 | 1.04 | 12346 | United Kingdom |
| 2 | 542237 | 84625A | PINK NEW BAROQUECANDLESTICK CANDLE | 24 | 2020-01-26 14:30:00 | 0.85 | 12347 | Iceland |
| 3 | 542237 | 84625C | BLUE NEW BAROQUE CANDLESTICK CANDLE | 24 | 2020-01-26 14:30:00 | 0.85 | 12347 | Iceland |
| 4 | 542237 | 85116 | BLACK CANDELABRA T-LIGHT HOLDER | 6 | 2020-01-26 14:30:00 | 2.10 | 12347 | Iceland |

## 2. 特徵（變數）定義（Exploring the content of variables）

- InvoiceNo：發票號。6 位數字，每筆交易有獨一號碼。如果發票號前面加一英文字母「c」表示此發票已取消訂單（可能該筆交易為交易失敗或退貨成功）。文字型態。
- StockCode：貨號。5 位數字，每一產品有獨一的編號。文字型態。
- Description：產品說明，包括產品名稱。文字型態。
- Quantity：每一產品之數量，整數之數字型態。
- InvoiceDate：交易日期及時間。日期時間型態。
- UnitPrice：產品單價。有理數之數字型態。
- CustomerID：客戶代碼，5 位數字，文字型態。每位客戶有獨一號碼。
- Country：國家名，賣場所在地之國家名稱。文字型態。

## (1) 賣場國家分佈 Countries

```
temp = df_initial[['CustomerID', 'InvoiceNo', 'Country']].groupby(['CustomerID',
'InvoiceNo', 'Country']).count()
temp = temp.reset_index(drop = False)
countries = temp['Country'].value_counts()
print('巨量資料涵蓋國家數 : {}'.format(len(countries)))
```

巨量資料涵蓋國家數 : 40

```
data = dict(type='choropleth',
locations = countries.index,
locationmode = 'country names', z = countries,
text = countries.index,
colorbar = {'title':'來客數'},
colorscale=[[0, 'rgb(224,255,255)'],
        [0.01, 'rgb(166,206,227)'], [0.02, 'rgb(31,120,180)'],
        [0.03, 'rgb(178,223,138)'], [0.05, 'rgb(51,160,44)'],
        [0.10, 'rgb(251,154,153)'], [0.20, 'rgb(255,255,0)'], [1,
'rgb(227,26,28)']], reversescale=False)

layout = dict(title='分析每個國家的賣場，每日平均來客數',title_font_size=30,
            title_font_color='#222222',title_x=0.5,
            geo = dict(showframe = True, projection={'type':'hammer'},
                    showlakes = True,lakecolor = 'rgb(0,191,255)') )

choromap = go.Figure(data = [data], layout = layout)
iplot(choromap, validate=False)
```

**分析每個國家的賣場，每日平均來客數**

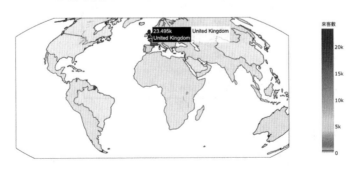

以英國、西歐及台灣，來客數較多。

(2) 賣場屬性（以客戶和產品區分）Feature-Customers and products

- 分析各國家的產品和客戶：

```
pd.DataFrame([{'products': len(df_initial['StockCode'].value_counts()),
            'transactions': len(df_initial['InvoiceNo'].value_counts()),
            'customers': len(df_initial['CustomerID'].value_counts()),
          }], columns = ['products', 'transactions', 'customers'], index =
['quantity'])
```

| | products | transactions | customers |
|---|---|---|---|
| quantity | 4070 | 25905 | 4374 |

在這期間，賣場有 4374 個來客數，採購了 4070 項產品，產生發票（交易次數）25905 次。

- 分析每一客戶的採買內容：

```
pd.DataFrame([{'products': len(df_initial['StockCode'].value_counts()),
            'transactions': len(df_initial['InvoiceNo'].value_counts()),
            'customers': len(df_initial['CustomerID'].value_counts()),
          }], columns = ['products', 'transactions', 'customers'], index =
['quantity'])
```

| | CustomerID | InvoiceNo | Number of products |
|---|---|---|---|
| 0 | 12346 | 541431 | 1 |
| 1 | 12346 | C541433 | 1 |
| 2 | 12347 | 537626 | 31 |
| 3 | 12347 | 542237 | 29 |
| 4 | 12347 | 549222 | 24 |
| 5 | 12347 | 556201 | 18 |
| 6 | 12347 | 562032 | 22 |
| 7 | 12347 | 573511 | 47 |
| 8 | 12347 | 581180 | 11 |
| 9 | 12348 | 539318 | 17 |

## 分析客戶購買行為：

- 退貨率高：發票號碼中前綴字「C」表示，表示該筆交易已取消（辦理退貨）。該賣場退貨比率（以金額來看）佔 16%，是個不低的數字。並不是該賣場商品

品質不佳，而是商品的「技術含量高」，需要一點知識才能安裝使用，產品規格上亦有一定專業程度（如燈具或電動工具），大多是須要讀完說明書及準備必要工具才能使用的產品，間接造成退貨增加，商品只要不合用就一定會退貨。

- 「目的型客戶」多：只來一次且只買固定項目商品的客戶比率高（**70%**）。如客戶 **12347**，這種客戶是目的明確的買者，即客戶在進入賣場前心中已有定見；該賣場的產品以五金工具材料為主，「目的型客戶」多，符合一般民眾對該賣場的印象；這種目標明確的採購方式，不易受廣告或臨時優惠打動，這種客戶採購模式加重了 AI 輔助行銷的重要性。如果可以用 AI 分析來產生「對消費者具有建設性的建議」將會大大提昇業績。

- 忠誠度高的大採購者比率亦高（**14%**）：這些客戶交易頻繁且採購項目繁多，是企業型的固定客戶，也可能是裝潢設計公司或靠施工維生的工人，他們視該賣場為穩定可靠的進貨來源，來賣場補貨是工作的一部分。

- 在美國的 Radioshack、歐洲亞洲的 IKEA、台灣的 B&Q 等均屬同類型商場。本章的分析工具亦適用於這些賣場。本章使用的資料來源以歐美同類似賣場的資料為主。

## 分析取消訂單 Cancelling orders

```
nb_products_per_basket['order_canceled'] =
nb_products_per_basket['InvoiceNo'].apply(lambda x:int('C' in str(x)))
display(nb_products_per_basket[:5])
```

| | CustomerID | InvoiceNo | Number of products | order_canceled |
|---|---|---|---|---|
| 0 | 12346 | 541431 | 1 | 0 |
| 1 | 12346 | C541433 | 1 | 1 |
| 2 | 12347 | 537626 | 31 | 0 |
| 3 | 12347 | 542237 | 29 | 0 |
| 4 | 12347 | 549222 | 24 | 0 |

```
n1 = nb_products_per_basket['order_canceled'].sum()
n2 = nb_products_per_basket.shape[0]
print('取消訂佔訂單之比率: {}/{} ({:.2f}%) '.format(n1, n2, n1/n2*100))
```

取消訂佔訂單之比率：3838/25900 (14.82%)

## 「統計學」虛無假設分析：

- 當一個訂單被取消時，而在資料中的有另一交易（Quantity 和 InvoiceDate）也應同時調整。檢查所有交易是否都如此。

- 必須找到負數量的項目，並檢查是否系統地存在指示相同數量（但為正）且具有相同描述（CustomerID、Description 和 UnitPrice）的訂單：

```
df_check = df_initial[df_initial['Quantity'] < 0][['CustomerID','Quantity',
'StockCode','Description','UnitPrice']]
for index, col in  df_check.iterrows():
    if df_initial[(df_initial['CustomerID'] == col[0]) & (df_initial['Quantity']
== -col[1])
                & (df_initial['Description'] == col[2])].shape[0] == 0:
        print(df_check.loc[index])
        print(15*'-'+'>'+' HYPOTHESIS NOT FULFILLED')
        break
```

```
CustomerID                              12346
Quantity                               -74215
StockCode                               23166
Description     MEDIUM CERAMIC TOP STORAGE JAR
UnitPrice                                 1.04
Name: 1, dtype: object
--------------> HYPOTHESIS NOT FULFILLED
```

最初的假設沒有得到滿足，因為有一種「Discount」項目。故再次檢查假設，並且丟棄「Discount」項目：

```
df_check = df_initial[(df_initial['Quantity'] < 0) & (df_initial['Description'] !=
'Discount')][['CustomerID','Quantity','StockCode', 'Description','UnitPrice']]

for index, col in  df_check.iterrows():
    if df_initial[(df_initial['CustomerID'] == col[0]) & (df_initial['Quantity']
== -col[1])
                & (df_initial['Description'] == col[2])].shape[0] == 0:
        print(index, df_check.loc[index])
        print(15*'-'+'>'+' HYPOTHESIS NOT FULFILLED')
        break
```

```
1 CustomerID                              12346
Quantity                                 -74215
StockCode                                 23166
Description     MEDIUM CERAMIC TOP STORAGE JAR
UnitPrice                                  1.04
Name: 1, dtype: object
--------------> HYPOTHESIS NOT FULFILLED
```

以上假設沒有得到驗證。因此,「取消訂單」不一定有對應於「事先的訂單」。

故在資料中創建一個新變數,顯示是否部分訂單已被取消。對於沒有對應之「取消訂單」,其中一些可能是由於購買訂單是在 2019 年 12 月(資料庫的起始點)之前執行的。

對「取消訂單」進行普查,並檢查是否存在對應項:

```
# 本段程式約費時 3-5分鐘
start = time.process_time() # 開始測量時間

print("整理資料-找出取消訂單的對應訂單並修正交易內容,並將沒有對應的「取消訂單」刪除。本段程式
約費時 5-10分鐘.....")
df_cleaned = df_initial.copy(deep = True)
df_cleaned['QuantityCanceled'] = 0
entry_to_remove = [] ; doubtfull_entry = []

for index, col in  df_initial.iterrows():
    if (col['Quantity'] > 0) or col['Description'] == 'Discount': continue
    df_test = df_initial[(df_initial['CustomerID'] == col['CustomerID']) &
                         (df_initial['StockCode']  == col['StockCode']) &
                         (df_initial['InvoiceDate'] < col['InvoiceDate']) &
                         (df_initial['Quantity']   > 0)].copy()
    # 無對應資料的「取消訂單」
    if (df_test.shape[0] == 0):
        doubtfull_entry.append(index)
    # 有對應資料的「取消訂單」
    elif (df_test.shape[0] == 1):
        index_order = df_test.index[0]
        df_cleaned.loc[index_order, 'QuantityCanceled'] = -col['Quantity']
        entry_to_remove.append(index)
```

```
# 重覆出現的訂單，將最後出現之訂單資料予以刪除。（收銀員重覆輸入錯誤）
elif (df_test.shape[0] > 1):
    df_test.sort_index(axis=0 ,ascending=False, inplace = True)
    for ind, val in df_test.iterrows():
        if val['Quantity'] < -col['Quantity']: continue
        df_cleaned.loc[ind, 'QuantityCanceled'] = -col['Quantity']
        entry_to_remove.append(index)
        break

end = time.process_time()  # 結束測量時間
print("執行時間：%f 秒" % (end - start)) # 顯示出「這段程式的耗費時間
```

> 整理資料-找出取消訂單的對應訂單並修正交易內容，並將沒有對應的「取消訂單」刪除。本段程式約費時
> 5-10分鐘.....
> 執行時間：890.436216 秒

## 進行二個檢查工作：

1. 一部分「取消訂單」沒有對應的「訂單」。

2. 「取消訂單」中至少有一個數量對應到「訂單」，將其分別保存在懷疑完整項目和項目列表中，其數量為：

```
print("無對應的「取消訂單」，應該要刪除的項目，entry_to_remove:
{}".format(len(entry_to_remove)))
print("有疑問的訂單，doubtfull_entry: {}".format(len(doubtfull_entry)))
```

> 無對應的「取消訂單」，應該要刪除的項目，entry_to_remove: 8044
> 有疑問的訂單，doubtfull_entry: 1784

在這些項目中，在 questionfull_entry 列表中列出的行對應於指示取消，但前面並沒有對應的項目。為求運算正確性，決定刪除這些項目，它們分別佔資料總數的 1.4% 和 0.2%。

## 檢查與取消相對應的項目，是之前沒有被過濾器刪除：

```
df_cleaned.drop(entry_to_remove, axis = 0, inplace = True)
df_cleaned.drop(doubtfull_entry, axis = 0, inplace = True)
remaining_entries = df_cleaned[(df_cleaned['Quantity'] < 0) & (df_cleaned
```

```
['StockCode'] != 'D')]
print("刪除的數量: {}".format(remaining_entries.shape[0]))
remaining_entries[:5]
```

```
刪除的數量: 687
```

| | InvoiceNo | StockCode | Description | Quantity | InvoiceDate | UnitPrice | CustomerID | Country | QuantityCanceled |
|---|---|---|---|---|---|---|---|---|---|
| 14245 | C580263 | M | Manual | -4 | 2020-12-02 12:43:00 | 9.95 | 12536 | France | 0 |
| 14246 | C580263 | M | Manual | -16 | 2020-12-02 12:43:00 | 0.29 | 12536 | France | 0 |
| 34099 | C562188 | 85099B | JUMBO BAG RED RETROSPOT | -100 | 2020-08-03 12:16:00 | 1.79 | 12748 | United Kingdom | 0 |
| 38571 | C569636 | 23002 | TRAVEL CARD WALLET SKULLS | -5 | 2020-10-05 12:14:00 | 0.42 | 12841 | United Kingdom | 0 |
| 50309 | C578832 | 22834 | HAND WARMER BABUSHKA DESIGN | -32 | 2020-11-25 15:18:00 | 2.10 | 13069 | United Kingdom | 0 |

## (1) 產品貨號 StockCode

StockCode 變數的某些值表示特定交易（例如「D」表示折扣）。經由查找「包含字母的代碼集」來列出此變數的內容：

```
for code in list_special_codes:
    print("{:<15} -> {:<30}".format(code, df_cleaned[df_cleaned['StockCode'] ==
code]['Description'].unique()[0]))
```

```
POST             -> POSTAGE
M                -> Manual
C2               -> CARRIAGE
D                -> Discount
BANK CHARGES     -> Bank Charges
PADS             -> PADS TO MATCH ALL CUSHIONS
DOT              -> DOTCOM POSTAGE
gift_0001_20     -> Dotcomgiftshop Gift Voucher Â£20.00
DCGS0069         -> OOH LA LA DOGS COLLAR
DCGS0003         -> BOXED GLASS ASHTRAY
gift_0001_30     -> Dotcomgiftshop Gift Voucher Â£30.00
DCGSSGIRL        -> GIRLS PARTY BAG
S                -> SAMPLES
DCGSSBOY         -> BOYS PARTY BAG
gift_0001_40     -> Dotcomgiftshop Gift Voucher Â£40.00
DCGS0076         -> SUNJAR LED NIGHT NIGHT LIGHT
DCGS0070         -> CAMOUFLAGE DOG COLLAR
m                -> Manual
gift_0001_50     -> Dotcomgiftshop Gift Voucher Â£50.00
AMAZONEE         -> AMAZON FEE
gift_0001_10     -> Dotcomgiftshop Gift Voucher Â£10.00
DCGS0004         -> HAYNES CAMPER SHOULDER BAG
B                -> Adjust bad debt
```

可以看到有幾種類型的特殊交易，例如到港口費用（POST）或銀行費用（BANK CHARGES）。

## (2) 購物金額（推車中商品總額）Basket price

創建一個新欄位（TotalPrice）：顯示該筆交易的總金額。

```
df_cleaned['TotalPrice'] = df_cleaned['UnitPrice'] * (df_cleaned['Quantity'] -
df_cleaned['QuantityCanceled'])
df_cleaned.sort_values('CustomerID')[:10]
```

| | InvoiceNo | StockCode | Description | Quantity | InvoiceDate | UnitPrice | CustomerID | Country | QuantityCanceled | TotalPrice |
|---|---|---|---|---|---|---|---|---|---|---|
| 0 | 541431 | 23166 | MEDIUM CERAMIC TOP STORAGE JAR | 74215 | 2020-01-18 10:01:00 | 1.04 | 12346 | United Kingdom | 74215 | 0.00 |
| 118 | 537626 | 20780 | BLACK EAR MUFF HEADPHONES | 12 | 2019-12-07 14:57:00 | 4.65 | 12347 | Iceland | 0 | 55.80 |
| 119 | 537626 | 20782 | CAMOUFLAGE EAR MUFF HEADPHONES | 6 | 2019-12-07 14:57:00 | 5.49 | 12347 | Iceland | 0 | 32.94 |
| 120 | 549222 | 22376 | AIRLINE BAG VINTAGE JET SET WHITE | 4 | 2020-04-07 10:43:00 | 4.25 | 12347 | Iceland | 0 | 17.00 |
| 121 | 549222 | 22374 | AIRLINE BAG VINTAGE JET SET RED | 4 | 2020-04-07 10:43:00 | 4.25 | 12347 | Iceland | 0 | 17.00 |
| 122 | 549222 | 22371 | AIRLINE BAG VINTAGE TOKYO 78 | 4 | 2020-04-07 10:43:00 | 4.25 | 12347 | Iceland | 0 | 17.00 |
| 123 | 549222 | 22375 | AIRLINE BAG VINTAGE JET SET BROWN | 4 | 2020-04-07 10:43:00 | 4.25 | 12347 | Iceland | 0 | 17.00 |
| 124 | 549222 | 20665 | RED RETROSPOT PURSE | 6 | 2020-04-07 10:43:00 | 2.95 | 12347 | Iceland | 0 | 17.70 |
| 126 | 549222 | 21791 | VINTAGE HEADS AND TAILS CARD GAME | 12 | 2020-04-07 10:43:00 | 1.25 | 12347 | Iceland | 0 | 15.00 |
| 127 | 549222 | 22550 | HOLIDAY FUN LUDO | 8 | 2020-04-07 10:43:00 | 3.75 | 12347 | Iceland | 0 | 30.00 |

資料中的每個項目表示每個產品的總額。因此，訂單將分為幾行。即單個訂單的所有購買金額，整理如下：

| | CustomerID | InvoiceNo | Basket Price | InvoiceDate |
|---|---|---|---|---|
| 1 | 12347 | 537626 | 711.79 | 2019-12-07 14:57:00.000001280 |
| 2 | 12347 | 542237 | 475.39 | 2020-01-26 14:29:59.999999232 |
| 3 | 12347 | 549222 | 636.25 | 2020-04-07 10:42:59.999998976 |
| 4 | 12347 | 556201 | 382.52 | 2020-06-09 13:01:00.000000768 |
| 5 | 12347 | 562032 | 584.91 | 2020-08-02 08:48:00.000000000 |
| 6 | 12347 | 573511 | 1294.32 | 2020-10-31 12:25:00.000001280 |
| 7 | 12347 | 581180 | 224.82 | 2020-12-07 15:52:00.000000000 |
| 11 | 12348 | 568172 | 310.00 | 2020-09-25 13:13:00.000000000 |
| 10 | 12348 | 548955 | 367.00 | 2020-04-05 10:47:00.000000000 |
| 8 | 12348 | 539318 | 892.80 | 2019-12-16 19:09:00.000000512 |

為了全面了解資料庫中的訂單類型，根據總金額來區分交易：

```
# 進行交易區分
price_range = [0, 50, 100, 200, 500, 1000, 5000, 50000]
count_price = []
for i, price in enumerate(price_range):
    if i == 0: continue
    val = basket_price[(basket_price['Basket Price'] < price) &
                       (basket_price['Basket Price'] > price_range[i-1])]['Basket
Price'].count()
    count_price.append(val)
# 交易次數/金額
plt.rc('font', weight='bold',size=20)
f, ax = plt.subplots(figsize=(15, 10),dpi=300)
colors = ['yellowgreen', 'gold', 'wheat', 'c', 'violet', 'royalblue','firebrick']
labels = [ '{}<.<{}'.format(price_range[i-1], s) for i,s in enumerate(price_range)
if i != 0]
sizes  = count_price
explode = [0.0 if sizes[i] < 100 else 0.0 for i in range(len(sizes))]
ax.pie(sizes, explode = explode, labels=labels, colors = colors,
       autopct = lambda x:'{:1.0f}%'.format(x) if x > 1 else '',
       shadow = False, startangle=0)
ax.axis('equal')
f.text(0.5, 1.05, "Breakdown of order amounts", ha='center', fontsize = 28);
```

**Breakdown of order amounts**

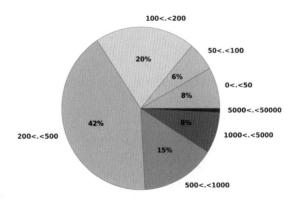

絕大多數訂單都是較大金額的交易，大約 65% 的採購，金額超過 200 英鎊。

## 3. 產品分類 Insight on product categories

資料庫中每個產品都有一個獨立的 StockCode，而產品說明則放在「Description」欄位中，我們使用這個變數的內容，將產品進行分類。

### (1) 產品描述說明 Product description

建立「keywords_inventory」函數：分析「Description」欄位中的內容。

- 提取每個產品「Description」中出現的名稱（正確的、常見的）。
- 提取單詞的詞根，將與此特定詞根相關聯的所有可能名稱都進行提取。
- 計算每個詞根在本巨量資料中出現的次數。
- 確認與這個詞根關聯的關鍵字是最短名稱（當有單數 / 複數變體時，會系統性地選擇單數）。

```python
is_noun = lambda pos: pos[:2] == 'NN'
def keywords_inventory(dataframe, colonne = 'Description'):
    stemmer = nltk.stem.SnowballStemmer("english")
    keywords_roots  = dict()  # 收集到的字詞/字根
    keywords_select = dict()  # 聚合:字根 <->關鍵字
    category_keys   = []
    count_keywords  = dict()
    icount = 0
    for s in dataframe[colonne]:
        if pd.isnull(s): continue
        lines = s.lower()
        tokenized = nltk.word_tokenize(lines)
        nouns = [word for (word, pos) in nltk.pos_tag(tokenized) if is_noun(pos)]
        for t in nouns:
            t = t.lower() ; racine = stemmer.stem(t)
            if racine in keywords_roots:
                keywords_roots[racine].add(t)
                count_keywords[racine] += 1
            else:
                keywords_roots[racine] = {t}
                count_keywords[racine] = 1
    for s in keywords_roots.keys():
        if len(keywords_roots[s]) > 1:
            min_length = 1000
            for k in keywords_roots[s]:
```

```
            if len(k) < min_length:
                clef = k ; min_length = len(k)
        category_keys.append(clef)
        keywords_select[s] = clef
    else:
        category_keys.append(list(keywords_roots[s])[0])
        keywords_select[s] = list(keywords_roots[s])[0]

print("變數中的關鍵字數量'{}': {}".format(colonne,len(category_keys)))
return category_keys, keywords_roots, keywords_select, count_keywords
```

將「Description」欄位獨立出來另外建檔（df_produits）：

```
df_produits = pd.DataFrame(df_initial['Description'].unique()).rename(columns =
{0:'Description'})
```

## NLTK 自然語處理，用於分類及詞性標識：

在一個句子中是由各種詞組合成的。有名 、動詞、形容詞和副詞。要理解句子需要將這些詞標識出來。將字詞按照其詞性（parts-of-speech，POS）分類並標識，這個過程稱「詞性標識」。要進行「詞性標識」，就需要用到詞性標識器（part-of-speech tagger）。

```
nltk.download('averaged_perceptron_tagger')
```

進行詞性標識：

```
keywords, keywords_roots, keywords_select, count_keywords =
keywords_inventory(df_produits)
```

```
變數中的關鍵字數量 'Description': 1604
```

在產品說明欄（Description）中找到 1604 個關鍵字。

```
keywords, keywords_roots, keywords_select, count_keywords =
keywords_inventory(df_produits)
```

用長條圖呈現「字詞標識」的結果：

```
liste = sorted(list_products, key = lambda x:x[1], reverse = True)
#_____
plt.rc('font', weight='normal')
```

```
fig, ax = plt.subplots(figsize=(7, 25),dpi=300)
y_axis = [i[1] for i in liste[:125]]
x_axis = [k for k,i in enumerate(liste[:125])]
x_label = [i[0] for i in liste[:125]]
plt.xticks(fontsize = 15)
plt.yticks(fontsize = 13)
plt.yticks(x_axis, x_label)
plt.xlabel("Nb. of occurences", fontsize = 18, labelpad = 10)
ax.barh(x_axis, y_axis, align = 'center')
ax = plt.gca()
ax.invert_yaxis()
#_____
plt.title("Words occurence",bbox={'facecolor':'k', 'pad':5}, color='w',fontsize = 25)
plt.show()
```

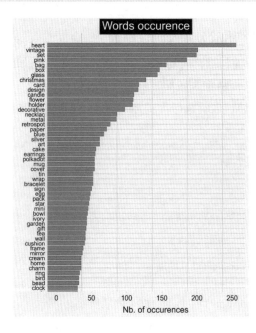

(2) 定義產品類別 Defining product categories

產品類別統計如下：

```
list_products = []
for k,v in count_keywords.items():
    word = keywords_select[k]
```

```
    if word in ['pink', 'blue', 'tag', 'green', 'orange']: continue
    if len(word) < 3 or v < 10: continue
    if ('+' in word) or ('/' in word): continue
    list_products.append([word, v])
list_products.sort(key = lambda x:x[1], reverse = True)
print('preserved words:', len(list_products))
```

```
preserved words: 255
```

共有 255 個產品關鍵詞。

① 產品資料編碼 Product Data encoding

（這個部分用到數學行列式的計算，有點超出行銷人員知識範圍，可略過，只需要知道分類成以下結果即可）。

用產品類別（255 個）關鍵詞來群組成產品分類（用數學二維矩陣來自動進行產品分類），其原理如下：

- 當產品內容中出現關鍵詞，則 $a_{i,j}=1$
- 當產品內容中未出現關鍵詞，則 $a_{i,j}=0$

```
liste_produits = df_cleaned['Description'].unique()
X = pd.DataFrame()
for key, occurence in list_products:
    X.loc[:, key] = list(map(lambda x:int(key.upper() in str(x)), liste_produits))
```

「X 檔案」是使用「**獨熱編碼 one-hot-encoding**」找出產品描述中包含的字詞。實務中引入價格範圍（price range）會導致元素數量更加平衡。因此，我在 X 檔案中添加了 6 列額外的欄位，用以標示「產品的價格範圍」：

```
threshold = [0, 1, 2, 3, 5, 10]
label_col = []
for i in range(len(threshold)):
    if i == len(threshold)-1:
        col = '.>{}'.format(threshold[i])
    else:
        col = '{}<.<{}'.format(threshold[i],threshold[i+1])
    label_col.append(col)
    X.loc[:, col] = 0
for i, prod in enumerate(liste_produits):
```

```
prix = df_cleaned[ df_cleaned['Description'] == prod]['UnitPrice'].mean()
j = 0
while prix > threshold[j]:
    j+=1
    if j == len(threshold): break
X.loc[i, label_col[j-1]] = 1
```

這樣的分類法，可大致平均將所有產品放入「產品類別」中。

```
print("{:<8} {:<20} \n".format('範圍（Range）','產品數量（no. of products）')+40*'-')
for i in range(len(threshold)):
    if i == len(threshold)-1:
        col = '.>{}'.format(threshold[i])
    else:
        col = '{}<.<{}'.format(threshold[i],threshold[i+1])
    print("{:<10}      {:<20}".format(col, X.loc[:, col].sum()))
```

| 範圍（Range） | 產品數量（no. of products） |
|---|---|
| 0<.<1 | 726 |
| 1<.<2 | 995 |
| 2<.<3 | 737 |
| 3<.<5 | 736 |
| 5<.<10 | 594 |
| .>10 | 369 |

② 創建產品分群 Creating Clusters of products

為了將每一個產品放入不同的類別中：

- 使用「二進制編碼」（binary encoding）的矩陣，最適合計算距離的度量是漢明度量（Hamming's metric）。若要使用漢明度量，需要使用一般讀者的學校或個人電腦上的 Python 平台上沒有的 kmodes 套件。

- 亦可考慮用 sklearn 的 kmeans 方法：其使用的歐幾里得距離（Euclidean distance），雖然在「分類」變數的演算時並不是最好的選擇。但是，若要使用漢明度量，我們需要使用當前平台上沒有的 kmodes 套件。因此，即使這不是最佳選擇，我也會使用 kmeans 方法。

- 為了定出（大約）最能代表本巨量資料的分群數量，亦使用了輪廓分數（silhouette score）來進行最佳化驗證。

```
matrix = X.values
for n_clusters in range(3,15):
    kmeans = KMeans(init='k-means++', n_clusters = n_clusters, n_init=30)
    kmeans.fit(matrix)
    clusters = kmeans.predict(matrix)
    silhouette_avg = silhouette_score(matrix, clusters)
    print("For n_clusters =", n_clusters, "The average silhouette_score is :",
silhouette_avg)
```

用 3-14 群來進行驗證，找出輪廓分數（silhouette score）最高的「群數」。

```
For n_clusters = 3 The average silhouette_score is : 0.08426388683278747
For n_clusters = 4 The average silhouette_score is : 0.10733512173178217
For n_clusters = 5 The average silhouette_score is : 0.12919239586427408
For n_clusters = 6 The average silhouette_score is : 0.10407230675457174
For n_clusters = 7 The average silhouette_score is : 0.12517366827574555
For n_clusters = 8 The average silhouette_score is : 0.10375435355372731
For n_clusters = 9 The average silhouette_score is : 0.09625637709929642
For n_clusters = 10 The average silhouette_score is : 0.10459235162003873
For n_clusters = 11 The average silhouette_score is : 0.11112141569269399
For n_clusters = 12 The average silhouette_score is : 0.11282448343662173
For n_clusters = 13 The average silhouette_score is : 0.08842297135222886
For n_clusters = 14 The average silhouette_score is : 0.11835231970701925
```

分群結果如下：

- n_clusters>3 的所有集群都獲得 0.11±0.05 分數（第一個分群獲得略低的分數）。
- 在 5 個集群以上，有些集群包含產品數量很少。
- 因此判斷：選擇將產品分成 5 個集群。
- 為了確保每次演算時都能進行良好的分類，再進行「迭代」，直到獲得最佳輪廓分數。在本例中，該分數約為 0.129：

```
n_clusters = 5 # 設定產品類別為5大類
silhouette_avg = -1
silhouette_avg_level=0.12919
print("For n_clusters =",n_clusters,"運算分群之平均輪廓值直到大於",
silhouette_avg_level,"為止，可能要花很長的時間。。。。。")
counts=0
```

```
while silhouette_avg < silhouette_avg_level:
    kmeans = KMeans(init='k-means++', n_clusters = n_clusters, n_init=30)
    kmeans.fit(matrix)
    clusters = kmeans.predict(matrix)
    silhouette_avg = silhouette_score(matrix, clusters)
    counts=counts+1
    print("第",counts,"次運算:","For n_clusters=", n_clusters, "運算平均輪廓值到大於",
silhouette_avg_level,"為止 (The average silhouette_score) :", silhouette_avg)
```

經過幾分鐘「迭代」之後，可以很確定將產品分為 5 群是最佳的。

③ 定義分群之特徵 Characterizing the content of clusters

（這個部分用到數學行列式的計算，有點超出行銷人員知識範圍，可略過，只需要知道分類成以下結果即可）。

```
pd.Series(clusters).value_counts()
```

```
4    1105
3     995
0     737
2     726
1     594
dtype: int64
```

產品分群結果如下：各群數量大致平衡。

為了確保分群「品質」，用三個很準確的檢驗方法來確定「品質」如何？

　　a.　輪廓值評分 Silhouette intra-cluster score

　　b.　字雲 Word Cloud

　　c.　主成分分析 Principal Component Analysis

程式及說明分別敘述如下：

a.　輪廓值評分：Silhouette intra-cluster score

為了理解分群的「品質」，再度使用輪廓值評分，「輪廓值評分」將分群結果用平面分佈方式畫出，並用幾何輪廓的框線來看看其框線是否平滑（即異常差異不大）。

再用不同群組的每個元素的輪廓分數來表示。（取自 sklearn 文件）

輪廓值評分函式如下：

```
def graph_component_silhouette(n_clusters, lim_x, mat_size, sample_silhouette_
values, clusters):
    plt.rcParams["patch.force_edgecolor"] = True
    plt.style.use('fivethirtyeight')
    mpl.rc('patch', edgecolor = 'dimgray', linewidth=1)
    fig, ax1 = plt.subplots(1, 1)
    fig.set_size_inches(8, 8)
    ax1.set_xlim([lim_x[0], lim_x[1]])
    ax1.set_ylim([0, mat_size + (n_clusters + 1) * 10])
    y_lower = 10
    for i in range(n_clusters):
        ith_cluster_silhouette_values = sample_silhouette_values[clusters == i]
        ith_cluster_silhouette_values.sort()
        size_cluster_i = ith_cluster_silhouette_values.shape[0]
        y_upper = y_lower + size_cluster_i
        cmap = cm.get_cmap("Spectral")
        color = cmap(float(i) / n_clusters)
        ax1.fill_betweenx(np.arange(y_lower, y_upper), 0, ith_cluster_silhouette_
values, facecolor=color, edgecolor=color, alpha=0.8)
        ax1.text(-0.03,y_lowe +0.5* ize_cluster_i, str(i), color = 'red',
fontweight = 'bold',
                bbox=dict(facecolor='white', edgecolor='black', boxstyle='round,
pad=0.3'))
        y_lower = y_upper + 10
```

輪廓值評分結果如下：

```
sample_silhouette_values = silhouette_samples(matrix, clusters)
graph_component_silhouette(n_clusters,[-0.07,0.33],len(X),sample_silhouette_
values,clusters)
```

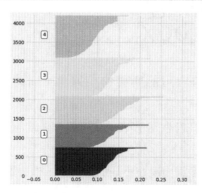

幾何輪廓的框線平滑（即異常差異不大），與理想數值的偏離程度（左側細線部分）不大。

b. 字雲 Word Cloud

「字雲 Word Cloud」可以看出每個集群代表的類型。可呈現全局視圖，並一目了然的確定每個關鍵字中出現頻率最高的關鍵字。從「字雲 Word Cloud」看到：

```
# 整理檔案，以使字雲函式使用
liste = pd.DataFrame(liste_produits)
liste_words = [word for (word, occurence) in list_products]
occurence = [dict() for _ in range(n_clusters)]
for i in range(n_clusters):
    liste_cluster = liste.loc[clusters == i]
    for word in liste_words:
        if word in ['art', 'set', 'heart', 'pink', 'blue', 'tag']: continue
        occurence[i][word] = sum(liste_cluster.loc[:, 0].str.contains(word.upper()))
```

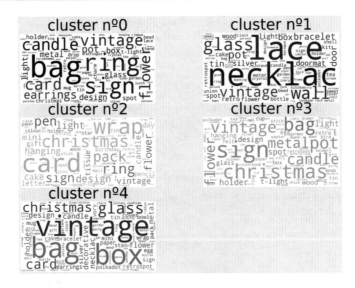

- 其中一個分群包含可能與禮物相關聯（關鍵字：聖誕節、包裝、卡片……）。
- 另一個集群寧願包含奢侈品和珠寶（關鍵詞：項錬、手鐲、蕾絲、銀……）。
- 也可以觀察到許多詞出現在不同的分群中，但很難清楚地區分它們。

c. 主成分分析 Principal Component Analysis

為了確保這些分群有明顯不同，用「主成分分析 Principal Component Analysis」來查看它們的組成。由於初始矩陣的大量變化。

主成分分析（PCA）：

```
pca = PCA()
pca.fit(matrix)
pca_samples = pca.transform(matrix)
```

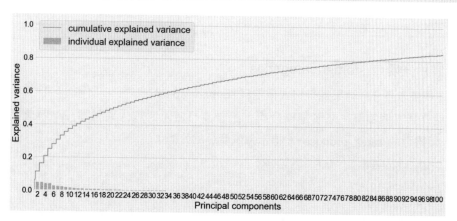

由此可知，在 AI 演算中及驗證過程中，「解釋數據呈現的結果」所需的組件（Component）數量非常重要：本例用 100 多個組件來解釋數據的 90% 的方差（Variance）。在實務中只保留有限數量的組件，因為執行此分解圖只是為了可視化資料，讓讀者一目了然的理解「產品分群」結果的最佳化結果。

最後檢查一下，每一個產品分群的結果：

```
pca = PCA(n_components=50)
matrix_9D = pca.fit_transform(matrix)
mat = pd.DataFrame(matrix_9D)
mat['cluster'] = pd.Series(clusters)
display(mat['cluster'])
```

```
0        3
1        0
2        0
3        3
4        3
        ..
4152     4
4153     4
4154     4
4155     4
4156     4
Name: cluster, Length: 4157, dtype: int32
```

## 4. 客戶分類 Customer categories

(1) 根據產品分群結果進行格式化資料 Formating data

產品分為五個集群。為了進階分析，第一步將這元素放入資料庫中。為此創建
「分類特徵」（categ_product），標示每個產品的分群：

```
corresp = dict()
for key, val in zip (liste_produits, clusters):
    corresp[key] = val
df_cleaned['categ_product'] = df_cleaned.loc[:, 'Description'].map(corresp)
```

① 產品集群 Grouping products

創建 categ_N 欄位：(with N∈[0:4]) 包含產品分類總數：

```
for i in range(8) :
    col = 'categ_{}'.format(i)
    df_temp = df_cleaned[df_cleaned['categ_product'] == i]
    price_temp = df_temp['UnitPrice'] * (df_temp['Quantity'] - df_temp
['QuantityCanceled'])
    price_temp = price_temp.apply(lambda x:x if x > 0 else 0)
    df_cleaned.loc[:, col] = price_temp
    df_cleaned[col].fillna(0, inplace = True)

df_cleaned[['InvoiceNo','Description','categ_product', 'categ_0', 'categ_1',
'categ_2', 'categ_3','categ_4']][:10]
```

| | InvoiceNo | Description | categ_product | categ_0 | categ_1 | categ_2 | categ_3 | categ_4 |
|---|---|---|---|---|---|---|---|---|
| 72 | 573511 | 72 SWEETHEART FAIRY CAKE CASES | 2 | 0.00 | 0.0 | 13.2 | 0.0 | 0.0 |
| 73 | 573511 | SMALL HEART MEASURING SPOONS | 3 | 0.00 | 0.0 | 0.0 | 20.4 | 0.0 |
| 74 | 573511 | LARGE HEART MEASURING SPOONS | 0 | 39.60 | 0.0 | 0.0 | 0.0 | 0.0 |
| 75 | 573511 | WOODLAND CHARLOTTE BAG | 3 | 0.00 | 0.0 | 0.0 | 8.5 | 0.0 |
| 76 | 573511 | REGENCY TEA STRAINER | 4 | 0.00 | 0.0 | 0.0 | 0.0 | 30.0 |
| 77 | 573511 | FOOD CONTAINER SET 3 LOVE HEART | 0 | 11.70 | 0.0 | 0.0 | 0.0 | 0.0 |
| 78 | 581180 | CLASSIC CHROME BICYCLE BELL | 3 | 0.00 | 0.0 | 0.0 | 17.4 | 0.0 |
| 79 | 581180 | BICYCLE PUNCTURE REPAIR KIT | 0 | 12.48 | 0.0 | 0.0 | 0.0 | 0.0 |
| 80 | 581180 | BOOM BOX SPEAKER BOYS | 4 | 0.00 | 0.0 | 0.0 | 0.0 | 30.0 |

i. 每個訂單相關的產品資料被拆分到資料中的用多行呈現（每個產品一行）。

ii. 收集與特定訂單相關的信息並放入一個項目中。

iii. 創建了一個新的資料庫，其中包含每筆交易的產品數量，以及它在 5 類產品上的分佈。

② 資料庫以時間軸分割 Time splitting of the dataset

basket_price 包含 12 個月期間的資料。為了進階分析及 AI 演算，以時間軸分割資料庫。創建一個模型：表達和預測訪問該店的客戶習慣，並追溯到他們第一次訪問開始。為了以現實的方式測試模型：

- 保留前 10 個月資料來開發模型
- 接下來的兩個月來測試模型

```
basket_price['InvoiceDate']= basket_price['InvoiceDate'].dt.date #datetime64[ns]
-> date
set_entrainement = basket_price[basket_price['InvoiceDate'] < datetime.date
(2020,10,3)]
set_test  = basket_price[basket_price['InvoiceDate'] >= datetime.date(2020,10,3)]
basket_price = set_entrainement.copy(deep = True)
```

③ 訂單集合 Consumer Order Combinations

將對應於同一用戶的不同訂單組合在一起。以確定了用戶的購買次數，以及所有訪問期間的最小、最大、平均金額和總金額：

```
#訪問次數和購物車/用戶數量的統計
transactions_per_user=basket_price.groupby(by=['CustomerID'])['Basket Price'].
agg(['count','min','max','mean','sum'])
```

```
for i in range(5)  :
    col = 'categ_{}'.format(i)
    transactions_per_user.loc[:,col] = basket_price.groupby(by=['CustomerID'])
[col].sum() /\
                                        transactions_per_user['sum']*100
transactions_per_user.reset_index(drop = False, inplace = True)
basket_price.groupby(by=['CustomerID'])['categ_0'].sum()
transactions_per_user.sort_values('CustomerID', ascending = True)[:10]
```

| | CustomerID | count | min | max | mean | sum | categ_0 | categ_1 | categ_2 | categ_3 | categ_4 |
|---|---|---|---|---|---|---|---|---|---|---|---|
| 0 | 12347 | 5 | 382.52 | 711.79 | 558.172000 | 2790.86 | 11.579226 | 11.630465 | 7.361172 | 23.813448 | 45.615688 |
| 1 | 12348 | 4 | 227.44 | 892.80 | 449.310000 | 1797.24 | 3.872605 | 0.000000 | 34.800027 | 41.296655 | 20.030714 |
| 2 | 12350 | 1 | 334.40 | 334.40 | 334.400000 | 334.40 | 41.357656 | 0.000000 | 3.050239 | 43.630383 | 11.961722 |
| 3 | 12352 | 6 | 144.35 | 840.30 | 345.663333 | 2073.98 | 8.288412 | 16.224843 | 0.000000 | 6.267177 | 69.219568 |
| 4 | 12353 | 1 | 89.00 | 89.00 | 89.000000 | 89.00 | 0.000000 | 22.359551 | 0.000000 | 13.033708 | 64.606742 |
| 5 | 12354 | 1 | 1079.40 | 1079.40 | 1079.400000 | 1079.40 | 31.324810 | 18.204558 | 5.501204 | 13.841023 | 31.128405 |
| 6 | 12355 | 1 | 459.40 | 459.40 | 459.400000 | 459.40 | 4.309970 | 8.619939 | 0.000000 | 48.976926 | 38.093165 |
| 7 | 12356 | 2 | 481.46 | 2271.62 | 1376.540000 | 2753.08 | 11.861624 | 20.874076 | 9.146120 | 29.855289 | 28.262891 |
| 8 | 12358 | 1 | 484.86 | 484.86 | 484.860000 | 484.86 | 3.687662 | 66.101555 | 0.000000 | 6.781339 | 23.429444 |
| 9 | 12359 | 3 | 547.50 | 1803.11 | 1153.310000 | 3459.93 | 10.508883 | 30.045406 | 2.524907 | 8.506530 | 48.414274 |

創建二個新特徵：FirstPurchase（第一次購買日）、LastPurchase（最近購買日）。

```
first_registration = pd.DataFrame(basket_price.groupby(by=['CustomerID'])
['InvoiceDate'].min())
last_purchase      = pd.DataFrame(basket_price.groupby(by=['CustomerID'])
['InvoiceDate'].max())
n1 = transactions_per_user[transactions_per_user['count'] == 1].shape[0]
n2 = transactions_per_user.shape[0]
print("一次性購買的客戶數: {:<2}/{:<5} ({:<2.4f}%)".format(n1,n2,n1/n2*100))
```

```
一次性購買的客戶數: 1440/3615  (39.8340%)
```

在這段時間只進行一次購買的客戶，可能是行銷人員要鎖定的對象，以設法留住他們。此類客戶佔 39.8340%。

(2) 客戶分類 Creating customer categories

① 客戶資料編碼 Customer Data enconding

前面 transactions_per_user 包含所有要分類執行的欄位。此資料中的每個項目對應於特定的客戶端，用來描述不同類型的客戶，並且只保留一部分（必要）的變數：

```
list_cols = ['count','min','max','mean','categ_0','categ_1','categ_2','categ_3',
'categ_4']
selected_customers = transactions_per_user.copy(deep = True)
matrix = selected_customers[list_cols].values
```

選擇的不同變數具有完全不同的變化範圍，在繼續分析前，創建一個矩陣，這些
數據先進行標準化的：

```
scaler = StandardScaler()
scaler.fit(matrix)
print('variables mean values: \n' + 90*'-' + '\n' , scaler.mean_)
scaled_matrix = scaler.transform(matrix)
```

```
variables mean values:
------------------------------------------------------------
 [   3.93914 258.04673 564.37587 376.16472  17.19974  20.33186
8.94162 23.09567  30.4405 ]
```

（每次執行結果，略有不同）

② 創建分類 Creating categories

```
pca = PCA()
pca.fit(scaled_matrix)
pca_samples = pca.transform(scaled_matrix)
```

找出分群數（n-cluster）最佳數字：

```
n_clusters = 15
best_clusters=0
best_nclusters=0
for i in range(n_clusters):
    kmeans = KMeans(init='k-means++', n_clusters = n_clusters+1, n_init=100)
    kmeans.fit(scaled_matrix)
    clusters_clients = kmeans.predict(scaled_matrix)
    silhouette_avg = silhouette_score(scaled_matrix, clusters_clients)
    print('n_clusters =',i+1,'score of silhouette: {:<.3f}'.format(silhouette_avg))
    if silhouette_avg>=best_clusters:
        best_clusters=silhouette_avg
        best_nclusters=i+1
print('Best n_clusters =',best_nclusters,'Best score of silhouette: {:<.3f}'.
format(best_clusters))
```

```
n_clusters = 1 score of silhouette: 0.197279
n_clusters = 2 score of silhouette: 0.196266
n_clusters = 3 score of silhouette: 0.196329
n_clusters = 4 score of silhouette: 0.197046
n_clusters = 5 score of silhouette: 0.196445
n_clusters = 6 score of silhouette: 0.196893
n_clusters = 7 score of silhouette: 0.197337
n_clusters = 8 score of silhouette: 0.19674
n_clusters = 9 score of silhouette: 0.196689
n_clusters = 10 score of silhouette: 0.196583
n_clusters = 11 score of silhouette: 0.197842
n_clusters = 12 score of silhouette: 0.196355
n_clusters = 13 score of silhouette: 0.196751
n_clusters = 14 score of silhouette: 0.197106
n_clusters = 15 score of silhouette: 0.19691
Best n_clusters = 11 Best score of silhouette: 0.197842
```

每次執行結果可能略有不同，由於輪廓分數（score of silhouette）差距很小，這部分要小心的判斷。

從實務上，選擇適合 9 ～ 11 群最能「區分」出群組差異性；也就是說，可以將每個客戶放入「最適合且屬性最接近」的群組中。

用「KMeans」驗證分群數（n-cluster）：

```
best_nclusters=11
kmeans = KMeans(init='k-means++', n_clusters = best_nclusters, n_init=100)
kmeans.fit(scaled_matrix)
clusters_clients = kmeans.predict(scaled_matrix)
silhouette_avg = silhouette_score(scaled_matrix, clusters_clients)
print('n_clusters =',best_nclusters,'score of silhouette:
{:<.6f}'.format(silhouette_avg))
```

```
n_clusters = 11 score of silhouette: 0.197881
```

根據最佳分群數（n-cluster），進行客戶分群：

```
best_nclusters=11
kmeans = KMeans(init='k-means++', n_clusters = best_nclusters, n_init=100)
```

```
kmeans.fit(scaled_matrix)
clusters_clients = kmeans.predict(scaled_matrix)
silhouette_avg = silhouette_score(scaled_matrix, clusters_clients)
print('n_clusters =',best_nclusters,'score of silhouette: {:<.3f}'.format
(silhouette_avg))
```

```
n_clusters=best_nclusters
```

查看客戶分群結果：

```
pd.DataFrame(pd.Series(clusters_clients).value_counts(), columns = ['每個群組的客戶
數']).T
```

| | 2 | 0 | 4 | 9 | 8 | 7 | 10 | 5 | 3 | 1 | 6 |
|---|---|---|---|---|---|---|---|---|---|---|---|
| 每個群組的客戶數 | 1038 | 887 | 411 | 328 | 288 | 264 | 201 | 141 | 44 | 11 | 2 |

（每次執行結果，略有不同）

創建不同分群數，一定會存在差異。為驗證分群結果是「最適合且屬性最接近」。
用三個很準確的檢驗方法來確定「品質」如何？

（這個部分用到數學行列式的計算，有點超出行銷人員知識範圍，可略過，只需要
知道分類成以下結果即可）。

a.　PCA 報告 Report via the PCA

b.　群內輪廓分數 Intra-cluster silhouette score

c.　形態學分析 Customers morphotype

d.　雷達圖分析 Customers Radar Analysis

程式及說明分別敘述如下：

```
pca = PCA(n_components=7)
matrix_3D = pca.fit_transform(scaled_matrix)
mat = pd.DataFrame(matrix_3D)
mat['cluster'] = pd.Series(clusters_clients)
```

a.　PCA 報告 Report via the PCA

```
import matplotlib.patches as mpatches
sns.set_style("white")
```

```python
sns.set_context("notebook", font_scale=1, rc={"lines.linewidth": 5.5})

LABEL_COLOR_MAP = {0:'r', 1:'tan', 2:'b', 3:'k', 4:'c', 5:'g', 6:'deeppink',
7:'skyblue', 8:'darkcyan', 9:'orange',10:'yellow', 11:'tomato', 12:'seagreen'}
label_color = [LABEL_COLOR_MAP[l] for l in mat['cluster']]

fig = plt.figure(figsize = (18,30),dpi=300)
increment = 0
for ix in range(7) :
    for iy in range(ix+1, 7):
        increment += 1
        ax = fig.add_subplot(8,3,increment)
        ax.scatter(mat[ix], mat[iy], c= label_color, alpha=0.5)
        plt.ylabel('PCA {}'.format(iy+1), fontsize = 15)
        plt.xlabel('PCA {}'.format(ix+1), fontsize = 15)
        ax.yaxis.grid(color='lightgray', linestyle=':')
        ax.xaxis.grid(color='lightgray', linestyle=':')
        ax.spines['right'].set_visible(False)
        ax.spines['top'].set_visible(False)
        if increment == 21: break
    if increment == 21: break
# Graph
comp_handler = []
for i in range(13) :
    comp_handler.append(mpatches.Patch(color = LABEL_COLOR_MAP[i], label = i))
plt.legend(handles=comp_handler, bbox_to_anchor=(1.1, 0.9),
           title='Cluster', facecolor = 'lightgrey',
           shadow = True, frameon = True, framealpha = 1,
           fontsize = 18, bbox_transform = plt.gcf().transFigure)
plt.tight_layout()
mat['cluster'] = pd.Series(clusters_clients)
```

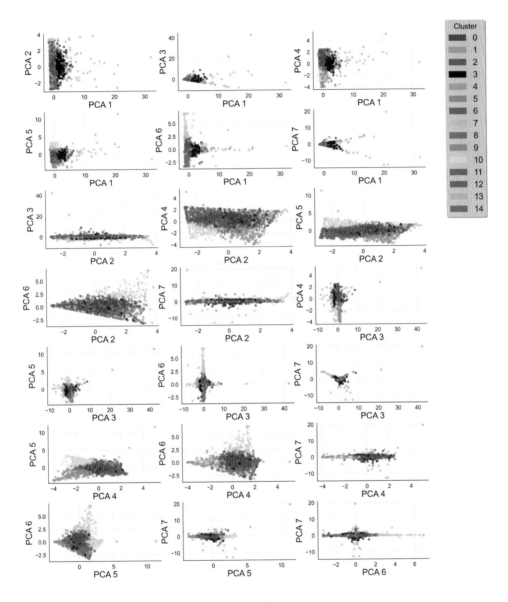

- 第一主成分（PCA1）允許將最小的「群」與其他集群分開。和其他成分對比圖，顯示任兩個「群」看起來是不同的。
- 第二主成分（PCA2）及第四主成分（PCA4）的區分效果最差。和其他成分對比圖，顯示任兩個「群」混雜在一起。

b. 群內輪廓分數 Intra-cluster silhouette score

```
sample_silhouette_values = silhouette_samples(scaled_matrix, clusters_clients)
graph_component_silhouette(best_nclusters, [-0.15, 0.55], len(scaled_matrix),
sample_silhouette_values, clusters_clients)
```

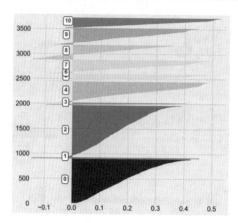

幾何輪廓的框線平滑（即異常差異不大），與理想數值的偏離程度（左側細線部分）不大。

c. 形態學分析 Customers morphotype

```
def _scale_data(data, ranges):
    (x1, x2) = ranges[0]
    d = data[0]
    return [(d - y1) / (y2 - y1) * (x2 - x1) + x1 for d, (y1, y2) in zip(data, ranges)]
class RadarChart():
    def __init__(self, fig, location, sizes, variables, ranges, n_ordinate_levels = 6):
        angles = np.arange(0, 360, 360./len(variables))
        ix, iy = location[:] ; size_x, size_y = sizes[:]
        axes = [fig.add_axes([ix, iy, size_x, size_y], polar = True,
        label = "axes{}".format(i)) for i in range(len(variables))]
        _, text = axes[0].set_thetagrids(angles, labels = variables)
        for txt, angle in zip(text, angles):
            if angle > -1 and angle < 181:
                txt.set_rotation(angle - 90)
            else:
                txt.set_rotation(angle - 270)
        for ax in axes[1:]:
            ax.patch.set_visible(False)
```

```
            ax.xaxis.set_visible(False)
            ax.grid("off")
        for i, ax in enumerate(axes):
            grid = np.linspace(*ranges[i],num=n_ordinate_levels)
            gridlabel = ["{}".format(round(x,0)) for x in grid]
            if ranges[i][0] > ranges[i][1]:
                grid = grid[::-1] # hack to invert grid # gridlabels aren't reversed
            gridlabel[0] = ""      # clean up origin
            ax.set_rgrids(grid, labels=gridlabel,angle=angles[i])
            ax.set_ylim(*ranges[i])
        # variables for plotting
        self.angle = np.deg2rad(np.r_[angles, angles[0]])
        self.ranges = ranges
        self.ax = axes[0]
        # Change the color of the outermost gridline 最外一圈 (the spine).
        ax.spines['polar'].set_color('#000000')
    def plot(self, data, *args, **kw):
        sdata = _scale_data(data, self.ranges)
        self.ax.plot(self.angle, np.r_[sdata, sdata[0]], *args, **kw)
    def fill(self, data, *args, **kw):
        sdata = _scale_data(data, self.ranges)
        self.ax.fill(self.angle, np.r_[sdata, sdata[0]], *args, **kw)
    def legend(self, *args, **kw):
        self.ax.legend(*args, **kw)
    def title(self, title, *args, **kw):
        self.ax.text(0.9, 1, title, transform = self.ax.transAxes, *args, **kw)
```

驗證了不同的分群確實是不相交的。仍需了解每個分群中客戶的習慣：在 **selected_customers** 資料庫添加一個特徵變數，該特徵定義了每個客戶所屬的分群。

```
selected_customers.loc[:, 'cluster'] = clusters_clients
```

選擇不同的客戶端組來平均資料的內容。訪問不同分群的客戶的平均結帳金額（**baskets price**）、到訪賣場次數或總金額。並確定每個組中的客戶數量（可變動數量）：

```
merged_df = pd.DataFrame()
for i in range(n_clusters):
    test = pd.DataFrame(selected_customers[selected_customers['cluster'] ==
i].mean())
    test = test.T.set_index('cluster', drop = True)
    test['size'] = selected_customers[selected_customers['cluster'] == i].shape[0]
```

```
    merged_df = pd.concat([merged_df, test])
merged_df.drop('CustomerID', axis = 1, inplace = True)
print('number of customers:', merged_df['size'].sum())
merged_df = merged_df.sort_values('sum')
merged_df
```

```
number of customers: 3615
```

（每次執行結果，略有不同）

| | cluster | count | min | max | mean | sum | categ_0 | categ_1 | categ_2 | categ_3 | categ_4 | size |
|---|---|---|---|---|---|---|---|---|---|---|---|---|
| 0 | 7.0 | 2.035714 | 170.573571 | 298.228125 | 224.126957 | 506.549464 | 7.884948 | 6.581919 | 56.190041 | 19.404720 | 9.938372 | 112 |
| 1 | 8.0 | 2.381757 | 188.569122 | 289.387267 | 233.496978 | 604.588078 | 7.686653 | 8.526831 | 6.190876 | 62.265302 | 15.330338 | 296 |
| 2 | 10.0 | 2.312977 | 201.921832 | 318.740649 | 252.662775 | 632.470878 | 6.630407 | 65.302521 | 2.558638 | 10.140812 | 15.367622 | 262 |
| 3 | 6.0 | 2.528302 | 193.379302 | 353.533318 | 254.818250 | 774.318466 | 6.007938 | 11.254625 | 2.949829 | 8.514982 | 71.288796 | 371 |
| 4 | 0.0 | 3.660218 | 206.824208 | 431.127956 | 306.855816 | 1210.054353 | 19.038250 | 12.449038 | 15.011452 | 30.225016 | 23.287484 | 827 |
| 5 | 9.0 | 3.671280 | 210.034706 | 436.668720 | 316.868337 | 1307.314152 | 56.924697 | 9.450379 | 4.728749 | 14.452566 | 14.443609 | 289 |
| 6 | 2.0 | 4.519422 | 185.467562 | 445.321337 | 297.864976 | 1416.046451 | 14.568361 | 26.455055 | 5.330233 | 17.999858 | 35.661180 | 1107 |
| 7 | 4.0 | 1.386364 | 2170.764091 | 2409.938864 | 2281.673902 | 3314.737045 | 16.667984 | 22.339896 | 10.124238 | 20.366909 | 30.502508 | 44 |
| 8 | 3.0 | 4.306122 | 668.219796 | 1405.727588 | 941.501380 | 4222.597282 | 19.293562 | 18.319604 | 7.727244 | 23.357631 | 31.301959 | 294 |
| 9 | 1.0 | 22.818182 | 385.752727 | 15849.793636 | 4597.636730 | 83187.484545 | 26.290631 | 21.112366 | 2.344412 | 15.768406 | 34.484185 | 11 |
| 10 | 5.0 | 547.000000 | 0.605000 | 18553.965000 | 1016.308918 | 546839.460000 | 17.315050 | 20.201399 | 4.358042 | 17.790408 | 41.495804 | 2 |

### d. 雷達圖分析 Customers Radar Analysis

定義了一個類別來創建 "雷達圖"（Radar Charts）、從 kernel 改編程式如下：

```
fig = plt.figure(figsize=(10,12),dpi=300)
attributes=['count','mean','sum','categ_0','categ_1', categ_2','categ_3','categ_4']
ranges = [[0.01,10],[0.01,1500],[0.01,10000],[0.01,75], [0.01,75], [0.01, 75],
[0.01, 75], [0.01, 75]]
index  = [0, 1, 2, 3, 4, 5, 6, 7, 8, 9,10]
n_groups = n_clusters ; i_cols = 3
i_rows = n_groups//i_cols
size_x, size_y = (1/i_cols), (1/i_rows)
for ind in range(n_clusters):
    ix = ind%3 ; iy = i_rows - ind//3
    pos_x = ix*(size_x + 0.05) ; pos_y = iy*(size_y + 0.05)
    location = [pos_x, pos_y]  ; sizes = [size_x, size_y]
    data = np.array(merged_df.loc[index[ind], attributes])
    radar = RadarChart(fig, location, sizes, attributes, ranges)
    radar.plot(data, color = 'b', linewidth=2.0)
    radar.fill(data, alpha = 0.2, color = 'b')
    radar.title(title = 'cluster n°{}'.format(index[ind]), color = 'r',fontsize=25)
    ind += 1
```

圖形呈現如下：

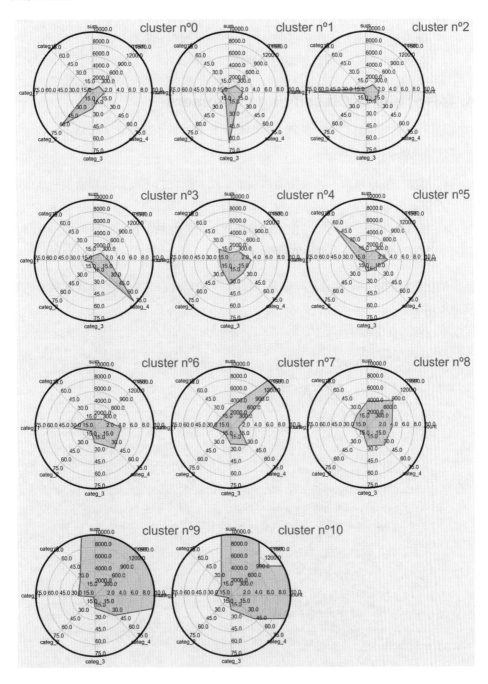

i. 前 5 個分群對應於特定類別產品有「強烈購買」優勢。

iv. 其他分群將與結帳總金額（basket averages）平均值（mean）、客戶消費的總金額（sum）或到訪賣場總數（count）而明顯區分不同。

v. 各群的統計分佈尚能表現出「群組間差異」。

# 4. 客戶分類運算 Classifying customers

（這個部分用到數學行列式的計算，有點超出行銷人員知識範圍，可略過，只需要知道分類成以下結果即可）。

- 調整一個分類器，該分類器將在上一節中建立的不同客戶類別中對消費者進行分類。

- 目標是在第一次訪問時使這種分類成為可能。為了實現這個目標，我將測試在 scikit-learn 中實現的幾個分類器。

為了簡化它們的使用，定義了一個類（Class），該類允許連接這些不同分類器的幾個通用功能：

```
class Class_Fit(object):
    def __init__(self, clf, params=None):
        if params:
            self.clf = clf(**params)
        else:
            self.clf = clf()
    def train(self, x_train, y_train):
        self.clf.fit(x_train, y_train)
    def predict(self, x):
        return self.clf.predict(x)
    def grid_search(self, parameters, Kfold):
        self.grid=GridSearchCV(estimator = self.clf, param_grid = parameters,
cv = Kfold)
    def grid_fit(self, X, Y):
        self.grid.fit(X, Y)
    def grid_predict(self, X, Y):
        self.predictions = self.grid.predict(X)
        print("Precision: {:.2f} % ".format(100*metrics.accuracy_score(Y,
self.predictions)))
```

定義每一個客戶所屬的類，所以第一次訪問時，我只保留描述籃子內容的變數，不考慮與訪問頻率相關的變數或結帳金額（basket price）隨時間的變化：

```
columns = ['mean', 'categ_0', 'categ_1', 'categ_2', 'categ_3', 'categ_4']
X = selected_customers[columns]
Y = selected_customers['cluster']
```

將資料以 **80/20** 分割為，測試集（**Test**）和訓練集（**Train**）。

```
X_train,X_test,Y_train,Y_test=model_selection.train_test_split(X, Y, train_size = 0.8)
```

(1) SVC 演算法 Support Vector Machine Classifier（SVC）

- 為 SVC 分類器創建一個「Class_Fit」函數，並呼叫 callgrid_search() 進行參數優化。
- 尋找一個超參數。
- Kfolds：是交叉驗證時使用。

```
svc = Class_Fit(clf = svm.LinearSVC)
svc.grid_search(parameters = [{'C':np.logspace(-2,2,10)}], Kfold = 8)
svc.grid_fit(X = X_train, Y = Y_train)
svc.grid_predict(X_test, Y_test)   #測試關於測試集的「預測品質」
```

```
Precision: 86.45 %
```

（每次執行結果，略有不同）

① 混淆矩陣 Confusion matrix

- 預測結果的準確性是正確的。
- 當定義不同的類時，得到的類之間的數量「不平衡」結果。特別是，其中一類包含大約 **40%** 的客戶。
- 看看預測值和真實值與不同類別的資料進行比較。混淆矩陣函式如下：

```
def plot_confusion_matrix(cm, classes, normalize=False, title='Confusion matrix',
cmap=plt.cm.Blues):
    if normalize:
        cm = cm.astype('float') / cm.sum(axis=1)[:, np.newaxis]
        print("Normalized confusion matrix")
    else:
```

```
            print('Confusion matrix, without normalization')
        plt.imshow(cm, interpolation='nearest', cmap=cmap)
        plt.title(title)
        plt.colorbar()
        tick_marks = np.arange(len(classes))
        plt.xticks(tick_marks, classes, rotation=0)
        plt.yticks(tick_marks, classes)
        fmt = '.2f' if normalize else 'd'
        thresh = cm.max() / 2.
        for i, j in itertools.product(range(cm.shape[0]), range(cm.shape[1])):
            plt.text(j, i, format(cm[i, j], fmt),
                    horizontalalignment="center",
                    color="white" if cm[i, j] > thresh else "black")
        plt.tight_layout()
        plt.ylabel('True label')
        plt.xlabel('Predicted label')
class_names = [i for i in range(11)   ]
cnf_matrix = confusion_matrix(Y_test, svc.predictions)

np.set_printoptions(precision=5)
plt.figure(figsize = (18,9),dpi=300)
SMALL_SIZE = 20
MEDIUM_SIZE = 30
BIGGER_SIZE = 50
plt.rc('font', size=SMALL_SIZE)            # controls default text sizes
plt.rc('axes', titlesize=SMALL_SIZE)       # fontsize of the axes title
plt.rc('axes', labelsize=MEDIUM_SIZE)      # fontsize of the x and y labels
plt.rc('xtick', labelsize=SMALL_SIZE)      # fontsize of the tick labels
plt.rc('ytick', labelsize=SMALL_SIZE)      # fontsize of the tick labels
plt.rc('legend', fontsize=SMALL_SIZE)      # legend fontsize
plt.rc('figure', titlesize=BIGGER_SIZE)    # fontsize of the figure title
plot_confusion_matrix(cnf_matrix, classes=class_names, normalize = False,
title='Confusion matrix')
```

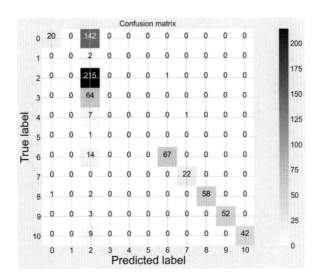

（每次執行結果，略有不同）

② 學習曲線 Leraning curves

- 「學習曲線 Leraning curves」是測試 fit（擬合）質量的典型方法：是繪製學習曲線。
- 「學習曲線 Leraning curves」允許檢測模型中可能存在缺陷，例如與過擬合（over-fitting）或欠擬合（under-fitting）。
- 「學習曲線 Leraning curves」相當大的程度上受益於更大的資料樣本。（如本例）

學習曲線 Leraning curves 函式如下：

```
def plot_learning_curve(estimator, title, X, y, ylim=None, cv=None,
                        n_jobs=-1, train_sizes=np.linspace(.1, 1.0, 10)):
    """Generate a simple plot of the test and training learning curve"""
    np.set_printoptions(precision=5)
    plt.figure(figsize = (18,10))
    plt.title(title)
    if ylim is not None:
        plt.ylim(*ylim)
    plt.xlabel("Training examples")
    plt.ylabel("Score")
    train_sizes, train_scores, test_scores = learning_curve(
```

```
        estimator, X, y, cv=cv, n_jobs=n_jobs, train_sizes=train_sizes)
    train_scores_mean = np.mean(train_scores, axis=1)
    train_scores_std = np.std(train_scores, axis=1)
    test_scores_mean = np.mean(test_scores, axis=1)
    test_scores_std = np.std(test_scores, axis=1)
    plt.grid()

    plt.fill_between(train_sizes, train_scores_mean - train_scores_std,
                     train_scores_mean + train_scores_std, alpha=0.1, color="r")
    plt.fill_between(train_sizes, test_scores_mean - test_scores_std,
                     test_scores_mean + test_scores_std, alpha=0.1, color="g")
    plt.plot(train_sizes, train_scores_mean, 'o-', color="r", label="Training score")
    plt.plot(train_sizes, test_scores_mean, 'o-', color="g", label="Cross-
validation score")

    plt.legend(loc="best")
    plt.figure()
    return plt
```

SVC 演算法－學習曲線（SVC classifier）：

```
g = plot_learning_curve(svc.grid.best_estimator_,
                "SVC learning curves", X_train, Y_train, ylim = [1.01, 0.6],
            cv = 5,   train_sizes = [0.05, 0.1, 0.2, 0.3, 0.4, 0.5,0.6,
            0.7, 0.8, 0.9, 1])
```

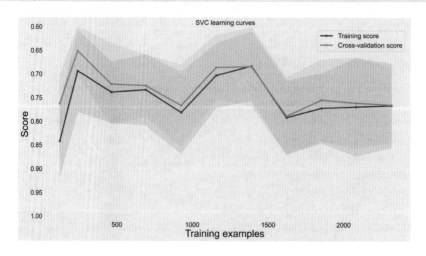

- 學習曲線可以看到，當樣本數量增加時，訓練和交叉驗證曲線收斂於相同的極限。這是低方差建模的典型特徵，並證明「SVC 演算法」模型不會出現過擬合。
- 此外，可以看到「SVC 演算法」訓練曲線的準確性是正確的，這是低偏差的同義詞。因此，「SVC 演算法」模型不會欠擬合數據。

(2) 邏輯迴歸演算法 Logistic regression

和前面一樣，創建了一個 Class_Fit 類，在訓練數據上調整模型並查看預測與實際值的比較：

```
lr = Class_Fit(clf = linear_model.LogisticRegression)
lr.grid_search(parameters = [{'C':np.logspace(-2,2,20)}], Kfold = 5)
lr.grid_fit(X = X_train, Y = Y_train)
lr.grid_predict(X_test, Y_test) #測試關於測試集的「預測品質」
```

```
Precision: 93.36 %
```

（每次執行結果，略有不同）

```
g = plot_learning_curve(lr.grid.best_estimator_, "Logistic Regression learning
curves", X_train, Y_train,ylim = [1.01, 0.6], cv = 5,train_sizes = [0.05, 0.1,
0.2, 0.3, 0.4, 0.5, 0.6, 0.7, 0.8, 0.9, 1])
```

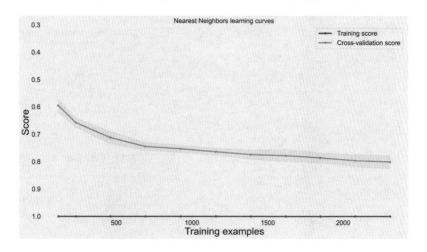

- 學習曲線可以看到，當樣本數量增加時，訓練和交叉驗證曲線收斂於相同的極限。這是低方差建模的典型特徵，並證明「邏輯迴歸演算法」模型不會出現過擬合。
- 此外，可以看到「邏輯迴歸演算法」訓練曲線的準確性是正確的，這是低偏差的同義詞。因此，「邏輯迴歸演算法」模型不會欠擬合數據。

(3) kNN 演算法 k-Nearest Neighbors

和前面一樣，創建了一個 Class_Fit 類，在訓練數據上調整模型並查看預測與實際值的比較：

```
knn = Class_Fit(clf = neighbors.KNeighborsClassifier)
knn.grid_search(parameters = [{'n_neighbors': np.arange(1,50,1)}], Kfold = 5)
knn.grid_fit(X = X_train, Y = Y_train)
knn.grid_predict(X_test, Y_test) #測試關於測試集的「預測品質」
```

```
Precision: 80.91 %
```

（每次執行結果，略有不同）

```
g = plot_learning_curve(knn.grid.best_estimator_, "Nearest Neighbors learning
curves", X_train, Y_train, ylim = [1.01, 0.3], cv = 5,
train_sizes = [0.05, 0.1, 0.2, 0.3, 0.4, 0.5, 0.6, 0.7, 0.8, 0.9, 1])
```

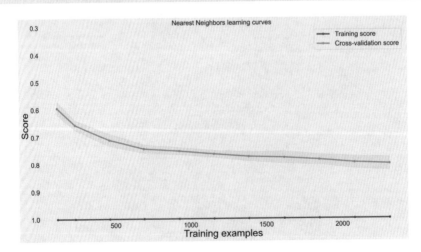

- 學習曲線可以看到，當樣本數量增加時，訓練和交叉驗證曲線收斂於相同的極限。這是低方差建模的典型特徵，並證明「kNN 演算法」模型不會出現過擬合。

- 此外，可以看到「kNN 演算法」訓練曲線的準確性是正確的，這是低偏差的同義詞。因此，「kNN 演算法」模型不會欠擬合數據。

## (4) 決策樹演算法 Decision Tree

和前面一樣，創建了一個 Class_Fit 類，在訓練數據上調整模型並查看預測與實際值的比較：

```
tr = Class_Fit(clf = tree.DecisionTreeClassifier)
tr.grid_search(parameters = [{'criterion' : ['entropy', 'gini'], 'max_features' :
['sqrt', 'log2']}], Kfold = 5)
tr.grid_fit(X = X_train, Y = Y_train)
tr.grid_predict(X_test, Y_test) #測試關於測試集的「預測品質」
```

```
Precision: 88.11 %
```

（每次執行結果，略有不同）

```
g = plot_learning_curve(tr.grid.best_estimator_, "Decision tree learning curves",
X_train, Y_train,ylim = [1.01, 0.4], cv = 5, train_sizes = [0.05, 0.1, 0.2, 0.3,
0.4, 0.5, 0.6, 0.7, 0.8, 0.9, 1])
```

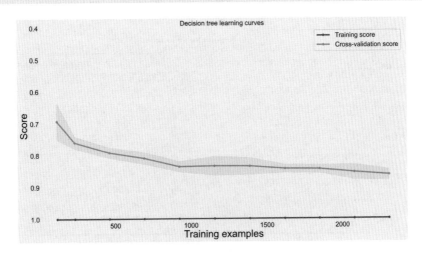

- 學習曲線可以看到，當樣本數量增加時，訓練和交叉驗證曲線收斂於相同的極限。這是低方差建模的典型特徵，並證明「決策樹演算法」模型不會出現過擬合。
- 此外，可以看到「決策樹演算法」訓練曲線的準確性是正確的，這是低偏差的同義詞。因此，「決策樹演算法」模型不會欠擬合數據。

## (5) 隨機樹林演算法 Random Forest

和前面一樣，創建了一個 Class_Fit 類，在訓練數據上調整模型並查看預測與實際值的比較：

```
rf = Class_Fit(clf = ensemble.RandomForestClassifier)
param_grid = {'criterion' : ['entropy', 'gini'], 'n_estimators' : [20, 40, 60, 80, 100],
            'max_features' :['sqrt', 'log2']}
rf.grid_search(parameters = param_grid, Kfold = 5)
rf.grid_fit(X = X_train, Y = Y_train)
rf.grid_predict(X_test, Y_test) #測試關於測試集的「預測品質」
```

```
Precision: 93.08 %
```

（每次執行結果，略有不同）

```
g = plot_learning_curve(rf.grid.best_estimator_, "Random Forest learning curves",
X_train, Y_train,ylim = [1.01, 0.6], cv = 5,
train_sizes = [0.05, 0.1, 0.2, 0.3, 0.4, 0.5, 0.6, 0.7, 0.8, 0.9, 1])
```

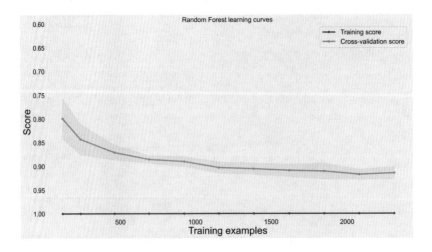

- 學習曲線可以看到，當樣本數量增加時，訓練和交叉驗證曲線收斂於相同的極限。這是低方差建模的典型特徵，並證明「隨機樹林演算法」模型不會出現過擬合。
- 此外，可以看到「隨機樹林演算法」訓練曲線的準確性是正確的，這是低偏差的同義詞。因此，「隨機樹林演算法」模型不會欠擬合數據。

(6) 自適應增強演算法 AdaBoost

AdaBoost，英文「Adaptive Boosting」（自適應增強）。

和前面一樣，創建了一個 Class_Fit 類，在訓練數據上調整模型並查看預測與實際值的比較：

```
ada = Class_Fit(clf = AdaBoostClassifier)
param_grid = {'n_estimators' : [10, 20, 30, 40, 50, 60, 70, 80, 90, 100]}
ada.grid_search(parameters = param_grid, Kfold = 5)
ada.grid_fit(X = X_train, Y = Y_train)
ada.grid_predict(X_test, Y_test) #測試關於測試集的「預測品質」
```

```
Precision: 43.22 %
```

（每次執行結果，略有不同）

```
g = plot_learning_curve(ada.grid.best_estimator_, "AdaBoost learning curves",
X_train, Y_train,ylim = [1.01, 0.3], cv = 5,
train_sizes = [0.05, 0.1, 0.2, 0.3, 0.4, 0.5, 0.6, 0.7, 0.8, 0.9, 1])
```

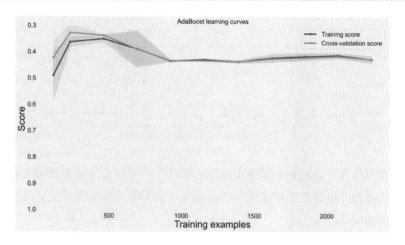

- 學習曲線可以看到，當樣本數量增加時，訓練和交叉驗證曲線收斂於相同
  的極限，出現過擬合。AdaBoost 並不適合本例。

(7) 梯度提昇演算法 Gradient Boosting Classifier

和前面一樣，創建了一個 Class_Fit 類，在訓練數據上調整模型並查看預測與實際
值的比較：

```
gb = Class_Fit(clf = ensemble.GradientBoostingClassifier)
param_grid = {'n_estimators' : [10, 20, 30, 40, 50, 60, 70, 80, 90, 100]}
gb.grid_search(parameters = param_grid, Kfold = 5)
gb.grid_fit(X = X_train, Y = Y_train)
gb.grid_predict(X_test, Y_test) #測試關於測試集的「預測品質」
```

```
Precision: 92.95 %
```

（每次執行結果，略有不同）

```
g = plot_learning_curve(gb.grid.best_estimator_, "Gradient Boosting learning
curves", X_train, Y_train,ylim = [1.01, 0.7], cv = 5,
train_sizes = [0.05, 0.1, 0.2, 0.3, 0.4, 0.5, 0.6, 0.7, 0.8, 0.9, 1])
```

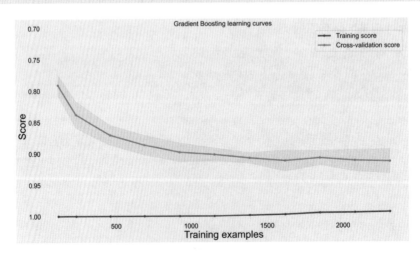

- 學習曲線可以看到，當樣本數量增加時，訓練和交叉驗證曲線收斂於相同
  的極限。這是低方差建模的典型特徵，並證明「梯度提昇演算法」模型不
  會出現過擬合。

- 此外，可以看到「梯度提昇演算法」訓練曲線的準確性是正確的，這是低偏差的同義詞。因此，「梯度提昇演算法」模型不會欠擬合數據。

(8) 融合模型－投票法 Voting

最後，結合前節中介紹的不同分類器的結果來改進分類模型：

- 可以通過選擇客戶類別作為大多數分類器所指示的類別來實現。使用 sklearn 包的 VotingClassifier 方法。
- 作為第一步，我使用先前找到的最佳參數調整各種分類器的參數：
- 前面七個演算法，去除不合適的「自適應增強演算法 AdaBoost」，用其餘六個演算法來進行「融合模型」。

和前面一樣，創建了一個 Class_Fit 類，在訓練數據上調整模型並查看預測與實際值的比較：

```
rf_best  = ensemble.RandomForestClassifier(**rf.grid.best_params_)
gb_best  = ensemble.GradientBoostingClassifier(**gb.grid.best_params_)
svc_best = svm.LinearSVC(**svc.grid.best_params_)
tr_best  = tree.DecisionTreeClassifier(**tr.grid.best_params_)
knn_best = neighbors.KNeighborsClassifier(**knn.grid.best_params_)
lr_best  = linear_model.LogisticRegression(**lr.grid.best_params_)
```

```
votingC = ensemble.VotingClassifier(estimators=[('rf', rf_best),('gb', gb_best),
                                                ('knn', knn_best)], voting='soft')
votingC = votingC.fit(X_train, Y_train)
predictions = votingC.predict(X_test) #測試關於測試集的「預測品質」
print("Precision: {:.2f} % ".format(100*metrics.accuracy_score(Y_test, predictions)))
```

```
Precision: 91.84 %
```

定義 votingC 分類器時，使用了上面定義的整個分類器集的一個子樣本，並且只保留了隨機森林 Random Forest、k-最近鄰 k-Nearest Neighbor 和梯度提升 Gradient Boosting classifiers 分類器。

91.84% 是很高的準確性，但並不最高的準確性，與「梯度提昇演算法 Gradient Boosting Classifier」的準確（92.95 %）性差不多；並未看融合模型在本例中的優勢。

下一節中執行的分類的性能進行了這種選擇。

## 5. 驗證預測結果 Testing the predictions

訓練一些分類器以對客戶進行分類。之前,整個分析都是基於前 10 個月的資料。
在本節中,用資料的最後兩個月測試模型,該數據集存在 set_test 資料中。

```
basket_price = set_test.copy(deep = True)
```

| | CustomerID | InvoiceNo | Basket Price | categ_0 | categ_1 | categ_2 | categ_3 | categ_4 | InvoiceDate |
|---|---|---|---|---|---|---|---|---|---|
| 6 | 12347 | 573511 | 1294.32 | 306.90 | 117.10 | 115.20 | 126.00 | 629.12 | 2020-10-31 |
| 7 | 12347 | 581180 | 224.82 | 138.84 | 0.00 | 16.80 | 39.18 | 30.00 | 2020-12-07 |
| 12 | 12349 | 577609 | 1757.55 | 188.76 | 415.20 | 28.80 | 437.00 | 687.79 | 2020-11-21 |
| 21 | 12352 | 574275 | 311.73 | 55.68 | 34.00 | 20.80 | 64.10 | 137.15 | 2020-11-03 |
| 27 | 12356 | 576895 | 58.35 | 0.00 | 0.00 | 0.00 | 0.00 | 58.35 | 2020-11-17 |
| ... | ... | ... | ... | ... | ... | ... | ... | ... | ... |
| 20802 | 18289 | 581435 | 3.35 | 3.35 | 0.00 | 0.00 | 0.00 | 0.00 | 2020-12-08 |
| 20803 | 18289 | 581439 | 6637.59 | 1257.24 | 1106.64 | 370.92 | 1213.36 | 2689.43 | 2020-12-08 |
| 20804 | 18289 | 581492 | 7689.23 | 1291.01 | 1499.82 | 453.98 | 1422.10 | 3022.32 | 2020-12-09 |
| 20805 | 18289 | 581497 | 3217.20 | 335.82 | 1224.77 | 14.56 | 967.71 | 674.34 | 2020-12-09 |
| 20806 | 18289 | 581498 | 5664.89 | 779.45 | 1006.26 | 65.81 | 453.92 | 3359.45 | 2020-12-09 |

5567 rows × 9 columns

根據在訓練集上使用的相同程序重新組合這些資料的格式。但是更正資料以考慮
兩個資料之間的時間差異,並對變數計數和總和進行加權以獲得與訓練集的等效
性:

```
transactions_per_user=basket_price.groupby(by=['CustomerID'])['Basket Price'].agg
(['count','min','max','mean','sum'])
for i in range(5) :
    col = 'categ_{}'.format(i)
    transactions_per_user.loc[:,col] = basket_price.groupby(by=['CustomerID'])
[col].sum() /transactions_per_user['sum']*100
transactions_per_user.reset_index(drop = False, inplace = True)
basket_price.groupby(by=['CustomerID'])['categ_0'].sum()
# Correcting time range
transactions_per_user['count'] = 5 * transactions_per_user['count']
transactions_per_user['sum']   = transactions_per_user['count'] * transactions_
per_user['mean']

transactions_per_user.sort_values('CustomerID', ascending = False)[:15]
```

| | CustomerID | count | min | max | mean | sum | categ_0 | categ_1 | categ_2 | categ_3 | categ_4 |
|---|---|---|---|---|---|---|---|---|---|---|---|
| 2549 | 18289 | 1245 | 0.55 | 52272.14 | 2312.812249 | 2879451.25 | 19.609290 | 17.881129 | 4.881489 | 21.341775 | 36.481236 |
| 2548 | 18287 | 10 | 70.68 | 1001.32 | 536.000000 | 5360.00 | 24.694030 | 1.585821 | 17.085821 | 47.667910 | 8.966418 |
| 2547 | 18283 | 30 | 1.95 | 307.05 | 159.783333 | 4793.50 | 60.485032 | 1.950558 | 7.256702 | 22.111192 | 8.196516 |
| 2546 | 18282 | 5 | 77.84 | 77.84 | 77.840000 | 389.20 | 0.000000 | 0.000000 | 6.474820 | 0.000000 | 93.525180 |
| 2545 | 18277 | 5 | 110.38 | 110.38 | 110.380000 | 551.90 | 11.415111 | 44.392100 | 6.305490 | 37.887298 | 0.000000 |
| 2544 | 18276 | 5 | 329.61 | 329.61 | 329.610000 | 1648.05 | 15.217985 | 1.896180 | 9.496071 | 33.433452 | 39.956312 |
| 2543 | 18273 | 5 | 51.00 | 51.00 | 51.000000 | 255.00 | 0.000000 | 0.000000 | 0.000000 | 0.000000 | 100.000000 |
| 2542 | 18272 | 10 | 367.88 | 604.25 | 486.065000 | 4860.65 | 16.973039 | 22.265541 | 1.431907 | 31.962803 | 27.366710 |
| 2541 | 18270 | 5 | 171.20 | 171.20 | 171.200000 | 856.00 | 14.719626 | 50.467290 | 0.000000 | 15.420561 | 19.392523 |
| 2540 | 18263 | 5 | 399.68 | 399.68 | 399.680000 | 1998.40 | 9.887910 | 0.000000 | 14.351481 | 75.760608 | 0.000000 |
| 2539 | 18261 | 5 | 99.44 | 99.44 | 99.440000 | 497.20 | 15.386163 | 0.000000 | 0.000000 | 34.995977 | 49.617860 |
| 2538 | 18259 | 5 | 1070.40 | 1070.40 | 1070.400000 | 5352.00 | 28.251121 | 63.340807 | 0.000000 | 0.000000 | 8.408072 |
| 2537 | 18257 | 15 | 14.85 | 517.53 | 258.253333 | 3873.80 | 46.543446 | 22.097166 | 1.342351 | 6.946667 | 23.070370 |
| 2536 | 18252 | 5 | 448.37 | 448.37 | 448.370000 | 2241.85 | 15.380155 | 26.841671 | 6.644066 | 17.235765 | 33.898343 |
| 2535 | 18249 | 5 | 95.34 | 95.34 | 95.340000 | 476.70 | 28.005035 | 0.000000 | 24.795469 | 15.733166 | 31.466331 |

將資料轉換為「資料矩陣」並僅保留定義消費者所屬類別的有關的變數。在訓練集（train）上使用的「歸一化」方法：

```
list_cols = ['count','min','max','mean','categ_0','categ_1','categ_2','categ_3',
'categ_4']
matrix_test = transactions_per_user[list_cols].values
scaled_test_matrix = scaler.transform(matrix_test)
```

該資料矩陣中的每一行都包含消費者的購買習慣。

- 利用「消費者習慣」來定義消費者所屬的類別。這些類別已在第 4 節中建立。
- 通過定義客戶所屬的類別來準備測試資料。
- 使用在 2 個月內獲得的數據（通過變量 count、min、max 和 sum）。第 5 節中定義的分類器使用一組更受限制的變數，這些變數將從客戶的第一次購買開始定義。
- 使用兩個月內的可用資料並使用這些數據來定義客戶所屬的類別。然後，通過將其預測與這些類別進行比較來測試分類器。
- 為了定義客戶所屬的類別，第 4 節中使用的 kmeans 方法的實例。
- 本例的 predict 方法計算消費者到 11 個客戶類的「質心（centroids）的距離」，其最小的距離將定義屬於不同的類別：

```
Y = kmeans.predict(scaled_test_matrix)
Y
```

```
array([1, 6, 1, ..., 8, 7, 4], dtype=int32)
```

```
columns = ['mean', 'categ_0', 'categ_1', 'categ_2', 'categ_3', 'categ_4' ]
X = transactions_per_user[columns]
X
```

| | mean | categ_0 | categ_1 | categ_2 | categ_3 | categ_4 |
|---|---|---|---|---|---|---|
| 0 | 759.570000 | 25.964691 | 9.530392 | 51.207920 | 7.708309 | 5.588688 |
| 1 | 1757.550000 | 7.513869 | 19.470285 | 38.032488 | 21.552730 | 13.430628 |
| 2 | 311.730000 | 17.861611 | 14.146858 | 50.668848 | 10.906875 | 6.415809 |
| 3 | 58.350000 | 0.000000 | 0.000000 | 100.000000 | 0.000000 | 0.000000 |
| 4 | 6207.670000 | 10.290818 | 15.630019 | 35.947787 | 30.522724 | 7.608652 |
| ... | ... | ... | ... | ... | ... | ... |
| 2545 | 110.380000 | 11.415111 | 37.887298 | 6.305490 | 44.392100 | 0.000000 |
| 2546 | 77.840000 | 0.000000 | 0.000000 | 100.000000 | 0.000000 | 0.000000 |
| 2547 | 159.783333 | 60.485032 | 21.933869 | 15.159070 | 1.950558 | 0.471472 |
| 2548 | 536.000000 | 24.694030 | 47.667910 | 25.179104 | 1.585821 | 0.873134 |
| 2549 | 2312.812249 | 18.951573 | 19.743182 | 39.064306 | 16.960593 | 5.475265 |

2550 rows × 6 columns

檢查前面訓練的不同分類器的預測：

```
classifiers = [(svc, 'Support Vector Machine'),
                (lr, 'Logostic Regression'),
                (knn, 'k-Nearest Neighbors'),
                (tr, 'Decision Tree'),
                (rf, 'Random Forest'),
                (gb, 'Gradient Boosting')]
for clf, label in classifiers:
    print(30*'_', '\n{}'.format(label))
    clf.grid_predict(X, Y)
```

```
Support Vector Machine
Precision: 86.45 %

Logostic Regression
Precision: 93.36 %

k-Nearest Neighbors
Precision: 82.85 %

Decision Tree
Precision: 88.11 %

Random Forest
Precision: 93.08 %

Gradient Boosting
Precision: 92.95 %
```

- 如「融合模型 - 投票法 Voting」所預測的，通過組合它們各自的預測來提高分類器的質量。

- 選擇混合隨機森林（Random Forest）、梯度提升（Gradient Boosting）和 k-最近鄰（k-Nearest Neighbors）預測，因為這會導致預測略有改進：

```
predictions = votingC.predict(X)
print("Precision: {:.6f} % ".format(100*metrics.accuracy_score(Y, predictions)))
```

```
Precision: 91.137255 %
```

## 6. 結論 Conclusion

(1) 本章說明如何利用客戶交易明細資料庫，該資料庫提供了一年中在電子商務平台上進行的購買的詳細資料。資料庫中的每個項目都描述了該特定客戶在特定日期購買的產品。總共大約 5000 個客戶資料。

(2) 本程式開發一個分類器，可以預測客戶將進行的購買類型，以及他未來將在一年內進行的訪問次數，這是從第一次訪問本電子商務網站開始計算。

(3) 第一步：分析網站銷售的不同產品。將不同的產品分為 8 大類商品。

(4) 第二步：分析客戶在 10 個月內的消費習慣進行分類。根據客戶通常購買的產品類型、訪問次數以及他們在 10 個月內花費的金額將客戶分為 12 個主要類別。

(5) 建立了客戶類別，最終訓練了幾個不同 AI 分類器，目標是能夠準確的將消費者分類為這 12 個類別中的一個類別（且從他們第一次購買開始計算）。

(6) 分類器是根據 5 個變數來運算：

① Mean：當前購買的籃子數量。

② categ_N：with N∈[0:7]：在指數 N 的產品類別中花費的百分比。

分類器是根據 5 個變數來運算：

(7) 最後，在資料的最後兩個月內測試了不同分類器的預測品質（準確度）。分兩步處理：

① 首先，考慮所有資料（前 2 個月）來定義每個客戶所屬的類別，然後將分類器預測結果與該類別分配進行比較。然後發現 75% 的客戶被授予正確的類別。

② 因模型的潛在缺點，分類器的性能似乎是正確的。特別是，尚未解決的個別客戶的「消費偏見」與購買的「季節性變化」以及購買習慣可能取決於一年中的時間（例如聖誕節）有關。在實務中，這種季節性影響可能導致 10 個月內定義的類別與過去兩個月推斷的類別大不相同。為了糾正這種偏差，擁有涵蓋更長時期的數據將是有益的。

# A-6 用 AI 分析消費者習慣以進行「廣告媒體選擇」（Media Selection）

（程式名：Media_Selection.ipynb）

## 1. 引入程式庫

```
import pandas as pd
import numpy as np
import plotly.graph_objects as go
import plotly.io as pio
from plotly.subplots import make_subplots
from sklearn.cluster import KMeans
```

## 2. 讀取資料：輸入資料檔

```
response_all = pd.read_csv('MediaAnalysis/MediaAnalysis.csv', skiprows=2, header=None)
```

(1) 本資料庫是 2020 年由 Survey Online 進行的線上的網路社群使用行為調查，這項調查每年年底進行一次調查，約有數萬人參與線上調查。

(2) 這是一個定期的問卷調查結果，每年調查一次。資料詳盡，涵蓋 54 個網路普及率高的國家之網路使用者，針對各年齡層，職業，學歷進行網路社群使用現況的調查。

(3) 資料主要是用於媒體效益的研究，調查結果對行銷人員，廣告業具有指標性的價值。

(4) 美國 UDC 行銷大數據中心及其他研究機構，定期引用該資料庫發表研究結果。

## 3. 資料探索及分析 (EDA)

(1) 年齡分佈：

```python
from collections import Counter
mostFrequentWords = pd.DataFrame(Counter(response_all[1]).most_common(11)  ,
                columns=['Age','Counts'])
mostFrequentWords.head(11)
```

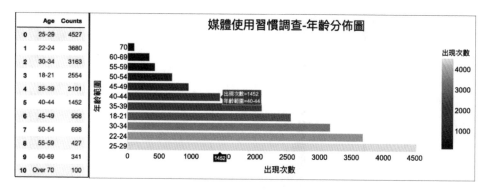

(2) 性別分佈：

```python
mostFrequentWords = pd.DataFrame(Counter(response_all[2]).most_common(4),
                columns=['Sex', 'Counts'])
mostFrequentWords.head(4)
```

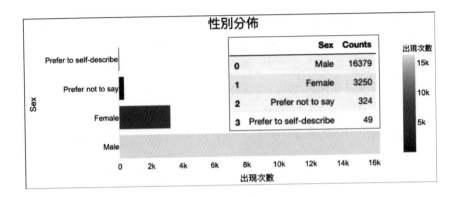

(3) 國家分佈：

```
mostFrequentWords = pd.DataFrame(Counter(response_all[3]).most_common(60),
                columns=['Country', 'Counts'])

mostFrequentWords.head(20)
```

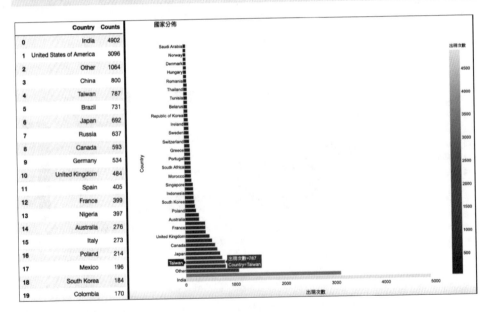

(4) 學歷分析：

```
from collections import Counter
mostFrequentWords = pd.DataFrame(Counter(response_all[4]).most_common(8),
                columns=['Degree', 'Counts'])

mostFrequentWords.head(8)
```

| | Degree | Counts |
|---|---|---|
| 0 | Master's degree | 8654 |
| 1 | Bachelor's degree | 6093 |
| 2 | Doctoral degree | 2785 |
| 3 | Some college/university study without earning a bachelor's degree | 850 |
| 4 | Professional degree | 622 |
| 5 | nan | 418 |
| 6 | I prefer not to answer | 338 |
| 7 | No formal education past high school | 242 |

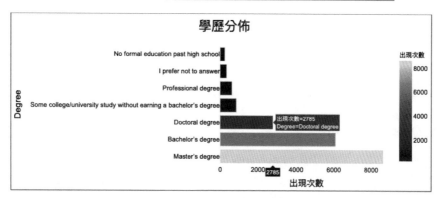

(5) 資料純化（去除缺值、欄位整理及新增分析用欄位）：

```
# 職業欄位整理成三大類
def new_job_label (row):
    if row['job_title'] == 'White Staff':return 'White Staff'
    if row['job_title'] == 'Student':return 'Students/Not employed/Others'
    if row['job_title'] == 'Not employed':return 'Students/Not employed/Others'
    if row['job_title'] == 'Other':return 'Students/Not employed/Others'
    else:return 'Blue Staff'
# 增加二個職業欄位
def get_subset (data, col_from, col_to):
    df_sub = data.iloc[:, col_from:col_to]
    df_sub = pd.get_dummies(df_sub)
    df_sub.columns = [col.split('_')[-1].strip().split('(')[0].strip() for col in
df_sub.columns]
    df_sub['job_title'] = data[5]
    df_sub['job_ds'] = df_sub.apply(new_job_label, axis=1)
    marker_valid = (df_sub.sum(axis=1, numeric_only=True) > 0)
```

```
      return df_sub[marker_valid]
# 整理欄位
media = get_subset(response_all, 11, 23)
media_table = response_all.iloc[:, 11:23]
media_table = pd.get_dummies(media_table)
media_table.columns = [col.split('_')[-1].strip() for col in media_table.columns]
media_table = media_table[(media_table.sum(axis=1, numeric_only=True) > 0)]
media.head()
```

| | Influencer | Hacker News | Survey | Social Media | Course Forums | YouTube | Podcasts | Blogs | Journal Publications | Slack Communities | None | Other | job_title | job_ds |
|---|---|---|---|---|---|---|---|---|---|---|---|---|---|---|
| 0 | 0 | 0 | 0 | 1 | 0 | 0 | 0 | 1 | 0 | 0 | 0 | 0 | Student | Students/Not employed/Others |
| 1 | 1 | 0 | 0 | 1 | 1 | 0 | 1 | 0 | 0 | 0 | 0 | 0 | Not employed | Students/Not employed/Others |
| 2 | 0 | 1 | 1 | 1 | 0 | 1 | 0 | 1 | 0 | 0 | 0 | 0 | White Staff | White Staff |
| 3 | 0 | 0 | 0 | 1 | 0 | 0 | 0 | 0 | 0 | 0 | 0 | 0 | White Staff | White Staff |
| 4 | 0 | 0 | 0 | 1 | 0 | 0 | 1 | 1 | 0 | 0 | 0 | 0 | Student | Students/Not employed/Others |

## 4. AI Marketing 分析：

(1) 消費者使用媒體的習慣（Popularity of Media Sources）：

```
media_mean = media_table.mean()
media_sum = media_table.sum()
media_table_sum = pd.DataFrame({'Count': media_sum,'Percentage': media_mean})
media_table_sum.columns.name = '消費者使用媒體的習慣（總數：2萬名）'
media_table_sum.sort_values(by='Percentage', ascending=False, inplace=True)
media_table_sum.style.format({'Percentage': "{:.1%}"}).bar(subset=['Percentage'],
color='skyblue')
```

| 消費者使用媒體的習慣（總數：2萬名） | Count | Percentage |
|---|---|---|
| Social Media (FB, Twitter, WeChat, etc) | 13759 | 76.303% |
| Blogs (Huffington Post, Engadget, Moz, Mashable, TechCrunch, etc) | 10020 | 55.568% |
| YouTube (Consumer Metrics, LEGO, etc) | 7624 | 42.280% |
| Influencer (Line, Tiktok, market influencers) | 6861 | 38.049% |
| Journal Publications (traditional publications, preprint journals, etc) | 4510 | 25.011% |
| Course Forums (forums.consumer, etc) | 3794 | 21.040% |
| Survey (Questionnaire web, product promotion, etc) | 3585 | 19.881% |
| Slack Communities (ai, Community, etc) | 2436 | 13.509% |
| Podcasts (Marketing trend, Topic trend, etc) | 2097 | 11.629% |
| Hacker News (https://news.ycombinator.com/) | 1843 | 10.221% |
| Other | 1196 | 6.633% |
| None | 580 | 3.217% |

(2) 消費者使用「主流媒體」的數量統計：

```
media_count = media_table.sum(axis=1)
count_df=pd.DataFrame({'media_count':media_count,'algo_count':algo_count,
'fm_count':fm_count})
count_df.dropna(inplace=True)
count_df['media_count_cat'] = pd.qcut(count_df['media_count'],
                        [0, 0.25, 0.75, 1],labels=['Low','Medium','High'])
media_cat_n = count_df['media_count_cat'].value_counts(sort=False)
algo_low = count_df.query('media_count_cat == "Low"')['algo_count'].value_
counts().sort_index()
algo_low = algo_low/media_cat_n['Low']
algo_med = count_df.query('media_count_cat == "Medium"')['algo_count'].value_
counts().sort_index()
algo_med = algo_med/media_cat_n['Medium']
algo_hi = count_df.query('media_count_cat == "High"')['algo_count'].value_
counts().sort_index()
algo_hi = algo_hi/media_cat_n['High']
fm_low = count_df.query('media_count_cat == "Low"')['fm_count'].value_counts().
sort_index()
fm_low = fm_low/media_cat_n['Low']
fm_med = count_df.query('media_count_cat == "Medium"')['fm_count'].value_counts().
sort_index()
fm_med = fm_med/media_cat_n['Medium']
fm_hi = count_df.query('media_count_cat == "High"')['fm_count'].value_counts().
sort_index()
fm_hi = fm_hi/media_cat_n['High']
```

以互動圖呈現，程式如下：

```
fig = go.Figure(
    data=[go.Histogram(
        x=media_count,histnorm='percent',marker= dict(color='skyblue',opacity=0.6,
            line= {"color": "white", "width": 2}))])
fig.update_xaxes(showgrid=False, zeroline=False)
fig.update_yaxes(showgrid=False, zeroline=False, ticksuffix="%")
fig.update_layout(title='消費者使用主流媒體的數量統計',
    width=800,height=400,xaxis=dict(title="% of 媒體數",),yaxis=dict(title="% of
消費者",))
fig.show()
```

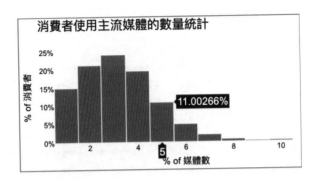

(3) 消費者使用主流媒體的互動數量統計：

```
fig = make_subplots(rows=1, cols=2,subplot_titles=("社群媒體數量","部落格數量"))
# Algorithms
fig.add_trace(go.Scatter(x=algo_low.index,y=algo_low.values,name='Low',
fill='tozeroy',marker=dict(color='gray'),showlegend=True,opacity=0.2), 1, 1)
fig.add_trace(go.Scatter(x=algo_med.index,y=algo_med.values,name='Medium',
    fill='tozeroy',marker=dict(color='salmon'),showlegend=True,opacity=0.2), 1, 1)
fig.add_trace(go.Scatter(x=algo_hi.index,y=algo_hi.values,name='High',
    fill='tozeroy',marker=dict(color='dodgerblue'),showlegend=True,opacity=0.2),
1, 1)
# Frameworks
fig.add_trace(go.Scatter(x=fm_low.index,y=fm_low.values,name='Low',
    fill='tozeroy',marker=dict(color='grey'),showlegend=False,), 1, 2)
fig.add_trace(go.Scatter(x=fm_med.index,y=fm_med.values,name='Medium',
    fill='tozeroy',marker=dict(color='salmon'),showlegend=False,), 1, 2)
fig.add_trace(go.Scatter(x=fm_hi.index,y=fm_hi.values,name='High',
    fill='tozeroy',marker=dict(color='dodgerblue'),showlegend=False,), 1, 2)
fig.update_traces(opacity=0.2, mode='lines')
fig.update_layout(width=900,height=400,yaxis1=dict(title="% of 回應數",
tickformat='%'),
    yaxis2=dict(tickformat='%'),)
fig.update_xaxes(showgrid=False, zeroline=False)
fig.update_yaxes(showgrid=False, range=[0, 0.7])
fig.show()
```

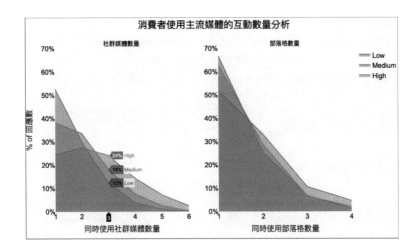

(4) 四種「主流媒體組合」的滲透率分析：

```
#用KMeans將「主流媒體」分為四個組合：
media_cluster = media.iloc[:,1:9]
y_pred = KMeans(n_clusters=4, random_state=42, max_iter=10000).fit_predict(media_
cluster.values)
media_cluster['cluster_number'] = y_pred
media_cluster['cluster_label'] = media_cluster['cluster_number']
media_cluster.replace({'cluster_label': {0: 'blogs',1: 'Social Media_blogs',
                       2: 'Social Media_youtube',
                       3: 'Social Media_youtube_blogs'}}, inplace=True)
```

```
#四個群組的主標題：
data = media_cluster.groupby('cluster_number').mean().T
cluster_count = media_cluster.cluster_number.value_counts(sort=False)
fig = make_subplots(rows=2,cols=2,
    subplot_titles=(f"1: 部落格（Blogs）<br> (N={cluster_count[0]})<br> ",
        f"2: 社群媒體（Social Media） + 部落格（Blogs）<br> (N={cluster_
count[1]})<br> ",
        f"3: 社群媒體（Social Media） + YouTube<br> (N={cluster_count[2]})<br> ",
        f"4: 社群媒體（Social Media） + 部落格（Blogs）+ YouTube<br> (N={cluster_
count[3]})<br> "),specs=[[{'type': 'polar'}]*2]*2,)
```

```
#四個群組的輻射區域繪圖設定：
fig.add_trace(go.Barpolar(r=data[0]*100,theta=data.index,name='Cluster 0',
```

```
        marker_color='teal',opacity=0.6,),row=1, col=1)
fig.add_trace(go.Barpolar(r=data[1]*100,theta=data.index,name='Cluster 1',
        marker_color='gold',opacity=0.6,),row=1, col=2)
fig.add_trace(go.Barpolar(r=data[2]*100,theta=data.index,name='Cluster 2',
        marker_color='tomato',opacity=0.6,),row=2, col=1)
fig.add_trace(go.Barpolar(r=data[3]*100,theta=data.index,name='Cluster 3',
        marker_color='skyblue',opacity=0.6,),row=2, col=2)


#四個群組的輻射區域繪圖:
fig.update_layout(title={'text':'四種「主流媒體組合」的滲透率統計,
   'font_size': 22,'x': 0.5,'y': 0.95},showlegend=False,title_font_color='#333333',
   margin=dict(t=150, l=20, r=20),legend_font_color='gray',legend_itemclick=False,
   legend_itemdoubleclick=False,width=850,height=700,
polar=dict(angularaxis=dict(direction='clockwise',rotation=110,color='grey',
visible=True,
   showline=True,),
   radialaxis=dict(ticksuffix='%',tickvals=[25, 50, 75],range=[0, 100],
   visible=True,showline=True,)),
polar2=dict(angularaxis=dict(direction='clockwise',rotation=110,color='grey',
visible=True,
   showline=True,),
   radialaxis=dict(ticksuffix='%',tickvals=[25, 50, 75],range=[0, 100],
   visible=True,showline=True,)),
    polar3=dict(angularaxis=dict(direction='clockwise',rotation=110,color='grey',
visible=True,
   showline=True,),
   radialaxis=dict(ticksuffix='%',tickvals=[25, 50, 75],range=[0, 100],
   visible=True,showline=True,)),
    polar4=dict(angularaxis=dict(direction='clockwise',rotation=110,color='grey',
visible=True,
   showline=True,),
   radialaxis=dict(ticksuffix='%',tickvals=[25, 50, 75],range=[0, 100],
   visible=True,showline=True,)),)
fig.show()
```

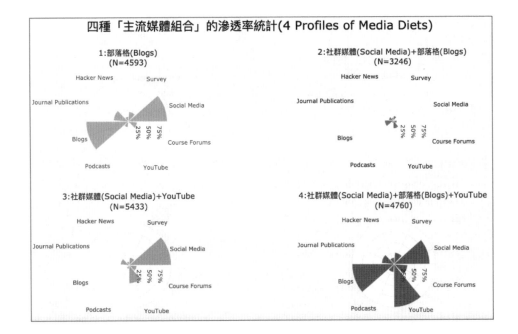

(5) 消費者對「主流媒體組合」的滲透率分析:

```
# 設定折線顏色
def get_slope_color (media):
    if media == 'Social Media':return 'deepskyblue'
    if media == 'Blogs':return 'gold'
    if media == 'YouTube':return 'tomato'
    else :return 'lightgrey'
# 資料群組
media_rank = media.query('job_ds != "Non Staff"').groupby('job_ds').mean()
media_rank
```

### 消費者對「主流媒體組合」的滲透率分析

| | INFLUENCER | HACKER NEWS | SURVEY | SOCIAL MEDIA | COURSE FORUMS | YOUTUBE | PODCASTS | BLOGS | JOURNAL PUBLICATIONS | SLACK COMMUNITIES | NONE | OTHER |
|---|---|---|---|---|---|---|---|---|---|---|---|---|
| **JOB_DS** | | | | | | | | | | | | |
| **BLUE STAFF** | 40.30% | 9.77% | 19.49% | 76.61% | 21.62% | 37.42% | 12.96% | 57.75% | 29.46% | 14.79% | 2.37% | 6.38% |
| **STUDENTS/NOT EMPLOYED/OTHERS** | 34.93% | 9.09% | 20.57% | 74.94% | 19.82% | 47.99% | 10.10% | 53.51% | 21.36% | 11.55% | 4.26% | 7.26% |
| **WHITE STAFF** | 37.85% | 14.79% | 19.55% | 78.72% | 22.09% | 45.34% | 10.68% | 52.88% | 18.14% | 13.87% | 3.63% | 5.93% |

```python
fig = go.Figure()
# 折線設定
for col in media_rank.columns:
    fig.add_trace(go.Scatter(
        x=media_rank.index,y=media_rank[col],mode='lines+markers',name=col,
        line=dict(color=get_slope_color(col),
width=2.5),))
```

```python
# 設定繪圖
fig.update_layout(width=800,height=1000,
    xaxis=dict(showline=False,
    showgrid=False,
    showticklabels=False,),
    yaxis=dict(showgrid=False,
                    zeroline=False,
                    showline=False,
                    showticklabels=False,),
    showlegend=False,
    autosize=False,
    margin=dict(autoexpand=False,l=200,r=100,t=110,),)
```

```python
# 設定其他主要媒體，標題及數字：
for col in [ 'Influencer', 'Hacker News','Survey', 'Course
Forums','Podcasts','Journal Publications','Slack Communities','None','Other']:
    # labeling the left_side of the plot
    annotations.append(dict(xref='paper', x=0.15, y=media_rank[col][0]+0.01,
        xanchor='right', yanchor='middle',
        text=f'{col} {media_rank[col][0]*100:0.1f}%',showarrow=False))
    # labeling the center_side of the plot
    annotations.append(dict(xref='paper', x=0.5, y=media_rank[col][1]-0.005,
        xanchor='center', yanchor='middle',
        text=f'{col} {media_rank[col][1]*100:0.1f}%',showarrow=False))
    # labeling the right_side of the plot
    annotations.append(dict(xref='paper', x=0.88, y=media_rank[col][2]+0.01,
        xanchor='left', yanchor='middle',
        text=f'{col} {media_rank[col][2]*100:0.1f}%',showarrow=False))
```

```python
# 設定三個主要媒體，標題及數字：
annotations = []
```

```
for col in ['Social Media', 'Blogs', 'YouTube']:
    # labeling the left_side of the plot
    annotations.append(dict(xref='paper', x=0.05, y=media_rank[col][0],
        xanchor='right', yanchor='middle',
        text=f'{col} {media_rank[col][0]*100:0.1f}%',showarrow=False))
    # labeling the bottom_side of the plot
    annotations.append(dict(xref='paper', x=0.5, y=media_rank[col][1]-0.005,
        xanchor='center', yanchor='middle',
        text=f'{col} {media_rank[col][1]*100:0.1f}%',showarrow=False))
annotations.append(dict(xref='paper', yref='paper', x=0.05, y=1,xanchor='center',
yanchor='top',text='% of Blue Staff <br> ',font=dict(size=18),showarrow=False))

annotations.append(dict(xref='paper', yref='paper', x=0.45, y=1,xanchor='center',
yanchor='top',text='% of Students/<br>Not employed/Others',font=dict(size=18),
showarrow=False))

annotations.append(dict(xref='paper', yref='paper', x=0.9, y=1,xanchor='center',
yanchor='top',text='% White Staff',font=dict(size=18),showarrow=False))


# 設定其他主要媒體，標題及數字：
for col in [ 'Influencer', 'Hacker News','Survey', 'Course Forums','Podcasts','Journal
Publications','Slack Communities','None','Other']:
    # labeling the left_side of the plot
    annotations.append(dict(xref='paper', x=0.15, y=media_rank[col][0]+0.01,
        xanchor='right', yanchor='middle',
        text=f'{col} {media_rank[col][0]*100:0.1f}%',showarrow=False))
    # labeling the center_side of the plot
    annotations.append(dict(xref='paper', x=0.5, y=media_rank[col][1]-0.005,
        xanchor='center', yanchor='middle',
        text=f'{col} {media_rank[col][1]*100:0.1f}%',showarrow=False))
    # labeling the right_side of the plot
    annotations.append(dict(xref='paper', x=0.88, y=media_rank[col][2]+0.01,
        xanchor='left', yanchor='middle',
        text=f'{col} {media_rank[col][2]*100:0.1f}%',showarrow=False))
# 大標題：
title = {
        'text': 不同的媒體選擇 ',
        'y': 0.95,'x': 0.5,
        'font': {'size': 25},
```

```
        'xref': 'paper','yanchor': 'top'}

fig.update_layout(
    title=title,
    width=800,
    height=800,
    annotations=annotations,
    margin=dict(t=100, b=10, l=100))

fig.show()
```

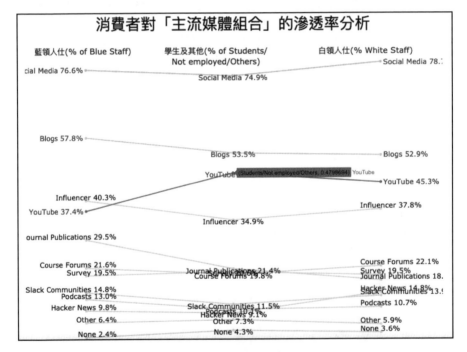

消費者對「主流媒體組合」的滲透率分析

(6) 消費者之「主流媒體組合」和「職業」的關聯分析：

```
#針對職業分群：
media_cluster_by_job = pd.merge(media[['job_ds']],
            media_cluster[['cluster_label']],left_index=True, right_index=True)


media_cluster_by_job = pd.get_dummies(media_cluster_by_job.query('job_ds != "Non
IT staff"'), columns=['cluster_label']).groupby('job_ds').mean().T
```

```python
fig = go.Figure()
#設定「職業」標題:
cluster_labels = ['Blogs only',
                  'Social Media +<br>Blogs',
                  'Social Media +<br>YouTube',
                  'Social Media +<br>Blogs + YouTube']
cluster_colors = ['teal', 'gold', 'tomato', 'skyblue']

x_data = [media_cluster_by_job['White Staff']*100,
          media_cluster_by_job['Students/Not employed/Others']*100,
          media_cluster_by_job['Blue Staff']*100]

y_data = ['Staff','Students/ <br>Not employed/Others','Non Staff']
```

```python
# 設定繪圖
fig = go.Figure()

for i in range(0, len(x_data[0])):
    for xd, yd in zip(x_data, y_data):
        fig.add_trace(go.Bar(x=[xd[i]], y=[yd],orientation='h',width=0.5,
            marker=dict(color=cluster_colors[I],opacity=0.7,
            line=dict(color='white', width=1)
            )))
fig.update_layout(
    xaxis=dict(showgrid=False,showline=False,
    showticklabels=False,
     zeroline=False,
     domain=[0.15, 1]),
     yaxis=dict(showgrid=False,showline=False,
showticklabels=False,zeroline=False,),
    barmode='stack',margin=dict(l=120, r=10, t=140, b=80),
showlegend=False,)
```

```python
# 設定資料中標題及數字:
annotations = []
for yd, xd in zip(y_data, x_data):
    annotations.append(dict(xref='paper', yref='y',x=0.14, y=yd,xanchor='right',
        text=str(yd), showarrow=False, align='right'))
```

```
    annotations.append(dict(xref='x',yref='y',x=xd[0]/2,y=yd,text=f'{xd[0]:0.1f}%',
                            showarrow=False))
    if yd == y_data[-1]:
        annotations.append(dict(xref='x', yref='paper',x=xd[0] / 2,
             y=1.1,text=cluster_labels[0], showarrow=False))
    space = xd[0]
    for i in range(1, len(xd)):
        annotations.append(dict(xref='x', yref='y',x=space + (xd[i]/2), y=yd,
                                text=f'{xd[i]:0.1f}%',showarrow=False))
        if yd == y_data[-1]:
            annotations.append(dict(xref='x', yref='paper',x=space +
                (xd[i]/2), y=1.1, text=cluster_labels[i],showarrow=False))
        space += xd[i]
```

```
# 大標題:
title = {'text': 'Distribution of Media Diet Profiles <br>among Aspiring People',
        'y': 0.9,'x': 0.5,'font': {'size': 16},'xref': 'paper','yanchor': 'top'}
fig.update_layout(
    title=title,width=900,height=600,margin=dict(t=140,b=20,),annotations=annotations)
fig.show()
```

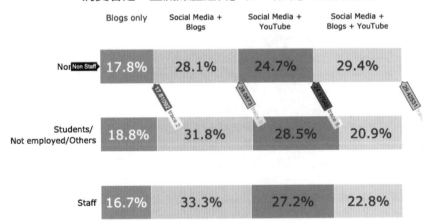

消費者之「主流媒體組合」和「職業」的關聯分析

# A-7 用 AI 進行「媒體風向分析」以掌握市場脈動（Content Analysis）

（程式名：Content_Analysis.ipynb）

## 1. 引入程式庫

```
import pandas as pd
import numpy as np
import plotly.express as px
import matplotlib.pyplot as plt
import plotly.graph_objects as go
```

## 2. 讀取資料：輸入大數據資料檔

(1) 本資料庫是以網路爬蟲方式，隨機從流量最大的排名前二十名的中文入口網站，下載每日最新的生活新聞。

(2) 新聞標題分為「國內」「國際」「消費」，將新聞文章分為標題及內容二部分；其中內容部分文章較長。

```
dataset=pd.read_csv('ContentAnalysis/ContentAnalysis.csv')
```

## 3. 資料探索及分析（EDA）

```
#增加新欄位：year
dataset['year'] = pd.DatetimeIndex(dataset['date']).year
#改變資料型態：year 欄位改為字串(str)型態
dataset['year'] = dataset['year'].apply(str)
```

(1) 各年資料的圖形化呈現

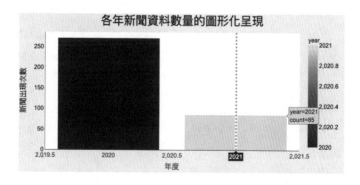

A-169

(2) 圖形化呈現：依分類（tag）統計

```
d3=dataset.groupby('tag').size().reset_index(name='count')
fig = px.bar(d3,x='tag',y='count',title='依分類(tag)統計的圖形化呈現',color='tag')
fig.update_layout(
    paper_bgcolor='#0b1f65',plot_bgcolor='#0b1f65',
    font_family="Arial",font_color="white",
    title_font_family="Arial",
    title_font_color="white",
    legend_title_font_color="white",
    xaxis = {'showgrid': False,'zeroline': True,'visible':True,'tickformat': 'd'},
    yaxis = {'showgrid': False,'zeroline': True,'visible': True,'title':'Amount of
news'})
```

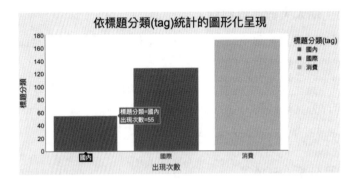

(3) 圖形化呈現：各年資料依月份統計

```
dataset['month'] = pd.DatetimeIndex(dataset['date']).month
dataset['month'] = dataset['month'].apply(str)
d4=dataset.groupby('month').size().reset_index(name='count')
colors = ['crimson',] * 12
fig = go.Figure(data=[go.Bar(x=d4.month,y=d4['count'],marker_color=colors)])
fig.update_layout(paper_bgcolor='#0b1f65',plot_bgcolor='#0b1f35',
    font_family="Arial",font_color="white",
    title_font_family="Arial",title_font_color="white",title='各年份新聞資料依月份統
計的圖形化呈現',
    legend_title_font_color="white",
    xaxis = {'showgrid':False,'zeroline':True, 'visible':True,'title':'month'},
    yaxis = {'showgrid':False,'zeroline':True,'visible':True,'title':'Amount of
news'})
```

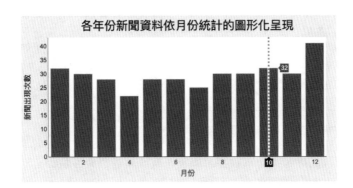

### 4. 中文分詞：Pkuseg

把全文轉成單詞（term/token），安裝方式：pip install pkuseg。分詞工作由分詞器（Analyzer）來實現，分詞器由三步驟完成：

(1) Character Filters：針對原始文字處理，如去除 html 標籤。

(2) Tokenizer：

 ① 將文章切為「詞」，按照空格切分或中文繁體或簡體規則處理。例如：以色列（Yǐsèliè），英文是「Israel」是一個英文字，而中文字卻是三個字；在中文環境時，必須依中文使用慣例拆成一個「詞」。

 ② 中文字翻譯成英文字：以中文字的表面字義翻成英文，如：以（use/by/for）、色（colour/color/expression）、列（list/rank/category），而中文字義是由三個字組成的，需要引用一套可靠的工具來完成中文字串翻譯的工作。

(3) Token Filters：將單詞加工，如大寫轉小寫、刪除 stopwords、增加同義語等。

```python
import spacy
from spacy import displacy
from spacy.lang.zh import Chinese
Chinese.Defaults.use_jieba = False    # Disable jieba to use character segmentation
nlp = Chinese()
cfg = {"use_jieba": False}        # Disable jieba through tokenizer config options
nlp = Chinese(meta={"tokenizer": {"config": cfg}})
cfg = {"pkuseg_model": "default", "require_pkuseg": True} #載入pkuseg作為分詞的初始值
nlp = Chinese(meta={"tokenizer": {"config": cfg}})
```

啟動分詞約 1.034 秒。

```
Building prefix dict from the default dictionary ...
Dumping model to file cache /var/folders/4k/tp265txd4jx0tdvwn5371v_00000gn/T/
jieba.cache
Loading model cost 1.034 seconds.
Prefix dict has been built successfully.
```

針對指定的新聞標題，進行分詞。例如：

將「消費」新聞的標題「口罩妝容、口罩保養成為最熱美容話題」分詞。

```
international=dataset[dataset['tag']=='消費']
international = international.reset_index(drop=True)
nlp = Chinese()
d1=nlp(international['headline'][1])
tokenized_text = pd.DataFrame()
#describe the words in the sentence before
for i, token in enumerate(d1):
    tokenized_text.loc[i, 'text'] = token.text
    tokenized_text.loc[i, 'type'] = token.pos_
    tokenized_text.loc[i, 'lemma'] = token.lemma_,
    tokenized_text.loc[i, 'is_alphabetic'] = token.is_alpha
    tokenized_text.loc[i, 'is_stop'] = token.is_stop
    tokenized_text.loc[i, 'is_punctuation'] = token.is_punct
    tokenized_text.loc[i, 'sentiment'] = token.sentiment
    tokenized_text[8:14]
```

結果如下：

| | text | type | lemma | is_alphabetic | is_stop | is_punctuation | sentiment |
|---|---|---|---|---|---|---|---|
| 8 | 流 | | 流 | True | False | False | 0.0 |
| 9 | 行 | | 行 | True | False | False | 0.0 |
| 10 | 唇 | | 唇 | True | False | False | 0.0 |
| 11 | 色 | | 色 | True | False | False | 0.0 |
| 12 | 趨 | | 趨 | True | False | False | 0.0 |
| 13 | 勢 | | 勢 | True | False | False | 0.0 |

把句子拆成單字，這是英文分詞方式，並不是我們要的，接下來試試用 Jieba 分詞。

## 5. 中文分詞：Jieba

中文分詞和英文不同，中文分詞要分析的對象是詞語，而不是一個一個中文字，這跟英文完全不同，因為英文的斷詞就直接用標點符號、空白去區隔即可。

Jieba 並不是只有分詞一個功能，而是一個開源框架，提供了很多在分詞之上的演算法，如關鍵詞提取、詞性標註等。

(1) 安裝方式：pip install jieba（在 Python 2/3 環境下，均可安裝使用）

(2) Jieba 的演算法可參考：https://github.com/fxsjy/jieba

(3) 支持繁體字分詞支持自定義詞典，由 MIT 授權。

(4) Jieba 是目前最佳的 Python 中文分詞組件 "Jieba" (Chinese for "to stutter")。

(5) Jieba 有三種分詞模式：

- 精確模式：初始模式是精確模式，將句子最精確地切開，適合整篇文章形式分析。
- 全文模式：把可以成詞的都切開，但是可能會出現詞性的「重疊歧異」問題。
- 搜尋引擎模式：在精確模式基礎上，對長詞再次切分，適合用於搜尋引擎分詞。
- paddle 模式：利用 PaddlePaddle 深度學習框架，訓練序列標注（雙向 GRU）網絡模型來進行分詞的工作。同時支援詞性標注。paddle 模式使用需安裝 paddlepaddle-tiny。（pip install paddlepaddle-tiny）

例如「防疫成新常態」分詞結果比較如下：

- 精確模式：'防疫'、'成'、'新常態'
- 全文模式：'防疫'、'成新'、'新常態'、'常態'
- 搜尋引擎模式：'防疫'、'成'、'常態'、'新常態'

(6) 台灣詞語用的「結巴」（Jieba），需做些修正：

① Jieba 在英文環境下直接引用 Jieba 詞庫來分詞即可。

② 在台灣香港等使用繁體字者，Jieba 分詞準確率只有 **67%**，這件事非常困擾繁體字使用者；例如台灣大量使用「夯詞」「目屎」「甘心」等詞，香港人大量使用「小童」「亮妹」等詞都無法辨識。

③ 本書作者群之一的 Dr.Yang, 多年來集合台港分詞用語，放入 Jieba_dictX.txt 檔案中，可提昇準確率到 87 ～ 94%，雖然 94% 仍無法使用在「機器人翻譯」或「機器人客服」等精準要求的功能，但用在行銷上的客戶搜尋及顧客分眾，趨勢分析等 AI 工具上，已非常足夠了。

④ Jieba_dictX.txt 免費提供給本書讀者使用。

## 6. 中文分詞最佳程式庫 ( 集合繁體字詞彙，台灣常用詞彙，簡體字詞彙 )：

```
#中文分詞程式庫
import numpy as np
import pandas as pd
from wordcloud import WordCloud, STOPWORDS
from joblib import Parallel, delayed
import jieba
import time
from collections import Counter
#人工智慧機器學習要用到的程式庫
from sklearn.model_selection import train_test_split
from sklearn.naive_bayes import MultinomialNB
from sklearn.svm import SVC
from sklearn.feature_extraction.text import CountVectorizer, TfidfVectorizer
from sklearn.metrics import confusion_matrix, classification_report,
roc_auc_score, f1_score, recall_score
```

重新輸入大數據資料檔：

```
#重新輸入大數據資料檔
dataset=pd.read_csv('ContentAnalysis/ContentAnalysis.csv')
```

下載中文字型（wordcloud 要用到中文字型，故至少有指定一個中文字型）：

- !wget https://github.com/adobe-fonts/source-han-sans/raw/release/SubsetOTF/SourceHanSansCN.zip
- !unzip -j "SourceHanSansCN.zip" "SourceHanSansCN/SourceHanSansCN-Regular.otf" -d "."
- !rm SourceHanSansCN.zip
- !ls

```
import matplotlib.font_manager as fm
font_path = 'ContentAnalysis/SourceHanSansCN-Regular.otf'
prop = fm.FontProperties(fname=font_path)
```

### 7. 中文詞性分析及標註：四個主要函式。

(1) jieba 新增單詞：jieba.add_word()

(2) 讀入字典新增單詞：jieba.load_userdict()

(3) jieba 斷句：jieba.cut()

(4) 可以用來取出斷詞位置：jieba.tokenize()

(5) posseg：詞性分析

詞性分析步驟如下：

(1) 載入建「分詞」之詞庫及「停用字」之詞庫，並加入自訂「分詞」及「停用字」：

```
jieba.set_dictionary('ContentAnalysis/Jieba_dictX.txt')  # 載入詞庫：用繁簡體合一詞典
jieba.load_userdict("ContentAnalysis/Jieba_userdict.txt")# 2. 載入自定義詞庫
jieba.add_word('夯詞') # 3. 新增詞庫
```

載入「詞庫」及「停用字」約 **1.485** 秒。

```
test=data_clean['headline'][268]
print('原始文字：', test)
print('Jieba分詞結果(全文模式)：',[t for t in jieba.cut(test,cut_all=True)])
print('Jieba分詞結果(精確模式,初始模式是精確模式)：',[t for t in jieba.cut(test,
cut_all=False)])
print('Jieba分詞結果(搜尋引擎模式)：',[t for t in jieba.cut_for_search(test)])
```

隨意找一個文章來試試分詞的效果如何。

```
#4. 新增停用字
stops=[]
stops.append('\n')      # 文章中有許多分行符號，加入停用字中，可以把它拿掉
stops.append('\n\n')
stops.append(' ')        # 文章中有許多分空格，加入停用字中，可以把它拿掉
stops.append(',')
stops.append(''')
stops.append('。')
```

```
stops.append('「')
stops.append('」')
stops.append('（')
stops.append('）')
# 5. 載入停用字
with open('ContentAnalysis/Jieba_Stops.txt', 'r', encoding='UTF-8') as file:
    for data in file.readlines():
        data = data.strip()
        stops.append(data)
```

用三種分詞模式，來觀察有何不同？

---

原始文字：防疫成新常態夯詞，超級全零售解決台灣台北台中高雄桃園消費者痛點夯詞

Jieba分詞結果(全文模式)：['防疫', '成新', '新常態', '常態', '夯詞', '，', '超級', '全', '零售', '解決', '台灣', '台灣台', '台北', '北台', '台中', '中高', '高雄', '桃園', '消費', '消費者', '痛點', '夯詞']

Jieba分詞結果(精確模式,初始模式是精確模式)：['防疫', '成', '新常態', '夯詞', '，', '超級', '全', '零售', '解決', '台灣', '台北', '台中', '高雄', '桃園', '消費者', '痛點', '夯詞']

Jieba分詞結果(搜尋引擎模式)：['防疫', '成', '常態', '新常態', '夯詞', '，', '超級', '全', '零售', '解決', '台灣', '台北', '台中', '高雄', '桃園', '消費', '消費者', '痛點', '夯詞']

---

- 全文模式：是比較嚴謹的模式，不會放過任何可能的「詞」，但會大幅增加詞的數量在後續演算時，也會耗費大量資源。
- 精確模式：是按詞庫設定的排名數據來取捨，例如「新常態」和「常態」，捨棄「常態」，而留下了「新常態」。
- 搜尋引擎模式：在本例中，搜尋引擎模式和精確模式結果類似。

(2) Tokenize：取出斷詞位置：

```
words=jieba.tokenize(data_clean['headline'][268])
for tk in words:
    print("分詞結果: %s\t\t\t start: %d \t end:%d" % (tk[0],tk[1],tk[2]))
```

原始文字：防疫成新常態夯詞，超級全零售解決台灣台北台中高雄桃園消費者痛點夯詞

(3) posseg：詞性分析

Jieba 為每一個詞都指定一個詞性，這個功能大量使用在語意分析；對行銷學上的客戶分析，顧客分眾非常有幫助。詞性對照表如下：

| 標記 | 詞性 | 標記 | 詞性 | 標記 | 詞性 |
|------|------|------|------|------|------|
| a | 形容詞 | ng | 名詞性語素 | ud | 結構助詞 |
| ad | 副形詞 | nr | 人名 | ug | 時態助詞 |
| ADV | 複數用詞 | nrfg | 特定人名 | uj | 構助詞 的 |
| ag | 形容詞性語素 | nrt | 歷史人名 | ul | 時態助詞 了 |
| an | 名形詞 | ns | 地名 | uv | 構助詞 地 |
| b | 區別詞 | nt | 機構團體名 | uz | 時態助詞着 |
| c | 連詞 | Nv | 介詞專名 | v | 動詞 |
| d | 副詞 | nz | 其他專名 | Vn | 動名詞 |
| dg | 副語素 | O | 擬聲詞 | vd | 副動詞 |
| e | 嘆詞 | p | 單字介詞 | vg | 動詞性語素 |
| f | 方位詞 | P | 介詞 | Vi | 不及物動詞 |
| g | 方位名詞 | POST | 特殊介詞 | vn | 名動詞 |
| i | 成語 | q | 量詞 | vq | 動詞短語 |
| j | 簡稱略稱 | r | 代詞 | Vt | 及物動詞 |
| k | 後接成分 | rr | 人稱代詞 | x | 非詞素詞（包含標點符號） |
| l | 專業習慣用語 | rz | 指示代名詞 | y | 語氣詞 |
| m | 數量詞 | s | 處所名詞 | z | 狀態詞 |
| mq | 量詞 | t | 時間 | zg | 狀態心理詞 |
| n | 普通名詞 | tg | 時間語素 | | |
| N | 專有名詞 | u | 助詞 | | |

Posseg：詞性分析，程式如下。

```
import jieba.posseg as pseg
words=pseg.cut(data_clean['headline'][268])
for w in words:
    print('%s\t    詞性：%s\t\t\t' % (w.words,w.flag))
```

執行結果：

| | |
|---|---|
| 防疫 | 詞性：Nv |
| 成 | 詞性：Vt |
| 新常態 | 詞性：N |
| 夯詞 | 詞性：n |
| ， | 詞性：x |
| 超級 | 詞性：A |
| 全 | 詞性：N |
| 零售 | 詞性：Nv |
| 解決 | 詞性：Vt |
| 台灣 | 詞性：N |
| 台北 | 詞性：N |
| 台中 | 詞性：N |
| 高雄 | 詞性：N |
| 桃園 | 詞性：N |
| 消費者 | 詞性：N |
| 痛點 | 詞性：N |
| 夯詞 | 詞性：n |

詞性分析的 AI Marketing 意義：

(1) 在行銷學及心理學上，Nv、n 等「詞」是判斷客戶屬性及個性類型的重要指標；本書所用的詞性分類（如上表）種類最多，超過中國及台灣中科院的種類甚多。主要原因是因為行銷學要根據文章中的「情緒性用詞」及「個性特徵用詞」來作分類。

(2) 在科學性的分析中，數量（或出現頻率）是重要的依據，一個尖銳的用詞「自殘」只是出現一兩次，無法判斷此人的個性或此文章的用意，但出現數百次就很容易判斷發文者個性或文章用意了。

## 8. 計算詞頻：計算每個詞出現的頻率。

```
i=0
total_text=''
for i in range(len(data_clean)):
    total_text=total_text+data_clean['content'][i].#分詞並記錄每一 分詞在total_text中
terms_of_total_text = [t for t in jieba.cut(total_text, cut_all=False) if t not in
\stops] # 引用斷詞停用字
# 統計每個分詞的數量，並排序列出前20名
mostFrequentWords = pd.DataFrame(Counter(terms_of_total_text).most_common(30),
columns=['Word', 'Frequency'])
mostFrequentWords.head(30)
```

| | Word | Frequency | | Word | Frequency | | Word | Frequency |
|---|---|---|---|---|---|---|---|---|
| 0 | 面膜 | 311 | 10 | 趨勢 | 84 | 20 | 關注 | 47 |
| 1 | 商品 | 243 | 11 | 消費 | 79 | 21 | 今年 | 46 |
| 2 | 消費者 | 186 | 12 | 使用 | 75 | 22 | 敏感 | 46 |
| 3 | 產品 | 175 | 13 | 化妝品 | 70 | 23 | 全球 | 46 |
| 4 | 保養 | 141 | 14 | 疫情 | 67 | 24 | 影響 | 46 |
| 5 | 美妝 | 137 | 15 | 推出 | 55 | 25 | 發現 | 45 |
| 6 | 市場 | 136 | 16 | SOGO | 55 | 26 | 唇膏 | 44 |
| 7 | 品牌 | 125 | 17 | 新品 | 53 | 27 | 成為 | 44 |
| 8 | 彩妝 | 107 | 18 | 成分 | 52 | 28 | Etude | 44 |
| 9 | 肌膚 | 99 | 19 | 效果 | 47 | 29 | House | 44 |

詞頻的 AI Marketing 意義：

(1) 本資料庫內容是來自 2020 年有關國內外消費新聞的文章，其中「面膜」「美妝」「彩妝」是我們關注的詞，詞頻代表「大數據分析的趨勢」；如果你是百貨商場或網站的行銷人員，應該很容易看出產品趨勢，並判斷出本季的熱門產品是那些「項目」。

(2) 而「SOGO」仍是百貨業最夯的名詞，表示「SOGO」的行銷是最有效率，成功將品牌推到百貨名稱的第一名。也告訴產品行銷人員要去和「SOGO」產生連結，才會有好的知名度，也就是俗稱「蹭聲量」技巧。

(3) 如果往下看，出現了「Etude House」品牌名稱，這是韓國 K-Beauty 代表彩妝品牌，在 2020 年仍是「新聞熱門詞」；表示「Etude House」是個行銷活動可用的品牌名稱；如果你是購物網站的行銷人員，可以用「蹭品牌熱度」或是「交叉行銷」技巧來強化網站的熱度及效度，這樣做都是可行且有科學根據的專業作法。本書第四章、第六章還有其他 AI 工具，可用來「蹭品牌熱度」或是「交叉行銷」。

(4) 畫成互動圖更是一目了然：

```
import plotly.express as px
fig = px.bar(mostFrequentWords,x='Frequency',y='Word',
            title='The 30 words most mentioned in the Content',
            labels=dict(Frequency="出現次數", Word="中文分詞"),
            color='Frequency',barmode='stack',height=700)
```

```
fig.update_layout(
    paper_bgcolor='#0b1f65',
    plot_bgcolor='#0b1f65',
    font_family="Arial",font_color="white",
    title_font_family="Arial",title_font_color="white",
    legend_title_font_color="white",
    xaxis = {'showgrid': False,'zeroline': True, 'visible': True},
    yaxis = {'showgrid': False,'zeroline': True,'visible': True})
fig.show()
```

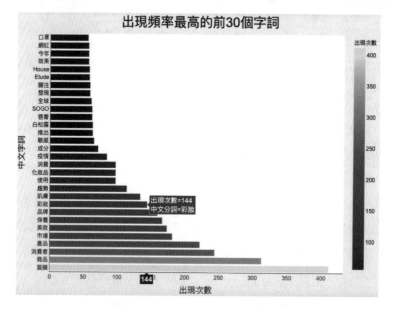

(5) 互動圖可看出，「**Etude House**」拆分成二個詞「**Etude**」和「**House**」，如果二個詞加起來可進入前十名；即所有消費新聞的前十名，與時下最夯詞「彩妝」「疫情」等聲量差不多，可見其品牌知名度。這是詞頻的互動圖的結果。

## 9. 詞性分析：使用 pseq 進行詞性標記

```
import jieba.posseg as pseg
words = pseg.cut(total_text)
for word, flag in words:
    print("詞：%s\t詞性:  %s" % (word,flag))
```

```
詞：黑白      詞性：  A
詞：為主      詞性：  Vi
詞：價位      詞性：  N
詞：親民      詞性：  Vi
詞：好        詞性：  Vi
詞：入手      詞性：  Vi
詞：像是      詞性：  v
詞：唇彩      詞性：  N
詞：約        詞性：  ADV
詞：落在      詞性：  Vt
詞：台幣      詞性：  N
詞：400      詞性：  m
詞：即使      詞性：  C
詞：高度      詞性：  A
詞：遮瑕      詞性：  N
詞：依然      詞性：  ADV
詞：能夠      詞性：  ADV
詞：保濕      詞性：  Vi
詞：乾燥      詞性：  Vi
詞：妝效      詞性：  N
```

詞性分析的結果：

詞性是關鍵字提取時的前置功能，行銷人員或 AI 人員在進行關鍵字提取時，應先進行詞性分析：

(1)  先行分離不需要的「專有名詞」：如果眾多文章中「iPhone」出現在標題次數最多，如果要找出銷售「iPhone」的關鍵字，就應先排除「iPhone」才是正確的關鍵字提取方法。

(2)  如果要提取的關鍵字是數字：例如想知道大家如何為 iPhone 12 定價，只要做數量詞（m）的詞性分析即可。

(3)  如果要提取的關鍵字是地名：例如想知道大家如何在那裡購買 iPhone 12，你只想知道是台北人還是高雄人，只要做名詞（N）的詞性分析即可。

## 10. 深度分析詞頻：使用更科學性的 TF-IDF 和 TextRank 演算法找出重要關鍵字。

(1)  TF-IDF 權重法：

TF-IDF 優點在原理簡單易使用。 TF-IDF 的理論是，如果某個「詞」（或「短語」）在某一篇文章中出現的頻率 TF 高，並且該詞在其他文章中很少出現，則此「詞」具有很好的區分能力，適合用來作分類指標。

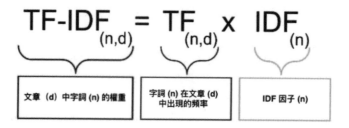

使用 TF-IDF 方法：jieba.analyse.extract_tags(total_text, topK=20,withWeight=True

- sentence：為待提取關鍵字的文章。
- topK 為返回幾個 TF/IDF 權重最大的關鍵詞，初始值為 20。
- withWeight：是否一併返回關鍵詞權重值，初始值為 False。
- llowPOS：指定詞性的詞，初始值為空，即不指定。如果要指定「名詞＋形容詞＋動詞＋副詞」，allowPOS=('nb','n','nr', 'ns','a','ad','an','nt','nz','v','d')。
- jieba.analyse.TFIDF(idf_path=None)：建 TFIDF 實例，idf_path 為 IDF 頻率文件。

程式如下：

```
tags = jieba.analyse.extract_tags(total_text, topK=20,withWeight=True)
for tag in tags:
    print("word：%s\t TF-IDF: %f \t " % (tag[0],tag[1]))
```

| | Word | Frequency |
|---|---|---|
| 0 | 面膜 | 312 |
| 1 | 商品 | 239 |
| 2 | 消費者 | 186 |
| 3 | 產品 | 173 |
| 4 | 保養 | 140 |
| 5 | 市場 | 138 |
| 6 | 美妝 | 137 |
| 7 | 品牌 | 119 |
| 8 | 彩妝 | 107 |
| 9 | 肌膚 | 99 |

```
word: 面膜 tf-idf: 0.1588663032347131
word: 消費者 tf-idf: 0.11695086285906485
word: 產品 tf-idf: 0.108776877782052806
word: 保養 tf-idf: 0.08802753118424236
word: 市場 tf-idf: 0.08676999502446747
word: 美妝 tf-idf: 0.08614122694458003
word: 彩妝 tf-idf: 0.06727818454795666
word: 商品 tf-idf: 0.06643538974119287
word: 肌膚 tf-idf: 0.0622480399088571
word: 趨勢 tf-idf: 0.052816518710545414
word: 消費 tf-idf: 0.05093021447088308
word: 2020 tf-idf: 0.043384997512233736
word: 化妝品 tf-idf: 0.0414986932725714
word: 品牌 tf-idf: 0.037775378637616895
word: SOGO tf-idf: 0.03395347631392205
word: 關注 tf-idf: 0.029552099754709935
word: 疫情 tf-idf: 0.028496221377481198
word: 成為 tf-idf: 0.028294563594935044
word: 發現 tf-idf: 0.028294563594935044
word: Etude tf-idf: 0.0276657955150476
```

TF-IDF 的關鍵字提取結果：

- 和前面「詞頻」的結果不同，「詞頻」是出現次數，而 **TF-IDF** 是文章比對後的絕對關鍵字，**TF-IDF** 代表該詞在文章中的地位，不是次數。
- 本例是將所有「國內、國際、消費」新聞內容（**Content**）的文章整合成一篇文章後，再針對「詞」的重要性，用**權重的方式計算出來的**「**關鍵字**」。

(2)　TextRank 關聯法：

Google 搜索的核心算法是 PageRank。基本原理是對具有許多鏈接的頁面給予高分。它描述了 TextRank，它對文本分析上也用了類似的方法。

如果位於左右兩側的某個區域中，則確定鏈接已連接。這樣，圖形就可以通過單詞或句子連接起來，併計算出重要性。TextRank 可以用於關鍵字或句子摘要。

演算步驟：

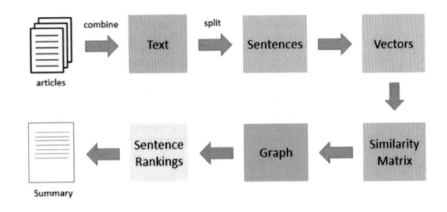

① 把文章整合成文字資料。
② 把文字分割成句子。
③ 為每個句子找到詞向量。
④ 計算詞向量間的相似性並放在矩陣中。
⑤ 將相似矩陣轉換為以句子為節點、相似性得分為邊的圖結構，用於句子 TextRank 計算。
⑥ 一定數量的排名最高的句子構成最後的摘要。

使用 TextRank 方法：jieba.analyse.textrank(total_text, topK=20,withWeight=True)

程式如下：

```
# jieba.analyse.TextRank() 新建自定義 TextRank 實例
jieba.analyse.textrank(total_text, topK=20, withWeight=False,
               allowPOS=('nb','n','nr', 'ns','a','ad','an','nt','nz','v','d'))
for x, w in jieba.analyse.textrank(total_text, withWeight=True):
    print("word： %s\t textrank:  %f \t " % (x,w))
```

```
word： 美妝      tf-idf: 0.243862
word： 市場      tf-idf: 0.227235
word： 趨勢      tf-idf: 0.182896
word： 保養      tf-idf: 0.177354
word： 彩妝      tf-idf: 0.160727
word： 消費者    tf-idf: 0.155185
word： 化妝品    tf-idf: 0.133015
word： 面膜      tf-idf: 0.125671
word： 2020     tf-idf: 0.121931
word： 消費      tf-idf: 0.105304
word： 唇膏      tf-idf: 0.092253
word： 2021     tf-idf: 0.088677
word： CBD      tf-idf: 0.083135
word： 升溫      tf-idf: 0.077592
word： 品牌      tf-idf: 0.069952
word： 台灣      tf-idf: 0.060965
word： 產品      tf-idf: 0.055423
word： 話題      tf-idf: 0.055423
word： 外套      tf-idf: 0.051234
word： 哪些      tf-idf: 0.049925
```

TextRank 的關鍵字提取結果：

- 和前面「詞頻」的結果不同，和 TF-IDF 也大不相同；「詞頻」是出現次數，而 TF-IDF 是文章比對後的絕對關鍵字；而 TextRank 代表該詞在各文章中的關聯性，既不是次數也不是權重，而是關聯性。

- 本例是將所有「國內、國際、消費」新聞內容（Content）的文章整合成一篇文章後，再針對「詞」的重要性，用自動分段的方式將文章分成許多段落，再各自比較段落間的關聯性。依關聯性排名列出。

## 11. 詞雲：用 WordCloud 表現分詞的「詞頻」效果。

分詞後（token），進行字頻分析視覺化，詞雲 wordcloud 函式如下：

```
stopwords = set(STOPWORDS)

def show_wordcloud(data, font_path=font_path, title = None,mask=None,
Top_Position=2.5):
    wordcloud = WordCloud(
        background_color='white',
        stopwords=stopwords,
        font_path=font_path,
        max_words=200,max_font_size=40,
        mask=mask, scale=5,
        random_state=1).generate(" ".join(data))

    fig = plt.figure(1, figsize=(15,10))
    plt.axis('off')
    if title:
        prop = fm.FontProperties(fname=font_path)
        fig.suptitle(title, fontsize=40, fontproperties=prop)
        fig.subplots_adjust(top=Top_Position)
    plt.imshow(wordcloud)
    plt.show()
```

詞頻結果，放入圖形顯示：

```
from PIL import Image
mask = np.array(Image.open("ContentAnalysis/Mask3.png"))
def transform_format(val):
    if val == 0:
        return 255
    else:
        return val
transformed_wine_mask = np.ndarray((mask.shape[0],mask.shape[1]), np.int32)
for i in range(len(mask)):
    transformed_wine_mask[i] = list(map(transform_format, mask[i]))
# 產生文字雲（請特別注意要加上字形檔，否則會產生亂碼）
stopwords = set(STOPWORDS)
def show_wordcloud_WindMask(data, font_path=font_path, title = None):
    wordcloud = WordCloud(
        background_color='white',stopwords=stopwords,
        font_path=font_path,mask=transformed_wine_mask,
        contour_width=10,contour_color='firebrick',
```

```
        max_words=200,max_font_size=60, scale=5,random_state=42,
    ).generate(" ".join(data))
```

```python
from wordcloud import WordCloud, STOPWORDS
import matplotlib.font_manager as fm
# 產生文字雲（請特別注意要加上字形檔，否則會產生亂碼）
font_path = 'NLP_chinese/SourceHanSansCN/SourceHanSansCN-Regular.otf'
prop = fm.FontProperties(fname=font_path)
stopwords = set(STOPWORDS)

def show_wordcloud(data, font_path=font_path, title = None):
    wordcloud = WordCloud(background_color='white',
        stopwords=stopwords,
        font_path=font_path,
        contour_width=3,contour_color='firebrick',
        max_words=200,max_font_size=60,
        scale=5,random_state=42,relative_scaling=0
    ).generate(" ".join(data))
    fig = plt.figure(1, figsize=(15,10))
    plt.axis('off')

    if title:
        prop = fm.FontProperties(fname=font_path)
        fig.suptitle(title, fontsize=40, fontproperties=prop)
        fig.subplots_adjust(top=2.5)
    plt.imshow(wordcloud,interpolation='bilinear')
    plt.show()
```

Prevalent words in headline, tag=國內

## 12. 用機器學習演算法來訓練中文分詞的辨識

(1) 分割資料成訓練集和測試集

```
train_df, test_df = train_test_split(data_clean, test_size = 0.2, random_state = 42)
```

(2) CountVectorizer（特徵提取）

- 在文字分類中，通常要進行特徵提取；特徵提取很重要，會直接影響文字分類模型的好壞，即分類的準確性。
- 文字的特徵需自行創建，常用的有 n-gram 模型，ti-idf 模型。但這些模型的特點是資料分佈太稀疏了。一般情況下需要降維，如 SVD，其實很多模型也可以用來進行特徵選擇。如決策樹、L1 正則也可以用來進行特徵選擇。
- 將「文字檔」轉換成數字的「稀疏矩陣」。內部的演算方法為 scipy.sparse.csr_matrix 模組。
- 本範例的 CountVectorizer 模組，幾乎沒用任何的參數和方法，但依然能做到好的【文章→詞向量稀疏矩陣】效果。

```
def count_vect_feature(feature, df, max_features=5000):
    start_time = time.time()
    cv = CountVectorizer(max_features=max_features,
                         ngram_range=(1, 1),
                         stop_words='english')
    X_feature = cv.fit_transform(df[feature])
    print('Count Vectorizer `{}` completed in {} sec.'.format(feature,
round(time.time() - start_time,2)))
    return X_feature, cv
```

```
X_headline, cv = count_vect_feature('headline', train_df, 20000)
```

```
X_content, cv = count_vect_feature('content', train_df, 30000)
```

(3) 將訓練集再分割成 ML 要用的訓練集和驗證集

```
target ='tag'
X = X_content
y = train_df[target].values
```

```
train_X, valid_X, train_y, valid_y = train_test_split(X, y, test_size = 0.2,
random_state = 42)
```

## (4) 機器學習：SVC Model (with linear kernel)

### ① 建模

```
clf_nb = SVC(fit_prior='true')
clf_nb = clf_nb.fit(train_X, train_y)
```

### ② 模型驗證（Model validation）：SVC Model (with linear kernel)

```
predicted_valid = clf_svc.predict(valid_X)
prediction_acc = np.mean(predicted_valid == valid_y)
prediction_f1_score = f1_score(valid_y, predicted_valid, average='weighted')
prediction_recall = recall_score(valid_y, predicted_valid, average='weighted')
print("SVC Model (with linear kernel) Valid:
\n=======================================================")
print(f"Feature: {target} \t| Prediction accuracy: {prediction_acc}")
print(f"Feature: {target} \t| Prediction F1-score: {prediction_f1_score}")
print(f"Feature: {target} \t| Prediction recall: {prediction_recall}")
print(classification_report(valid_y, predicted_valid))
```

結果如下：

```
SVC Model (with linear kernel) Valid:
=======================================================
Feature: tag   | Prediction accuracy: 0.9090909090909091
Feature: tag   | Prediction F1-score: 0.9082446082446083
Feature: tag   | Prediction recall: 0.9090909090909091


              precision    recall   f1-score    support
     國內        0.88        1.00      0.93          7
     國際        0.94        0.84      0.89         19
     消費        0.89        0.94      0.92         18

  accuracy                            0.91         44
 macro avg       0.90        0.93      0.91         44
weighted avg     0.91        0.91      0.91         44
```

(5) 機器學習：MultinomialNB model

① 建模

```
clf_nb = MultinomialNB(fit_prior='true')
clf_nb = clf_nb.fit(train_X, train_y)
```

② 模型驗證（Model validation）：MultinomialNB model

```
predicted_valid = clf_nb.predict(valid_X)
prediction_acc = np.mean(predicted_valid == valid_y)
prediction_f1_score = f1_score(valid_y, predicted_valid, average='weighted')
prediction_recall = recall_score(valid_y, predicted_valid, average='weighted')
print("MultinomialNB Valid:
\n=====================================================")
print(f"Feature: {target} \t| Prediction accuracy: {prediction_acc}")
print(f"Feature: {target} \t| Prediction F1-score: {prediction_f1_score}")
print(f"Feature: {target} \t| Prediction recall: {prediction_recall}")
print(classification_report(valid_y, predicted_valid))
```

結果如下：

```
MultinomialNB Valid:
=====================================================
Feature: tag  | Prediction accuracy: 0.8409090909090909
Feature: tag  | Prediction F1-score: 0.8531565656565657
Feature: tag  | Prediction recall: 0.8409090909090909
                 precision    recall  f1-score   support
         國內        0.54      1.00      0.70         7
         國際        0.94      0.84      0.89        19
         消費        1.00      0.78      0.88        18

   accuracy                            0.84        44
  macro avg        0.83      0.87      0.82        44
weighted avg       0.90      0.84      0.85        44
```

(6) 結論：用機器學習演算法來訓練中文分詞的辨識

我們用了二個模組：MultinomialNB (based on Naive Bayes)、SCV(based on SVM)。
SVC model 準確率較好：(weighted、macro average scores、recall、f1-score and corresponding scores per class) SVC model 均較 MultinomialNB 好。

# A-8 用 NLP 進行「客戶心理分析」（Tendency Modeling）

（程式名：Tendency_Modeling.ipynb）

用人工智慧進行「客戶心理分析（Psycho Modeling）」的原理如下：

- MBTI（Myers-Briggs Type Indicator）是根據客戶的留言文字及購買記錄進行大數據分析，資料是從眾多的社群平台留言資料取得，用文字解析的方式來拆解客戶的個性傾向，將一般人分為 16 個不同的個性。
- 這樣的分析工具，早已大量使用在全美百大企業的面試中。面試官除了想知道你是否具有工作技能外，更想知道你是否可以融合在團隊中，如魚得水般的自在工作。

## 1. 引入程式庫

```
import pandas as pd
import numpy as np
import seaborn as sns
import matplotlib.pyplot as plt
from pylab import rcParams
from matplotlib.pyplot import imread
from wordcloud import WordCloud, STOPWORDS

import re
import string
from sklearn.feature_extraction.text import CountVectorizer, TfidfTransformer
from sklearn.preprocessing import LabelEncoder
from sklearn.linear_model import LogisticRegression
from sklearn.model_selection import train_test_split, RandomizedSearchCV,
GridSearchCV, StratifiedKFold
from xgboost import XGBClassifier,plot_importance
from sklearn.metrics import accuracy_score, roc_auc_score
from sklearn.feature_selection import SelectFromModel
from itertools import compress
# 忽略警示文字
import warnings
warnings.filterwarnings('ignore')
```

## 2. 讀取資料

這是 MBTI 整理的文章與其個性類型的對照檔,用於人工智慧(行銷學、心理學)分析用;即文章內容 posts 的寫作者類型為 type 共有 9000 個文章與個性類型。

```
df = pd.read_csv('MBTI/mbti.csv')
pd.set_option('display.max_colwidth', 80)    #顯示欄位寬度
print(df.head(15)  )

print("*"*90)
print(df.info())
```

## 3. 字元及變數分析：針對每個文章作字詞數及字數變數分析

創建新特徵：

- 「words_per_comment」：每個文章中的字詞數。
- 「variance_of_word_counts」：字數變數。

```
def var_row(row):
    l = []
    for i in row.split('|||'):
        l.append(len(i.split()))
    return np.var(l)
df['words_per_comment'] = df['posts'].apply(lambda x: len(x.split()))
df['variance_of_word_counts'] = df['posts'].apply(lambda x: var_row(x))
```

視覺呈現程式如下：

```
plt.figure(figsize=(18,8), dpi= 300)
plt.yticks(size=18)
plt.xticks(size=18)
plt.xlabel('type',size=25)
plt.ylabel('words_per_comment',size=25)
sns.violinplot(x='type', y='words_per_comment', data=df, inner=None, color='lightgray')
sns.stripplot(x='type', y='words_per_comment', data=df, size=4, jitter=True)
plt.title('Type distribution by words_per_comment',size=30, color='blue')
plt.savefig('mbti/mbti_posts_length.png')
plt.show()
```

視覺呈現結果如下：

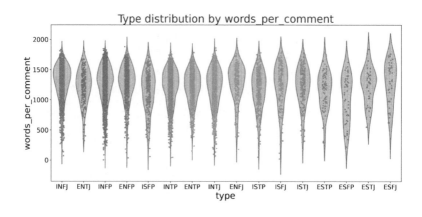

從圖形上看，每個個性類型所根據的文章並沒有形態差異，應可證明「個性類型」唯一的根據是「內容」。

個性類型總數，視覺呈現程式如下：

```
plt.figure(figsize=(18,8), dpi= 300)
plt.yticks(size=18)
plt.xticks(size=18)
plt.xlabel('Personality types',size=25)
plt.ylabel('Number of posts available',size=25)
g=plt.bar(np.array(total.index), height = total['type'],)
for p in g:      #（以Bar的高及寬來調整Text的位置）
    height = p.get_height()
    plt.text(p.get_x() + p.get_width()/2.0, height, '%d' % int(height),
ha='center', va='bottom',size=20)
plt.title('Total posts for each personality type',size=30, color='blue')
```

結果如下：

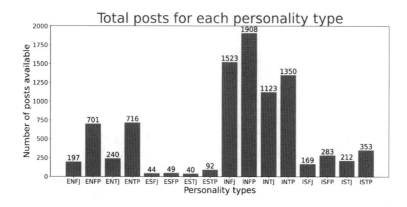

## 4. 字元及變數分析：迴歸相關性分析

```
fig = plt.figure(figsize=(18,8), dpi= 300);

i = df['type'].unique()
k = 0
for m in range(0,2):
    for n in range(0,6):
        df1 = df[df['type'] == i[k]]
```

```
        sns.jointplot("variance_of_word_counts", "words_per_comment", data=df1,
kind="hex")
        sns.jointplot("variance_of_word_counts", "words_per_comment", data=df1,
kind="reg")
        plt.title(i[k])
        k+=1
```

字元出現頻率,以「詞雲」(Word Cloud)呈現,程式如下:

```
text = ' '.join(df['posts'])  # Read the whole text.
#Generate a word cloud image
stopwords = STOPWORDS
wordcloud = WordCloud(background_color='white', width=800, height=400, stopwords=
stopwords, max_words=200, repeat=False, min_word_length=4).generate(text)
# Display the generated image:
plt.figure(figsize=(18,10))
plt.imshow(wordcloud, interpolation='bilinear')
plt.axis('off')
sns.set_context('talk')
plt.title('Read the whole text:Most common words', fontsize=25)
plt.savefig('MBTI/mbti_cloud.png')
plt.show()
```

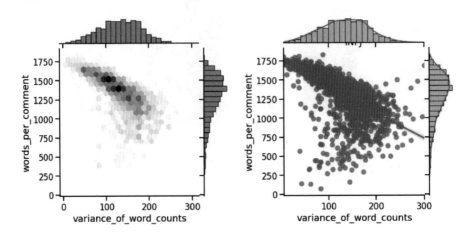

字元出現頻率，以「詞雲」（Word Cloud）呈現，結果如下：

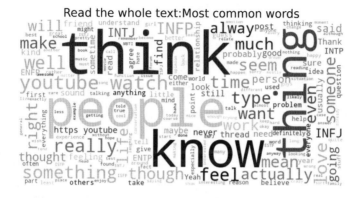

## 5.「個性類型」分析：

先標記化（tokenizing），可看到在文章中有些單詞比其他單詞出現的頻率更高。接下來進行「個性類型」分析。程式如下：

```
df['seperated_post'] = df['posts'].apply(lambda x: x.strip().split("|||")) #標記化
(tokenizing)
df['num_post'] = df['seperated_post'].apply(lambda x: len(x)) #「個性類型」分析
df.tail()
```

結果如下：

| | type | posts | words_per_comment | variance_of_word_counts | seperated_post | num_post |
|---|---|---|---|---|---|---|
| 8995 | ISFP | 'https://www.youtube.com/watch?v=t8edHB_h908|||IxFP just because... | 796 | 125.3300 | ['https://www.youtube.com/watch?v=t8edHB_h908, IxFP just because... | 50 |
| 8996 | ENFP | 'So...if this thread already exists someplace else (which it doe... | 1309 | 125.6144 | ['So...if this thread already exists someplace else (which it do... | 50 |
| 8997 | INTP | 'So many questions when i do these things. I would take the pur... | 948 | 169.7764 | ['So many questions when i do these things. I would take the pu... | 50 |
| 8998 | INFP | 'I am very conflicted right now when it comes to wanting childre... | 1705 | 57.0336 | ['I am very conflicted right now when it comes to wanting childr... | 50 |
| 8999 | INFP | 'It has been too long since I have been on personalitycafe - alt... | 1361 | 155.9200 | ['It has been too long since I have been on personalitycafe - al... | 50 |

(1) 每個文章都依詞性進行個性分類完成後，可進一步分析詞雲與個性類型的相關性。

(2) 詞性是先以英文（若有中文文章亦先轉換成英文）詞性做分類。

## 6. 用 AI 演算法，進行 MBTI「個性類型」分析：

```
df1=df
df1['id'] = df.index
expanded_df = pd.DataFrame(df1['seperated_post'].tolist(), index=df1['id']).
stack().reset_index(level=1, drop=True).reset_index(name='idposts')
cleaned_df=[]#欄位整理
cleaned_df = expanded_df.groupby('id')['idposts'].apply(list).reset_index()
df1['clean_post'] = cleaned_df['idposts'].apply(lambda x: ' '.join(x))
df1.head()
```

| | type | posts | words_per_comment | variance_of_word_counts | seperated_post | num_post | youtube |
|---|---|---|---|---|---|---|---|
| 0 | INFJ | 'It is very annoying to be misinterpreted. Especially with regar... | 1101 | 167.4800 | ['It is very annoying to be misinterpreted. Especially with rega... | 50 | 11 |
| 1 | ENTJ | 'Now I'm interested. But too lazy to go research it, because it'... | 1192 | 157.7476 | ['Now I'm interested. But too lazy to go research it, because it... | 50 | 0 |
| 2 | INFP | '45016 urh sorry uh. couldn't resist.\|\|all of you enfjs, please... | 652 | 143.6875 | ['45016 urh sorry uh. couldn't resist., all of you enfjs, please... | 28 | 1 |
| 3 | ENTJ | 'Still going strong at just over the two year mark. I have made ... | 1086 | 198.7300 | ['Still going strong at just over the two year mark. I have made... | 50 | 2 |
| 4 | INFP | 'Personally, I was thinking this would be more of an SJ type job... | 1097 | 186.9136 | ['Personally, I was thinking this would be more of an SJ type jo... | 50 | 2 |

```
plt.figure(figsize=(18,8), dpi= 300)
plt.yticks(size=18)
plt.xticks(size=18)
plt.xlabel('Personality types',size=25)
plt.ylabel('Number of Youtube',size=20)
sns.violinplot(x='type',y='youtube',data=df)
plt.title('Total Youtube posts for each personality type',size=30, color='blue')
plt.show()
```

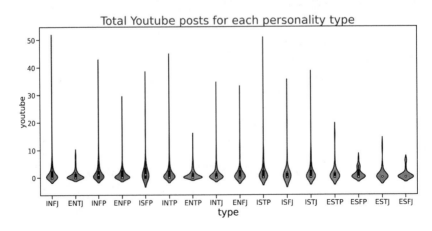

## 7. AI 建模（CountVectorizer）：

(1) **CountVectorizer** 是常見的特徵數值計算類，是文字特徵提取方法。即「對於每一個訓練文字，只考慮該詞彙在該訓練文字中出現的頻率」。

(2) **CountVectorizer** 會將文字中的詞語轉換為詞頻矩陣，它經由 fit_transform 函式計算各個詞語出現的次數。

```
stpwrdpath = "MBTI/Jieba_Stops_with_MBTI_Specifical_Words.txt"    #匯入停用詞表
with open(stpwrdpath, 'rb') as fp:
    stopword = fp.read().decode('utf-8')   # 提用詞提取
stpwrdlst = stopword.splitlines()                  #將停用詞表轉換為list
# 建模：建立1500個非常用詞或MBTI個性用詞，出現時間為0.1-0.7。
vectorizer = CountVectorizer(max_features=1500,stop_words=stpwrdlst,analyzer=
            "word", max_df=0.8,min_df=0.1)
```

```
print("CountVectorizer...")
corpus = df1['clean_post'].values.reshape(1,-1).tolist()[0]
vectorizer.fit(corpus)
X_cnt = vectorizer.fit_transform(corpus)
X_cnt
print("TD-IFD....")
tfizer = TfidfTransformer()
tfizer.fit(X_cnt)
X = tfizer.fit_transform(X_cnt).toarray()
X.shape
```

```
(9000, 901)
```

MBTI 心理面向分類結果：

```
all_words = vectorizer.get_feature_names()
n_words = len(all_words)
df1['mind'] = df1['type'].apply(lambda X: 1 if X[0] == 'E' else 0)
df1['information'] = df1['type'].apply(lambda X: 1 if X[1] == 'S' else 0)
df1['decision'] = df1['type'].apply(lambda X: 1 if X[2] == 'T' else 0)
df1['structure'] = df1['type'].apply(lambda X: 1 if X[3] == 'J' else 0)
df1.tail(10)
```

| | type | clean_post | mind | information | decision | structure |
|---|---|---|---|---|---|---|
| 8990 | ENTP | 'This test wasn't even close on my gender, age, or MBTI type. In... | 1 | 0 | 1 | 0 |
| 8991 | INTJ | 'Highly recommend this to those who wants to try listening to As... | 0 | 0 | 1 | 1 |
| 8992 | ENTP | 'I think generally people experience post trauma in a very simil... | 1 | 0 | 1 | 0 |
| 8993 | INTJ | 'Here's a planned stress relieving activity that will only work ... | 0 | 0 | 1 | 1 |
| 8994 | INFJ | 'I'm not sure about a method for picking out INFJ musical artist... | 0 | 0 | 0 | 1 |
| 8995 | ISFP | 'https://www.youtube.com/watch?v=t8edHB_h908 IxFP just because I... | 0 | 1 | 0 | 0 |
| 8996 | ENFP | 'So...if this thread already exists someplace else (which it doe... | 1 | 0 | 0 | 0 |
| 8997 | INTP | 'So many questions when i do these things. I would take the pur... | 0 | 0 | 1 | 0 |
| 8998 | INFP | 'I am very conflicted right now when it comes to wanting childre... | 0 | 0 | 0 | 0 |
| 8999 | INFP | 'It has been too long since J have been on personalitycafe - alt... | 0 | 0 | 0 | 0 |

## 8. AI 訓練：用 xgboost 模型，建立函式 sub_classifier，以便反覆使用

```
X_df = pd.DataFrame.from_dict({w: X[:, i] for i, w in enumerate(all_words)})
def sub_classifier(keyword):
    y_f = df1[keyword].values
    X_f_train, X_f_test, y_f_train, y_f_test = train_test_split(X_df, y_f,
stratify=y_f)
    f_classifier = XGBClassifier()
    print(">>> Train classifier ... ")
    f_classifier.fit(X_f_train, y_f_train,early_stopping_rounds = 10, eval_metric
="logloss",
                    eval_set=[(X_f_test, y_f_test)], verbose=False)
    print(">>> Finish training")
    print("%s:" % keyword, sum(y_f)/len(y_f))
    print("Accuracy %s" % keyword, accuracy_score(y_f_test, f_classifier.
predict(X_f_test)))
    print("AUC%s"%keyword,roc_auc_score(y_f_test,f_classifier.predict_proba(X_f_
test)[:,1]))
    return f_classifier
```

MBTI 四個面向，分別進行 AI 演算法 xgboost 訓練：

```
mind_classifier = sub_classifier('mind')
```

```
>>> Train classifier ...
>>> Finish training
mind: 0.231
Accuracy mind：0.7786666666666666
AUC mind：0.6982959092930192
```

```
information_classifier = sub_classifier('information')
```

```
>>> Train classifier ...
>>> Finish training
information: 0.138
Accuracy information: 0.8622222222222222
AUC information: 0.681664449617559
```

```
decision_classifier = sub_classifier('decision')
```

```
>>> Train classifier ...
>>> Finish training
decision: 0.45844444444444443
Accuracy decision: 0.736
AUC decision: 0.8105270108578048
```

```
str_classifier = sub_classifier('structure')
```

```
>>> Train classifier ...
>>> Finish training
structure: 0.3942222222222222
Accuracy structure: 0.656
AUC structure: 0.6931118024187312
```

AI 演算法 xgboost 訓練，視覺化（圓餅圖）呈現：

```
plt.figure(figsize=(18,8), dpi= 300)
plt.subplots_adjust(wspace = 0.2)
ax1 = plt.subplot(2, 2, 1)
plt.pie([sum(df1['mind']),
        len(df1['mind']) - sum(df1['mind'])],labels = ['Extrovert', 'Introvert'],
        explode = (0, 0.1),autopct='%1.1f%%')
ax2 = plt.subplot(2, 2, 2)
plt.pie([sum(df1['information']),
        len(df1['information']) - sum(df1['information'])],labels = ['Sensing',
```

```
'Intuition'],
       explode = (0, 0.1),autopct='%1.1f%%')
ax3 = plt.subplot(2, 2, 3)
plt.pie([sum(df1['decision']),
       len(df1['decision']) - sum(df1['decision'])],labels = ['Thinking', 'Feeling'],
       explode = (0, 0.1),autopct='%1.1f%%')
ax4 = plt.subplot(2, 2, 4)
plt.pie([sum(df1['structure']),
       len(df1['structure']) - sum(df1['structure'])],labels = ['Judging',
'Perceiving'],
       explode = (0, 0.1),autopct='%1.1f%%')
plt.show()
```

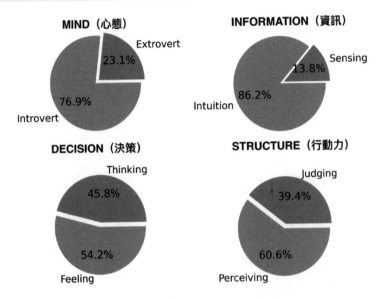

### 9. 實例：以「川普 2020.12.02 演講」為例，分析川普的「個性類型」

```
test_string=''
with open('MBTI/Trump20201203Speech.txt', 'r') as fileinput:
    for line in fileinput:
        line = line.lower()
        test_string=test_string+line
print(test_string)    #列出整理後的演講文章
```

thank you. this may be the most important speech i've ever made. i want to provide an update on our ongoing efforts to expose the tremendous voter fraud and irregularities which took place during the ridiculously long november 3rd elections. we used to have what was called, election day. now we have election days, weeks, and months, and lots of bad things happened during this ridiculous period of time, especially when you have to prove almost nothing to exercise our greatest privilege, the right to vote. as president, i have no higher duty than to defend the laws and the constitution of the united states. that is why i am determined to protect our election system, which is now under coordinated assault and siege.

字頻分析（wordclooud）：

```
stopwords = STOPWORDS
wordcloud = WordCloud(background_color='white', width=800, height=400,
stopwords=stopwords, max_words=200, repeat=False, min_word_length=4).
generate(test_string)
plt.figure(figsize=(18,10)) # Display the generated image:
plt.imshow(wordcloud, interpolation='bilinear')
plt.axis('off')
sns.set_context('talk')
plt.title('trump (2020.12.02) Speech:Most common words', fontsize=35)
plt.savefig('MBTI/mbti_cloud-Trump.png')
plt.show()
```

trump (2020.12.02) Speech:Most common words

放入模型，分析川普的個性類型：

```
final_test = tfizer.transform(vectorizer.transform([test_string])).toarray()
test_point = pd.DataFrame.from_dict({w: final_test[:, i] for i, w in
enumerate(all_words)})
mind_classifier.predict_proba(test_point) #[I, E]
```

array([[0.8536196, 0.1463804]], dtype=float32)

```
information_classifier.predict_proba(test_point) #[N,S]
```

array([[0.8484547 , 0.15154526]], dtype=float32)

```
decision_classifier.predict_proba(test_point) #[F,T]
```

array([[0.44057918, 0.5594208 ]], dtype=float32)

```
str_classifier.predict_proba(test_point) #[P,J]
```

array([[0.5733417, 0.4266583]], dtype=float32)

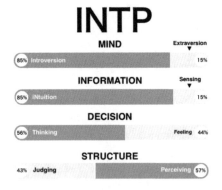

## 10. 實例：以「歐巴馬 2008.11.05 演講」為例，分析歐巴馬的「個性類型」

```
test_string=''
with open('MBTI/ObamaSpeech.txt', 'r') as fileinput:
    for line in fileinput:
        line = line.lower()
        test_string=test_string+line
print(test_string) #列出整理後的演講文章
```

```
my fellow citizens:
i stand here today humbled by the task before us, grateful for the trust you
have bestowed, mindful of the sacrifices borne by our ancestors.
i thank president bush for his service to our nation, as well as the generosity
and cooperation he has shown throughout this transition.
各位同胞：
今天我站在這裡，為眼前的重責大任感到謙卑，對各位的信任心懷感激，對先賢的犧牲銘記在心。我要謝謝
布希總統為這個國家的服務，也感謝他在政權轉移期間的寬厚和配合。
```

字頻分析（wordcloud）：

```
stopwords = STOPWORDS
wordcloud = WordCloud(background_color='white', width=800, height=400, stopwords=
stopwords, max_words=200, repeat=False, min_word_length=4).generate(test_string)
plt.figure(figsize=(18,10)) # Display the generated image:
plt.imshow(wordcloud, interpolation='bilinear')
plt.axis('off')
sns.set_context('talk')
plt.title('trump (2020.12.02) Speech:Most common words', fontsize=35)
plt.savefig('MBTI/mbti_cloud-0月日一日.png')
plt.show()
```

Biden (2021/01/20) Speech:Most common words

放入模型，分析歐巴馬的個性類型：

```
final_test = tfizer.transform(vectorizer.transform([test_string])).toarray()
test_point = pd.DataFrame.from_dict({w: final_test[:, i] for i, w in
enumerate(all_words)})
mind_classifier.predict_proba(test_point) #[I, E]
```

array([[0.87622005, 0.12377994]], dtype=float32)

```
information_classifier.predict_proba(test_point) #[N,S]
```

array([[0.8698361 , 0.13016388]], dtype=float32)

```
decision_classifier.predict_proba(test_point) #[F,T]
```

array([[0.5453033, 0.4546967]], dtype=float32)

```
str_classifier.predict_proba(test_point) #[P,J]
```

array([[0.5271907 , 0.47280934]], dtype=float32)

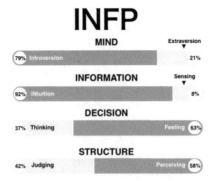

### 11. 實例：以「拜登 2021.01.20 就職演講」為例，分析拜登的「個性類型」

```
test_string=''
with open('MBTI/BidenSpeech.txt', 'r') as fileinput:
    for line in fileinput:
        line = line.lower()
        test_string=test_string+line
print(test_string)
```

> this is democracy's day.  a day of history and hope of renewal and resolve.
> through a crucible for the ages america has been tested anew and america has
> risen to the challenge.
> today, we celebrate the triumph not of a candidate, but of a cause, the cause of
> democracy.
> the will of the people has been heard and the will of the people has been
> heeded.
>
> 這是美國的一天，這是民主的一天，是歷史和希望的一天，是更新與決心的一天。美國幾個世代經過谷爐的
> 考驗之後，如今再次遭到試煉，而且已再次奮起應付挑戰。今天，我們慶祝的不是一位候選人的勝利，而是
> 一個奮鬥目標的勝利，是為民主的奮鬥。人民的意志被聽見了，人民的意志得到了關注。

字頻分析（wordcloud）：

```
stopwords = STOPWORDS
wordcloud = WordCloud(background_color='white', width=800, height=400, stopwords=
stopwords, max_words=200, repeat=False, min_word_length=4).generate(test_string)
plt.figure(figsize=(18,10)) # Display the generated image:
plt.imshow(wordcloud, interpolation='bilinear')
plt.axis('off')
sns.set_context('talk')
plt.title('trump (2020.12.02) Speech:Most common words', fontsize=35)
plt.savefig('MBTI/mbti_cloud-Biden.png')
plt.show()
```

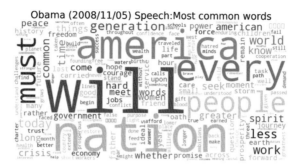

Obama (2008/11/05) Speech:Most common words

放入模型，分析拜登的個性類型：

```
final_test = tfizer.transform(vectorizer.transform([test_string])).toarray()
test_point = pd.DataFrame.from_dict({w: final_test[:, i] for i, w in
enumerate(all_words)})
mind_classifier.predict_proba(test_point) #[I, E]
```

array([[0.79036486, 0.20963512]], dtype=float32)

```
information_classifier.predict_proba(test_point) #[N,S]
```

array([[0.92042536, 0.07957463]], dtype=float32)

```
decision_classifier.predict_proba(test_point) #[F,T]
```

array([[0.62655075, 0.37349250]], dtype=float32)

```
str_classifier.predict_proba(test_point) #[P,J]
```

array([[0.58269000, 0.41731000]], dtype=float32)

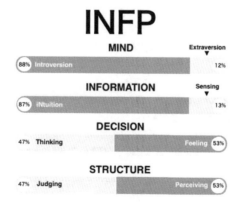

# A-9 用「討論度分析」找出目標客戶（Talk Trends）

（程式名：Talk_Trends.ipynb）

## 1. 網路新聞爬蟲

```python
# 以「自由時報新聞網」為例
import requests
from bs4 import BeautifulSoup

web = requests.get("https://news.ltn.com.tw/")
content = BeautifulSoup( web.text, "html.parser")
allTitle = content.select(".tit .title")
for i in allTitle:
    print("標題："+ i.text )
```

標題：「胸主動脈創傷」車禍後的隱形殺手　僅2成患者來得及送到醫院
標題：中職》稱台灣疫情嚴峻返鄉接種疫苗　富邦傑斯找到新東家了
標題：防止民眾混打疫苗 高市府：現場會有必要查核
標題：女子小腿不自然 「凹咖」3D導板手術成功矯正
標題：MLB》這位全明星將被交易... 大聯盟官網估7球員將換東家
標題：東台灣最強工程團隊新掌舵者上任 促南方澳跨港大橋如期完工
標題：花蓮被點名「吵著要自購疫苗卻接種最慢」 徐榛蔚大砲回擊
標題：正七人座旗艦 SUV 資訊曝光，外媒稱福斯 ID.8 開發中！
標題：嚇壞！夫妻遵「醫囑」到汽車旅館辦事 完事身上佛牌斷兩截
標題：夏天好熱猛洗臉？皮膚科醫師揭穿多數人都犯的「洗臉 6 大NG」
標題：反年改陳抗退役上校摔死「拔菜總部」總指揮被控阻救人獲判無罪確定
標題：中職》兄弟失去一門重砲 林智勝想發揮特長扛起
標題：啦啦隊女神睡覺也美！「性感床照」洩害羞私著 4萬人狂看
標題：聽男友說「疑有新兵確診」... 她上網問被當造謠法辦
標題：虎爺聖誕日 台南祀典興濟宮揪信眾「線上開趴」
標題：台積電赴日本投資設廠？　　劉德音：不排除
標題：中央撥補充足 台東縣喊卡不跟進自購BNT疫苗
標題：跑步慘輸找原因、想喝冰水自製保溫杯　陽明國小科學競賽包辦全國2、3名
標題：疫情限制旅行 行李箱商揭驚人進展
標題：勞工薪資少2成可領萬元紓困金 5萬人領到了
祝的不是一位候選人的勝利，而是一個奮鬥目標的勝利，是為民主的奮鬥。人民的意志被聽見了，人民的意志得到了關注。

```
# 以「TVBS新聞」為例
import requests
from bs4 import BeautifulSoup
web = requests.get("https://news.tvbs.com.tw/hot")
content = BeautifulSoup( web.text,"html.parser")
allTitle = content.select(".content_center_contxt_box_news .txt")
for i in allTitle[47:]:
    print("標題：" + i.text )
```

```
標題：林依晨突解散3年工作室「專心備孕」？　經紀人曝真相
標題：負面聲量奪六都之冠！柯文哲嘆：我是全台最大稻草人
標題：不斷更新／花蓮跟進「禁內用」！台灣本島全面逆時中
標題：富㚻昔緋聞！郁方過15年被告白「揪問題點」：有何誤會
標題：熱狗誘惑擋不住！　逛IKEA拉口罩偷吃一口恐罰1萬5
標題：新北無跟進「微解封」　鬆綁規定19日公布
標題：增十人打疫苗後死亡「2起莫德納」　70例解剖死因出爐
標題：噓！不要跟媽媽說　4歲龍鳳胎悶壞了竟私約出門玩
標題：屏東縣政策急轉彎　宣布「微解封」仍禁止內用
標題：慈濟簽好文件與鴻海、台積電採購BNT　陳時中：很順利
標題：「我被綁架，救我！」報案電話僅3秒鐘　警科技定位逮嫌犯
標題：不斷更新／微解封不同調　各縣市「內用措施」一次掌握
標題：逛國軍福利站見兩款「謎之罐頭」　老鳥狂推：吃就對了
標題：快訊／屏東Delta基因定序再增！　2人驗出變種病毒株
標題：預言三度應驗？5國接連出事　印度神童：最糟時間還沒到
標題：鄰居送2條魚！女跪求料理法　網友見到大驚：拿去還
標題：遇疫情遭開除、放無薪假　勞工紓困補助一次看
標題：故意唱〈我問天〉標記她！雞排妹撂狠話「肉搜2女主持」
標題：福原愛殘酷野心曝！「江宏傑很礙事」急離婚拚東奧復工
標題：師聯絡簿提醒孩「考試粗心」　家長回嗆內容遭酸爆
標題：公布微解封後就不管！柯文哲砲轟中央：非常不負責
```

## 2. Google News 爬蟲 前言

前置作業：pip install GoogleNews

(1) Google News 是 Google 提供的新聞平台，用瀏覽新聞推薦你『想看的新聞』，這是根據某種關聯式學習的結果。

(2) Google News 也是集中著網路上各式各樣的資料，它提供的是一個平台，可以看到 Google 所收集各式各樣不同立場的新聞言論。

(3) GoogleNews 是 Python 的開源套件，可以直接爬取 Google News 上搜尋關鍵字的新聞。

(4) 高手可以自己寫爬蟲來爬 Google News，不會在 Google News 的網頁版更新之後沒辦法運作。對不擅長爬蟲的人而言，這是一個相當棒的套件，讓我們可以簡單呼叫幾個指令便拿到 Google News 的新聞資訊。

```python
from GoogleNews import GoogleNews
googlenews = GoogleNews('cn')
googlenews.search('川普')
result = googlenews.gettext()
print(len(result))

for n in range(len(result)):
    print(n)
    print(result[n])
```

```
10
0
名家縱論／美國及台灣的「傲慢與偏見」 ｜ 聯合新聞網：最懂你 ...
1
川普小兒子「暴風抽高」突破200公分網驚：成為NBA球星 ...
2
拜登對大陸比川普更有狠招布局盟邦陣線擴大美國投資陸企黑 ...
3
川普15歲小兒子又長高了？目測超過200公分
4
WSJ白宮記者將出書爆料：川普、潘斯爭執互扔紙團
5
「政治黑客」 川普批老熟人州長候選人 (圖) － － 時事－ (移動版)
6
拜登對中國比川普更狠！佈局盟邦聯合陣線，持續打壓華為中興 ...
7
喬州州長坎普競選連任募款破紀錄｜ 大紀元
8
觀點投書：權力與價值觀─政治人物的課題
9
獨家破解！美國不支持台獨！推動的是上策？延續川普制裁港官 ...
```

## 3. 品牌網路聲量溫度計

(1) 針對運動鞋品牌：以英文（Nike、Adidas、Under Armour）進行最近一年「聲量溫度計」分析。

```
from GoogleNews import GoogleNews
import pandas as pd
from datetime import datetime, timedelta
from datetime import date
import time
googlenews = GoogleNews()
googlenews = GoogleNews(lang='ch')
googlenews.set_encode('utf-8')
#預設初值
startdate=['07/01/2020','2020/08/01','209/01/2020','10/01/2020','11/01/2020', '12/
01/2020','01/01/2021','02/01/2021','03/01/2021','04/01/2021','05/01/2021','06/01/2
021']
enddate=['07/31/2020','08/31/2020','09/30/2020','10/31/2020','11/30/2020',
'12/31/2020', '01/31/2021','02/28/2021','03/31/2021','04/30/2021','05/31/2021',
'06/30/2021']
s = date.today()
for i in range (12)   :
    startdate[i]=(s + timedelta(days=-365+i*(365/12))).strftime('%m/%d/%Y')
    enddate[i]=(s+timedelta(days=-365+(i*(365/12))+(365/12))).strftime('%m/%d/%Y')
Brands=['Nike','Adidas','Under Armour']
df = pd.DataFrame({'StartDate' : startdate[0],'EndDate' : enddate[0],'Period' :
str(startdate[0])+"~"+str(enddate[0]), 'Nike' : 0,'Adidas' : 0,'UnderArmor' :
0},index=[0])
df.drop(df.index, inplace=True)
```

```
print('網路「絕對聲量」尖端值（100000人次以上點閱數）計算中:')
for i in range(len(startdate)):
    periodtime = time.time()
    print("(",i+1,") 計算日期區間: ",startdate[i],' ~ ',enddate[i])
    googlenews.set_time_range(startdate[i],enddate[i])
    googlenews.search(Brands[0])
    NikeNo=googlenews.total_count()
    print("Nike 總數：",NikeNo)
    time.sleep(5)          # 暫停5秒
    googlenews.search(Brands[1])
```

```
    AdidasNo=googlenews.total_count()
    print("Adidas 總數：",AdidasNo)
    time.sleep(5)          # 暫停5秒
    googlenews.search(Brands[2])
    UnderArmorNo=googlenews.total_count()
    print("Under Armor 總數：",UnderArmorNo)
    time.sleep(5)          # 暫停5秒
    New = pd.DataFrame({'StartDate' : startdate[i],'EndDate' : enddate[i],
'Period' : str(startdate[i])+" ~"+str(enddate[i]), 'Nike' : NikeNo,'Adidas' :
AdidasNo,'UnderArmor' : UnderArmorNo},index=[0])
    df=df.append(New)
    endtime = time.time()
df.to_csv("TalkTrend/TalkTrend.csv", index=False, sep=',')
```

「聲量」統計結果如下：

```
網路「絕對聲量」尖端值（100000人次以上點閱數）計算中：

( 1 ) 計算日期區間：07/11/2020 ~ 08/10/2020    ( 7 ) 計算日期區間： 01/09/2021 ~ 02/08/2021
Nike 總數：173                                Nike 總數：229
Adidas 總數：131                              Adidas 總數：210
Under Armor 總數：38                          Under Armor 總數：53
本區間，搜尋並計算聲量費時：17.149225 秒          本區間，搜尋並計算聲量費時：17.351307 秒

( 2 ) 計算日期區間：08/10/2020 ~ 09/09/2020    ( 8 ) 計算日期區間： 02/08/2021 ~ 03/11/2021
Nike 總數：192                                Nike 總數：253
Adidas 總數：138                              Adidas 總數：170
Under Armor 總數：36                          Under Armor 總數：53
本區間，搜尋並計算聲量費時：17.217874 秒          本區間，搜尋並計算聲量費時：17.372256 秒

( 3 ) 計算日期區間：09/09/2020 ~ 10/10/2020    ( 9 ) 計算日期區間： 03/11/2021 ~ 04/10/2021
Nike 總數：254                                Nike 總數：2
Adidas 總數：148                              Adidas 總數：247
Under Armor 總數：45                          Under Armor 總數：69
本區間，搜尋並計算聲量費時：17.376103 秒          本區間，搜尋並計算聲量費時：17.564511 秒

( 4 ) 計算日期區間： 10/10/2020 ~ 11/09/2020   ( 10 ) 計算日期區間： 04/10/2021 ~ 05/11/2021
Nike 總數：88                                 Nike 總數：7
Adidas 總數：79                               Adidas 總數：4
Under Armor 總數：22                          Under Armor 總數：73
本區間，搜尋並計算聲量費時：17.486821 秒          本區間，搜尋並計算聲量費時：19.548495 秒

( 5 ) 計算日期區間： 11/09/2020 ~ 12/10/2020   ( 11 ) 計算日期區間： 05/11/2021 ~ 06/10/2021
Nike 總數：177                                Nike 總數：244
Adidas 總數：170                              Adidas 總數：167
Under Armor 總數：38                          Under Armor 總數：34
本區間，搜尋並計算聲量費時：17.025697 秒          本區間，搜尋並計算聲量費時：17.297560 秒

( 6 ) 計算日期區間： 12/10/2020 ~ 01/09/2021   ( 12 ) 計算日期區間： 06/10/2021 ~ 07/11/2021
Nike 總數：300                                Nike 總數：3
Adidas 總數：197                              Adidas 總數：393
Under Armor 總數：53                          Under Armor 總數：67
本區間，搜尋並計算聲量費時：17.531275 秒          本區間，搜尋並計算聲量費時：17.455883 秒

                                           以上所有日期區之聲量搜尋及統計，共費時：210.394478 秒
```

「聲量」統計總表：

| StartDate | EndDate | Period | Nike | Adidas | UnderArmor |
|---|---|---|---|---|---|
| 07/11/2020 | 08/10/2020 | 07/11/2020~08/10/2020 | 173 | 131 | 38 |
| 08/10/2020 | 09/09/2020 | 08/10/2020~09/09/2020 | 192 | 138 | 36 |
| 09/09/2020 | 10/10/2020 | 09/09/2020~10/10/2020 | 254 | 148 | 45 |
| 10/10/2020 | 11/09/2020 | 10/10/2020~11/09/2020 | 88 | 79 | 22 |
| 11/09/2020 | 12/10/2020 | 11/09/2020~12/10/2020 | 177 | 170 | 38 |
| 12/10/2020 | 01/09/2021 | 12/10/2020~01/09/2021 | 300 | 197 | 53 |
| 01/09/2021 | 02/08/2021 | 01/09/2021~02/08/2021 | 229 | 210 | 53 |
| 02/08/2021 | 03/11/2021 | 02/08/2021~03/11/2021 | 253 | 170 | 53 |
| 03/11/2021 | 04/10/2021 | 03/11/2021~04/10/2021 | 2 | 247 | 69 |
| 04/10/2021 | 05/11/2021 | 04/10/2021~05/11/2021 | 7 | 4 | 73 |
| 05/11/2021 | 06/10/2021 | 05/11/2021~06/10/2021 | 244 | 167 | 34 |
| 06/10/2021 | 07/11/2021 | 06/10/2021~07/11/2021 | 3 | 393 | 67 |

用互動圖呈現「聲量」統計結果：

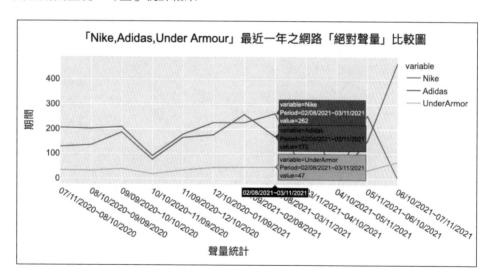

A-211

(2) 針對運動鞋品牌：以中文（耐吉、愛迪達、安德瑪）進行最近一年「聲量溫
度計」分析。

```
for i in range (12)   :
    startdate[i]=(s + timedelta(days=-365+i*(365/12))).strftime('%m/%d/%Y')
    enddate[i]=(s+timedelta(days=-365+(i*(365/12))+(365/12))).strftime('%m/%d/%Y')
Brands=['耐吉','愛迪達','安德瑪']
df = pd.DataFrame({'StartDate' : startdate[0],'EndDate' : enddate[0],
                   'Period' : str(startdate[0])+"~"+str(enddate[0]),
                   'Nike' : 0, 'Adidas' : 0, 'UnderArmour' : 0}, index=[0])
df.drop(df.index, inplace=True)
```

```
print('網路「絕對聲量」尖端值（100000人次以上點閱數）計算中:')
for i in range(len(startdate)):
    periodtime = time.time()
    print("(",i+1,") 計算日期區間: ",startdate[i],' ~ ',enddate[i])
    googlenews.set_time_range(startdate[i],enddate[i])
    googlenews.search(Brands[0])
    NikeNo=googlenews.total_count()
    print("「耐吉」 總數:",NikeNo)
    time.sleep(5)
    googlenews.search(Brands[1])
    AdidasNo=googlenews.total_count()
    print("「愛迪達」 總數:",AdidasNo)
    time.sleep(5)
    googlenews.search(Brands[2])
    UnderArmorNo=googlenews.total_count()
    print("「安德瑪」 總數:",UnderArmorNo)
    time.sleep(5)
    New = pd.DataFrame({'StartDate' : startdate[i],'EndDate' : enddate[i],
                        'Period' : str(startdate[i])+"~"+str(enddate[i]),
                        'Nike' : NikeNo,'Adidas' : AdidasNo,'UnderArmour' :
UnderArmorNo},index=[0])
    df=df.append(New)
df.rename(columns={'Nike':'耐吉','Adidas':'愛迪達','UnderArmour':'安德瑪'},
inplace=True) #更改欄位名稱
df.to_csv("TalkTrend/TalkTrend_CH.csv", index=False, sep=',')
```

「聲量」統計結果如下：

網路「絕對聲量」尖端值（100000人次以上點閱數）計算中：

（1）計算日期區間：07/11/2020~08/10/2020
「耐吉」 總數：1
「愛迪達」 總數：405
「安德瑪」 總數：102
本區間，搜尋並計算聲量費時：17.097450 秒

（2）計算日期區間：08/10/2020~09/09/2020
「耐吉」 總數：1
「愛迪達」 總數：470
「安德瑪」 總數：92
本區間，搜尋並計算聲量費時：16.986718 秒

（3）計算日期區間：09/09/2020~10/10/2020
「耐吉」 總數：1
「愛迪達」 總數：407
「安德瑪」 總數：72
本區間，搜尋並計算聲量費時：16.893087 秒

（4）計算日期區間：10/10/2020~11/09/2020
「耐吉」 總數：1
「愛迪達」 總數：196
「安德瑪」 總數：39
本區間，搜尋並計算聲量費時：16.702611 秒

（5）計算日期區間：11/09/2020~12/10/2020
「耐吉」 總數：1
「愛迪達」 總數：361
「安德瑪」 總數：111
本區間，搜尋並計算聲量費時：17.157192 秒

（6）計算日期區間：12/10/2020~01/09/2021
「耐吉」 總數：2
「愛迪達」 總數：355
「安德瑪」 總數：71
本區間，搜尋並計算聲量費時：16.746600 秒

（7）計算日期區間：01/09/2021~02/08/2021
「耐吉」 總數：2
「愛迪達」 總數：320
「安德瑪」 總數：55
本區間，搜尋並計算聲量費時：17.178794 秒

（8）計算日期區間：02/08/2021~03/11/2021
「耐吉」 總數：2
「愛迪達」 總數：303
「安德瑪」 總數：52
本區間，搜尋並計算聲量費時：16.682538 秒

（9）計算日期區間：03/11/2021~04/10/2021
「耐吉」 總數：2
「愛迪達」 總數：932
「安德瑪」 總數：103
本區間，搜尋並計算聲量費時：17.068715 秒

（10）計算日期區間：04/10/2021~05/11/2021
「耐吉」 總數：2
「愛迪達」 總數：1
「安德瑪」 總數：71
本區間，搜尋並計算聲量費時：16.995062 秒

（11）計算日期區間：05/11/2021~06/10/2021
「耐吉」 總數：1
「愛迪達」 總數：213
「安德瑪」 總數：33
本區間，搜尋並計算聲量費時：16.742793 秒

（12）計算日期區間：06/10/2021~07/11/2021
「耐吉」 總數：1
「愛迪達」 總數：165
「安德瑪」 總數：125
本區間，搜尋並計算聲量費時：16.716351 秒

以上所有日期區之聲量搜尋及統計，共費時：202.976501 秒

「聲量」統計總表：

| StartDate | EndDate | Period | 耐吉 | 愛迪達 | 安德瑪 |
|---|---|---|---|---|---|
| 07/11/2020 | 08/10/2020 | 07/11/2020~08/10/2020 | 1 | 405 | 102 |
| 08/10/2020 | 09/09/2020 | 08/10/2020~09/09/2020 | 1 | 470 | 92 |
| 09/09/2020 | 10/10/2020 | 09/09/2020~10/10/2020 | 1 | 407 | 72 |
| 10/10/2020 | 11/09/2020 | 10/10/2020~11/09/2020 | 1 | 196 | 39 |
| 11/09/2020 | 12/10/2020 | 11/09/2020~12/10/2020 | 1 | 361 | 111 |
| 12/10/2020 | 01/09/2021 | 12/10/2020~01/09/2021 | 2 | 355 | 71 |
| 01/09/2021 | 02/08/2021 | 01/09/2021~02/08/2021 | 2 | 320 | 55 |
| 02/08/2021 | 03/11/2021 | 02/08/2021~03/11/2021 | 2 | 303 | 52 |
| 03/11/2021 | 04/10/2021 | 03/11/2021~04/10/2021 | 2 | 932 | 103 |
| 04/10/2021 | 05/11/2021 | 04/10/2021~05/11/2021 | 2 | 1 | 71 |
| 05/11/2021 | 06/10/2021 | 05/11/2021~06/10/2021 | 1 | 213 | 33 |
| 06/10/2021 | 07/11/2021 | 06/10/2021~07/11/2021 | 1 | 165 | 125 |

用互動圖呈現「聲量」統計結果：

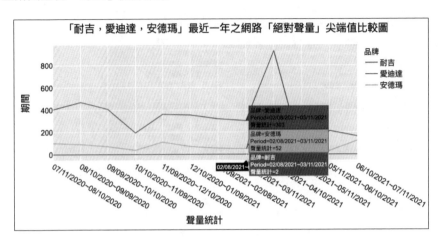

(3) 針對美妝品牌：「倩碧、蘭寇、雅詩蘭黛、資生堂、ARTISTRY」進行最近一年「聲量溫度計」分析。

```
/2021','04/30/2021','05/31/2021','06/30/2021']
s = date.today()
for i in range (12)   :
    startdate[i]=(s + timedelta(days=-365+i*(365/12))).strftime('%m/%d/%Y')
    enddate[i]=(s+timedelta(days=-365+(i*(365/12))+(365/12))).strftime('%m/%d/%Y')
Brands=['倩碧','蘭寇','雅詩蘭黛','資生堂','雅芝']
df = pd.DataFrame({
    'StartDate' : startdate[0],'EndDate' : enddate[0],
    'Period' : str(startdate[0])+"~"+str(enddate[0]), 'Clinique' : 0,'Lancome' : 0,
    'EsteeLauder' : 0,'Shiseido':0,'ARTISTRY':0},index=[0])
df.drop(df.index, inplace=True)
```

```
print('網路「絕對聲量」尖端值（100000人次以上點閱數）計算中:')
for i in range(len(startdate))
    print("(",i+1,") 計算日期區間： ",startdate[i],' ~ ',enddate[i])
    googlenews.set_time_range(startdate[i],enddate[i])
    googlenews.search(Brands[0])
    cliniqueNo=googlenews.total_count()
    print("「Clinique倩碧」 總數:",cliniqueNo)
    googlenews.search(Brands[1])
    lancomeNo=googlenews.total_count()
    print("「Lancome蘭寇」 總數:",lancomeNo)
    googlenews.search(Brands[2])
```

```
esteelauderNo=googlenews.total_count()
print("「EsteeLaude雅詩蘭黛」 總數：",esteelauderNo)
ShiseidoNo=googlenews.total_count()
print("「Shiseido資生堂」 總數：",ShiseidoNo)
ARTISTRYNo=googlenews.total_count()
print("「ARTISTRY雅芝」 總數：",ARTISTRYNo)
New = pd.DataFrame({'StartDate' : startdate[i],'EndDate' : enddate[i],
                    'Period' : str(startdate[i])+"~"+str(enddate[i]),
                    'Clinique' : cliniqueNo, 'Lancome' : lancomeNo,
                    'EsteeLauder' :esteelauderNo,'Shiseido' :ShiseidoNo,
                    'ARTISTRY' :ARTISTRYNo,},index=[0])
df=df.append(New)
df.rename(columns={'Clinique':'Clinique倩碧','Lancome':'Lancome蘭蔻',
'EsteeLauder':'EsteeLauder雅詩蘭黛','Shiseido':'Shiseido資生堂','ARTISTRY':'ARTISTRY
雅芝',}, inplace=True)  #更改欄位名稱
```

「聲量」統計結果如下：

網路「絕對聲量」尖端值（100000人次以上點閱數）計算中：

（1）計算日期區間：07/11/2020 ~ 08/10/2020
「Clinique倩碧」總數：122
「Lancome蘭蔻」總數：4
「EsteeLaude雅詩蘭黛」總數：870
「Shiseido資生堂」總數：870
「ARTISTRY雅芝」總數：870
本區間，搜尋並計算聲量費時：26.558613 秒

（2）計算日期區間：08/10/2020 ~ 09/09/2020
「Clinique倩碧」總數：95
「Lancome蘭蔻」總數：4
「EsteeLaude雅詩蘭黛」總數：1
「Shiseido資生堂」總數：1
「ARTISTRY雅芝」總數：1
本區間，搜尋並計算聲量費時：26.539293 秒

（3）計算日期區間：09/09/2020 ~ 10/10/2020
「Clinique倩碧」總數：176
「Lancome蘭蔻」總數：6
「EsteeLaude雅詩蘭黛」總數：1
「Shiseido資生堂」總數：1
「ARTISTRY雅芝」總數：1
本區間，搜尋並計算聲量費時：26.550008 秒

（4）計算日期區間：10/10/2020 ~ 11/09/2020
「Clinique倩碧」總數：81
「Lancome蘭蔻」總數：4
「EsteeLaude雅詩蘭黛」總數：861
「Shiseido資生堂」總數：861
「ARTISTRY雅芝」總數：861
本區間，搜尋並計算聲量費時：27.111830 秒

（5）計算日期區間：11/09/2020 ~ 12/10/2020
「Clinique倩碧」總數：197
「Lancome蘭蔻」總數：9
「EsteeLaude雅詩蘭黛」總數：1
「Shiseido資生堂」總數：1
「ARTISTRY雅芝」總數：1
本區間，搜尋並計算聲量費時：26.758646 秒

（6）計算日期區間：12/10/2020 ~ 01/09/2021
「Clinique倩碧」總數：160
「Lancome蘭蔻」總數：25
「EsteeLaude雅詩蘭黛」總數：785
「Shiseido資生堂」總數：785
「ARTISTRY雅芝」總數：785
本區間，搜尋並計算聲量費時：26.870267 秒

（7）計算日期區間：01/09/2021 ~ 02/08/2021
「Clinique倩碧」總數：212
「Lancome蘭蔻」總數：2
「EsteeLaude雅詩蘭黛」總數：704
「Shiseido資生堂」總數：704
「ARTISTRY雅芝」總數：704
本區間，搜尋並計算聲量費時：26.630718 秒

（8）計算日期區間：02/08/2021 ~ 03/11/2021
「Clinique倩碧」總數：227
「Lancome蘭蔻」總數：3
「EsteeLaude雅詩蘭黛」總數：675
「Shiseido資生堂」總數：675
「ARTISTRY雅芝」總數：675
本區間，搜尋並計算聲量費時：28.024388 秒

（9）計算日期區間：03/11/2021 ~ 04/10/2021
「Clinique倩碧」總數：211
'NoneType' object is not iterable
「Lancome蘭蔻」總數：211
「EsteeLaude雅詩蘭黛」總數：1
「Shiseido資生堂」總數：1
「ARTISTRY雅芝」總數：1
本區間，搜尋並計算聲量費時：27.809318 秒

（10）計算日期區間：04/10/2021 ~ 05/11/2021
「Clinique倩碧」總數：326
「Lancome蘭蔻」總數：2
「EsteeLaude雅詩蘭黛」總數：1
「Shiseido資生堂」總數：1
「ARTISTRY雅芝」總數：1
本區間，搜尋並計算聲量費時：26.554806 秒

（11）計算日期區間：05/11/2021 ~ 06/10/2021
「Clinique倩碧」總數：160
'NoneType' object is not iterable
「Lancome蘭蔻」總數：160
「EsteeLaude雅詩蘭黛」總數：499
「Shiseido資生堂」總數：499
「ARTISTRY雅芝」總數：499
本區間，搜尋並計算聲量費時：26.683095 秒

（12）計算日期區間：06/10/2021 ~ 07/11/2021
「Clinique倩碧」總數：232
「Lancome蘭蔻」總數：3
「EsteeLaude雅詩蘭黛」總數：1
「Shiseido資生堂」總數：1
「ARTISTRY雅芝」總數：1
本區間，搜尋並計算聲量費時：26.614802 秒

「聲量」統計總表：

| StartDate | EndDate | Period | Clinique倩碧 | Lancome蘭寇 | EsteeLauder雅詩蘭黛 | Shiseido資生堂 | ARTISTRY雅芝 |
|---|---|---|---|---|---|---|---|
| 07/11/2020 | 08/10/2020 | 07/11/2020~08/10/2020 | 122 | 4 | 870 | 870 | 870 |
| 08/10/2020 | 09/09/2020 | 08/10/2020~09/09/2020 | 95 | 4 | 1 | 1 | 1 |
| 09/09/2020 | 10/10/2020 | 09/09/2020~10/10/2020 | 176 | 6 | 1 | 1 | 1 |
| 10/10/2020 | 11/09/2020 | 10/10/2020~11/09/2020 | 81 | 4 | 861 | 861 | 861 |
| 11/09/2020 | 12/10/2020 | 11/09/2020~12/10/2020 | 197 | 9 | 1 | 1 | 1 |
| 12/10/2020 | 01/09/2021 | 12/10/2020~01/09/2021 | 160 | 25 | 785 | 785 | 785 |
| 01/09/2021 | 02/08/2021 | 01/09/2021~02/08/2021 | 212 | 2 | 704 | 704 | 704 |
| 02/08/2021 | 03/11/2021 | 02/08/2021~03/11/2021 | 227 | 3 | 675 | 675 | 675 |
| 03/11/2021 | 04/10/2021 | 03/11/2021~04/10/2021 | 211 | 211 | 1 | 1 | 1 |
| 04/10/2021 | 05/11/2021 | 04/10/2021~05/11/2021 | 326 | 2 | 1 | 1 | 1 |
| 05/11/2021 | 06/10/2021 | 05/11/2021~06/10/2021 | 160 | 160 | 499 | 499 | 499 |
| 06/10/2021 | 07/11/2021 | 06/10/2021~07/11/2021 | 232 | 3 | 1 | 1 | 1 |

用互動圖呈現「聲量」統計結果：

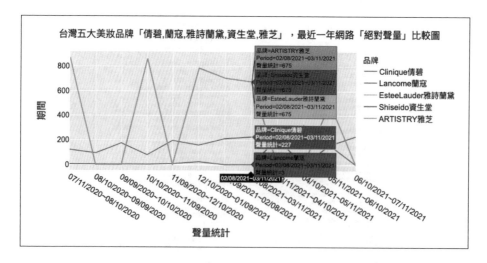

# A-10 用準確的「推薦系統」建立客戶忠誠度（Recommendation System）

（程式名：Recommendation_System.ipynb）

- 這是全球最大線上影音平台的影片資料，包括巨量的影片資料及客戶交易資料。

- 指針對客戶喜歡的產品的內容或屬性來進行「推薦」。想法是使用某些「關鍵字」來標記產品，根據客戶的喜好，在數據庫中查找這些關鍵字，並推薦具有相同屬性的產品。

- 在內容為依據的計算過程中可能某一特徵比另一特徵重要，所以用「關鍵特徵」的分配權重演算法來進行演算。

- 以內容為依據的推薦系統，是基於客戶的喜好以及內容的特徵來找出目標客戶。這樣的模型通常非常有效，但是在某些情況下，它不起作用。例如，假設我們有一部戲劇類型的電影，用戶從未觀看過。因此，該類型的電影不會出現在用戶的個人資料中。如果用戶只能獲得與她的個人資料中已有類型相關的推薦，而推薦系統可能永遠不會推薦其他類型的電影。可以經由其他類型的推薦系統來解決，例如協同過濾（Collaborative filtering）。

- 本書是用「內容過濾」，將介紹電影推薦系統的基於內容的過濾。將使用 Python 作為實現的編程語言。有二種方式：(a) 依用戶（user-based）篩選影片：即其他相以用戶之產品來推薦。(b) 依產品類別（Item-based）篩選影片：用相似產品來推薦。如下圖說明：

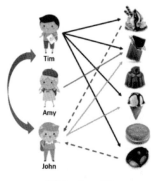

**(a) User-based filtering**

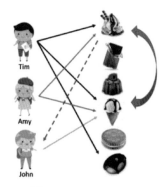

**(b) Item-based filtering**

## 1. 引入程式庫

```
import pandas as pd
import numpy as np
import matplotlib.pyplot as plt
import seaborn as sns
sns.set_style('darkgrid')
# 設定顯示之最大行數及列數
pd.set_option('display.max_rows', 100)
pd.set_option('display.max_columns', 100)
import warnings# 忽略警示文字
warnings.filterwarnings('ignore')
```

## 2. 讀取資料：電影及客戶檔

```
movies_ratings = pd.read_csv('Recomendation_System/movies_ratings.csv')
movies_ratings.head()
```

## 3. 資料分析視覺化（EDA Visualization）

(1) 評分總覽（Rating）：4.0 分數最多，平均 3.5 分。

```
plt.figure(figsize=(18,5), dpi= 80)
sns.set_context(font_scale=1.5)
plt.yticks(size=20)
plt.xticks(size=20)
g3=plt.hist(movies_ratings['rating'],bins=10, color='pink', alpha=0.9)
plt.xlabel('Rating',size=25)
plt.xlim(0.5,5)
plt.ylim(0,30000)
plt.vlines(x=3.5, ymin=0, ymax=30000, color='red', label='Mean rating')
plt.ylabel('Counts',size=25)
plt.title('count plot of ratings',size=30, color='purple')
plt.legend(loc='upper left', shadow=True,fontsize=20)
plt.show()
```

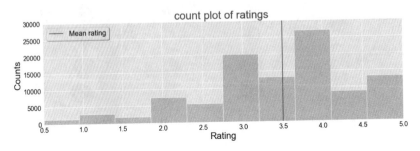

(2) 體裁總覽：

最熱門體裁前五名為：Drama、Comedy、Action、Thriller、Adventure。

```
genres_count = movies_ratings.iloc[:,7:].sum(axis=0).reset_index().rename(columns=
{'index':'genre',0:'count'})
df=genres_count.sort_values('count',ascending=False, inplace=True)
plt.figure(figsize=(18,10), dpi= 300)
sns.set_context(font_scale=1.5)
plt.yticks(size=20)
plt.xticks(size=20)

g=sns.barplot(x = genres_count['genre'], y=genres_count['count'], color='lightgreen')
plt.xticks(rotation=45)
plt.xlabel('Genres', size=20)
plt.ylabel('Counts',size=25)
plt.title('Count plot of genres', size=30, color='green')
#add text on the bar top （以Bar的高及寬來調整Text的位置）
for p in g.patches:
    g.annotate(format(p.get_height(), '.0f'), (p.get_x() + p.get_width() / 2.,
              p.get_height()), ha = 'center', va = 'center', xytext = (0, 10),
              textcoords = 'offset points',size=15)
plt.show()
```

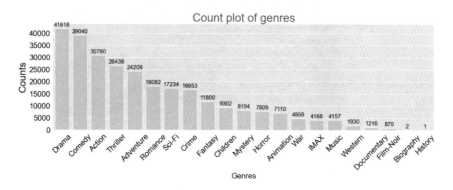

(3) 觀看總覽：

```
mr = movies_ratings.groupby('title')['title'].count().sort_values(ascending=
False).head(15)

plt.figure(figsize=(18,15), dpi= 80)
```

```
sns.set_context(font_scale=1.5)
plt.yticks(size=30)
plt.xticks(size=30)

g2=sns.barplot(y = mr.index, x=mr.values, color='skyblue')
plt.xlabel('Counts',size=25)
plt.title('15 Most watched Movies', size=50, color='darkblue')

#add text on the bar top （以Bar的高及寬來調整Text的位置）
for p in g2.patches:
    width = p.get_width()
    plt.text(12+p.get_width(), p.get_y()+0.55*p.get_height(),
            '{:1.0f}'.format(width), ha='center', va='center',size=30)
plt.show()
```

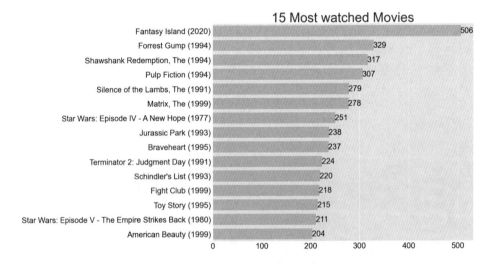

最熱門電影前十五名。

(4) 最忠誠客戶：

```
user = movies_ratings.groupby('userId')
['title'].count().sort_values(ascending=False).head(20)

plt.figure(figsize=(18,10), dpi= 80)
sns.set_context(font_scale=1.5)
plt.yticks(size=20)
```

```
plt.xticks(size=20)

g=user.plot(kind="bar", color="orange", alpha=0.5)
plt.title("Top 20 users according to watched history", size=30, color='brown')
plt.xlabel('User Id', size=25)
plt.ylabel('Counts', size=25)
plt.xticks(rotation=0)

#以Bar的高及寬來調整Text的位置
for p in g.patches:
    g.annotate(fo
rmat(p.get_height(), '.0f'), (p.get_x() + p.get_width() / 2., p.get_height()),
            ha = 'center', va = 'center', xytext = (0, 10), textcoords =
'offset points',size=15)
plt.show()
```

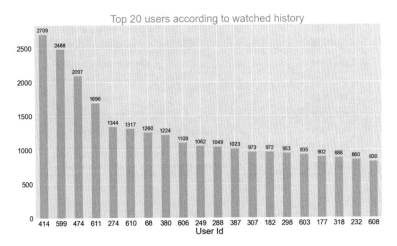

最忠誠客戶前二十名。

(5) 年度最佳電影：建立最佳影片搜尋函式

```
def best_movie(dataframe):
    df = dataframe.copy()
    movieid = df.year.unique()
    year = list()
    nMovies= list()
    mostWatched = list()
```

```
for i in movieid:
    year.append(i)
    nMovies.append(df[df['year']==i]['title'].nunique())
    mostWatched.append(df[df['year']==i]['title'].value_counts().index[0])

    df1 = pd.DataFrame({'year':year,'nMoviesReleased':nMovies, 'mostWatchedMovie':
mostWatched})
    df1.sort_values('year', inplace=True)
    return(df1)
```

列出年度最佳電影（前十年）：

```
yearWiseBestMovie = best_movie(movies_ratings)
yearWiseBestMovie.head(10)
```

| | year | nMoviesReleased | mostWatchedMovie |
|---|---|---|---|
| 92 | 1902 | 1 | Trip to the Moon, A (Voyage dans la lune, Le) ... |
| 106 | 1903 | 1 | The Great Train Robbery (1903) |
| 98 | 1908 | 1 | The Electric Hotel (1908) |
| 104 | 1915 | 1 | Birth of a Nation, The (1915) |
| 97 | 1916 | 4 | 20,000 Leagues Under the Sea (1916) |
| 103 | 1917 | 1 | Immigrant, The (1917) |
| 107 | 1919 | 1 | Daddy Long Legs (1919) |
| 93 | 1920 | 2 | Cabinet of Dr. Caligari, The (Cabinet des Dr. ... |
| 100 | 1921 | 1 | Kid, The (1921) |
| 33 | 1922 | 1 | Nosferatu (Nosferatu, eine Symphonie des Graue... |

## 4. 建立推薦系統：為客戶找出某一特定類型的電影推薦名單。步驟如下：

(1) 從資料中建立一個「子資料集」（user_1），然後創建一個向量來顯示用戶對他/她已經看過的電影的評分。我們稱它為 user_rating。

(2) 用「獨熱編碼」對電影體裁編碼（已在上面完成）。作成矩陣存在 movie_matrix 中。

(3) 將這兩個矩陣（user_rating 和 movie_matrix）相乘，可以得到電影的加權特徵集。稱為 weighted_genre_matrix，表示用戶觀看過的電影之「體裁興趣」。

(4) 匯總加權的流派，然後對其進行歸一化（normalize）並尋找用戶個人資料。即可清楚表明此客戶比其他類型的人更喜歡動作片。

(5) 推薦客戶沒看過的電影：將 user_1 之外的所有數據存儲在 other_user 中。然後刪除看過的所有電影，再刪除重複的數據行，並將其存儲在 movie_matrix_others 中。

(6) 確定哪部電影最適合推薦給用戶：我們只需將在第 4 步中計算的權重與 movie_matrix_others 相乘，即可得出「Weighted Movies Matrix Other」。

(7) 匯總這些加權評級，獲得所有電影的活躍用戶的可能興趣水平。即推薦列表，可以對它們進行排序以對電影進行排名並存儲在 top_movies 中。

(8) 推薦系統運作圖如下：篩選出同質用戶喜好影片，或同一客戶喜好類別；進行推薦給用戶。

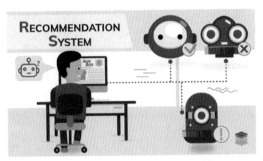

程式如下：

```
def recommended_movies(df):
    id = int(input('輸入用戶ID(1-611):'))
    genre = input('輸入影片屬性:Action(動作),Adventure(探險),Animation(動畫),
Biography(傳記),Children(兒童),Comedy(喜劇),Crime(犯罪),Documentary(紀錄片),
Drama(戲劇),Fantasy(幻想),Film-Noir(黑色電影),History(歷史),Horror(恐怖),IMAX,Music
(音樂),Mystery(神秘),Romance(浪漫),Sci-Fi(科技),Thriller(驚悚),War(戰爭),Western
(西方)\n(或按「Enter」跳過): ')
    top_movies = int(input('How many movies:'))
    user = df.copy()
    user = user[user['userId'] == id]
    user_rating = user['rating']
    movies_matrix = user.copy()
    weighted_genre_matrix = movies_matrix.iloc[:,6:].multiply(user_rating, axis=0)
    weighted_genre_matrix = pd.concat((movies_matrix.iloc[:,:6], weighted_genre_
matrix), axis=1)
    wg = weighted_genre_matrix.iloc[:,6:].sum(axis=0)/weighted_genre_matrix.
iloc[:,6:].sum(axis=0).sum()
    m = df[df['userId'] == id]['movieId'].values
```

```
    m = set(m)
    b = df.movieId.unique()
    b = set(b)
    r = b-m
    r = list(r)
    other_users = df[df['userId'] != id]
    other_users = other_users[other_users['movieId'].isin(r)]
    movies_matrix_other = other_users.copy()
    movies_matrix_other = movies_matrix_other.drop(['userId','rating'], axis=1)
    movies_matrix_other = movies_matrix_other.drop_duplicates()
    movies_matrix_other = pd.concat((movies_matrix_other.iloc[:,:4],
movies_matrix_other.iloc[:,4:].multiply(wg)),axis=1)
    movies_matrix_other["final_score"] = movies_matrix_other.iloc[:,4:].sum(axis=1)
    movies_matrix_other.sort_values('final_score', ascending=False, inplace=True)
    topMovie = movies_matrix_other

    l = (list(topMovie[topMovie["genres"].str.contains(genre,case=False)]
["title"].head(top_movies)))
    if len(l)==0:
        print('\nYou have not watched any movie of "{}" genre.'.format(genre))
        print('SORRY, NO RECOMMENDATION!')
    return(l)
```

結果如下：輸入客戶 ID、影片屬性、推薦影片數量，即產生推薦影片。

```
recommended_movies(movies_ratings)
```

```
輸入用戶ID(1-611):489
輸入影片屬性:Action(動作),Adventure(探險),Animation(動畫),Biography(傳記),Children(
兒童),Comedy(喜劇),Crime(犯罪),Documentary(紀錄片),Drama(戲劇),Fantasy(幻想),Film-
Noir(黑色電影),History(歷史),Horror(恐怖),IMAX,Music(音樂),Mystery(神秘),Romance(浪
漫),Sci-Fi(科技),Thriller(驚悚),War(戰爭),Western(西方)
(或按「Enter」跳過): Sci-Fi

推薦影片數量;5

['Aelita: The Queen of Mars (Aelita) (1924)',
 'Interstate 60 (2002)',
 'Rubber (2010)',
 'Wizards of Waverly Place: The Movie (2009)',
 'Maximum Ride (2016)']
```